taupe-niveau

classes préparatoires aux Grandes Écoles Scientifiques

exercices corrigés

ELECTROMAGNÉTISME

2e année

PC - PC* - PSI - PSI*

Jean-Michel BAUDUIN

Agrégé de l'université

Professeur en classes de mathématiques Spéciales PC

au lycée Jeanne d'Albret, Saint-Germain-en-Laye

Annie GUÉRILLOT

Agrégée de l'université

Professeur en classes de mathématiques Spéciales PC*

au lycée Albert Schweitzer, Mulhouse

ellipses

La collection *taupe-niveau* en physique-chimie est conçue par une équipe de professeurs en classes préparatoires aux Grandes Écoles Scientifiques.

Magali Andry
Aline Auroux
Daniel Balou
Jean-Michel Bauduin
Vincent Bourges
André Broutée
David Chapelier
Pierre Colin
Mireille Coulombeau
Gérard Dareau
André Deiber
François Delmas
Sylvie Devillard
Éric Fabritius
Yann Ferchaux
Denis Fiel
Christian Frère
André Gilles
Christian Grossetête
Annie Guérillot
Dominique Irlinger
Olivier Kempf
Pierre Krempf
Chloé Ledoux
Frédéric Masset
Dominique Meier
Anne-Sophie Moreau
Pascal Olive
Georges Rousselet
Paul Roux
Nicolas Schlosser
Jean-Robert Seigne
Alain Théron
Gérard Tourret
Christophe Voisin

Aymeric Chauprade, directeur de collection

ISBN 2-7298-0549-4

AVANT-PROPOS

Cet ouvrage, conforme aux programmes des Classes Préparatoires aux Grandes Ecoles Scientifiques en vigueur depuis septembre 1996, s'adresse aux étudiants des sections PC, PC*, PSI et PSI*. Il devrait également intéresser tous ceux du premier cycle universitaire ayant l'électromagnétisme au programme de leurs études.

Les exercices présentés sont volontairement de niveaux très différents. Ils vont de l'application directe du cours au problème nécessitant une bonne compréhension et de bonnes qualités de synthèse. Une indication, en nombre d'étoiles, est donnée sur le degré de difficulté de chacun d'entre eux.
Les thèmes ont aussi été sélectionnés de façon à illustrer des applications importantes du domaine de l'électromagnétisme.

Le **chapitre 0** propose des exercices simples afin que le lecteur puisse se familiariser avec les **outils mathématiques** que sont les opérateurs vectoriels et qu'il puisse s'en construire une représentation physique.
Le **chapitre I** est consacré aux **régimes permanents**. Les exercices qui y sont présentés mettent l'accent sur la dualité entre méthode intégrée et méthode locale dans l'approche des problèmes, tant pour les champs électriques et magnétiques que pour les potentiels électromagnétiques. Très conséquent, il doit permettre à l'étudiant de faire le lien entre ses connaissances de première année et les nouveaux concepts introduits en seconde année.
Le **chapitre II** est une première illustration de l'utilisation de ces nouveaux concepts dans le cas des **régimes variables**.
Le **chapitre III** développe la notion très importante **d'énergie électromagnétique**.
Les **chapitres IV, V et VI** sont consacrés **au phénomène d'induction électromagnétique** ; phénomène dont la compréhension est à la base du développement de nombreuses applications.
Le **chapitre VII** concernant la **conversion de puissance** est destiné aux étudiants de la section PSI. Au travers des exercices qui y sont proposés, il présente, à partir des lois fondamentales de l'électromagnétisme, le principe des machines du domaine de l'électrotechnique : transformateurs, machines à courant continu, machines synchrones et asynchrones.
Le **chapitre VIII**, consacré aux **milieux matériels**, doit permettre aux étudiants de comprendre le rôle de ces milieux, et en particulier celui des **milieux magnétiques** ; de comprendre les raisons du choix de tel ou tel matériau pour une application donnée. L'exercice n°5 sur le transformateur réel est plus particulièrement adressé aux étudiants de la section PSI.

L'étudiant qui se prépare aux concours d'entrée aux Grandes Ecoles Scientifiques doit, pour parvenir à maîtriser son cours, s'entraîner à l'appliquer après l'avoir appris. De façon plus ambitieuse, il doit aussi chercher à structurer ses connaissances. Structurer ses connaissances afin d'être capable, à l'écrit, de prendre suffisamment de recul pour comprendre la démarche intellectuelle inscrite en filigrane de l'enchaînement des questions d'une épreuve. Structurer ses connaissances également pour briller à l'oral, en étant capable de justifier la démarche adoptée et de parvenir ainsi à l'aisance qui distingue un bon candidat de la moyenne. Et au-delà, structurer ses connaissances pour être capable de structurer son raisonnement.

La mise en place d'un raisonnement rigoureux comporte des étapes qu'il faut savoir identifier :

⋆ Analyse de la situation physique

⋆ Analyse des différentes méthodes envisageables, en prenant en compte les données et les questions posées afin de choisir, à priori, la mieux adaptée au problème

⋆ Mise en œuvre des lois de la physique avec toute la rigueur nécessaire

⋆ Analyse critique et validation des résultats

Soulignons que la première étape est déterminante et conditionne la suite.

Il existe toujours plusieurs approches possibles pour aborder un problème ou un exercice dans le domaine de l'électromagnétisme, comme dans la plupart des domaines. Quelquefois elles sont équivalentes mais souvent il en existe une plus performante que les autres. Une analyse préalable de la situation physique, une bonne connaissance du cours et une hiérarchisation des concepts est nécessaire pour la reconnaître.

Voici exposées les idées qui ont prévalu au choix des exercices sélectionnés dans cet ouvrage et à la rédaction de leurs solutions.
Ces solutions ont été volontairement largement développées et commentées afin d'aider le lecteur dans l'atteinte des objectifs déclinés précédemment. Chaque fois que nécessaire, elles mettent en avant la justification de la démarche suivie.

Nous terminerons par un conseil et une mise en garde que doit donner un professeur à ses étudiants. La première étape est **d'apprendre son cours**. La deuxième est **de s'entraîner à le mettre en œuvre**. C'est dans cette dernière qu'un ouvrage d'exercices corrigés constitue une aide efficace pour l'étudiant, à condition qu'il l'utilise correctement.
La lecture d'un tel ouvrage ne peut être profitable que si, avant de prendre connaissance des solutions proposées et des commentaires faits, l'étudiant a préalablement suivi une démarche de réflexion personnelle, concernant les exercices proposés.
Une lecture directe des solutions n'est jamais très formatrice...

OPERATEURS DE CHAMPS

FORMULAIRE

1. EXPRESSIONS DES OPERATEURS

1.1. Coordonnées cartésiennes

1.1.1. Notations

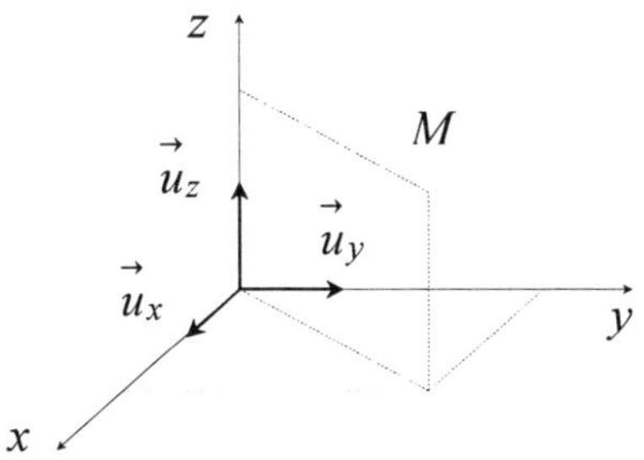

$$\overrightarrow{OM} = x\vec{u}_x + y\vec{u}_y + z\vec{u}_z$$
$$d\overrightarrow{OM} = dx\vec{u}_x + dy\vec{u}_y + dz\vec{u}_z$$

- Ecriture d'un champ de scalaires : $(M,t) \rightarrow U(x,y,z,t)$
- Ecriture d'un champ de vecteurs :

$$(M,t) \rightarrow \vec{A}(M,t) = A_x(x,y,z,t)\vec{u}_x + A_y(x,y,z,t)\vec{u}_y + A_z(x,y,z,t)\vec{u}_z$$

1.1.2. Expressions des opérateurs en cartésiennes

$$\overrightarrow{grad}U(M,t) = \frac{\partial U}{\partial x}\vec{u}_x + \frac{\partial U}{\partial y}\vec{u}_y + \frac{\partial U}{\partial z}\vec{u}_z$$

$$div\vec{A}(M,t) = \frac{\partial A_x}{\partial x} + \frac{\partial A_y}{\partial y} + \frac{\partial A_z}{\partial z}$$

$$\overrightarrow{rot}\vec{A}(M,t) = \left(\frac{\partial A_z}{\partial y} - \frac{\partial A_y}{\partial z}\right)\vec{u}_x + \left(\frac{\partial A_x}{\partial z} - \frac{\partial A_z}{\partial x}\right)\vec{u}_y + \left(\frac{\partial A_y}{\partial x} - \frac{\partial A_x}{\partial y}\right)\vec{u}_z$$

$$\Delta U(M,t) = \frac{\partial^2 U}{\partial x^2} + \frac{\partial^2 U}{\partial y^2} + \frac{\partial^2 U}{\partial z^2}$$

$$\Delta\vec{A}(M,t) = \Delta A_x \vec{u}_x + \Delta A_y \vec{u}_y + \Delta A_z \vec{u}_z$$

1.2. Coordonnées cylindriques

1.2.1. Notations

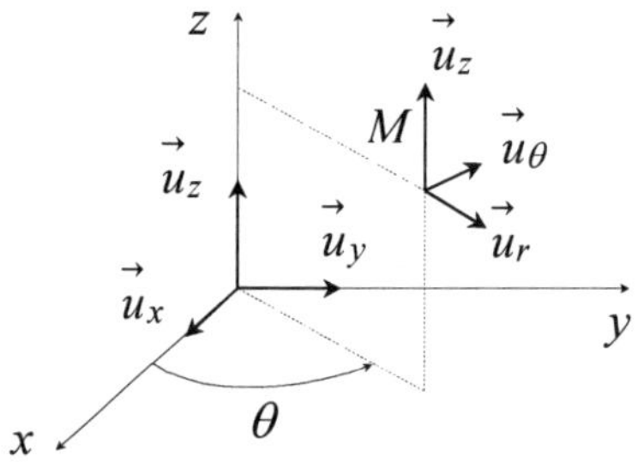

$$\overrightarrow{OM} = r\vec{u}_r + z\vec{u}_z$$

$$d\overrightarrow{OM} = dr\vec{u}_r + rd\theta\vec{u}_\theta + dz\vec{u}_z$$

- Ecriture d'un champ de scalaires : $(M,t) \to U(r,\theta,z,t)$
- Ecriture d'un champ de vecteurs :

$$(M,t) \to \vec{A}(M,t) = A_r(r,\theta,z,t)\vec{u}_r + A_\theta(r,\theta,z,t)\vec{u}_\theta + A_z(r,\theta,z,t)\vec{u}_z$$

1.2.2. Expressions des opérateurs en cylindriques

$$\overrightarrow{grad}U(M,t) = \frac{\partial U}{\partial r}\vec{u}_r + \frac{1}{r}\frac{\partial U}{\partial \theta}\vec{u}_\theta + \frac{\partial U}{\partial z}\vec{u}_z$$

$$div\vec{A}(M,t) = \frac{1}{r}\frac{\partial}{\partial r}(rA_r) + \frac{1}{r}\frac{\partial A_\theta}{\partial \theta} + \frac{\partial A_z}{\partial z}$$

$$\overrightarrow{rot}\vec{A}(M,t) = \left(\frac{1}{r}\frac{\partial A_z}{\partial \theta} - \frac{\partial A_\theta}{\partial z}\right)\vec{u}_r + \left(\frac{\partial A_r}{\partial z} - \frac{\partial A_z}{\partial r}\right)\vec{u}_\theta + \frac{1}{r}\left(\frac{\partial}{\partial r}(rA_\theta) - \frac{\partial A_r}{\partial \theta}\right)\vec{u}_z$$

$$\Delta U(M,t) = \frac{1}{r}\frac{\partial}{\partial r}\left(r\frac{\partial U}{\partial r}\right) + \frac{1}{r^2}\frac{\partial^2 U}{\partial \theta^2} + \frac{\partial^2 U}{\partial z^2} = \frac{\partial^2 U}{\partial r^2} + \frac{1}{r}\frac{\partial U}{\partial r} + \frac{1}{r^2}\frac{\partial^2 U}{\partial \theta^2} + \frac{\partial^2 U}{\partial z^2}$$

$$\Delta\vec{A} = \left(\Delta A_r - \frac{1}{r^2}\left(A_r + 2\frac{\partial A_\theta}{\partial \theta}\right)\right)\vec{u}_r + \left(\Delta A_\theta - \frac{1}{r^2}\left(A_\theta - 2\frac{\partial A_r}{\partial \theta}\right)\right)\vec{u}_\theta + \Delta A_z\vec{u}_z$$

1.3. Coordonnées sphériques

1.3.1. Notations

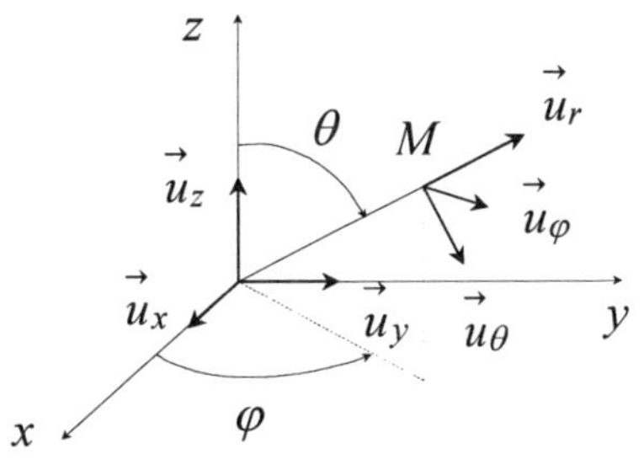

$$\overrightarrow{OM} = r\vec{u}_r$$

$$d\overrightarrow{OM} = dr\vec{u}_r + rd\theta\vec{u}_\theta + r\sin\theta d\varphi\vec{u}_\varphi$$

Ecriture d'un champ de scalaires : $(M,t) \to U(r,\theta,\varphi,t)$

Ecriture d'un champ de vecteurs :

$$(M,t) \to \vec{A}(M,t) = A_r(r,\theta,\varphi,t)\vec{u}_r + A_\theta(r,\theta,\varphi,t)\vec{u}_\theta + A_\varphi(r,\theta,\varphi,t)\vec{u}_\varphi$$

1.3.2. Expressions des opérateurs en sphériques

$$\overrightarrow{grad}U(M,t) = \frac{\partial U}{\partial r}\vec{u}_r + \frac{1}{r}\frac{\partial U}{\partial \theta}\vec{u}_\theta + \frac{1}{r\sin\theta}\frac{\partial U}{\partial \varphi}\vec{u}_\varphi$$

$$div\vec{A}(M,t) = \frac{1}{r^2}\frac{\partial}{\partial r}\left(r^2 A_r\right) + \frac{1}{r\sin\theta}\frac{\partial}{\partial \theta}(\sin\theta A_\theta) + \frac{1}{r\sin\theta}\frac{\partial A_\varphi}{\partial \varphi}$$

$$\overrightarrow{rot}\vec{A}(M,t) = \frac{1}{r\sin\theta}\left(\frac{\partial}{\partial \theta}(\sin\theta A_\varphi) - \frac{\partial A_\theta}{\partial \varphi}\right)\vec{u}_r + \frac{1}{r}\left(\frac{1}{\sin\theta}\frac{\partial A_r}{\partial \varphi} - \frac{\partial}{\partial r}(rA_\varphi)\right)\vec{u}_\theta$$
$$+\frac{1}{r}\left(\frac{\partial}{\partial r}(rA_\theta) - \frac{\partial A_r}{\partial \theta}\right)\vec{u}_\varphi$$

$$\Delta U(M,t) = \frac{1}{r^2}\frac{\partial}{\partial r}\left(r^2\frac{\partial U}{\partial r}\right) + \frac{1}{r^2\sin\theta}\frac{\partial}{\partial \theta}\left(\sin\theta\frac{\partial U}{\partial \theta}\right) + \frac{1}{r^2\sin^2\theta}\frac{\partial^2 U}{\partial \varphi^2}$$

$$\Delta\vec{A} = \left(\Delta A_r - \frac{2}{r^2\sin\theta}\left(A_r\sin\theta + \frac{\partial}{\partial\theta}(A_\theta\sin\theta) + \frac{\partial A_\varphi}{\partial\varphi}\right)\right)\vec{u_r}$$

$$+\left(\Delta A_\theta - \frac{2}{r^2\sin\theta}\left(\frac{A_\theta}{2} - \sin^2\theta\frac{\partial A_r}{\partial\theta} + \cos\theta\frac{\partial A_\varphi}{\partial\varphi}\right)\right)\vec{u_\theta}$$

$$+\left(\Delta A_\varphi - \frac{2}{r^2\sin\theta}\left(\frac{A_\varphi}{2} - \sin\theta\frac{\partial A_r}{\partial\varphi} - \cos\theta\frac{\partial A_\theta}{\partial\varphi}\right)\right)\vec{u_\varphi}$$

2. LINEARITE DES OPERATEURS

α et β sont des scalaires, $U(M,t)$ et $V(M,t)$ sont des champs de scalaires, $\vec{A}(M,t)$ et $\vec{B}(M,t)$ sont des champs de vecteurs.

$$\overrightarrow{grad}(\alpha U + \beta V) = \alpha\,\overrightarrow{grad}U + \beta\,\overrightarrow{grad}V \qquad \Delta(\alpha U + \beta V) = \alpha\Delta U + \beta\Delta V$$

$$div\left(\alpha\vec{A} + \beta\vec{B}\right) = \alpha\,div\vec{A} + \beta\,div\vec{B} \qquad \Delta(\alpha U + \beta V) = \alpha\Delta U + \beta\Delta V$$

$$\overrightarrow{rot}\left(\alpha\vec{A} + \beta\vec{B}\right) = \alpha\,\overrightarrow{rot}\vec{A} + \beta\,\overrightarrow{rot}\vec{B}$$

3. OPERATEURS AGISSANT SUR DES PRODUITS DE CHAMPS

3.1. Relations à connaître

$$\overrightarrow{grad}(UV) = U\,\overrightarrow{grad}V + V\,\overrightarrow{grad}U$$

$$div\left(U\vec{A}\right) = U\,div\vec{A} + \vec{A}\cdot\overrightarrow{grad}U$$

3.2. Autres relations

$$\overrightarrow{rot}\left(U\vec{A}\right) = U\,\overrightarrow{rot}\vec{A} + \overrightarrow{grad}U \wedge \vec{A}$$

$$div\left(\vec{A}\wedge\vec{B}\right) = \vec{B}\cdot\overrightarrow{rot}\vec{A} - \vec{A}\cdot\overrightarrow{rot}\vec{B}$$

4. COMPOSITIONS D'OPERATEURS

4.1. Relations à connaître

$$div\left(\overrightarrow{rot}\,\vec{A}\right)=0$$
$$\overrightarrow{rot}\left(\overrightarrow{grad}U\right)=\vec{0}$$
$$\overrightarrow{rot}\left(\overrightarrow{rot}\,\vec{A}\right)=\overrightarrow{grad}\left(div\,\vec{A}\right)-\Delta\vec{A}$$
$$div\left(\overrightarrow{grad}U\right)=\Delta U$$

4.2. Autres relations

$$\Delta\left(\overrightarrow{grad}U\right)=\overrightarrow{grad}(\Delta U) \qquad \Delta\left(div\,\vec{A}\right)=div\left(\Delta\vec{A}\right) \qquad \Delta\left(\overrightarrow{rot}\,\vec{A}\right)=\overrightarrow{rot}\left(\Delta\vec{A}\right)$$

Exercice 1 ★

Rotationnel et divergence d'un champ à structure axiale

L'espace étant rapporté à un repère cylindrique, on considère un champ de vecteurs, noté $\vec{B}(M,t)$, axial et invariant par rotation autour de l'axe Oz.

1. Quelle est la structure du rotationnel d'un tel champ de vecteurs?

2. A partir de cette seule structure, retrouver, sans utiliser de formulaire, la relation entre le champ $\vec{B}(M,t)$ et son rotationnel.

3. Que peut-on dire du champ $\vec{B}(M,t)$ si en outre sa divergence est nulle?

1. Le champ $\vec{B}(M,t)$ est à priori de la forme $\vec{B}(M,t)=B(r,z,t)\vec{u}_z$. En utilisant dans le formulaire l'expression du rotationnel en cylindriques, on obtient :

$$\overrightarrow{rot}\,\vec{B}(M,t)=-\frac{\partial B}{\partial r}\vec{u}_\theta$$

Le rotationnel de $\vec{B}(M,t)$ a donc une **structure orthoradiale**.

Il est utile de retenir ce résultat :

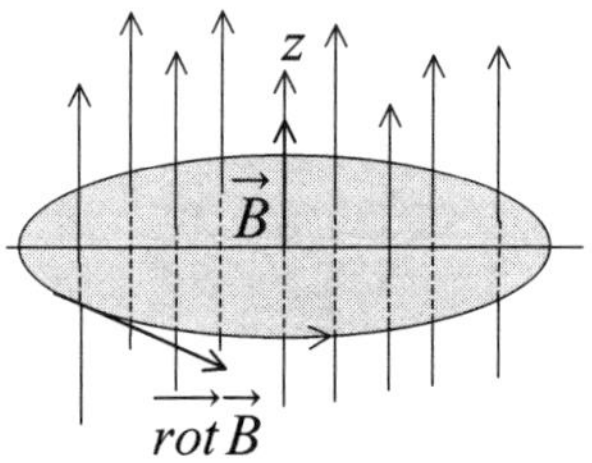

Le rotationnel d'un champ axial invariant par rotation autour de l'axe Oz est orthoradial. Ses lignes de champ sont des cercles centrés sur Oz.

2. Calculons la circulation de $\vec{B}(M,t)$ le long d'un contour rectangulaire élémentaire de côtés dr et dz, orienté comme l'indique la figure ci-dessous :

$$dC = dC_{AB} + dC_{BC} + dC_{CD} + dC_{DA}$$

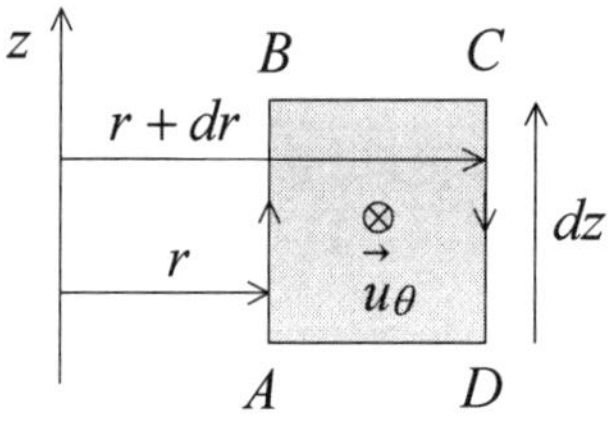

Or compte tenu de la structure de $\vec{B}(M,t)$:

$$dC_{AB} = B(r,z,t)dz \qquad dC_{BC} = 0$$
$$dC_{CD} = -B(r+dr,z,t)dz \qquad dC_{DA} = 0$$

$$\Rightarrow \quad dC = B(r,z,t) - B(r+dr,z,t) \quad \Rightarrow \quad dC = -\frac{\partial B}{\partial r}drdz \quad (1)$$

Par ailleurs, en appliquant le théorème de Stokes, on peut écrire que cette circulation est égale au flux du rotationnel de $\vec{B}(M,t)$ à travers la surface plane s'appuyant sur le rectangle ABCD et orientée compatiblement avec lui, selon $\vec{u}_\theta$.

Sachant que le rotationnel de $\vec{B}(M,t)$ a une structure orthoradiale et que le problème est invariant par rotation autour de l'axe Oz, on peut poser à priori :

$$\overrightarrow{rot}\vec{B}(M,t) = f(r,z)\vec{u}_\theta$$

On en déduit donc :

$$dC = \left(\overrightarrow{rot}\vec{B}\right)\cdot\overrightarrow{d^2s} = f(r,z,t)\vec{u}_\theta \cdot drdz\vec{u}_\theta = f(r,z,t)drdz \quad (2)$$

Finalement : $\quad (1)(2) \quad \Rightarrow \quad f(r,z,t) = -\dfrac{\partial B}{\partial r}$

$$\Rightarrow \quad \boxed{\overrightarrow{rot}\vec{B} = -\frac{\partial B}{\partial r}\vec{u}_\theta}$$

3. En utilisant dans le formulaire l'expression de la divergence en cylindriques, on obtient, compte tenu de la structure de $\vec{B}(M,t)$:

$$div\vec{B} = \frac{\partial B}{\partial z}$$

Si cette divergence est nulle, on en conclut que $\vec{B}(M,t)$ est indépendant de z. Il est alors finalement de la forme :

$$\boxed{\vec{B}(M,t) = B(r,t)\vec{u}_r}$$

Exercice 2 ★

Rotationnel d'un champ à structure orthoradiale

L'espace étant rapporté à un repère cylindrique, on considère un champ de vecteurs, noté $\vec{B}(M,t)$, à structure orthoradiale, de la forme $\vec{B}(M,t) = B(r,t)\vec{u}_\theta$.

1. Quelle est la structure du rotationnel d'un tel champ de vecteurs?

2. A partir de cette seule structure, retrouver, sans utiliser de formulaire, la relation entre le champ $\vec{B}(M,t)$ et son rotationnel.

3. Calculer le rotationnel du champ $\vec{A}(M) = \frac{1}{2}\vec{B}_0 \wedge \overrightarrow{OM}$ où $\vec{B}_0$ est un champ uniforme et stationnaire parallèle à l'axe Oz.

1. En utilisant dans le formulaire l'expression du rotationnel en cylindriques, on obtient :

$$\overrightarrow{rot}\vec{B}(M,t) = \frac{1}{r}\frac{\partial}{\partial r}(rB)\vec{u}_z$$

Le rotationnel de $\vec{B}(M,t)$ a donc une **structure axiale**.

Il est utile de retenir ce résultat :

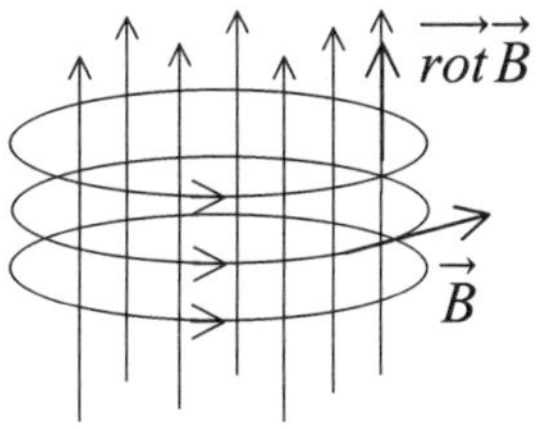

Le rotationnel d'un champ orthoradial du type $\vec{B}(M,t) = B(r,t)\vec{u}_\theta$ a une structure axiale. Ses lignes de champ sont des droites parallèles à l'axe Oz et enlacées par celles, circulaires, du champ $\vec{B}(M,t)$.

2. Calculons la circulation de $\vec{B}(M,t)$ le long d'un cercle (Γ), de rayon r, centré sur l'axe Oz dans un plan perpendiculaire à cet axe et orienté positivement selon $\vec{u}_\theta$.

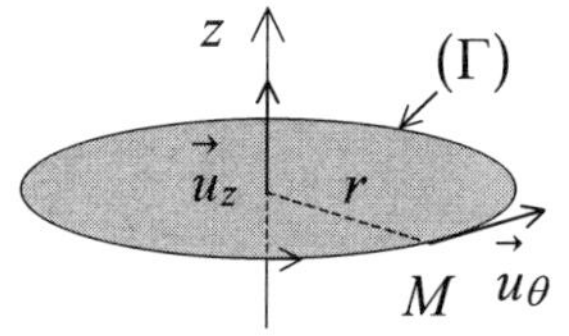

$$C = \oint_\Gamma \vec{B}\cdot d\overrightarrow{OM} = \oint_\Gamma B(r,t)\vec{u}_\theta \cdot rd\theta\vec{u}_\theta = rB(r,t)\int_0^{2\pi} d\theta$$

$$\Rightarrow \quad C = 2\pi rB(r,t) \quad (1)$$

Par ailleurs, en appliquant le théorème de Stokes on peut écrire que cette circulation est égale aux flux du rotationnel de $\vec{B}(M,t)$ à travers la surface du disque (D) s'appuyant sur le cercle (Γ) et orienté compatiblement avec lui, selon $\vec{u}_z$.

Sachant que le rotationnel de $\vec{B}(M,t)$ est à structure axiale et que le problème est invariant par rotation autour Oz et par translation parallèlement à Oz, on peut poser à priori :

$$\overrightarrow{rot}\vec{B} = f(r,t)\vec{u}_z$$

On en déduit donc :

$$C = \iint_S \left(\overrightarrow{rot}\vec{B}\right)\cdot\overrightarrow{d^2s} = \iint_S f(r',t)\vec{u}_z \cdot d^2S\vec{u}_z = \iint_S f(r',t)r'dr'd\theta$$

$$\Rightarrow \quad C = \int_0^{2\pi} d\theta \int_0^r r' f(r',t)dr' \quad \Rightarrow \quad C = 2\pi\int_0^r r' f(r',t)dr' \quad (2)$$

En identifiant les expressions (1) et (2) de la circulation de $\vec{B}(M,t)$ on obtient :

$$(1)\,(2) \quad \Rightarrow \quad rB(r,t) = \int_0^r r' f(r',t)dr'$$

En dérivant cette expression par rapport à r, il vient ensuite :

$$\frac{\partial}{\partial r}(rB) = r f(r,t) \quad \Rightarrow \quad f(r,t) = \frac{1}{r}\frac{\partial}{\partial r}(rB)$$

$$\Rightarrow \quad \boxed{\overrightarrow{rot}\vec{B} = \frac{1}{r}\frac{\partial}{\partial r}(rB)\vec{u}_z}$$

3. L'expression dans la base cylindrique du champ considéré est :

$$\vec{A} = \frac{1}{2}B_0\vec{u}_z \wedge r\vec{u}_r = \frac{1}{2}B_0 r\vec{u}_\theta$$

D'après ce qui précède, son rotationnel a pour expression :

$$\overrightarrow{rot}\vec{A} = \frac{1}{r}\frac{\partial}{\partial r}\left(\frac{1}{2}B_0 r^2\right)\vec{u}_z = B_0\vec{u}_z$$

Ainsi le rotationnel du champ de vecteur orthoradial $\vec{A}(M) = \frac{1}{2}\vec{B}_0 \wedge \overrightarrow{OM}$ est uniforme et a pour expression $\vec{B} = B_0\vec{u}_z$.

C'est un résultat qu'il est bon de connaître.

Exercice 3 ★

Champ de scalaires à symétrie sphérique

Soit O l'origine et M un point quelconque de l'espace. On pose $\overrightarrow{OM} = r\vec{u}_r$.

On considère un champ de scalaires du type $V(M,t) = V(r,t)$ et on définit le champ de vecteurs $\vec{A}(M,t) = \overrightarrow{grad}\,V(M,t)$

1. Quelle est la géométrie des lignes de champ du champ $\vec{A}(M,t)$?

2. Etablir, sans utiliser de formulaire, l'expression de $\vec{A}(M,t)$.

3. Etablir, sans utiliser de formulaire, l'expression de $div\vec{A}$. En déduire l'expression du Laplacien de $V(M,t)$

1. $\vec{A}(M,t) = \overrightarrow{grad}\,V(M,t)$ est normale aux surfaces $V = Cte$. Compte tenu de la structure du champ de scalaires $V(M,t)$, ces surfaces sont des sphères de centre O. On en déduit que les lignes de champ du champ de vecteurs $\vec{A}(M,t)$ sont des **demi-droites** d'origine O. Le problème étant en outre invariant par rotation de centre O, on peut affirmer que $\vec{A}(M,t)$ est de la forme :

$$\boxed{\vec{A}(M,t) = A(r,t)\vec{u}_r}$$

2. Par définition de la différentielle de $V(r,t)$: $dV = \frac{\partial V}{\partial r}dr + \frac{\partial V}{\partial t}dt \quad (1)$

Par définition du gradient : $dV = \overrightarrow{grad}V \cdot d\overrightarrow{OM} + \dfrac{\partial V}{\partial t}dt \quad (2)$

On en déduit : $(1),(2) \Rightarrow \overrightarrow{grad}V \cdot d\overrightarrow{OM} = \dfrac{\partial V}{\partial r}dr \quad (3)$

Par ailleurs :

$$\left.\begin{array}{l} d\overrightarrow{OM} = dr\vec{u}_r + rd\vec{u}_r \\ \overrightarrow{gradV} = A(r,t)\vec{u}_r \end{array}\right\} \Rightarrow \overrightarrow{grad}V \cdot d\overrightarrow{OM} = A(r,t)\vec{u}_r \cdot \left(dr\vec{u}_r + rd\vec{u}_r\right)$$

$$\Rightarrow \overrightarrow{gradV} \cdot d\overrightarrow{OM} = A(r,t)dr \quad (4)$$

Finalement :

$$(3),(4) \Rightarrow A(r,t) = \frac{\partial V}{\partial r} \Rightarrow \boxed{\overrightarrow{gradV} = A(r,t)\vec{u}_r = \frac{\partial V}{\partial r}\vec{u}_r} \quad (5)$$

3. Pour établir l'expression de la divergence d'un champ de vecteurs du type $\vec{A}(M,t) = A(r,t)\vec{u}_r$ on peut, en utilisant le théorème d'Ostrogradsky, calculer son flux sortant d'une sphère (S), de centre O et de rayon r.

Par définition du flux d'un champ de vecteurs à travers une surface, et compte tenu de la structure de $\vec{A}(M,t)$, d'une part et de la surface (S) considérée, d'autre part :

$$\Phi\left(\vec{A},S\right) = \oint\!\!\oint_S \vec{A}(M,t) \cdot \overrightarrow{d^2s} = \oint\!\!\oint_S A(r,t)\vec{u}_r \cdot d^2s\vec{u}_r = \oint\!\!\oint_s A(r,t)d^2s$$

$$\Rightarrow \Phi\left(\vec{A},S\right) = A(r,t)\oint\!\!\oint_s d^2s = 4\pi r^2 A(r,t) \quad (6)$$

En appliquant ensuite le théorème d'Ostrogradsky , (V) étant le volume intérieur à la sphère (S):

$$\Phi\left(\vec{A},S\right) = \iiint_V div\vec{A}\,d^3\tau$$

Or le module de $\vec{A}(M,t)$ étant invariant par rotation de centre O, la divergence de ce champ est à priori de la forme $div\vec{A} = f(r,t)$. On en déduit :

$$\Phi\left(\vec{A},S\right) = \iiint_V f(r')d^3\tau = \int_{r'=0}^{r}\int_{\theta=0}^{\pi}\int_{\varphi=0}^{2\pi} f(r')r'^2 \sin\theta\, dr'\, d\theta\, d\varphi$$

$$\Rightarrow \quad \Phi\left(\vec{A},S\right)=\left(\int_{r'=0}^{r} f(r')r'^2\,dr'\right)\left(\int_{\theta=0}^{\pi}\sin\theta\,d\theta\right)\left(\int_{\varphi=0}^{2\pi}d\varphi\right)$$

$$\Rightarrow \quad \Phi\left(\vec{A},S\right)=4\pi\int_{0}^{r} f(r')r'^2\,dr' \quad (7)$$

En identifiant les deux expressions précédentes du flux de $\vec{A}(M,t)$, il vient alors :

$$(6),(7) \quad \Rightarrow \quad 4\pi r^2 A(r,t)=4\pi\int_{r'=0}^{r} f(r')r'^2\,dr'$$

En dérivant cette expression par rapport à r, on obtient :

$$\frac{\partial}{\partial r}\left(r^2 A\right)=r^2 f(r)=r^2 div\vec{A}$$

$$\Rightarrow \quad \boxed{div\vec{A}=\frac{1}{r^2}\frac{\partial}{\partial r}\left(r^2 A\right)} \quad (8)$$

Sachant que $\Delta V = div\left(\overrightarrow{gradV}\right)$, on en déduit la forme du Laplacien de $V(M,t)$:

$$\left.\begin{array}{l}\overrightarrow{gradV}=\dfrac{\partial V}{\partial r}\vec{u}_r\\ (8)\end{array}\right\} \quad \Rightarrow \quad div\left(\overrightarrow{gradV}\right)=\frac{1}{r^2}\frac{\partial}{\partial r}\left(r^2\frac{\partial V}{\partial r}\right)$$

$$\Rightarrow \quad \boxed{\Delta V=\frac{1}{r^2}\frac{\partial}{\partial r}\left(r^2\frac{\partial V}{\partial r}\right)} \quad (9)$$

Exercice 4 ★

Flux d'un champ de vecteurs / Théorème d'Ostrogradsky

O étant un point pris comme origine et M un point quelconque de l'espace, on pose $\overrightarrow{OM}=r\vec{u}_r$. On considère le champ électrostatique suivant :

$$r<a \qquad \vec{E}(M)=\frac{\rho_0}{4\varepsilon_0}\frac{r^2}{a}\vec{u}_r$$

$$r>a \qquad \vec{E}(M)=\frac{\rho_0}{4\varepsilon_0}\frac{a^3}{r^2}\vec{u}_r$$

> Calculer le flux de ce champ sortant d'une sphère de centre O et de rayon r :
>
> 1. En utilisant la définition du flux d'un champ de vecteurs.
>
> 2. En utilisant le théorème d'Ostrogradsky.

1. Le champ considéré est de la forme $\vec{E}(M) = E(r)\vec{u}_r$. Son flux sortant d'une sphère (S) de centre O et de rayon r vaut donc :

$$\Phi\left(\vec{E},S\right) = \oiint_S \vec{E}(M)\cdot\overrightarrow{d^2s} = \oiint_S E(r)\vec{u}_r \cdot d^2s\,\vec{u}_r = \oiint_S E(r)d^2s$$

r étant constant sur le domaine d'intégration :

$$\Phi\left(\vec{E},S\right) = E(r)\oiint_S d^2s = 4\pi r^2 E(r) \quad (1)$$

On en déduit, compte tenu de l'expression de $E(r)$:

$$r < a \qquad \left.\begin{matrix} E(r) = \dfrac{\rho_0}{4\varepsilon_0}\dfrac{r^2}{a} \\ (1) \end{matrix}\right\} \Rightarrow \boxed{\Phi\left(\vec{E},S\right) = \frac{\pi\rho_0}{\varepsilon_0}\frac{r^4}{a}} \quad (2)$$

$$r > a \qquad \left.\begin{matrix} E(r) = \dfrac{\rho_0}{4\varepsilon_0}\dfrac{a^3}{r^2} \\ (1) \end{matrix}\right\} \Rightarrow \boxed{\Phi\left(\vec{E},S\right) = \frac{\pi\rho_0}{\varepsilon_0}a^3} \quad (3)$$

2. Soit (V_r) le volume intérieur à la sphère de rayon r. Le théorème d'Ostrograsky s'écrit :

$$\Phi\left(\vec{E},S\right) = \iiint_{V_r} div\vec{E}\, d^3\tau \quad (4)$$

En utilisant dans le formulaire l'expression de la divergence en sphériques, on obtient pour un champ du type $\vec{E}(M) = E(r)\vec{u}_r$:

$$div\vec{E} = \frac{1}{r^2}\frac{\partial}{\partial r}\left(r^2 E\right) \quad (5)$$

On en déduit, compte tenu de l'expression de $E(r)$:

$$r<a \qquad \left.\begin{array}{c} E(r)=\dfrac{\rho_0}{4\varepsilon_0}\dfrac{r^2}{a} \\ (5) \end{array}\right\} \Rightarrow \ div\vec{E}=\frac{\rho_0}{\varepsilon_0}\frac{r}{a} \quad (6)$$

$$r>a \qquad \left.\begin{array}{c} E(r)=\dfrac{\rho_0}{4\varepsilon_0}\dfrac{a^3}{r^2} \\ (5) \end{array}\right\} \Rightarrow \ div\vec{E}=0 \quad (7)$$

⋆ Cas $r<a$

L'application du théorème d'Ostrograsky au cas $r<a$ donne :

$$(4),(6) \ \Rightarrow \ \Phi(\vec{E},S)=\iiint_{V_r}\frac{\rho_0}{\varepsilon_0}\frac{r'}{a}d^3\tau=\int_0^r\frac{\rho_0}{\varepsilon_0}\frac{r'}{a}4\pi r'^2\,dr'=4\pi\frac{\rho_0}{\varepsilon_0}\frac{1}{a}\int_0^r r'^3dr'$$

$$\Rightarrow \ \boxed{\Phi(\vec{E},S)=\frac{\pi\rho_0}{\varepsilon_0}\frac{r^4}{a}}$$

On retrouve l'expression (2) de la première question.

⋆ Cas $r>a$

L'expression de $div\vec{E}$ étant différente pour $r<a$ et pour $r>a$, il est nécessaire, pour appliquer le théorème d'Ostrograsky au cas $r>a$, de décomposer le domaine d'intégration en deux parties. En notant (V_a) le volume intérieur à la sphère de rayon a et (V_r') le volume compris entre les sphères de rayon a et r, il vient :

$$\Phi(\vec{E},S)=\iiint_{V_r}div\vec{E}\,d^3\tau=\iiint_{V_a}div\vec{E}\,d^3\tau+\iiint_{V_r'}div\vec{E}\,d^3\tau \quad (8)$$

$$(6),(7),(8) \ \Rightarrow \ \Phi(\vec{E},S)=\iiint_{V_a}\frac{\rho_0}{\varepsilon_0}\frac{r'}{a}d^3\tau=\int_0^a\frac{\rho_0}{\varepsilon_0}\frac{r'}{a}4\pi r'^2\,dr'=4\pi\frac{\rho_0}{\varepsilon_0}\frac{1}{a}\int_0^a r'^3dr'$$

$$\Rightarrow \ \boxed{\Phi(\vec{E},S)=\frac{\pi\rho_0}{\varepsilon_0}a^3}$$

On retrouve l'expression (3) de la première question.

Exercice 5 ★

Circulation d'un champ de vecteurs / Théorème de Stokes

On note r la distance d'un point quelconque de l'espace à l'axe Oz et $\vec{u}_\theta$ le deuxième vecteur de la base cylindrique. On considère le champ magnétique suivant :

$$r < a \qquad \vec{B}(M,t) = \frac{\mu_0}{2\pi}\frac{r^2}{a^3}i(t)\vec{u}_\theta$$

$$r > a \qquad \vec{B}(M,t) = \frac{\mu_0}{2\pi}\frac{1}{r}i(t)\vec{u}_\theta$$

Calculer la circulation de ce champ le long d'un cercle de rayon r, centré sur l'axe Oz et se trouvant dans un plan normal à cet axe :

1. En utilisant la définition de la circulation d'un champ de vecteurs.

2. En utilisant le théorème de Stokes.

1. Le champ considéré est de la forme $\vec{B}(M,t) = B(r,t)\vec{u}_\theta$. Sa circulation le long d'un cercle (Γ) se trouvant dans un plan normal à Oz, centré sur cet axe, de rayon r et orienté selon $\vec{u}_\theta$ s'écrit donc :

$$C(\vec{B},\Gamma) = \oint_\Gamma \vec{B}(M,t)\cdot d\overrightarrow{OM} = \oint_\Gamma B(r,t)\vec{u}_\theta \cdot rd\theta\vec{u}_\theta = \oint_\Gamma B(r,t)rd\theta$$

r étant constant sur le domaine d'intégration :

$$C(\vec{B},\Gamma) = rB(r,t)\int_0^{2\pi} d\theta = 2\pi rB(r,t) \quad (1)$$

On en déduit, compte tenu de l'expression de $B(r,t)$:

★ Dans le cas $r < a$:

$$\left.\begin{matrix} B(r,t) = \dfrac{\mu_0}{2\pi}\dfrac{r^2}{a^3}i(t) \\ (1) \end{matrix}\right\} \Rightarrow \boxed{C(\vec{B},\Gamma) = \mu_0\frac{r^3}{a^3}i(t)} \quad (2)$$

★ Dans le cas $r > a$:

$$\left.\begin{array}{c} B(r,t) = \dfrac{\mu_0}{2\pi}\dfrac{1}{r}i(t) \\ (1) \end{array}\right\} \Rightarrow \boxed{C\left(\vec{B},\Gamma\right) = \mu_0 i(t)} \quad (3)$$

2. Soit (D_r) le disque de rayon r limité par le cercle (Γ) et orienté compatiblement avec lui selon $\vec{u}_z$. Le théorème de Stokes s'écrit :

$$C\left(\vec{B},\Gamma\right) = \iint_{D_r} \overrightarrow{rot}\,\vec{B} \cdot \overrightarrow{d^2 s} \quad (4)$$

En utilisant dans le formulaire l'expression du rotationnel en cylindriques pour un champ de vecteurs du type $\vec{B}(M,t) = B(r,t)\vec{u}_\theta$, on obtient :

$$\overrightarrow{rot}\,\vec{B} = \frac{1}{r}\frac{\partial}{\partial r}(rB)\vec{u}_z \quad (5)$$

On en déduit, compte tenu de l'expression de $B(r)$:

$$r < a \quad \left.\begin{array}{c} B(r,t) = \dfrac{\mu_0}{2\pi}\dfrac{r^2}{a^3}i(t) \\ (5) \end{array}\right\} \Rightarrow \overrightarrow{rot}\,\vec{B} = \frac{3\mu_0}{2\pi}\frac{r}{a^3}i(t)\vec{u}_z \quad (6)$$

$$r > a \quad \left.\begin{array}{c} B(r,t) = \dfrac{\mu_0}{2\pi}\dfrac{1}{r}i(t) \\ (5) \end{array}\right\} \Rightarrow \overrightarrow{rot}\,\vec{B} = \vec{0} \quad (7)$$

★ Cas $r < a$

L'application du théorème de Stokes se traduit alors par :

$$(4),(6) \Rightarrow C\left(\vec{B},\Gamma\right) = \iint_{D_r} \frac{3\mu_0}{2\pi}\frac{r'}{a^3}i(t)\vec{u}_z \cdot d^2 s\,\vec{u}_z$$

$$\Rightarrow C\left(\vec{B},\Gamma\right) = \iint_{D_r} \frac{3\mu_0}{2\pi}\frac{r'}{a^3}i(t)d^2 s = \frac{3\mu_0}{2\pi}i(t)\frac{1}{a^3}\int_0^r\int_0^{2\pi} r'^2\,dr'\,d\theta$$

$$\Rightarrow C\left(\vec{B},\Gamma\right) = \frac{3\mu_0}{2\pi}i(t)\frac{1}{a^3}\int_0^r r'^2\,dr'\int_0^{2\pi} d\theta \Rightarrow \boxed{C\left(\vec{B},\Gamma\right) = \mu_0\frac{r^3}{a^3}i(t)}$$

On retrouve l'expression (2) obtenue dans la première question.

★ Cas $r > a$

L'expression de $\overrightarrow{rot}\vec{B}$ étant différente pour $r < a$ et $r > a$, il est nécessaire, pour appliquer le théorème de Stokes dans ce cas, de décomposer le domaine d'intégration en deux parties. En notant (D_a) le disque limité par le cercle de rayon a et $(D_r^{'})$ la couronne comprise entre les cercles de rayon a et r, il vient :

$$C(\vec{B},\Gamma) = \iint_{D_r} \overrightarrow{rot}\vec{B} \cdot \overrightarrow{d^2 s} = \iint_{D_a} \overrightarrow{rot}\vec{B} \cdot \overrightarrow{d^2 s} + \iint_{D_r^{'}} \overrightarrow{rot}\vec{B} \cdot \overrightarrow{d^2 s} \quad (8)$$

$$(6),(7),(8) \quad \Rightarrow \quad C(\vec{B},\Gamma) = \iint_{D_a} \overrightarrow{rot}\vec{B} \cdot \overrightarrow{d^2 s} = \iint_{D_a} \frac{3\mu_0}{2\pi} i(t) \frac{r'}{a^3} \vec{u}_z \cdot d^2 s \vec{u}_z$$

$$\Rightarrow \quad C(\vec{B},\Gamma) = \frac{3\mu_0}{2\pi} i(t) \frac{1}{a^3} \int_0^a \int_0^{2\pi} r'^2 \, dr' d\theta = \frac{3\mu_0}{2\pi} i(t) \frac{1}{a^3} \int_0^a r'^2 \, dr' \int_0^{2\pi} d\theta$$

$$\Rightarrow \quad \boxed{C(\vec{B},\Gamma) = \mu_0 i(t)}$$

On retrouve l'expression (2) obtenue dans la première question.

REGIMES PERMANENTS

ELECTROSTATIQUE

Exercice 1 ★

Distribution volumique de charges à symétrie cylindrique

On considère un cylindre d'axe Oz, de rayon R, de longueur infinie, chargé en volume par une distribution de charges dont la densité en un point P, situé à la distance r de l'axe Oz, vaut :

$$\rho(P) = a\frac{r}{R} \qquad r \in [0,R]$$

Etudier le champ électrostatique créé par cette distribution de charges :

1. En utilisant les lois locales de l'électrostatique.

2. En utilisant les lois intégrées de l'électrostatique.

Qu'on utilise les lois locales ou les lois intégrées de l'électrostatique, **une étude préalable des symétries et des invariances du problème est utile pour réduire par la suite le volume des calculs**.

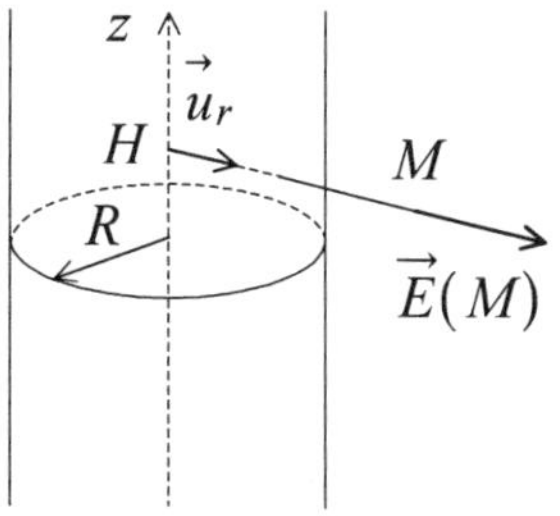

Soit M un point quelconque de l'espace, de coordonnées cylindriques (r,θ,z) et H son projeté orthogonal sur l'axe Oz. L'axe HM est un axe de symétrie du problème. On en déduit que le champ électrique en M est parallèle à cet axe ; ce qui peut se traduire par :

$$\vec{E}(M) = E(M)\vec{u}_r = E(r,\theta,z)\vec{u}_x$$

Par ailleurs, le problème étant invariant par rotation autour de Oz et par translation parallèlement à Oz, on peut affirmer que $E(M)$ ne dépend ni de θ, ni de z. Finalement, les symétries et invariances du problème conduisent à poser :

$$\vec{E}(M) = E(r)\vec{u}_r$$

1. **La méthode locale s'articule autour de l'équation de Maxwell-Gauss** :

$$div\vec{E} = \frac{\rho}{\varepsilon_0} \quad (1)$$

En utilisant dans le formulaire l'expression de la divergence en cylindriques, on obtient, compte tenu de la structure de $\vec{E}$:

$$div\vec{E} = \frac{1}{r}\frac{\partial}{\partial r}(rE) \quad (2)$$

D'où :

$$(1),(2) \Rightarrow \frac{1}{r}\frac{\partial}{\partial r}(rE) = \frac{\rho(r)}{\varepsilon_0} \quad (3)$$

⋆ Pour $r < R$:

$$\left.\begin{matrix} \rho(r) = a\dfrac{r}{R} \\ (3) \end{matrix}\right\} \Rightarrow \frac{1}{r}\frac{\partial}{\partial r}(rE) = \frac{a}{\varepsilon_0}\frac{r}{R} \Rightarrow \frac{\partial}{\partial r}(rE) = \frac{a}{\varepsilon_0}\frac{r^2}{R}$$

$$\Rightarrow rE(r) = \frac{a}{3\varepsilon_0}\frac{r^3}{R} + C_1 \Rightarrow E(r) = \frac{a}{3\varepsilon_0}\frac{r^2}{R} + \frac{C_1}{r}$$

Pour le calcul de la constante d'intégration C_1, revenons sur les considérations de symétrie. L'axe Oz étant un axe de symétrie de la distribution, le champ électrostatique en un point de cet axe, est parallèle à $\vec{u}_z$. Or nous savons qu'il est aussi parallèle à $\vec{u}_r$. On en conclut que le champ est nul sur l'axe Oz. D'où :

$$\left.\begin{matrix} E(r) = \dfrac{a}{3\varepsilon_0}\dfrac{r^2}{R} + \dfrac{C_1}{r} \\ E(0) = 0 \end{matrix}\right\} \Rightarrow C_1 = 0 \Rightarrow E(r) = \frac{a}{3\varepsilon_0}\frac{r^2}{R} \quad (4)$$

⋆ Pour $r > R$:

$$\left.\begin{matrix} \rho(r) = 0 \\ (3) \end{matrix}\right\} \Rightarrow \frac{1}{r}\frac{\partial}{\partial r}(rE) = 0 \Rightarrow E(r) = \frac{C_2}{r} \quad (5)$$

Pour le calcul de la constante d'intégration C_2, on utilise la propriété de continuité du champ électrostatique d'une distribution volumique de charges.

$$\left.\begin{matrix} r \to R^- & E(r) \to \dfrac{a}{3\varepsilon_0}R \\ r \to R^+ & E(r) \to \dfrac{C_2}{R} \end{matrix}\right\} \Rightarrow C_2 = \frac{a}{3\varepsilon_0}R^2$$

Finalement :

$$\begin{array}{|lll|} r<R & \vec{E}(M)=\dfrac{a}{3\varepsilon_0}\dfrac{r^2}{R}\vec{u}_r & (6) \\ r>R & \vec{E}(M)=\dfrac{a}{3\varepsilon_0}\dfrac{R^2}{r}\vec{u}_r & (7) \end{array}$$

2. **La méthode intégrée s'articule sur le théorème de Gauss.** (V) étant le volume intérieur à la surface fermée (S) :

$$\Phi\left(\vec{E},S\right)=\oiint_S \vec{E}\cdot\overrightarrow{d^2s}=\frac{1}{\varepsilon_0}\iiint_V \rho d^3\tau \quad (8)$$

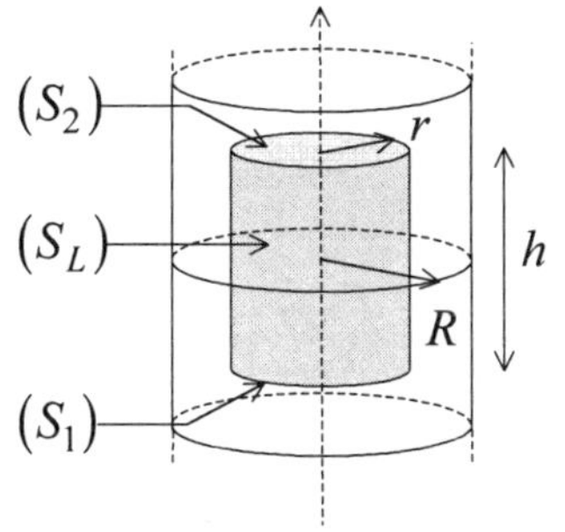

Prenons comme surface fermée (S) un cylindre (S_L) d'axe Oz, de rayon r, de hauteur h, fermé par deux disques (S_1) et (S_2). Il vient alors :

$$\Phi\left(\vec{E},S\right)=\iint_{S_L}\vec{E}\cdot\overrightarrow{d^2s}+\iint_{S_1}\vec{E}\cdot\overrightarrow{d^2s}+\iint_{S_2}\vec{E}\cdot\overrightarrow{d^2s}$$

Compte tenu de la structure du champ étudié, les flux au travers des surfaces (S_1) et (S_2) sont nuls. Quant à celui au travers de (S_L), il vaut :

$$\iint_{S_L}\vec{E}\cdot\overrightarrow{d^2s}=\iint_{S_L}E(r)d^2s=E(r)\iint_{S_L}d^2s=2\pi rhE(r)$$

$$\Rightarrow \quad \Phi\left(\vec{E},S\right)=2\pi rhE(r) \quad (9)$$

- Pour $r<R$:

$$\iiint_V \rho d^3\tau=\iiint_V a\frac{r'}{R}r'dr'd\theta dz=\frac{a}{R}\left(\int_0^r r'^2\,dr'\right)\left(\int_0^{2\pi}d\theta\right)\left(\int_0^h dz\right)=\frac{2\pi}{3}a\frac{r^3}{R}h \quad (10)$$

$$(8),(10) \quad \Rightarrow \quad \Phi\left(\vec{E},S\right)=\frac{2\pi}{3\varepsilon_0}a\frac{r^3}{R}h \quad (11)$$

D'où : $\quad (9),(11) \quad \Rightarrow \quad E(r)=\dfrac{a}{3\varepsilon_0}\dfrac{r^2}{R} \quad \Rightarrow \quad \boxed{\vec{E}(M)=\dfrac{a}{3\varepsilon_0}\dfrac{r^2}{R}\vec{u}_r}$

On retrouve l'expression (6) de la première question.

⋆ Pour $r > R$

$$\iiint_V \rho d^3\tau = \iiint_V a\frac{r'}{R}r'dr'd\theta dz = \frac{a}{R}\left(\int_0^R r'^2\,dr'\right)\left(\int_0^{2\pi} d\theta\right)\left(\int_0^h dz\right) = \frac{2\pi}{3}aR^2h \quad (12)$$

$$(8),(12) \Rightarrow \Phi\left(\vec{E},S\right) = \frac{2\pi}{3\varepsilon_0}aR^2h \quad (13)$$

D'où : $(9),(13) \Rightarrow E(r) = \frac{a}{3\varepsilon_0}\frac{R^2}{r} \Rightarrow \boxed{\vec{E}(M) = \frac{a}{3\varepsilon_0}\frac{R^2}{r}\vec{u}_r}$

On retrouve l'expression (7) de la première question.

Les deux méthodes donnent donc bien les mêmes résultats. **D'une façon générale, la méthode intégrée utilisant les propriétés du flux et la méthode locale utilisant les propriétés de la divergence d'un champ de vecteurs, constituent deux méthodes équivalentes**. Le lien entre ces deux types de méthodes est en fait le théorème d'Ostrogradsky.

Exercice 2 ⋆

Modélisations volumiques et surfaciques de charges

Une charge Q est uniformément répartie entre les sphères de centre O et de rayons R et $R+e$.

1. Exprimer la densité volumique ρ_0 de la distribution.

2. Etudier en tout point de l'espace le champ électrostatique créé par la distribution :

2.1. En utilisant les lois locales de l'électrostatique.

2.2. En utilisant les lois intégrées de l'électrostatique.

3. Que deviennent les résultats précédents lorsque la charge totale Q de la distribution restant constante, l'épaisseur e tend vers zéro ? Commenter.

1. Le volume de la distribution confinée entre les sphères de centre O et de rayons R et $R+e$ vaut :

$$V = \frac{4}{3}\pi\left[(R+e)^3 - R^3\right]$$

La distribution étant uniforme, sa densité volumique de charges vaut :

$$\rho_0 = \frac{Q}{V} \quad \Rightarrow \quad \boxed{\rho_0 = \frac{3}{4\pi} \frac{Q}{(R+e)^3 - R^3}} \quad (1)$$

2. M étant un point quelconque de l'espace, de coordonnées sphériques (r,θ,φ), l'axe OM est un axe de symétrie du problème. On en déduit que le champ électrique en M est parallèle à cet axe, ce qui peut se traduire par :

$$\vec{E}(M) = E(M)\vec{u}_r = E(r,\theta,\varphi)\vec{u}_r$$

En outre le problème est invariant par rotation autour du point O. On peut donc affirmer, d'une part que $E(M)$ ne dépend que de r, d'autre part qu'il est nul en O. Les symétries et invariances du problème nous conduisent donc à poser :

$$\vec{E}(M) = E(r)\vec{u}_r \quad \text{avec} \quad E(0) = 0$$

2.1. La méthode locale s'articule autour de l'équation de Maxwell-Gauss :

$$div\vec{E} = \frac{\rho}{\varepsilon_0} \quad (2)$$

En utilisant, dans le formulaire, l'expression de la divergence en sphériques, on obtient :

$$div\vec{E} = \frac{1}{r^2}\frac{\partial}{\partial r}\left(r^2 E\right) \quad (3)$$

⋆ Pour $r < R$:

$$\left.\begin{array}{c}\rho = 0\\(3)\end{array}\right\} \Rightarrow \frac{1}{r^2}\frac{\partial}{\partial r}\left(r^2 E\right) = 0 \Rightarrow E(r) = \frac{C_1}{r^2} \quad (4)$$

Pour le calcul de la constante d'intégration C_1, on utilise le fait que $E(0) = 0$:

$$\left.\begin{array}{c}E(0) = 0\\(4)\end{array}\right\} \Rightarrow C_1 = 0 \Rightarrow E(r) = 0 \quad (5)$$

⋆ Pour $r \in [R, R+e]$:

$$\left.\begin{array}{c}\rho = \rho_0\\(3)\end{array}\right\} \Rightarrow \frac{1}{r^2}\frac{\partial}{\partial r}\left(r^2 E\right) = \frac{\rho_0}{\varepsilon_0} \Rightarrow \frac{\partial}{\partial r}\left(r^2 E\right) = \frac{\rho_0}{\varepsilon_0} r^2$$

$$\Rightarrow \quad r^2E(r)=\frac{\rho_0}{3\varepsilon_0}r^3+C_2 \Rightarrow \quad E(r)=\frac{\rho_0}{3\varepsilon_0}r+\frac{C_2}{r^2} \quad (6)$$

Pour le calcul de la constante C_2, on utilise en $r = R$, la propriété de continuité du champ électrique d'une distribution volumique de charges :

$$\left.\begin{array}{ll} r \to R^- & E(r)=0 \\ r \to R^+ & E(r) \to \dfrac{\rho_0}{3\varepsilon_0}R+\dfrac{C_2}{R^2} \end{array}\right\} \Rightarrow \quad C_2=-\frac{\rho_0}{3\varepsilon_0}R^3$$

$$\Rightarrow \quad E(r)=\frac{\rho_0}{3\varepsilon_0}\left(r-\frac{R^3}{r^2}\right) \quad (7)$$

- Pour $r > R$:

$$\left.\begin{array}{l} \rho=0 \\ (3) \end{array}\right\} \Rightarrow \quad \frac{1}{r^2}\frac{\partial}{\partial r}\left(r^2E\right)=0 \quad \Rightarrow \quad E(r)=\frac{C_3}{r^2} \quad (8)$$

Pour le calcul de la constante C_3, on utilise, en $r = R + e$, la propriété de continuité du champ électrique d'une distribution volumique de charges :

$$\left.\begin{array}{ll} r \to (R+e)^- & E(r) \to \dfrac{\rho_0}{3\varepsilon_0}\left[(R+e)-\dfrac{R^3}{(R+e)^2}\right] \\ r \to (R+e)^+ & E(r) \to \dfrac{C_3}{(R+e)^2} \end{array}\right\} \Rightarrow C_3=\frac{\rho_0}{3\varepsilon_0}\left[(R+e)^3-R^3\right]$$

$$\Rightarrow \quad E(r)=\frac{\rho_0}{3\varepsilon_0}\left[(R+e)^3-R^3\right]\frac{1}{r^2} \quad (9)$$

Finalement, compte tenu de l'expression (1) de ρ_0 :

$r < R$	$\vec{E}(M)=\vec{0}$	(10)
$r \in [R, R+e]$	$\vec{E}(M)=\dfrac{1}{4\pi\varepsilon_0}\dfrac{Q}{(R+e)^3-R^3}\left(r-\dfrac{R^3}{r^2}\right)\vec{u}_r$	(11)
$r > R+e$	$\vec{E}(M)=\dfrac{1}{4\pi\varepsilon_0}\dfrac{Q}{r^2}\vec{u}_r$	(12)

2.2. La méthode intégrée s'articule sur le théorème de Gauss . (V) étant le volume intérieur à la surface fermée (S) :

$$\Phi(\vec{E},S)=\oiint_S \vec{E}\cdot\overrightarrow{d^2s}=\frac{1}{\varepsilon_0}\iiint_V \rho d^3\tau$$

La surface fermée utilisée est une sphère de centre O et de rayon r. Compte tenu de la structure du champ étudié :

$$\oiint_S \vec{E}\cdot\overrightarrow{d^2s}=\oiint_S E(r)\vec{u}_r\cdot d^2s\vec{u}_r = E(r)\oiint_s d^2s$$

$$\Rightarrow \quad \Phi(\vec{E},S)=4\pi r^2 E(r) \quad (13)$$

⋆ Pour $r<R$:

La charge intérieure à la sphère de rayon r est nulle. On en déduit :

$$\left.\begin{array}{c}\Phi(\vec{E},S)=0\\(13)\end{array}\right\} \Rightarrow E(r)=0 \Rightarrow \boxed{\vec{E}(M)=\vec{0}}$$

On retrouve bien l'expression (10).

⋆ Pour $r\in[R,R+e]$:

En notant V' le volume compris entre les sphères de rayons R et r :

$$\iiint_V \rho d^3\tau=\iiint_{V'}\rho_0 d^3\tau=\frac{4}{3}\pi(r^3-R^3)\rho_0$$

Soit, compte tenu de l'expression (1) de ρ_0 :

$$\iiint_V \rho d^3\tau=Q\frac{r^3-R^3}{(R+e)^3-R^3} \quad \Rightarrow \quad \Phi(\vec{E},S)=\frac{Q}{\varepsilon_0}\frac{r^3-R^3}{(R+e)^3-R^3} \quad (14)$$

$$(13),(14) \quad \Rightarrow \quad E(r)=\frac{Q}{4\pi\varepsilon_0}\frac{1}{(R+e)^3-R^3}\left(r-\frac{R^3}{r^2}\right)$$

$$\Rightarrow \quad \boxed{\vec{E}(M)=\frac{Q}{4\pi\varepsilon_0}\frac{1}{(R+e)^3-R^3}\left(r-\frac{R^3}{r^2}\right)\vec{u}_r}$$

On retrouve bien l'expression (11).

⋆ Pour $r > R + e$:

La charge intérieure à la sphère de rayon r est égale à la charge totale de la distribution. On en déduit : $\Phi\left(\vec{E},S\right) = \dfrac{Q}{\varepsilon_0}$ (15)

$$(13),(15) \Rightarrow E(r) = \frac{1}{4\pi\varepsilon_0}\frac{Q}{r^2} \Rightarrow \boxed{\vec{E}(M) = \frac{1}{4\pi\varepsilon_0}\frac{Q}{r^2}\vec{u}_r}$$

On retrouve bien l'expression (12).

3. Lorsqu'on fait tendre e vers zéro, la charge totale Q restant constante, les résultats (10) et (12) de la première question fournissent immédiatement l'expression du champ électrique :

$r < R$	$\vec{E}(M) = \vec{0}$	(16)
$r > R$	$\vec{E}(M) = \dfrac{1}{4\pi\varepsilon_0}\dfrac{Q}{r^2}\vec{u}_r$	(17)

On constate qu'il apparaît en $r = R$ une discontinuité du champ électrique égale à :

$$\vec{E}\left(R^+\right) - \vec{E}\left(R^-\right) = \frac{1}{4\pi\varepsilon_0}\frac{Q}{R^2}\vec{u}_r \quad (18)$$

Or, lorsqu'on fait tendre e vers zéro, la charge totale Q restant constante, on passe d'une distribution volumique à une distribution surfacique de centre O, de rayon R et de densité surfacique uniforme $\sigma = Q/4\pi R^2$.

La relation de discontinuité (18) s'écrit donc : $\boxed{\vec{E}\left(R^+\right) - \vec{E}\left(R^-\right) = \dfrac{\sigma}{\varepsilon_0}\vec{u}_r}$

Cette expression correspond à l'écriture, dans le cas particulier du problème traité, de la relation de passage du champ électrique à la traversée d'une surface chargée séparant deux milieux dépourvus de propriétés diélectriques :

$$\vec{E}_2 - \vec{E}_1 = \frac{\sigma}{\varepsilon_0}\vec{n}_{1\to 2}$$

Exercice 3 ★

Sources d'un champ électrostatique connu

On considère deux sphères de centre O et de rayons R_1 et R_2 $(R_1 < R_2)$.
Une distribution uniforme de charges est localisée à la surface de la sphère de rayon R_1. Une distribution volumique de charges à symétrie sphérique est confinée entre les deux sphères.
Le champ électrique créé, entre les deux sphères, par l'ensemble des charges du problème, est de module uniforme égal à E_0.

1. Que vaut le champ à l'intérieur de la sphère de centre O et de rayon R_1 ?

2. Déterminer la densité de la distribution surfacique de charges portée par la sphère de rayon R_1.

3. Etudier la densité de la distribution volumique de charges confinée entre les deux sphères.

4. Etablir l'expression du champ électrostatique à l'extérieur de la sphère de rayon R_2. En déduire la charge totale de l'ensemble des deux distributions.

Cet exercice, comme les précédents, peut être traité en utilisant soit les lois locales, soit les lois intégrées de l'électrostatique. Nous le traiterons ici par les lois locales. La méthode s'articule autour de l'équation de Maxwell-Gauss :

$$div\vec{E} = \frac{\rho}{\varepsilon_0} \quad (1)$$

1. Pour tout point M de l'espace, la distribution étant à symétrie sphérique, l'axe OM est un axe de symétrie et le problème est invariant par rotation autour de O. La première remarque permet d'affirmer que le champ en M est dirigé selon le vecteur unitaire $\vec{u}_r$ de OM ; la seconde que son module ne dépend que de la distance r de M à O. Le champ électrique est donc de la forme :

$$\vec{E}(M) = E(r)\vec{u}_r$$

En utilisant, dans le formulaire, l'expression de la divergence en sphérique, on obtient pour un tel champ :

$$div\vec{E} = \frac{1}{r^2}\frac{\partial}{\partial r}\left(r^2 E\right) \quad (2)$$

A l'intérieur de la sphère de rayon R_1, la densité de charges étant nulle :

$$(1),(2) \;\Rightarrow\; \frac{1}{r^2}\frac{\partial}{\partial r}\left(r^2 E\right)=0 \;\Rightarrow\; E(r)=\frac{C_1}{r^2}$$

En absence de charge en O, le champ électrostatique est défini et continu en ce point. La fonction $E(r)$ doit donc être définie et continue pour $r=0$. Cela n'est possible que si C_1 est nulle. Finalement :

$$\text{Pour } r<R_1 \quad \boxed{\vec{E}(M)=\vec{0}} \quad (3)$$

2. Pour $r = R_1$ le champ électrostatique présente une discontinuité :

$$\lim_{r\to R_1^-} E(r)=E\left(R_1^-\right)=0 \quad (4) \quad \text{et} \quad \lim_{r\to R_1^+} E(r)=E\left(R_1^+\right)=E_0 \quad (5)$$

La densité de la distribution surfacique, portée par la sphère de rayon R_1, peut se déterminer en utilisant la relation de passage que doit satisfaire le champ électrostatique au niveau de cette distribution :

$$E\left(R_1^+\right)-E\left(R_1^-\right)=\frac{\sigma}{\varepsilon_0}\vec{u}_r \quad (6)$$

Des relations (4), (5) et (6), on déduit :

$$\boxed{\sigma=\varepsilon_0 E_0} \quad (7)$$

3. Pour $r\in\left]R_1,R_2\right]$, $\vec{E}(M)=E_0\vec{u}_r$. On en déduit donc :

$$(1),(2) \;\Rightarrow\; \frac{1}{r^2}\frac{\partial}{\partial r}\left(r^2 E_0\right)=\frac{\rho(r)}{\varepsilon_0} \;\Rightarrow\; \boxed{\rho(r)=2\varepsilon_0\frac{E_0}{r}} \quad (8)$$

4. Pour $r>R_2$, la densité volumique de charges étant à nouveau nulle :

$$(1),(2) \;\Rightarrow\; \frac{1}{r^2}\frac{\partial}{\partial r}\left(r^2 E\right)=0 \;\Rightarrow\; E(r)=\frac{C_2}{r^2}$$

La sphère de rayon R_2 ne portant pas de charges surfaciques, le champ électrique est continu en $r=R_2$. Cela permet de calculer C_2 :

$$\left.\begin{array}{ll} r\to R_2^- & E(r)=E_0 \\ r\to R_2^+ & E(r)\to\dfrac{C_2}{R_2^2} \end{array}\right\} \;\Rightarrow\; C_2=E_0R_2^2$$

Finalement, pour $r > R_2$: $$\boxed{\vec{E}(M) = E_0 \frac{R_2^2}{r^2} \vec{u}_r} \quad (9)$$

De cette expression, on peut déduire immédiatement la charge totale de la distribution étudiée. En effet, d'une façon tout à fait générale, le champ créé par une distribution à symétrie sphérique de centre O, en un point extérieur à la distribution, est identique à celui que créerait une charge ponctuelle placée en O et égale à la charge totale de la distribution.
En notant Q la charge totale de la distribution étudiée, on peut donc écrire pour $r > R_2$:

$$\left.\begin{array}{l} \vec{E}(M) = E_0 \dfrac{R_2^2}{r^2} \vec{u}_r \\ \vec{E}(M) = \dfrac{1}{4\pi\varepsilon_0} \dfrac{Q}{r^2} \vec{u}_r \end{array}\right\} \Rightarrow \boxed{Q = 4\pi\varepsilon_0 R_2^2 E_0} \quad (10)$$

Remarque 1 : La propriété utilisée concernant le champ d'une distribution sphérique de centre O, de rayon R et de charge totale Q, se retrouve rapidement à l'aide du théorème de Gauss. (S) étant une sphère de centre O et de rayon r, supérieur à R, il vient en effet, compte tenu de la structure radiale de ce champ :

$$\left.\begin{array}{l} \phi(\vec{E}, S) = 4\pi r^2 E(r) \\ \phi(\vec{E}, S) = \dfrac{Q}{\varepsilon_0} \end{array}\right\} \Rightarrow E(r) = \frac{1}{4\pi\varepsilon_0} \frac{Q}{r^2}$$

Remarque 2 : La charge totale peut-être calculée directement. En notant (S_1) la surface de la sphère de rayon R_1 et (V) le volume compris entre les deux sphères :

$$Q = \iint_{S_1} \sigma d^2 s + \iiint_V \rho(r) d^3 \tau$$

En reprenant les expressions (7) et (8) de σ et $\rho(r)$, il vient :

$$Q = \iint_{S_1} \varepsilon_0 E_0 d^2 s + \iiint_V 2\varepsilon_0 \frac{E_0}{r} d^3 \tau = 4\pi R_1^2 \varepsilon_0 E_0 + \int_{R_1}^{R_2} 8\pi\varepsilon_0 E_0 r dr$$

$$\Rightarrow \quad Q = 4\pi\varepsilon_0 E_0 \left(R_1^2 + R_2^2 - R_1^2\right) \quad \Rightarrow \quad Q = 4\pi\varepsilon_0 R_2^2 E_0$$

On retrouve bien le résultat précédent.

Exercice 4 ★★

Distribution surfacique, sphérique, non homogène

On considère un ensemble de charges réparties en surface sur une sphère de centre O et de rayon R.

Cette répartition est caractérisée par la distribution surfacique σ, définie par $\sigma(M) = \sigma_0 \cos\theta$ où M désigne un point sur la sphère, σ_0 une constante positive et θ l'angle $\left(O\vec{z}, \overrightarrow{OM}\right)$ en coordonnées sphériques. La charge est nulle partout ailleurs (figure 1).

L'espace sera décrit, suivant les besoins, par un repère de coordonnées sphériques $\left(O, \vec{u}_r, \vec{u}_\theta, \vec{u}_\varphi\right)$ ou de coordonnées cartésiennes $\left(O, \vec{u}_x, \vec{u}_y, \vec{u}_z\right)$.

Cette distribution crée, en tout point M de l'espace, un champ électrique $\vec{E}(M)$ que l'on cherche à déterminer.

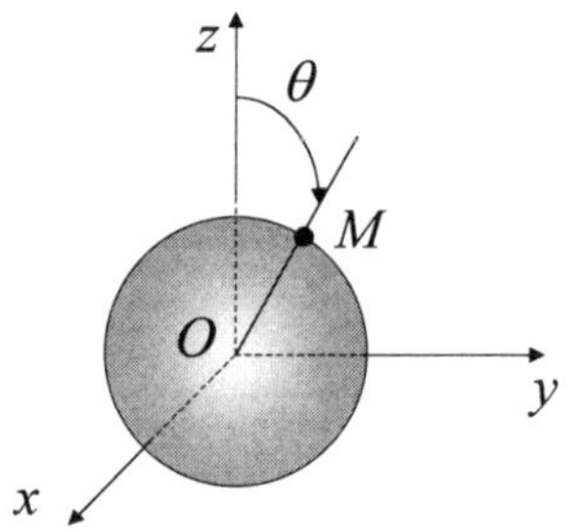

Figure 1

1. Calculer la charge totale portée par cette distribution.

2. Calculer le moment dipolaire $\vec{P}$ associé à cette distribution. Comment qualifier celle-ci ? En déduire le champ électrique créé en un point quelconque, situé loin de la distribution.

3. Calculer directement le champ électrique créé au centre de la sphère. Quelle est la direction du champ électrique en tout point de l'axe (O,z) ? Calculer le potentiel en tout point de l'axe (O,z) intérieur à la sphère et en déduire le champ électrique en ces mêmes points.

4. Pour calculer le champ en un point quelconque à l'intérieur de la sphère, on peut considérer cette distribution comme la superposition de deux distributions volumiques sphériques uniformes de rayon R, de centre O^+ et O^- distants de a, et de densités volumiques de charges respectives ρ_0 et $-\rho_0$ (figure 2).

Montrer que lorsque a tend vers 0, la superposition de ces deux distributions est équivalente à celle étudiée précédemment, à condition de donner à ρ_0 une valeur que l'on exprimera en fonction de σ_0 et de a.

5. Calculer le champ électrique créé par chaque sphère en un point quelconque situé à l'intérieur. En déduire le champ électrique que crée la distribution initiale à l'intérieur de la sphère de rayon R et le caractériser.

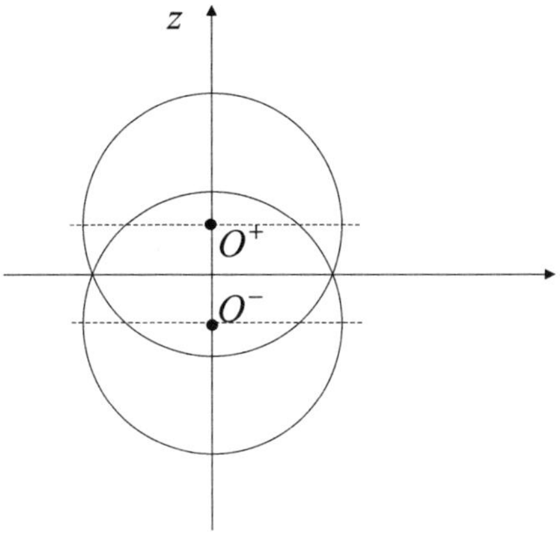

Figure 2

6. Montrer de deux manières différentes que les deux modèles sont compatibles lorsque σ_0, ρ_0 et a vérifient la relation déterminée à la question 4.

7. Tracer l'allure des lignes de champ de cette distribution. Commenter le comportement du champ électrique à la surface définie par $r = R$.

1. Soit Σ la surface définie par la sphère de rayon R. La charge totale portée par Σ se calcule à partir de la distribution surfacique de charges par :

$$Q = \oiint_\Sigma \sigma_0 \cos\theta \, d^2S$$

Le plan d'équation $\theta = \pi/2$ est un plan d'antisymétrie de la distribution. En effet, en deux points symétriques par rapport à ce plan, repérés par les angles θ et $\pi - \theta$, les densités charges sont opposées : $\sigma(\pi - \theta) = -\sigma_0 \cos\theta = -\sigma(\theta)$. Cette propriété permet d'affirmer que la charge portée par la partie de la distribution située au-dessus du plan $z = 0$ est l'opposée de celle portée par la partie de la distribution située au-dessous de ce même plan. La charge totale est donc nulle :

$$\boxed{Q = 0}$$

2. Le moment dipolaire caractérisant cette distribution est égal par définition à $\vec{P} = \oiint_\Sigma \overrightarrow{OM} \cdot dQ = \oiint_\Sigma \overrightarrow{OM}\, \sigma_0 \cos\theta \, d^2S$ où M appartient à la sphère de rayon

R. La distribution reste invariante par rotation d'angle φ autour de l'axe (O,z). Ainsi, deux points M et M' symétriques par rapport à l'axe portent la même charge et les vecteurs $\overrightarrow{OM}$ et $\overrightarrow{OM'}$ ont leurs composantes radiales opposées. On peut donc écrire comme le montre la figure 3 :

$$\overrightarrow{OM}\, dQ(M) + \overrightarrow{OM'}\, dQ(M') = dQ\left(\overrightarrow{OM} + \overrightarrow{OM'}\right) = 2R\cos\theta\, dQ\, \vec{u}_z$$

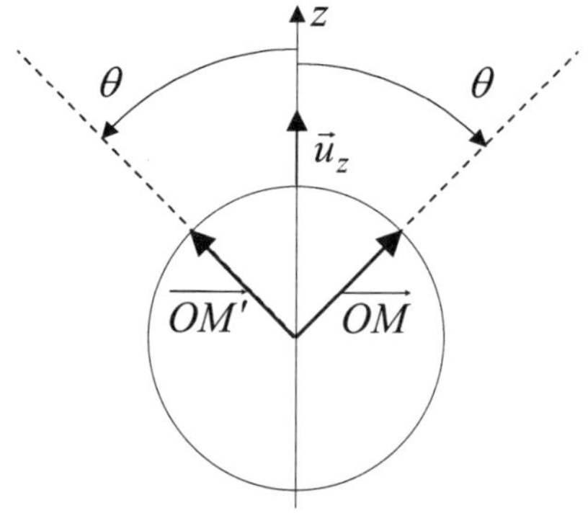

Figure 3

En regroupant les points par couples symétriques par rapport à Oz, il apparaît que le moment dipolaire total est parallèle à $\vec{u}_z$. Sa valeur algébrique s'obtient donc en projetant l'intégrale vectorielle sur $\vec{u}_z$:

$$\vec{P} = P_z\vec{u}_z \Rightarrow P_z = \left(\oint\!\!\!\oint_\Sigma \overrightarrow{OM}\, \sigma_0 \cos\theta\, d^2S\right) \cdot \vec{u}_z = R^3\sigma_0 \int_0^{2\pi} d\varphi \int_0^{\pi} \cos\theta^2 \sin\theta\, d\theta$$

$$\boxed{\vec{P} = \frac{4}{3}\pi\sigma_0 R^3 \vec{u}_z}$$

Cette distribution est donc dipolaire ($Q = 0$ et $\vec{P} \neq \vec{0}$).

Elle crée à grande distance un champ électrique $\vec{E}(M) = -\overrightarrow{grad}\left(\dfrac{P\cos\theta}{4\pi\varepsilon_0 r^2}\right)$.

M étant repéré par ses coordonnées sphériques (r,θ,φ), on obtient après dérivation :

$$\boxed{\begin{cases} E_r = \dfrac{2}{3\varepsilon_0}\sigma_0 \dfrac{R^3}{r^3}\cos\theta \\ E_\theta = \dfrac{1}{3\varepsilon_0}\sigma_0 \dfrac{R^3}{r^3}\sin\theta \\ E_\varphi = 0 \end{cases}}$$

3. Le champ électrique créé en O par la distribution étudiée, se définit par :

$$\vec{E}(O)=\oiint_{\Sigma}\frac{\sigma(M)}{4\pi\varepsilon_0 R^2}\vec{u}_r d^2S=\oiint_{\Sigma}\frac{\sigma_0\cos\theta}{4\pi\varepsilon_0 R^2}\frac{\overrightarrow{OM}}{R}d^2S$$

Pour les mêmes raisons de symétrie que celles détaillées à la question 2, le résultat de l'intégrale est porté par $\vec{u}_z$. En effet, pour deux points M et M' de la sphère, symétriques par rapport à l'axe (O,z) (figure 4), il a été montré dans la question 2 que $\overrightarrow{OM}+\overrightarrow{OM'}=2R\cos\theta\,\vec{u}_z$. De plus, $\cos\theta$ a la même valeur en M et M'. En regroupant dans le calcul de la somme, les couples de points symétriques, il est donc évident que le résultat est porté par $\vec{u}_z$. Il est alors possible de se ramener à une intégrale scalaire par projection sur $\vec{u}_z$.

En notant $\vec{E}(O)=E_z\vec{u}_z$, il vient :

$$E_z=\oiint_{\Sigma}\frac{\sigma_0\cos\theta}{4\pi\varepsilon_0 R^2}\vec{u}_r\cdot\vec{u}_z d^2S=\oiint_{\Sigma}\frac{\sigma_0\cos^2\theta}{4\pi\varepsilon_0 R^2}d^2S=\frac{\sigma_0}{4\pi\varepsilon_0}\int_0^{2\pi}d\varphi\int_0^{\pi}\cos\theta^2\sin\theta\,d\theta$$

Ce qui donne après calcul : $\boxed{\vec{E}(O)=-\frac{\sigma_0}{3\varepsilon_0}\vec{u}_z}$

Tout plan contenant l'axe (O,z) est un plan de symétrie de la distribution. Cette propriété implique que pour un point M quelconque de l'axe (O,z), le vecteur $\vec{E}(M)$ est parallèle à tous ces plans. Il est donc parallèle à leur intersection, c'est-à-dire à $\vec{u}_z$. Le champ électrique étant porté par $\vec{u}_z$, la connaissance du potentiel V sur l'axe permettra d'obtenir le champ par dérivation :

$$\vec{E}(M)=E_z\vec{u}_z=-\frac{\partial V}{\partial z}\vec{u}_z$$

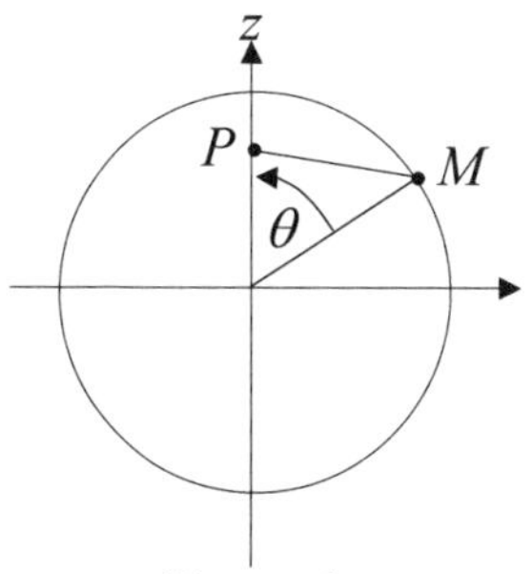

Figure 4

Le potentiel en un point P de l'axe, ayant pour coordonnées cartésiennes $(0,0,z)$, a pour expression $V(P)=\oiint_\Sigma \frac{\sigma(M)}{4\pi\varepsilon_0 PM}d^2S$.

La position du point P étant fixée par sa cote z, la distance PM vaut $PM=\sqrt{R^2+z^2-2Rz\cos\theta}$ (figure 4). L'expression du potentiel devient :

$$V(P)=\frac{\sigma_0}{4\pi\varepsilon_0}\int_0^{2\pi}d\varphi\int_0^{\pi}\frac{R^2\cos\theta\sin\theta\,d\theta}{\sqrt{R^2+z^2-2Rz\cos\theta}}=\frac{\sigma_0}{2\varepsilon_0}\int_0^{\pi}\frac{R^2\cos\theta\sin\theta\,d\theta}{\sqrt{R^2+z^2-2Rz\cos\theta}}$$

Avec le changement de variable $u^2=R^2+z^2-2Rz\cos\theta$, il vient :

$$V(P)=\frac{\sigma_0}{4\varepsilon_0}\int_{R-z}^{R+z}\frac{\left(R^2+z^2-u^2\right)}{z^2}du=\frac{\sigma_0}{4\varepsilon_0 z^2}\frac{4}{3}z^3$$

$$\boxed{V(P)=\frac{\sigma_0}{3\varepsilon_0}z}$$

De ce résultat, on déduit l'expression du champ électrique :

$$\boxed{\vec{E}(M)=-\frac{\partial V}{\partial z}\vec{u}_z=-\frac{\sigma_0}{3\varepsilon_0}\vec{u}_z}$$

On constate que le champ est uniforme sur l'axe, à l'intérieur de la sphère et s'identifie au champ en O.

4. La distribution résultant de la superposition des deux distributions proposées est caractérisée par la densité volumique de charges $\rho=\rho^+ +\rho^-$. Elle permet de délimiter trois zones dans lesquelles la charge est nulle, positive ou négative (figure 5).

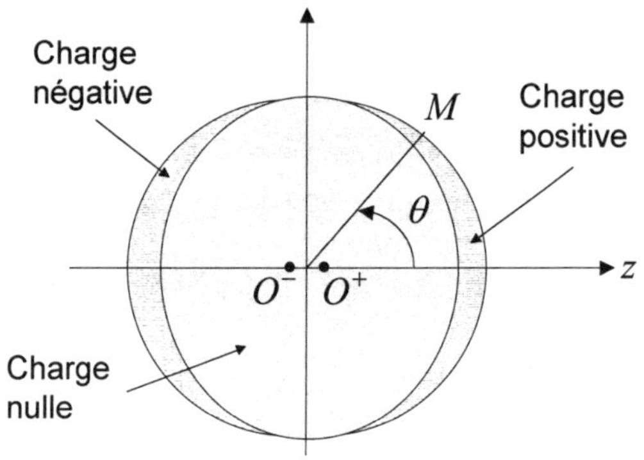

Figure 5

Lorsque a tend vers 0, les deux centres tendent l'un vers l'autre. Les zones chargées deviennent suffisamment fines pour qu'il soit possible de modéliser la répartition de charges par une distribution surfacique.
Afin d'établir le lien entre le modèle surfacique et le modèle volumique, considérons la charge dQ portée par un élément de surface sur la sphère limite, défini par $dS = Rd\theta R\sin\theta d\varphi$. Celle-ci peut prendre deux expressions suivant le modèle utilisé. Dans le modèle surfacique, la charge considérée est de la forme $dQ = \sigma dS$ alors que pour le volumique $dQ = \rho d\tau$ où $d\tau$ représente le volume élémentaire de base dS dans la zone chargée (figure 6). Avec les notations définies sur la figure, on a $d\tau = M^+M^-dS$ et il reste à calculer la limite de cette expression lorsque a tend vers 0. En remarquant que M^+ et M^- appartiennent respectivement aux sphères de rayon R et de centres O^+ et O^-, on peut écrire, θ^+ désignant l'angle $\left(\vec{u}_z, \overrightarrow{O^+M^+}\right)$ et θ^-, l'angle $\left(\vec{u}_z, \overrightarrow{O^-M^-}\right)$:

$$\begin{cases} M^+M^- = OM^+ - OM^- \\ \left(OM^+\right)^2 = \left(\overrightarrow{OO^+} + \overrightarrow{O^+M^+}\right)^2 = R^2 + \dfrac{a^2}{4} + aR\cos\theta^+ \\ \left(OM^-\right)^2 = \left(\overrightarrow{OO^-} + \overrightarrow{O^-M^-}\right)^2 = R^2 + \dfrac{a^2}{4} - aR\cos\theta^- \end{cases}$$

Lorsque $a \ll R$, θ^+ et θ^- tendent tous deux vers θ. La distance M^+M^- tend alors vers la limite calculée ci-dessous :

$$\begin{cases} \left(OM^+\right)^2 = R^2\left(1 + \dfrac{a^2}{4R^2} + \dfrac{a}{R}\cos\theta^+\right) \Rightarrow OM^+ \approx R\left(1 + \dfrac{a}{2R}\cos\theta^+\right) \\ \left(OM^-\right)^2 = R^2\left(1 + \dfrac{a^2}{4R^2} - \dfrac{a}{R}\cos\theta^-\right) \Rightarrow OM^- \approx R\left(1 - \dfrac{a}{2R}\cos\theta^-\right) \end{cases}$$

$$\Rightarrow \quad \lim_{a\to 0} M^+M^- = \lim_{a\to 0}\left(\frac{a}{2}\left(\cos\theta^+ + \cos\theta^-\right)\right) = a\cos\theta$$

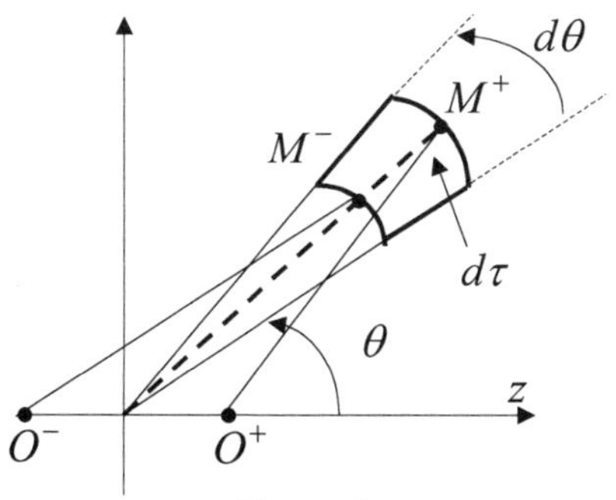

Figure 6

L'expression de la charge dQ admet pour limite $dQ = \rho_0 a \cos\theta dS$. Le modèle volumique sera donc compatible avec le modèle surfacique si $\sigma = \rho_0 a \cos\theta$. Ainsi, l'équivalence des deux modèles est obtenue pour :

$$\boxed{\rho_0 = \frac{\sigma_0}{a}}$$

5. Le calcul du champ électrique créé par une sphère uniformément chargée en volume se fait à l'aide du théorème de Gauss. La symétrie sphérique permet d'affirmer que les lignes de champ sont radiales et que $\vec{E} = E_r(r)\vec{u}_r$.
En prenant pour surface de Gauss une sphère de rayon $r < R$, notée S, il vient :

$$\oint\!\!\oint_S \vec{E} \cdot \overrightarrow{d^2S} = E_r(r) 4\pi r^2 = \frac{Q}{\varepsilon_0} = \frac{4}{3\varepsilon_0}\pi\rho r^3$$

$$\Rightarrow E_r(r) = \frac{\rho}{3\varepsilon_0} r \Rightarrow \vec{E} = \frac{\rho}{3\varepsilon_0} r\,\vec{u}_r$$

Soit, en remarquant que $r\,\vec{u}_r = \overrightarrow{OM}$: $\boxed{\vec{E} = \frac{\rho}{3\varepsilon_0}\overrightarrow{OM}}$

Le champ créé par la superposition des deux sphères centrées en O^+ et O^- et portant les densités ρ_0 et $-\rho_0$ a donc pour expression :

$$\vec{E} = \frac{\rho_0}{3\varepsilon_0}\left(\overrightarrow{O^+M} - \overrightarrow{O^-M}\right) \Rightarrow \boxed{\vec{E} = -\frac{\rho_0 a}{3\varepsilon_0}\vec{u}_z}$$

Cette distribution génère un champ électrique uniforme à l'intérieur de la sphère.

6. En prenant pour ρ_0 la valeur $\rho_0 = \sigma_0/a$ trouvée à la question 4, le champ à l'intérieur s'écrit $\vec{E} = -\frac{\sigma_0}{3\varepsilon_0}\vec{u}_z$. Ce résultat est en accord avec ceux de la question 3 obtenus à partir du modèle surfacique.

Une autre méthode de vérification consiste à calculer le moment dipolaire de la distribution constituée par les deux sphères chargées en volume. Les barycentres respectifs des charges positives et négatives sont en O^+ et en O^-. La valeur absolue de la charge totale de chaque sphère est $\frac{4}{3}\pi R^3 \rho_0$. Le moment dipolaire obtenu à partir de ce modèle s'écrit alors :

$$\vec{P} = \frac{4}{3}\pi R^3 \rho_0 \overrightarrow{O^-O^+} = \frac{4}{3}\pi R^3 \rho_0 a\,\vec{u}_z = \frac{4}{3}\pi R^3 \sigma_0\,\vec{u}_z$$

On constate qu'il est identique à celui obtenu à partir de la notion de distribution surfacique. Les deux modèles sont en accord sur les deux points évoqués, c'est-à-dire la valeur du champ sur l'axe et le moment dipolaire de la distribution.

7. L'allure des lignes de champ est représentée sur la figure 7 :

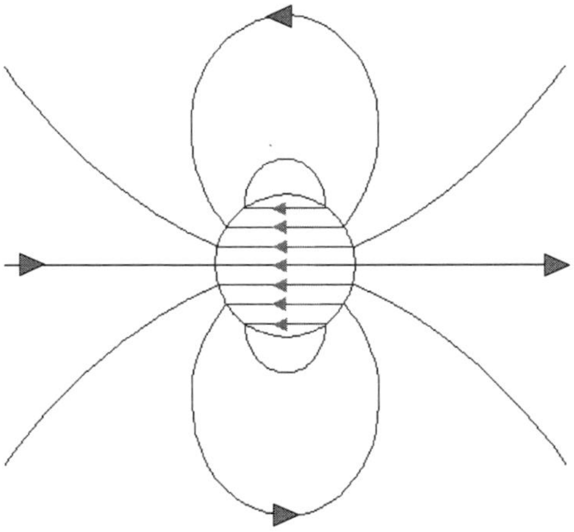

Figure 7

La composante normale à la sphère, du champ électrique, s'identifie à $E_r(R)$. Afin d'étudier sa continuité, il faut comparer les limites de $E_r(r)$ lorsque r tend vers R par valeur supérieure ou inférieure. Pour un point intérieur à la sphère, le champ et sa composante radiale s'écrivent :

$$\vec{E} = -\frac{\sigma_0}{3\varepsilon_0}\vec{u}_z \quad \Rightarrow \quad E_r = \vec{E} \cdot \vec{u}_r = -\frac{\sigma_0}{3\varepsilon_0}\cos\theta$$

La limite de la composante normale du champ sur la surface du côté extérieur est d'après la question 2 :

$$E_r = \frac{2}{3\varepsilon_0}\sigma_0 \cos\theta$$

Cette composante est discontinue et la relation de passage est bien celle obtenue à partir des équations de Maxwell :

$$\boxed{E_r\left(R^+\right) - E_r\left(R^-\right) = \frac{\sigma_0 \cos\theta}{\varepsilon_0} = \frac{\sigma}{\varepsilon_0}}$$

Exercice 5 ★★

Potentiel de Yukawa

Un point quelconque de l'espace est défini par son vecteur position $\overrightarrow{OM} = r\overrightarrow{u_r}$.

Une distribution de charges crée en M le potentiel :

$$V(M) = \frac{1}{4\pi\varepsilon_0}\frac{q}{r}\exp\left(-\frac{r}{a}\right) \quad \text{(potentiel de Yukawa)}$$

où q et a sont des constantes positives respectivement homogènes à une charge et à une distance.

1. Calculer le flux du champ électrostatique sortant d'une sphère de centre O et de rayon r.

2. En déduire que le potentiel étudié est créé par une charge ponctuelle placée en O et par une charge répartie dans l'espace dont on déterminera les valeurs respectives.

3. Etudier la densité volumique $\rho(r)$ de la charge répartie dans l'espace.

4. On considère la charge répartie entre les sphères de centre O et de rayons r et $r + dr$. On la note $dq = f(r)dr$. Etudier le comportement aux limites de la fonction $f(r)$ lorsque r tend vers zéro ou l'infini et montrer qu'elle admet un extremum pour une valeur de r qu'on déterminera. Interpréter physiquement cette fonction $f(r)$ ainsi que son extremum.

5. Calculer l'énergie potentielle de la charge ponctuelle se trouvant en O, en présence de la charge volumique répartie dans l'espace.

6. Le potentiel de Yukawa fut une tentative de modélisation électrostatique de l'atome d'hydrogène et de la délocalisation de la charge de son électron. Que représentent, dans le cadre de ce modèle, la charge ponctuelle en O et la charge volumique répartie dans l'espace ? Le rayon et l'énergie d'ionisation de l'atome d'hydrogène valant respectivement $0{,}529\,10^{-10}m$ (rayon de Bohr) et $13{,}6\,eV$, en quoi ce modèle n'est-il pas satisfaisant ? ($1\,eV = 1{,}6\,10^{-19}\,J$)

1. Le potentiel étudié est à symétrie sphérique. Il en est de même du champ électrostatique qui est donc de la forme :

$$\overrightarrow{E}(M) = E(r)\overrightarrow{u_r} = -\frac{dV}{dr}\overrightarrow{u_r} \quad (1)$$

D'où :

$$\left.\begin{aligned} V(r) &= \frac{1}{4\pi\varepsilon_0}\frac{q}{r}\exp\left(-\frac{r}{a}\right) \\ E(r) &= -\frac{dV}{dr} \end{aligned}\right\} \Rightarrow E(r) = \frac{q}{4\pi\varepsilon_0}\frac{1}{r}\left(\frac{1}{r}+\frac{1}{a}\right)\exp\left(-\frac{r}{a}\right) \quad (2)$$

Le flux $\phi(r)$ du champ électrostatique sortant d'une sphère de centre O et de rayon r s'écrit donc :

$$\phi(r) = \oint\!\!\oint_S \vec{E}\cdot\overrightarrow{d^2s} = \oint\!\!\oint_S E(r)\vec{u}_r \cdot d^2s\vec{u}_r = \oint\!\!\oint_S E(r)d^2s = 4\pi r^2 E(r) \quad (3)$$

$$(2),(3) \Rightarrow \boxed{\phi(r) = \frac{q}{\varepsilon_0}\left(1+\frac{r}{a}\right)\exp\left(-\frac{r}{a}\right)} \quad (4)$$

2. En notant $Q(r)$ la charge intérieure à la sphère de centre O et de rayon r, le théorème de Gauss permet d'écrire:

$$\left.\begin{aligned} \phi(r) &= \frac{Q(r)}{\varepsilon_0} \\ &(4) \end{aligned}\right\} \Rightarrow Q(r) = q\left(1+\frac{r}{a}\right)\exp\left(-\frac{r}{a}\right) \quad (5)$$

⋆ Faisons tendre le rayon de la sphère vers zéro :

$$(5) \Rightarrow \lim_{r\to 0} Q(r) = q \quad (6)$$

Lorsque le rayon de la sphère tend vers 0, celle-ci tend à être réduite à un point. Or, d'après (6), la charge qu'elle contient tend vers q. On en déduit que parmi les charges, sources du potentiel étudié, il y a une charge ponctuelle q placée en O.

⋆ Compte tenu de ce qui précède et de l'expression (5), la sphère de rayon r contient une charge ponctuelle q placée en O et une charge $Q'(r)$ égale à :

$$Q'(r) = Q(r) - q = q\left(\left(1+\frac{r}{a}\right)\exp\left(-\frac{r}{a}\right) - 1\right) \quad (7)$$

$Q'(r)$ varie continûment avec le rayon r de la sphère. Elle correspond donc à une charge répartie dans l'espace dont on notera $\rho(r)$ la densité volumique.

⋆ Faisons tendre le rayon de la sphère vers l'infini :

$$(5) \Rightarrow \lim_{r\to\infty} Q(r) = 0 \quad (8)$$

Lorsque le rayon de la sphère tend vers l'infini, celle-ci tend à englober tout l'espace. Or, d'après (8) la charge qu'elle contient tend vers 0. Compte tenu de la présence de la charge ponctuelle q en O, on en déduit que la charge totale répartie dans l'espace est égale à $-q$.

En conclusion, le potentiel étudié est créé par une charge ponctuelle placée en O, égale à q et par une charge répartie dans l'espace, égale à $-q$ dont on notera $\rho(r)$ la densité volumique.

3. *Remarque préliminaire :* La densité volumique $\rho(r)$ de la charge répartie dans l'espace peut être étudiée par une méthode locale ou par une méthode intégrée. La méthode locale s'appuie soit sur l'équation de Poisson, si on part du potentiel, soit sur l'équation de Maxwell-Gauss, si on part du champ. La méthode intégrée s'appuie sur le théorème de Gauss.

- *Méthode locale*

Dans le cadre de cette méthode, nous allons utiliser l'équation de Poisson au potentiel électrostatique. Mais attention, **les équations locales ne sont compatibles qu'avec les modélisations volumiques de charges**. On ne doit donc considérer ici que le potentiel créé par la seule charge répartie en volume. Ce potentiel est égal au potentiel étudié, diminué du potentiel créé par la charge ponctuelle q se trouvant en O. Si on le note $V'(r)$, il vient :

$$V'(r)=\frac{1}{4\pi\varepsilon_0}\frac{q}{r}\left(\exp\left(-\frac{r}{a}\right)-1\right) \quad (9)$$

L'équation de Poisson appliquée à la charge répartie dans l'espace s'écrit :

$$\Delta V'+\frac{\rho(r)}{\varepsilon_0}=0 \quad (10)$$

Pour l'expression du Laplacien d'un champ de scalaires à symétrie sphérique, on obtient, en se reportant au formulaire :

$$\Delta V'(r)=\frac{1}{r^2}\frac{\partial}{\partial r}\left(r^2\frac{\partial V'}{\partial r}\right) \quad (11)$$

D'où : $(10),(11) \Rightarrow \rho(r)=-\varepsilon_0\frac{1}{r^2}\frac{\partial}{\partial r}\left(r^2\frac{\partial V'}{\partial r}\right) \quad (12)$

Par ailleurs : $(9) \Rightarrow \frac{\partial V'}{\partial r}=\frac{1}{4\pi\varepsilon_0}\frac{q}{r}\left(\frac{1}{r}-\left(\frac{1}{r}+\frac{1}{a}\right)\exp\left(-\frac{r}{a}\right)\right)$

$$\Rightarrow \quad r^2 \frac{\partial V'}{\partial r} = \frac{1}{4\pi\varepsilon_0} q \left(1 - \left(1 + \frac{r}{a} \right) \exp\left(-\frac{r}{a} \right) \right)$$

$$\Rightarrow \quad \frac{\partial}{\partial r} \left(r^2 \frac{\partial V'}{\partial r} \right) = \frac{1}{4\pi\varepsilon_0} q \frac{r}{a^2} \exp\left(-\frac{r}{a} \right)$$

$$\Rightarrow \quad \Delta V'(r) = \frac{1}{4\pi\varepsilon_0} \frac{q}{a^2 r} \exp\left(-\frac{r}{a} \right) \quad (13)$$

Finalement : $(10),(13) \quad \Rightarrow \quad \boxed{\rho(r) = -\frac{1}{4\pi} \frac{q}{a^2 r} \exp\left(-\frac{r}{a} \right)} \quad (14)$

- *Méthode intégrée*

En appliquant le théorème de Gauss au calcul du flux du champ électrostatique sortant d'une sphère de centre O et de rayon r, nous avons déjà établi dans la question 2 l'expression de la charge intérieure à cette sphère :

$$\left. \begin{aligned} \phi(r) &= \frac{Q(r)}{\varepsilon_0} \\ \phi(r) &= \frac{q}{\varepsilon_0} \left(1 + \frac{r}{a} \right) \exp\left(-\frac{r}{a} \right) \end{aligned} \right\} \quad \Rightarrow \quad Q(r) = q \left(1 + \frac{r}{a} \right) \exp\left(-\frac{r}{a} \right) \quad (5)$$

A partir de cette expression nous avons établi celle de la charge $Q'(r)$ correspondant à la charge répartie :

$$Q'(r) = q \left(\left(1 + \frac{r}{a} \right) \exp\left(-\frac{r}{a} \right) - 1 \right) \quad (7)$$

Or : $$Q'(r) = \iiint_V \rho(r') d^3\tau = \int_{\varphi=0}^{2\pi} \int_{\theta=0}^{\pi} \int_{r'=0}^{r} r'^2 \rho(r') \sin\theta dr' d\theta d\varphi$$

$$\Rightarrow \quad Q'(r) = 4\pi \int_0^r r'^2 \rho(r') dr' \quad (15)$$

D'où : $$(8),(15) \quad \Rightarrow \quad 4\pi \int_0^r r'^2 \rho(r') dr' = q \left(\left(1 + \frac{r}{a} \right) \exp\left(-\frac{r}{a} \right) - 1 \right)$$

En dérivant cette expression par rapport à r, nous obtenons :

$$4\pi r^2 \rho(r) = -q \frac{r}{a^2} \exp\left(-\frac{r}{a} \right) \quad \Rightarrow \quad \rho(r) = -\frac{1}{4\pi} \frac{q}{a^2 r} \exp\left(-\frac{r}{a} \right)$$

On retrouve l'expression (14) de $\rho(r)$ établie dans le cadre de la méthode locale.

4. Soit $dq = f(r)dr$ la charge de la distribution se trouvant entre les sphères de centre O, de rayons r et $r + dr$:

$$\left.\begin{array}{c} dq = 4\pi r^2 \rho(r) dr \\ (14) \end{array}\right\} \Rightarrow \quad dq = -q\frac{r}{a^2}\exp\left(-\frac{r}{a}\right)dr$$

$$\Rightarrow \quad \boxed{f(r) = -q\frac{r}{a^2}\exp\left(-\frac{r}{a}\right)} \quad (16)$$

De cette expression, on déduit le comportement aux limites de $f(r)$:

$$\lim_{r\to 0} f(r) = 0 \quad \text{et} \quad \lim_{r\to\infty} f(r) = 0$$

Ainsi que l'existence d'un extremum :

$$\left.\begin{array}{l} (16) \quad \Rightarrow \quad \dfrac{df}{dr} = -\dfrac{q}{a^2}\left(1-\dfrac{r}{a}\right)\exp\left(-\dfrac{r}{a}\right) \\ \left(\dfrac{df}{dr}\right)_{r=r_m} = 0 \end{array}\right\} \Rightarrow \quad r_m = a$$

Ainsi la fonction $f(r)$ admet un extremum pour $r = a$. C'est un minimum qui correspond à un maximum de sa valeur absolue, puisqu'elle est à valeurs négatives.

> *Interprétation* :
> $f(r)$ est homogène à une densité linéique. Elle permet de caractériser la répartition de la charge négative délocalisée, en fonction de l'éloignement à la charge ponctuelle positive, localisée en O. C'est à la distance a de celle-ci qu'elle est la plus dense.

5. Le potentiel $V'(r)$, créé par la charge répartie, est donné par la relation (9) :

$$V'(r) = \frac{1}{4\pi\varepsilon_0}\frac{q}{r}\left(\exp\left(-\frac{r}{a}\right) - 1\right)$$

Or, au voisinage de $r = 0$: $\exp\left(-\frac{r}{a}\right) = 1 - \frac{r}{a} + r\varepsilon(r)$ avec $\lim_{r\to 0}\varepsilon(r) = 0$

D'où, toujours au voisinage de $r = 0$:

$$V'(r) = \frac{1}{4\pi\varepsilon_0}\frac{q}{r}\left(-\frac{r}{a} + r\varepsilon(r)\right) = -\frac{q}{4\pi\varepsilon_0}\left(\frac{1}{a} - \varepsilon(r)\right)$$

On en déduit le potentiel créé en O par la charge répartie :

$$V'(0) = -\frac{q}{4\pi\varepsilon_0}\frac{1}{a}$$

L'énergie potentielle de la particule de charge q placée en O, en présence de la charge répartie, vaut donc :

$$\boxed{E_p = qV'(0) = -\frac{q^2}{4\pi\varepsilon_0}\frac{1}{a}} \quad (17)$$

6. Dans le cadre du modèle développé, la charge ponctuelle q placée en O correspond au proton constituant le noyau de l'atome d'hydrogène. La charge répartie dont la valeur totale est égale à $-q$, correspond à la charge délocalisée dans l'espace de l'électron. Le rayon a de la sphère au niveau de laquelle la charge délocalisée est la plus dense, correspond au rayon de l'atome d'hydrogène.

L'énergie d'ionisation de l'atome d'hydrogène est l'énergie qu'il faut fournir pour arracher l'électron au noyau. Dans le cadre du modèle proposé, elle correspond à l'énergie nécessaire pour éloigner la charge à l'infini. Elle vaut :

$$E_i = \lim_{r\to\infty}\left(qV'(r) - qV'(0)\right) \quad (18)$$

$$(9),(17),(18) \quad \Rightarrow \quad \boxed{E_i = \frac{1}{4\pi\varepsilon_0}\frac{q^2}{a}} \quad (19)$$

Compte tenu des interprétations précédentes, si on donne à a la valeur du rayon de l'atome d'hydrogène, on trouve pour l'énergie d'ionisation :

$$E_i = 9\,10^9\frac{\left(1{,}6\,10^{-19}\right)^2}{0{,}529\,10^{-10}} = \frac{9\,(1{,}6)^2}{0{,}529}10^{-19}\,J$$

$$E_i = \frac{9\,(1{,}6)^2}{0{,}529}10^{-19}\frac{1}{1{,}6\,10^{-19}} = 27{,}2\,eV$$

On ne retrouve donc pas la bonne valeur de l'énergie d'ionisation. En fait il n'existe pas de modèle classique satisfaisant de délocalisation de la charge de l'électron.

Exercice 6 ★★★

Focalisation d'un faisceau électronique

L'espace est rapporté à un repère cylindrique d'axe Oz. On note r la distance d'un point M quelconque à l'axe Oz.

Un système non décrit d'électrodes crée au voisinage de l'axe Oz un potentiel à géométrie cylindrique $V(r,z)$, à valeurs positives et croissantes avec z.

Une cathode dans le plan $z=0$, ayant la forme d'un disque de rayon R, de centre O et portée au potentiel zéro, émet des électrons avec une vitesse initiale négligeable.

On désire étudier les trajectoires, dans le champ créé par le système d'électrodes, des électrons émis par la cathode. On suppose ces trajectoires proches de l'axe et peu inclinées sur l'axe (conditions de Gauss).

On note e la valeur absolue de la charge de l'électron et m sa masse.

1. Etablir, en fonction des dérivées de $V(0,z)$ par rapport à z, une expression approchée du champ électrique au voisinage de l'axe Oz.

2. Montrer que dans le cadre des hypothèses faites, on peut écrire pour un électron dans le champ des électrodes :

$$\frac{dz}{dt}=\sqrt{\frac{2e}{m}V(0,z)}$$

3. Equation différentielle de la trajectoire d'un électron

3.1. Montrer que la trajectoire d'un électron émis par la cathode, appartient à un plan contenant l'axe Oz.

3.2. On note $r(z)$ l'équation de la trajectoire d'un électron. Montrer que pour un électron proche de l'axe, $r(z)$ satisfait à l'équation différentielle :

$$4V(0,z)\frac{d^2r}{dz^2}+2\frac{dV(0,z)}{dz}\frac{dr}{dz}+r\frac{d^2V}{dz^2}=0$$

4. k étant une constante positive, le potentiel créé sur l'axe Oz par le système d'électrodes est de la forme $V(0,z)=V_0\exp(kz)$.

4.1. Etablir l'équation $r(z)$ de la trajectoire d'un électron émis par la cathode à une distance r_0 de l'axe Oz.

4.2. Montrer qu'il existe des points de focalisation des électrons sur l'axe Oz.

5. Pour quelle application le dispositif étudié peut-il être utilisé ?

1. Pour tout point M de l'espace, le plan défini par ce point et l'axe Oz est un plan de symétrie du problème. C'est donc un plan de symétrie pour le champ électrique. On en déduit que le champ en M est tangent à ce plan, c'est à dire **qu'il ne possède pas de composante orthoradiale** :

$$\vec{E}(M) = E_r(M)\vec{u}_r + E_z(M)\vec{u}_z$$

En outre le problème étant invariant par rotation autour de l'axe Oz, les composantes radiale et axiale du champ sont indépendantes de θ.

$$\Rightarrow \quad \vec{E}(M) = E_r(r,z)\vec{u}_r + E_z(r,z)\vec{u}_z$$

⋆ *Champ électrique sur l'axe Oz*

L'axe Oz étant un axe de symétrie du problème, le champ électrique en tout point de cet axe lui est parallèle. La connaissance du potentiel $V(0,z)$ sur l'axe permet d'en fournir l'expression :

$$M \in Oz \quad \Rightarrow \quad \vec{E}(M) = E_z(0,z)\vec{u}_z = -\frac{dV(0,z)}{dz}\vec{u}_z \qquad (1)$$

⋆ *Composante axiale du champ électrique au voisinage de l'axe*

Au voisinage de l'axe (r faible), un développement limité au premier ordre de la composante axiale du champ, en fonction de r s'écrit :

$$E_z(r,z) = E_z(0,z) + r\frac{dE(0,z)}{dr} + r\varepsilon(r) \quad \text{avec} \quad \lim_{r\to 0}\varepsilon(r) = 0$$

Le problème étant invariant par rotation autour de Oz, $E_z(r,z)$ reste inchangé si on change θ en $\theta + \pi$ ou, ce qui revient au même, r en $-r$. La fonction $E_z(r,z)$ est donc une fonction paire de r et les termes d'ordre impair de son développement limité au voisinage de $r = 0$, sont nuls. D'où :

$$E_z(r,z) = E_z(0,z) + r\varepsilon(r) \quad \text{avec} \quad \lim_{r\to 0}\varepsilon(r) = 0$$

Au premier ordre près, on écrira donc :

$$E_z(r,z) = E_z(0,z) = -\frac{dV(0,z)}{dz} \qquad (2)$$

⋆ *Composante radiale du champ électrique au voisinage de l'axe*

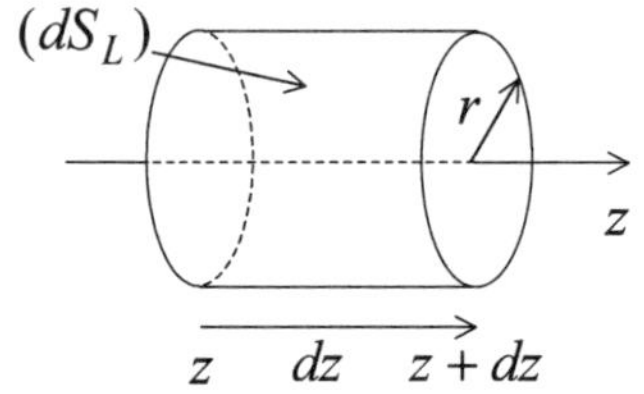

Pour évaluer la composante radiale du champ électrique au voisinage de l'axe, on peut appliquer le théorème de Gauss à un cylindre d'axe Oz, de rayon r faible et de hauteur dz, fermé par deux disques normaux à Oz, de cotes z et $z+dz$.

Soit $d\phi_L$ le flux de $\vec{E}(M)$ à travers la surface latérale (dS_L) orientée selon $\vec{u}_r$. Seule la composante radiale du champ, normale à cette surface, y contribue. Au premier ordre :

$$d\phi_L = 2\pi r E_r(r,z)dz \quad (3)$$

Soient respectivement $\phi(z)$ et $\phi(z+dz)$, les flux de $\vec{E}(M)$ à travers les disques de cotes z et $z+dz$, orientés selon $\vec{u}_z$. Seule la composante axiale du champ, normale à ces surfaces, y contribue. Pour r faible, on peut considérer en première approche, compte tenu de la relation (2), que cette composante est uniforme au niveau de ces disques et est égale à sa valeur sur l'axe :

$$\phi(z) = \pi r^2 E_z(0,z) \quad (4)$$

$$\phi(z+dz) = \pi r^2 E_z(0,z+dz) \quad (5)$$

La surface fermée, formée de l'union des trois surfaces précédentes ne contenant pas de charges, le théorème de Gauss permet d'écrire, pour le flux **sortant** :

$$d\phi_L + \phi(z+dz) - \phi(z) = 0 \quad (6)$$

$$(6),(3),(4),(5) \Rightarrow 2\pi r E_r(r,z)dz + \pi r^2 E_z(0,z+dz) - \pi r^2 E_z(0,z) = 0$$

$$\Rightarrow E_r(r,z)dz = -\frac{r}{2}\left(E_z(0,z+dz) - E_z(0,z)\right) = -\frac{r}{2}\frac{dE(0,z)}{dz}dz$$

$$\Rightarrow E_r(r,z) = -\frac{r}{2}\frac{dE(0,z)}{dz} \quad (7)$$ Cette expression est d'ordre 1.

Finalement, au premier ordre :

$$(2),(7) \Rightarrow \boxed{\vec{E}(M) = \frac{r}{2}\frac{d^2V(0,z)}{dz^2}\vec{u}_r - \frac{dV(0,z)}{dz}\vec{u}_z} \quad (8)$$

2. En appliquant le théorème de l'énergie cinétique à un électron, entre la date de son émission en M_0 et la date de son passage en M, il vient, en négligeant son poids :

$$\frac{1}{2}mv^2 - \frac{1}{2}mv_0^2 = \int_{M_0}^{M} -e\vec{E}\cdot d\overrightarrow{OM} = \int_{V(r_0,0)}^{V(r,z)} edV = eV(r,z)$$

Pour un électron proche de l'axe $\left(V(r,z)\approx V(0,z)\right)$ dont la vitesse d'émission est négligeable $\left(v_0 << v\right)$, on peut écrire en première approche :

$$\frac{1}{2}mv^2 = eV(0,z) \quad (9)$$

En notant $\vec{v}_\perp$ la composante de $\vec{v}$ normale à l'axe Oz :

$$\vec{v} = \vec{v}_\perp + \vec{v}_z = \vec{v}_\perp + \left(\frac{dz}{dt}\right)\vec{u}_z \quad \Rightarrow \quad v^2 = v_\perp^{\,2} + \left(\frac{dz}{dt}\right)^2$$

Pour une trajectoire peu inclinée sur l'axe Oz :

$$\left\|\vec{v}_\perp\right\| << \left\|\vec{v}_z\right\| \quad \Rightarrow \quad v^2 \approx \left(\frac{dz}{dt}\right)^2 \quad (10)$$

D'où en première approche, pour un électron se propageant dans le sens de l'axe :

$$(9),(10) \quad \Rightarrow \quad \left(\frac{dz}{dt}\right)^2 = \frac{2e}{m}V(0,z) \quad \Rightarrow \quad \boxed{\left(\frac{dz}{dt}\right) = \sqrt{\frac{2e}{m}V(0,z)}} \quad (11)$$

Remarque : Le potentiel $V(0,z)$ étant à valeurs positives croissantes avec z, la composante axiale du champ électrique est négative et les électrons dont la charge est négative, sont accélérés à partir de la cathode dans le sens des z croissants. La composante axiale de leur vitesse est donc bien positive.

3. Trajectoire de l'électron

3.1. Pour montrer que les trajectoires des électrons émis par la cathode appartiennent et à des plans contenant l'axe Oz, il suffit d'établir que les vitesses de ces derniers ne possèdent pas de composantes orthoradiales.
A cette fin appliquons le principe fondamental de la dynamique à un électron émis par la cathode, en négligeant son poids :

$$m\vec{a} = -e\vec{E} \quad \Rightarrow \quad \vec{a} = -\frac{e}{m}\vec{E} \quad (12)$$

En projetant cette relation (12) sur $\vec{u}_\theta$, on obtient :

$$a_\theta = -\frac{e}{m}E_\theta = 0$$

Par ailleurs, la vitesse et l'accélération d'un point dans la base cylindrique ont pour expressions générales :

$$\vec{v} = \dot{r}\vec{u}_r + r\dot{\theta}\vec{u}_\theta + \dot{z}\vec{u}_z$$

$$\vec{a} = \left(\ddot{r} - r\dot{\theta}^2\right)\vec{u}_r + \left(2\dot{r}\dot{\theta} + r\ddot{\theta}\right)\vec{u}_\theta + \ddot{z}\vec{u}_z$$

Dans le cas où l'accélération orthoradiale est nulle, il vient :

$$2\dot{r}\dot{\theta} + r\ddot{\theta} = 0 \quad \Rightarrow \quad 2\frac{dr}{dt}\dot{\theta} + r\frac{d\dot{\theta}}{dt} = 0 \quad \Rightarrow \quad 2\frac{dr}{r} + \frac{d\dot{\theta}}{\dot{\theta}} = 0 \quad \Rightarrow \quad r^2\dot{\theta} = K$$

La vitesse initiale de l'électron étant négligeable, on en déduit :

$$\left.\begin{array}{l} t = 0 \quad \dot{\theta} = 0 \\ \dot{\theta} = \dfrac{K}{r^2} \end{array}\right\} \quad \Rightarrow \quad K = 0 \quad \Rightarrow \quad \dot{\theta} = 0 \quad \forall t$$

On en conclut que l'électron ne tourne pas autour de l'axe Oz. **Son mouvement s'effectue dans le plan défini par l'axe Oz et son point d'émission M_0 au niveau de la cathode**.
La base cylindrique $(\vec{u}_r, \vec{u}_\theta, \vec{u}_z)$, définie à partir de la position de l'électron, est donc indépendante du temps.

3.2. Pour un électron proche de l'axe, l'expression (8) du champ électrique est valable. On en déduit :

$$(8),(12) \quad \Rightarrow \quad \vec{a} = -\frac{e}{m}\left(\frac{r}{2}\frac{d^2V(0,z)}{dz^2}\vec{u}_r - \frac{dV(0,z)}{dz}\vec{u}_z\right) \quad (13)$$

Par ailleurs, compte tenu de ce qui précède :

$$\left.\begin{array}{l} \vec{v} = \dot{r}\vec{u}_r + r\dot{\theta}\vec{u}_\theta + \dot{z}\vec{u}_z \\ \dot{\theta} = 0 \end{array}\right\} \quad \Rightarrow \quad \vec{v} = \frac{dr}{dt}\vec{u}_r + \frac{dz}{dt}\vec{u}_z$$

$$\Rightarrow \quad \vec{v} = \frac{dr}{dz}\frac{dz}{dt}\vec{u}_r + \frac{dz}{dt}\vec{u}_z = \frac{dz}{dt}\left(\frac{dr}{dz}\vec{u}_r + \vec{u}_z\right) \quad (14)$$

En reprenant l'expression (11) de $\dfrac{dz}{dt}$ établie dans la deuxième question :

$$(11),(14) \Rightarrow \vec{v}=\sqrt{\frac{2e}{m}V(0,z)}\left(\frac{dr}{dz}\vec{u}_r+\vec{u}_z\right)$$

D'où :
$$\vec{a}=\frac{d\vec{v}}{dt}=\frac{d\vec{v}}{dz}\frac{dz}{dt}=\frac{d}{dz}\left(\sqrt{\frac{2e}{m}V(0,z)}\left(\frac{dr}{dz}\vec{u}_r+\vec{u}_z\right)\right)\frac{dz}{dt} \quad (15)$$

$$(11),(15) \Rightarrow \vec{a}=\sqrt{\frac{2e}{m}V(0,z)}\frac{d}{dz}\left(\sqrt{\frac{2e}{m}V(0,z)}\left(\frac{dr}{dz}\vec{u}_r+\vec{u}_z\right)\right) \quad (16)$$

Or $\vec{u}_r$ et $\vec{u}_z$ étant, comme cela a été montré en 3.1., indépendants du temps :

$$\begin{cases}\dfrac{d\vec{u}_r}{dz}=\dfrac{d\vec{u}_r}{dt}\dfrac{dt}{dz}=\vec{0}\\[2mm] \dfrac{d\vec{u}_z}{dz}=\dfrac{d\vec{u}_z}{dt}\dfrac{dt}{dz}=\vec{0}\end{cases}$$

d'où :

$$(16) \Rightarrow \vec{a}=\frac{2e}{m}\sqrt{V(0,z)}\left(\frac{1}{2}\frac{1}{\sqrt{V(0,z)}}\frac{dV(0,z)}{dz}\left(\frac{dr}{dz}\vec{u}_r+\vec{u}_z\right)+\sqrt{V(0,z)}\frac{d^2r}{dz^2}\vec{u}_r\right)$$

$$\Rightarrow \vec{a}=\frac{2e}{m}\left(\left(\frac{1}{2}\frac{dV(0,z)}{dz}\frac{dr}{dz}+V(0,z)\frac{d^2r}{dz^2}\right)\vec{u}_r+\frac{1}{2}\frac{dV(0,z)}{dz}\vec{u}_z\right) \quad (17)$$

Finalement, en égalant les expressions (13) et (17) de l'accélération de l'électron, on obtient, en ce qui concerne la composante radiale :

$$-\frac{e}{m}\frac{r}{2}\frac{d^2V(0,z)}{dz^2}=\frac{2e}{m}\left(\frac{1}{2}\frac{dV(0,z)}{dz}\frac{dr}{dz}+V(0,z)\frac{d^2r}{dz^2}\right)$$

$$\Rightarrow \boxed{4V(0,z)\frac{d^2r}{dz^2}+2\frac{dV(0,z)}{dz}\frac{dr}{dz}+r\frac{d^2V(0,z)}{dz^2}=0} \quad (18)$$

4.1. Le potentiel créé sur l'axe par le système d'électrode est $V(0,z)=V_0\exp(kz)$. En l'injectant dans l'équation (18), il vient :

$$\left(4\frac{d^2r}{dz^2}+2k\frac{dr}{dz}+k^2r\right)V_0\exp(kz)=0$$

$$\Rightarrow\quad 4\frac{d^2r}{dz^2}+2k\frac{dr}{dz}+k^2r=0\quad(19)$$

- Equation caractéristique associée : $4X^2+2kX+k^2=0$
- Discriminant réduit de l'équation caractéristique : $\delta=k^2-4k^2=-3k^2$
- Racines de l'équation caractéristique : $X_1=\dfrac{-1+i\sqrt{3}}{4}k$ et $X_2=\dfrac{-1-i\sqrt{3}}{4}k$

La solution générale de l'équation (19) est donc de la forme :

$$r=\left(A\exp\left(i\frac{\sqrt{3}}{4}kz\right)+B\exp\left(-i\frac{\sqrt{3}}{4}kz\right)\right)\exp\left(-\frac{k}{4}z\right)\quad(20)$$

D'où on déduit :

$$\begin{aligned}\frac{dr}{dz}=&-\frac{k}{4}\left(A\exp\left(i\frac{\sqrt{3}}{4}kz\right)+B\exp\left(-i\frac{\sqrt{3}}{4}kz\right)\right)\exp\left(-\frac{k}{4}z\right)\\&+i\frac{\sqrt{3}}{4}k\left(A\exp\left(i\frac{\sqrt{3}}{4}kz\right)-B\exp\left(-i\frac{\sqrt{3}}{4}kz\right)\right)\exp\left(-\frac{k}{4}z\right)\quad(21)\end{aligned}$$

En prenant l'origine des temps à la date d'émission de l'électron étudié, les conditions initiales s'écrivent : $z=0\quad r=r_0\quad \dfrac{dr}{dz}=0\quad$ à $t=0$

$$\begin{cases}(20)\ \Rightarrow\ A+B=r_0\\(21)\ \Rightarrow\ -(A+B)+i\sqrt{3}(A-B)=0\end{cases}$$

$$\Leftrightarrow\ \begin{cases}A+B=r_0\\A-B=-i\dfrac{\sqrt{3}}{3}r_0\end{cases}\ \Leftrightarrow\ \begin{cases}A=\dfrac{1}{2}\left(1-i\dfrac{\sqrt{3}}{3}\right)r_0\\B=\dfrac{1}{2}\left(1+i\dfrac{\sqrt{3}}{3}\right)r_0\end{cases}$$

D'où, en reportant dans l'expression (20) de r :

$$r = \frac{r_0}{2}\left(\left(1 - i\frac{\sqrt{3}}{3}\right)\exp\left(i\frac{\sqrt{3}}{4}kz\right) + \left(1 + i\frac{\sqrt{3}}{3}\right)\exp\left(-i\frac{\sqrt{3}}{4}kz\right)\right)\exp\left(-\frac{k}{4}z\right)$$

$$\Rightarrow \quad r = r_0\left(\cos\left(\frac{\sqrt{3}}{4}kz\right) + \frac{\sqrt{3}}{3}\sin\left(\frac{\sqrt{3}}{4}kz\right)\right)\exp\left(-\frac{k}{4}z\right)$$

$$\Rightarrow \quad r = \frac{2\sqrt{3}}{3}r_0\left(\frac{\sqrt{3}}{2}\cos\left(\frac{\sqrt{3}}{4}kz\right) + \frac{1}{2}\sin\left(\frac{\sqrt{3}}{4}kz\right)\right)\exp\left(-\frac{k}{4}z\right)$$

$$\Rightarrow \quad \boxed{r = \frac{2\sqrt{3}}{3}r_0\cos\left(\frac{\sqrt{3}}{4}kz - \frac{\pi}{6}\right)\exp\left(-\frac{k}{4}z\right)} \qquad (22)$$

4.2. Compte tenu de l'expression (22) de $r(z)$, on remarque que r s'annule pour certaines valeurs de z indépendantes de celle de r_0 :

$$\left.\begin{matrix} r = 0 \\ (22) \end{matrix}\right\} \Rightarrow \quad \cos\left(\frac{\sqrt{3}}{4}kz - \frac{\pi}{6}\right) = 0 \quad \Rightarrow \quad \frac{\sqrt{3}}{4}kz_n - \frac{\pi}{6} = (2n+1)\frac{\pi}{2}$$

$$\Rightarrow \quad \boxed{z_n = \frac{4}{\sqrt{3}}\frac{3n+2}{k}\frac{\pi}{3}} \qquad (23)$$

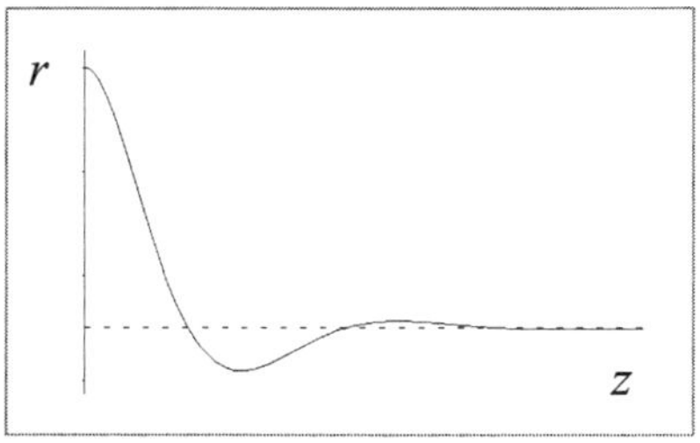

Tout électron émis par la cathode passe, indépendamment de son point d'émission, par les points de l'axe dont les cotes satisfont à cette relation.
Ces points constituent donc des points de focalisation du faisceau électronique émis par la cathode. Par ailleurs, la section du faisceau devient vite négligeable.

5. Le dispositif étudié permet de focaliser le faisceau électronique émis par une cathode. C'est ce type de dispositif qui permet, par exemple, de réaliser la fonction « focus » des oscilloscopes à tube cathodique.

Exercice 7 ★★

Etude d'une jonction PN

Une jonction PN constitue la frontière entre un semi-conducteur de type P et un semi-conducteur de type N.

Un semi-conducteur, de type P ou N, est globalement neutre. Il contient des charges fixes liées au réseau et des charges mobiles. Ces dernières sont, pour un semi-conducteur de type P, des charges positives de valeur $+e = 1{,}6\ 10^{-19} C$ et de densité volumique N_p. Dans celui de type N, les porteurs de charges mobiles sont des électrons de densité volumique N_n. Les densités N_p et N_n caractérisent le semi-conducteur.

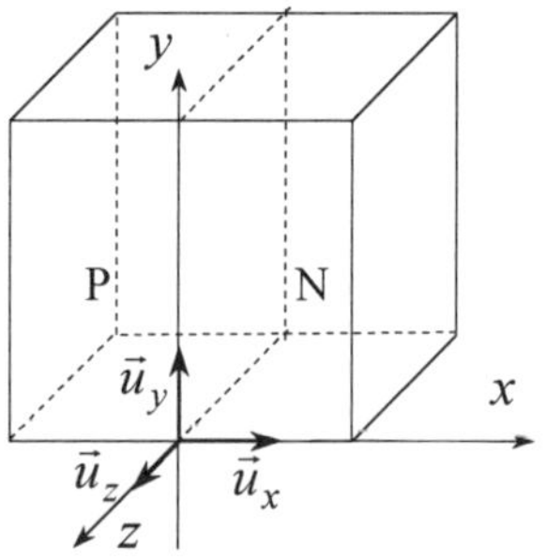

Dans le cas où l'épaisseur de la jonction est faible devant sa surface, on peut négliger les effets de bord et la considérer comme illimitée dans les directions y et z.

Lorsqu'on établit la jonction, les porteurs de charges mobiles diffusent dans les zones de faibles concentrations. Des électrons de la zone N migrent vers la zone P créant ainsi une région de charge d'espace négative. Dans le même temps, ils laissent un excès de charges positives dans la zone N créant une région de charge d'espace positive. Dans les deux régions de charge d'espace positive et négative, il n'y a plus de porteurs mobiles.

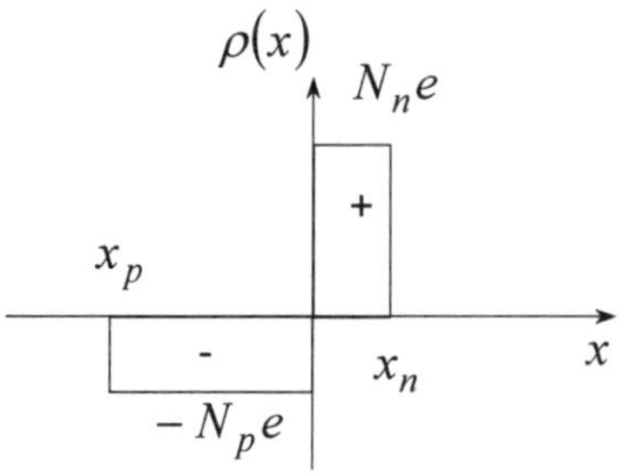

Figure (a)

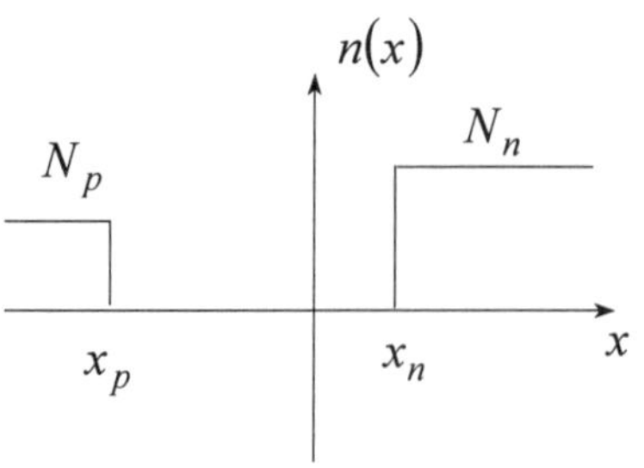

Figure (b)

Le modèle de la jonction abrupte permet une étude simple du phénomène. Les figures (a) et (b) donnent les variations de la densité volumique de charges ρ et de la densité des porteurs de charges mobiles n en fonction de x.
Soit W l'épaisseur de la zone de charge d'espace. On a alors : $W = x_n - x_p$.
Dans le cas du silicium, la permittivité relative vaut $\varepsilon_r = 3{,}6\,\pi$.

1. Jonction PN non polarisée

Le semi-conducteur n'est soumis à aucune action extérieure.

1.1. Ecrire les équations locales que vérifient le champ électrique $\vec{E}$ et le potentiel scalaire V.

1.2. Montrer, par une analyse des symétries, que $\vec{E}(x,y,z) = E(x)\,\vec{u}_x$ et que $V(x,y,z) = V(x)$.

1.3. On note V_N la limite de $V(x)$ pour x supérieur à x_n et V_P celle de $V(x)$ pour x inférieur à x_p. En supposant que le champ électrique soit nul loin du plan de jonction établir les lois $E(x)$ et $V(x)$.
Tracer les variations du champ électrique et du potentiel en fonction de x.
On prendra $V_N = 0\ Volt$.

1.4. Exprimer $V_N - V_P$ en fonction de N_n, N_p, x_n, x_p, e et $\varepsilon = \varepsilon_0 \varepsilon_r$.

1.5. Ecrire une relation entre N_n, N_p, x_n, x_p, traduisant la neutralité du semi-conducteur.

1.6. En déduire l'épaisseur W de la zone de charge d'espace en fonction de e, ε, N_n, N_p et $V_0 = V_N - V_P$.

1.7. Pour le silicium à une température de $300\,K$, la barrière de potentiel vaut $V_0 = 0{,}7\ Volt$ lorsque $N_n = 2\ 10^{23}\ m^{-3}$ et $N_p = 10^{21}\ m^{-3}$. Calculer W et faire une application numérique .

2. Jonction PN polarisée en inverse

On applique une différence de potentiel extérieure $V_N - V_P = U > V_0$.

2.1. Comment évolue W ?

2.2. Montrer que la jonction présente un effet capacitif.

2.3. A quelle condition un courant peut-il circuler dans la jonction ?

1. Jonction PN non polarisée

1.1. D'après les équations de Maxwell, le champ électrique et le potentiel sont solutions des équations locales :

$$\begin{cases} \vec{E} = -\overrightarrow{grad}V \\ div\vec{E} = \dfrac{\rho}{\varepsilon_0 \varepsilon_r} \end{cases} \Rightarrow \quad \Delta V + \frac{\rho}{\varepsilon_0 \varepsilon_r} = 0 \text{ et } \overrightarrow{rot}\vec{E} = \vec{0}$$

1.2. On se place dans l'hypothèse où les effets de bord sont négligeables, c'est-à-dire que l'on considère la distribution comme infinie suivant y et z. Une telle distribution reste inchangée par toute translation parallèlement à (O,y) et (O,z). On peut donc en conclure que le champ électrique et le potentiel ne dépendent que de x.
On observe de plus que les plans $(M,\vec{u}_x,\vec{u}_y)$ et $(M,\vec{u}_x,\vec{u}_z)$, M étant un point quelconque, sont des plans de symétrie de la distribution de charges. Le champ $\vec{E}$ au point M, doit appartenir à ces deux plans et par conséquent est porté par $\vec{u}_x$.
En conclusion, le champ et le potentiel ont pour forme :

$$\boxed{\vec{E}(M) = E(x)\vec{u}_x \quad V(M) = V(x)}$$

1.3. Les remarques liées aux symétries permettent d'expliciter $div\vec{E}$. Ainsi, l'équation de Maxwell-Gauss se traduit par :

$$\begin{cases} x < x_p & \dfrac{dE}{dx} = 0 \\ x_p < x < 0 & \dfrac{dE}{dx} = -\dfrac{N_p e}{\varepsilon_0 \varepsilon_r} \end{cases} \qquad \begin{cases} 0 < x < x_n & \dfrac{dE}{dx} = \dfrac{N_n e}{\varepsilon_0 \varepsilon_r} \\ x > x_n & \dfrac{dE}{dx} = 0 \end{cases}$$

Les conditions aux limites $E = 0$ pour $x < x_p$ et $x > x_n$, fixent les constantes d'intégration et les expressions du champ. Le potentiel se déduit du champ électrique par intégration de la relation $E = -dV/dx$.

Le champ et le potentiel sont donnés par les relations :

$$\boxed{\begin{cases} x < x_p & E = 0 \\ x_p < x < 0 & E = -\dfrac{N_p e}{\varepsilon_0 \varepsilon_r}(x - x_p) \end{cases} \qquad \begin{cases} 0 < x < x_n & E = \dfrac{N_n e}{\varepsilon_0 \varepsilon_r}(x - x_n) \\ x > x_n & E = 0 \end{cases}}$$

$$\begin{cases} x < x_p & V = V_P \\ x_p < x < 0 & V = V_P + \dfrac{N_p e}{2\varepsilon_0\varepsilon_r}\left(x - x_p\right)^2 + \dfrac{N_p e}{\varepsilon_0\varepsilon_r}\left(x - x_p\right) \\ 0 < x < x_n & V = -\dfrac{N_n e}{2\varepsilon_0\varepsilon_r}\left(x - x_n\right)^2 - \dfrac{N_n e}{\varepsilon_0\varepsilon_r}\left(x - x_n\right) \\ x > x_n & V = V_N = 0 \end{cases}$$

La continuité du champ électrique en $x = 0$ impose l'égalité $N_n x_x + N_p x_p = 0$, condition qui traduit également la neutralité globale du matériau.

Les variations de $E(x)$ et de $V(x)$ en fonction de x sont représentées sur la courbe 1, les échelles du champ et du potentiel étant indépendantes.

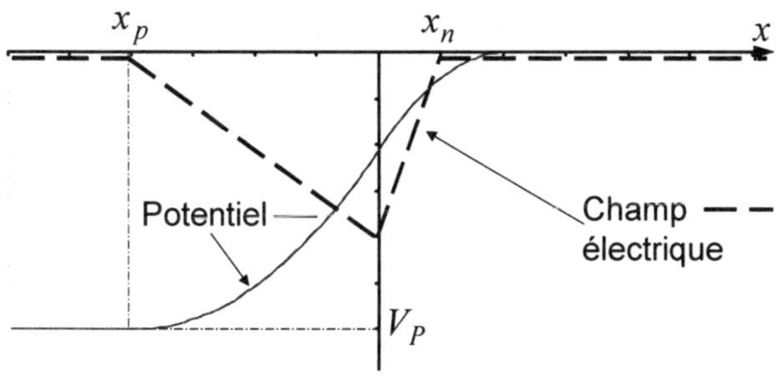

Courbe 1

1.4. $V_N - V_P = \int_{x_p}^{x_n} \frac{dV}{dx} dx = \int_{x_p}^{x_n} -E dx$. On remarque que $V_N - V_P$ représente l'aire du triangle que dessine la courbe des variations du champ électrique pour $x_p < x < x_n$. On peut donc écrire :

$$V_N - V_P = \frac{|E_{\min}|}{2}\left(x_n - x_p\right) \quad \Rightarrow \quad \boxed{V_N - V_P = \frac{N_n e x_n}{2\varepsilon}\left(x_n - x_p\right)}$$

1.5. Soit Q la charge totale portée par le milieu et Σ la section de l'échantillon. La neutralité se traduit par la relation :

$$Q = 0 = \Sigma\left(N_n e x_n + N_P e x_p\right) \quad \Rightarrow \quad \boxed{N_n x_x + N_p x_p = 0}$$

1.6. Afin de déterminer l'épaisseur de la zone de charge d'espace, on dispose des équations :

$$\begin{cases} N_n x_n + N_p x_p = 0 \\ W = x_n - x_p \\ V_0 = V_N - V_P = \dfrac{N_n e x_n}{2\varepsilon}\left(x_n - x_p\right) \end{cases}$$

La résolution du système conduit à la solution :

$$\boxed{W = \sqrt{\frac{2\varepsilon V_0}{e}\left(\frac{1}{N_n} + \frac{1}{N_p}\right)}}$$

1.7. Application numérique :

$$\boxed{W = 0{,}94\ \mu m}$$

2. Jonction PN polarisée en inverse

2.1. Lorsque $V_N - V_P$ atteint la valeur U telle que $U > V_0$, la largeur de la région de charge d'espace devient alors :

$$W = \sqrt{\frac{2\varepsilon U}{e}\left(\frac{1}{N_n} + \frac{1}{N_p}\right)}$$

Cette largeur croit lorsque la tension inverse augmente.

2.2. Le système établi à la question 1.5 permet d'exprimer x_n et x_p :

$$x_n = \frac{N_p}{N_p + N_n} W \qquad x_p = -\frac{N_n}{N_p + N_n} W$$

W étant une fonction croissante de U, on observe lorsque U varie de dU, une variation dx_n de x_n et dx_p de x_p induisant une variation de charge $-eN_p dx_p$ dans la zone P et $eN_n dx_n$ dans la zone N. Cette accumulation de charges suite à une variation de tension est caractéristique d'un phénomène capacitif.

2.3. Afin de permettre la circulation d'un courant dans la jonction, il faut faire disparaître la zone de charge d'espace complètement vide de porteurs libres. Pour cela, il faut imposer une tension qui s'oppose à $V_N - V_P$. On dit alors que la jonction est polarisée en direct.

MAGNETOSTATIQUE

Exercice 8 ★

Distribution volumique axiale de courant / Méthode locale

On considère un cylindre d'axe Oz, de rayon R, de longueur infinie, parcouru par un courant dont la densité volumique en un point P, situé à la distance r de l'axe Oz, vaut :

$$r < R \quad \vec{j} = j_0 \frac{r}{R} \vec{u}_z$$
$$r > R \quad \vec{j} = \vec{0}$$

En utilisant les lois locales de la magnétostatique :

1. Etudier le champ magnétostatique en tout point de l'espace.

2. Etudier le potentiel vecteur en tout point de l'espace.

Une étude préalable des symétries et des invariances du problème est utile pour réduire par la suite le volume des calculs.

M étant un point quelconque de l'espace, le plan défini par ce point et l'axe Oz est un plan de symétrie de la distribution de courant. C'est donc un plan d'antisymétrie du champ magnétostatique. On en déduit :

$$\vec{B}(M) = B(M)\vec{u}_\theta$$

M étant un point quelconque de l'espace, le plan normal à l'axe Oz et contenant ce point est un plan d'antisymétrie de la distribution de courant. C'est donc un plan d'antisymétrie du potentiel vecteur. On en déduit :

$$\vec{A}(M) = A(M)\vec{u}_z$$

Par ailleurs, le problème étant invariant par rotation autour de Oz et par translation parallèlement à Oz, on peut affirmer que $B(M)$ et $A(M)$ ne dépendent que de r.

Finalement, les symétries et invariances du problème conduisent à poser :

$$\vec{B}(M) = B(r)\vec{u}_\theta \quad \text{et} \quad \vec{A}(M) = A(r)\vec{u}_z$$

1. L'étude du champ magnétostatique par les lois locales repose sur la loi de Mawell-Ampère :

$$\overrightarrow{rot}\vec{B} = \mu_0 \vec{j} \quad (1)$$

En utilisant dans le formulaire l'expression du rotationnel en cylindriques, on obtient, pour un champ du type $\vec{B}(M) = B(r)\vec{u}_\theta$: $\overrightarrow{rot}\vec{B} = \frac{1}{r}\frac{\partial}{\partial r}(rB)\vec{u}_z \quad (2)$

$$(1),(2) \Rightarrow \frac{1}{r}\frac{\partial}{\partial r}(rB)\vec{u}_z = \mu_0 j(r) \quad (3)$$

⋆ Pour $r < R$:

$$\left.\begin{matrix} j(r) = j_0 \frac{r}{R} \\ (3) \end{matrix}\right\} \Rightarrow \frac{1}{r}\frac{\partial}{\partial r}(rB) = \mu_0 j_0 \frac{r}{R} \Rightarrow \frac{\partial}{\partial r}(rB) = \mu_0 j_0 \frac{r^2}{R}$$

$$\Rightarrow rB(r) = \frac{\mu_0}{3} j_0 \frac{r^3}{R} + C_1 \Rightarrow B(r) = \frac{\mu_0}{3} j_0 \frac{r^2}{R} + \frac{C_1}{r} \quad (4)$$

Le champ magnétostatique d'une distribution volumique de courant est défini et continu en tout point de l'espace. La fonction $B(r)$ doit donc, en particulier, être définie pour $r = 0$. Cela impose que C_1 soit nulle.

$$\Rightarrow B(r) = \frac{\mu_0}{3} j_0 \frac{r^2}{R} \quad (5)$$

⋆ Pour $r > R$:

$$\left.\begin{matrix} j(r) = 0 \\ (3) \end{matrix}\right\} \Rightarrow \frac{1}{r}\frac{\partial}{\partial r}(rB)\vec{u}_z = \vec{0} \Rightarrow B(r) = \frac{C_2}{r} \quad (6)$$

La continuité de $\vec{B}$ et donc de $B(r)$ en $r = a$, permet de calculer C_2 :

$$\left.\begin{matrix} r \to R^- & B(r) \to \frac{\mu_0}{3} j_0 R \\ r \to R^+ & B(r) \to \frac{C_2}{R} \end{matrix}\right\} \Rightarrow C_2 = \frac{\mu_0}{3} j_0 R^2$$

$$\Rightarrow B(r) = \frac{\mu_0}{3} j_0 \frac{R^2}{r} \quad (7)$$

Finalement :

$r < R$	$\vec{B}(M) = \dfrac{\mu_0}{3} j_0 \dfrac{r^2}{R} \vec{u}_\theta$	(5)
$r > R$	$\vec{B}(M) = \dfrac{\mu_0}{3} j_0 \dfrac{R^2}{r} \vec{u}_\theta$	(7)

2. La relation locale entre le champ magnétique et le potentiel vecteur s'écrit :

$$\vec{B} = \overrightarrow{rot}\,\vec{A}$$

En utilisant dans le formulaire l'expression du rotationnel en cylindriques, on obtient, pour un champ du type $\vec{A}(M) = A(r)\vec{u}_z$:

$$\overrightarrow{rot}\,\vec{A} = -\frac{\partial A}{\partial r}\vec{u}_\theta \quad (8)$$

* Pour $r < R$:

$$(5),(8) \Rightarrow -\frac{\partial A}{\partial r} = \frac{\mu_0}{3} j_0 \frac{r^2}{R} \Rightarrow A(r) = -\frac{\mu_0}{9} j_0 \frac{r^3}{R} + K_1 \quad (9)$$

* Pour $r > R$:

$$(7),(8) \Rightarrow -\frac{\partial A}{\partial r} = \frac{\mu_0}{3} j_0 \frac{R^2}{r} \Rightarrow A(r) = -\frac{\mu_0}{3} j_0 R^2 \ln r + K_2 \quad (10)$$

Le potentiel vecteur d'une distribution volumique de courant est défini et continu en tout point de l'espace. La fonction $A(r)$ doit donc elle-même être définie et continue pour tout r et en particulier pour $r = a$:

$$(9),(10) \Rightarrow -\frac{\mu_0}{9} j_0 R^2 + K_1 = -\frac{\mu_0}{3} j_0 R^2 \ln R + K_2$$

$$\Rightarrow K_2 = \frac{\mu_0}{3} j_0 R^2 \left(\ln R - \frac{1}{3}\right) + K_1$$

Finalement :

$r < R$	$\vec{A}(M) = \left(-\dfrac{\mu_0}{9} j_0 \dfrac{r^3}{R} + K_1\right)\vec{u}_z$	(9)
$r > R$	$\vec{A}(M) = \left(-\dfrac{\mu_0}{3} j_0 R^2 \left(\ln\dfrac{r}{R} + \dfrac{1}{3}\right) + K_1\right)\vec{u}_z$	(10)

Remarque : Le potentiel vecteur est défini à une constante additive près. Celle-ci peut-être calculée en fixant arbitrairement l'origine des potentiels. On remarque toutefois qu'ici cette origine ne peut pas être prise à l'infini, puisque l'expression (10) diverge lorsque r tend vers l'infini. Ceci constitue une impossibilité liée à la modélisation, impossibilité que l'on rencontre chaque fois que la distribution présente des courants à l'infini. L'origine des potentiels peut, par contre, être prise partout ailleurs. Le plus simple ici, si on voulait la fixer, serait de la prendre sur l'axe. En effet :

$$\left.\begin{array}{c} A(0)=0 \\ (6) \end{array}\right\} \Rightarrow \quad K_1 = 0$$

Exercice 9 ★

Distribution volumique axiale de courant / Méthode intégrée

On reprend la distribution cylindrique de l'exercice précédent. En utilisant cette fois les lois intégrées de la magnétostatique :

1. Etudier le champ magnétostatique en tout point de l'espace.

2. Etudier le potentiel vecteur en tout point de l'espace.

Qu'on utilise les lois locales ou les lois intégrées de la magnétostatique, une étude préalable des symétries et invariances du problème permet de réduire par la suite le volume des calculs. En reprenant l'étude faite dans l'exercice précédent, on est amené à poser :

$$\vec{B}(M) = B(r)\vec{u_\theta} \quad \text{et} \quad \vec{A}(M) = A(r)\vec{u_z}$$

1. L'étude du champ magnétostatique par les lois intégrées repose sur le théorème d'Ampère :

$$C(\vec{B},\Gamma) = \oint_\Gamma \vec{B} \cdot d\overrightarrow{OM} = \mu_0 I_{enlacé}$$

où $I_{enlacé}$ est l'intensité du courant enlacé par le contour orienté (Γ), c'est à dire traversant une surface quelconque s'appuyant sur ce contour et orientée compatiblement avec lui (par la règle du tire-bouchon).

Compte tenu de la structure du champ magnétique, on choisit comme contour (Γ) un cercle dans un plan normal à l'axe Oz, centré sur Oz, de rayon r et orienté selon $\vec{u_\theta}$. La circulation de $\vec{B}$ le long de ce contour, vaut :

$$C(\vec{B},\Gamma) = \oint_\Gamma \vec{B} \cdot d\overrightarrow{OM} = \int_0^{2\pi} B(r)\vec{u_\theta}.rd\theta\vec{u_\theta} = \int_0^{2\pi} B(r)rd\theta$$

$$C(\vec{B},\Gamma) = 2\pi rB(r) \quad (1)$$

La surface considérée pour le calcul de $I_{enlacé}$ est le disque (D) s'appuyant sur le cercle (Γ). Sa normale est orientée selon $\vec{u}_z$. Par définition de l'intensité d'un courant à travers une surface, il vient alors :

$$\Rightarrow \quad I_{enlacé} = \iint_D \vec{j} \cdot \overrightarrow{d^2 s} = \iint_D j(r')\vec{u}_z \cdot d^2 s\vec{u}_z = \iint_D j(r')d^2 s$$

$$\Rightarrow \quad I_{enlacé} = \int_0^{2\pi}\int_0^r j(r')r'dr'd\theta = \int_0^{2\pi} d\theta \int_0^r j(r')r'dr' = 2\pi\int_0^r j(r')r'dr'$$

⋆ Pour $r < R$:

$$I_{enlacé} = 2\pi\int_0^r j(r')r'dr' = 2\pi\int_0^r j_0 \frac{r'^2}{R}dr' = \frac{2}{3}\pi j_0 \frac{r^3}{R} \quad (2)$$

$$(1),(2) \quad \Rightarrow \quad 2\pi r B(r) = \frac{2}{3}\pi\mu_0 j_0 \frac{r^3}{R} \quad \Rightarrow \quad B(r) = \frac{1}{3}\mu_0 j_0 \frac{r^2}{R}$$

⋆ Pour $r > R$:

$$I_{enlacé} = 2\pi\left(\int_0^R r' j(r)dr' + \int_R^r r' j(r)dr'\right) = 2\pi\int_0^R j_0 \frac{r'^2}{R}dr' = \frac{2}{3}\pi j_0 R^2 \quad (3)$$

$$(1),(3) \quad \Rightarrow \quad 2\pi r B(r) = \frac{2}{3}\pi j_0 R^2 \quad \Rightarrow \quad B(r) = \frac{1}{3} j_0 \frac{R^2}{r}$$

Finalement :

$$r < R \quad \vec{B}(M) = \frac{\mu_0}{3} j_0 \frac{r^2}{R}\vec{u}_\theta \quad (4)$$

$$r > R \quad \vec{B}(M) = \frac{\mu_0}{3} j_0 \frac{R^2}{r}\vec{u}_\theta \quad (5)$$

On retrouve bien les résultats obtenus par la méthode locale dans l'exercice précédent.

2. Pour l'étude du potentiel vecteur par la méthode intégrée, on utilise les propriétés de sa circulation :

$$\vec{B} = \overrightarrow{rot}\vec{A} \quad \Rightarrow \quad \oint_\Gamma \vec{A} \cdot \overrightarrow{dOM} = \iint_S \vec{B} \cdot \overrightarrow{d^2 S} \quad (6)$$

où (S) est une surface quelconque s'appuyant sur le contour (Γ) et orientée compatiblement avec lui (par la règle du tire-bouchon).

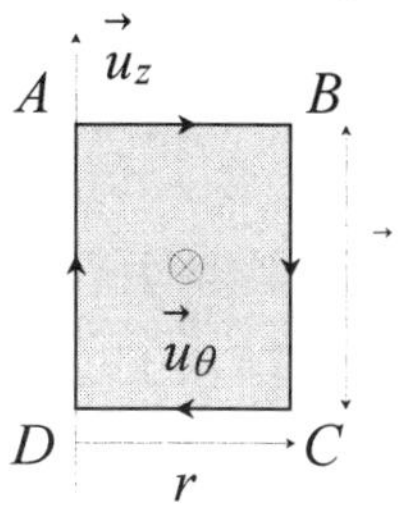

Compte tenu de la structure du potentiel vecteur, on prend comme contour (Γ) un rectangle de largeur r, de hauteur h dont un côté est sur l'axe Oz, orienté comme l'indique la figure ci-contre. La surface (S) est la surface plane s'appuyant sur (Γ) et dont la normale est orientée selon $\vec{u}_\theta$.

$$\oint_\Gamma \vec{A}\cdot d\overrightarrow{OM} = \int_A^B \vec{A}\cdot d\overrightarrow{OM} + \int_B^C \vec{A}\cdot d\overrightarrow{OM} + \int_C^D \vec{A}\cdot d\overrightarrow{OM} + \int_D^A \vec{A}\cdot d\overrightarrow{OM}$$

De A à B et de C à D, le potentiel vecteur est perpendiculaire au déplacement. Sa circulation est donc nulle sur ces tronçons. Par ailleurs si **l'on prend l'origine des potentiels sur l'axe** Oz, le potentiel vecteur est nul entre D et A. Sa circulation est donc nulle sur DA également. Finalement :

$$\oint_\Gamma \vec{A}\cdot d\overrightarrow{OM} = \int_B^C \vec{A}\cdot d\overrightarrow{OM} = \int_{z_B}^{z_C} A(r)\vec{u}_z\cdot dz\vec{u}_z = \int_{z_B}^{z_C} A(r)dz = (z_C - z_B)A(r)$$

$$\Rightarrow \quad \oint_\Gamma \vec{A}\cdot d\overrightarrow{OM} = -hA(r) \quad (7)$$

Par ailleurs, en ce qui concerne le flux de $\vec{B}$ à travers (S) :

$$\iint_S \vec{B}\cdot\overrightarrow{d^2s} = \int_{z_D}^{z_A}\int_0^r B(r')dr'dz = \int_{z_D}^{z_A} dz\int_0^r B(r')dr'$$

$$\Rightarrow \quad \iint_S \vec{B}\cdot\overrightarrow{d^2s} = h\int_0^r B(r')dr' \quad (8)$$

- Pour $r < R$:

$$(4),(8) \quad \Rightarrow \quad \iint_S \vec{B}\cdot\overrightarrow{d^2s} = h\int_0^r \frac{\mu_0}{3} j_0 \frac{r'^2}{R} dr' = \frac{\mu_0}{9} j_0 h\frac{r^3}{R} \quad (9)$$

$$(6),(7),(9) \quad \Rightarrow \quad A(r) = -\frac{\mu_0}{9} j_0 \frac{r^3}{R}$$

- Pour $r > R$:

$$(4),(5),(8) \quad \Rightarrow \quad \iint_S \vec{B}\cdot\overrightarrow{d^2s} = h\int_0^r B(r')dr' = h\int_0^R B(r')dr' + h\int_R^r B(r')dr'$$

$$\Rightarrow \quad \iint_S \vec{B}\cdot\overrightarrow{d^2s} = h\int_0^R \frac{\mu_0}{3} j_0 \frac{r'^2}{R} dr' + h\int_R^r \frac{\mu_0}{3} j_0 \frac{R^2}{r'} dr'$$

$$\Rightarrow \quad \iint_S \vec{B}\cdot\overrightarrow{d^2s} = \frac{\mu_0}{3} j_0 hR^2\left(\frac{1}{3} + \ln\frac{r}{R}\right) \quad (10)$$

$$(6),(7),(10) \quad \Rightarrow \quad A(r) = -\frac{\mu_0}{3} j_0 R^2\left(\frac{1}{3} + \ln\frac{r}{R}\right)$$

Finalement :

$$r < R \quad \vec{A}(M) = -\frac{\mu_0}{9} j_0 \frac{r^3}{R} \vec{u}_z \qquad (11)$$

$$r > r \quad \vec{A}(M) = -\frac{\mu_0}{3} j_0 R^2 \left(\frac{1}{3} + \ln \frac{r}{R} \right) \vec{u}_z \qquad (12)$$

On retrouve bien les résultats obtenus par la méthode locale dans l'exercice précédent, en prenant l'origine des potentiels sur l'axe Oz.

Exercice 10 ★★

Distribution surfacique orthoradiale de courant

Un cylindre d'axe (Δ), de rayon R et de longueur infinie, est parcouru en surface par une nappe orthoradiale de courant dont le module j_{s0} de la densité surfacique est uniforme.

1. Déduire, des considérations de symétrie et d'invariance, la structure du champ magnétique en un point quelconque de l'espace.

2. Etudier le champ magnétique sur l'axe de la distribution, en utilisant la loi de Biot et Savart.

3. Etudier le champ magnétique créé en tout point de l'espace.

4. En déduire le potentiel vecteur en tout point de l'espace.

5. Retrouver les résultats concernant le champ magnétique en faisant l'analogie avec un solénoïde infini.

1. Soit M un point quelconque de l'espace. Le plan passant par M et normal à l'axe Oz est un plan de symétrie des courants. C'est donc un plan d'antisymétrie du champ magnétique ; le champ magnétique en M est normal à ce plan :

$$\vec{B}(M) = B(M)\vec{u}_z = B(r,\theta,z)\vec{u}_z$$

Le problème étant invariant par rotation autour de l'axe Oz et par translation parallèlement à ce même axe, on en déduit que $B(r,\theta,z)$ ne dépend que de r. Finalement le champ magnétique en M est de la forme :

$$\vec{B}(M) = B(r)\vec{u}_z \quad (1)$$

2. La loi de Biot et Savart s'écrit, pour une distribution surfacique de courant :

$$\vec{B}(M)=\frac{\mu_0}{4\pi}\iint_S \frac{\vec{j}_s \wedge \overrightarrow{PM}}{PM^3}d^2s \quad (2)$$

Appliquons la à la distribution étudiée. En notant respectivement z et z_P les cotes d'un point M de l'axe Oz et d'un point P quelconque de la distribution, il vient :

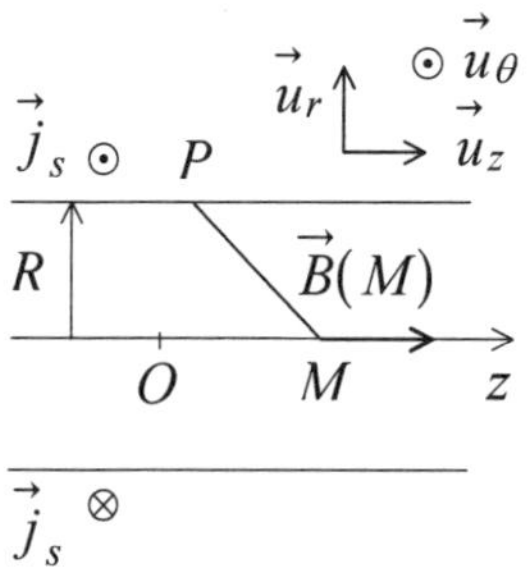

$$\begin{cases}\vec{j}_s = j_{s0}\vec{u}_\theta \\ \overrightarrow{PM} = -R\vec{u}_r + (z-z_p)\vec{u}_z\end{cases}$$

$$\Rightarrow \quad \frac{\vec{j}_s \wedge \overrightarrow{PM}}{PM^3} = j_{s0}\frac{(z-z_p)\vec{u}_r + R\vec{u}_z}{\left((z-z_p)^2+R^2\right)^{3/2}}$$

En tenant compte de ce que le champ magnétique résultant est, en un point de l'axe Oz, colinéaire à $\vec{u}_z$, la loi de Biot et Savart se traduit par :

$$\vec{B}(M)=\frac{\mu_0}{4\pi}\int_{\theta=0}^{2\pi}\int_{-\infty}^{+\infty} j_{s0}\frac{R\vec{u}_z}{\left((z-z_p)^2+R^2\right)^{3/2}}Rd\theta dz_P$$

$$\Rightarrow \quad \vec{B}(M)=\frac{\mu_0}{4\pi}\frac{j_{s0}}{R}\left[\int_0^{2\pi}d\theta\int_{-\infty}^{+\infty}\left(1+\frac{(z-z_p)^2}{R^2}\right)^{-3/2}dz_P\right]\vec{u}_z$$

$$\Rightarrow \quad \vec{B}(M)=\frac{\mu_0}{2}\frac{j_{s0}}{R}\left[\int_{-\infty}^{+\infty}\left(1+\frac{(z-z_p)^2}{R^2}\right)^{-3/2}dz_P\right]\vec{u}_z$$

En faisant le changement de variable $\text{cotan}\,\alpha=\frac{z-z_P}{R}$, avec $\alpha\in[0,\pi]$, il vient :

$$\text{cotan}\,\alpha=\frac{z-z_P}{R} \quad \Rightarrow \quad \begin{cases}\left(1+\frac{(z-z_p)^2}{R^2}\right)^{-3/2}=\sin^3\alpha \\ dz_P=\frac{R}{\sin^2\alpha}d\alpha\end{cases}$$

Par ailleurs $\alpha \to 0$ lorsque $z_P \to -\infty$ et $\alpha \to \pi$ lorsque $z_P \to \infty$. D'où :

$$\vec{B}(M) = \frac{\mu_0}{2} j_{s0} \left[\int_0^{\pi} \sin\alpha d\alpha \right] \vec{u}_z \quad \Rightarrow \quad \boxed{\vec{B}(M) = \mu_0 j_{s0} \vec{u}_z} \quad (3)$$

3. En un point quelconque de l'espace ne se trouvant pas sur la surface de la distribution, l'équation de Maxwell-Ampère s'écrit : $\overrightarrow{rot}\vec{B} = \mu_0 \vec{j} = \vec{0}$

En utilisant l'expression du rotationnel en cylindriques, on obtient, pour un champ ayant la structure de celui étudié, $\overrightarrow{rot}\vec{B} = -\frac{\partial B}{\partial r}\vec{u}_\theta$. On en déduit $-\frac{\partial B}{\partial r} = 0$.

On posera donc :
$$\begin{cases} r < R & B(r) = C_1 \\ r > R & B(r) = C_2 \end{cases}$$

Remarque : Le champ magnétique n'étant pas défini sur la distribution surfacique, la constante d'intégration est à priori différente de part et d'autre de celle-ci.

- Pour $r < R$:

$$\left.\begin{aligned} (3) \Rightarrow \quad & B(0) = \mu_0 j_{s0} \\ & B(r) = C_1 \end{aligned}\right\} \Rightarrow C_1 = \mu_0 j_{s0} \Rightarrow \boxed{\vec{B}(M) = \mu_0 j_{s0} \vec{u}_z} \quad (4)$$

- Pour $r > R$:

A la traversée de la surface de la distribution, le champ magnétique subit une discontinuité qui, d'après les relations de passage, s'écrit :

$$\vec{B}(R^+) - \vec{B}(R^-) = \mu_0 \vec{j}_s \wedge \vec{u}_r = \mu_0 j_{s0} \vec{u}_\theta \wedge \vec{u}_r = -\mu_0 j_{s0} \vec{u}_z \quad (5)$$

$$\left.\begin{aligned} (3) \Rightarrow \quad & \vec{B}(R^-) = \mu_0 j_{s0} \vec{u}_z \\ (5) \Rightarrow \quad & \vec{B}(R^+) = \vec{B}(R^-) - \mu_0 j_{s0} \vec{u}_z \end{aligned}\right\} \Rightarrow \vec{B}(R^+) = \vec{0} \Rightarrow C_2 = 0$$

$$\Rightarrow \boxed{\vec{B}(M) = \vec{0}} \quad (6)$$

4. Le potentiel vecteur est défini par : $\vec{B} = \overrightarrow{rot}\vec{A}$

Soit M un point quelconque de l'espace. Le plan passant par M et contenant l'axe Oz, est un plan d'antisymétrie des courants. C'est donc un plan d'antisymétrie du potentiel vecteur ; le potentiel vecteur en M est normal à ce plan :

$$\vec{A}(M) = A(M)\vec{u}_\theta = A(r,\theta,z)\vec{u}_\theta$$

Le problème étant invariant par rotation autour de l'axe Oz et par translation parallèlement à ce même axe, on en déduit que $A(r,\theta,z)$ ne dépend en fait que de r.

Finalement : $$\vec{A}(M) = A(r)\vec{u}_\theta$$

En se reportant au formulaire pour l'expression en cylindriques du rotationnel d'un tel champ, on obtient :

$$\overrightarrow{rot}\,\vec{A} = \frac{1}{r}\frac{\partial}{\partial r}(rA)\vec{u}_z$$

Il vient donc :

$$\left.\begin{aligned} \vec{B} = B(r)\vec{u}_z = \overrightarrow{rot}\,\vec{A} \\ \overrightarrow{rot}\,\vec{A} = \frac{1}{r}\frac{\partial}{\partial r}(rA)\vec{u}_z \end{aligned}\right\} \Rightarrow \quad \frac{1}{r}\frac{\partial}{\partial r}(rA) = B(r) \quad (7)$$

* Pour $r < R$:

$$(4),(7) \Rightarrow \frac{1}{r}\frac{\partial}{\partial r}(rA) = \mu_0 j_{s0} \Rightarrow \frac{\partial}{\partial r}(rA) = \mu_0 j_{s0} r$$

$$\Rightarrow rA(r) = \frac{1}{2}\mu_0 j_{s0} r^2 + K_1 \Rightarrow A(r) = \frac{1}{2}\mu_0 j_{s0} r + \frac{K_1}{r} \quad (8)$$

Le potentiel vecteur d'une distribution volumique de courant étant défini et continu en tout point, la fonction $A(r)$ est en particulier définie et continue en $r = 0$. La constante d'intégration K_1 est donc nécessairement nulle.

* Pour $r > R$:

$$(6),(7) \Rightarrow \frac{1}{r}\frac{\partial}{\partial r}(rA) = 0 \Rightarrow rA(r) = K_2 \Rightarrow A(r) = \frac{K_2}{r} \quad (9)$$

On détermine la valeur de K_2 par continuité du potentiel vecteur en $r = R$:

$$\left\{\begin{aligned} (8) \Rightarrow \quad \lim_{r\to R^-} = \frac{1}{2}\mu_0 j_{s0} R \\ (9) \Rightarrow \quad \lim_{r\to R^+} = \frac{K_2}{R} \end{aligned}\right. \Rightarrow K_2 = \frac{1}{2}\mu_0 j_{s0} R^2 \quad (10)$$

Finalement :

$$\boxed{\begin{aligned} r < R \quad \vec{A}(M) = \frac{1}{2}\mu_0 j_{s0} r\vec{u}_\theta \quad (11) \\ r > R \quad \vec{A}(M) = \frac{1}{2}\mu_0 j_{s0} \frac{R^2}{r} \quad (12) \end{aligned}}$$

5. Pour un solénoïde infini parcouru par un courant d'intensité I et comportant n spires par unité de longueur :

$$r < R \quad \vec{B} = \mu_0 n I \vec{u}_z \quad ; \quad r > R \quad \vec{B} = \vec{0}$$

Les courants parcourant le solénoïde infini et ceux de la distribution orthoradiale étudiée ont même structure. On peut donc faire une analogie entre les deux modélisations.
Soit di l'intensité infinitésimale correspondant à une tranche dz du solénoïde, d'une part et de la distribution étudiée, d'autre part.

- ⋆ Pour le solénoïde infini : $di = nIdz \quad (13)$
- ⋆ Pour la distribution étudiée : $di = j_{s0}dz \quad (14)$

On en déduit que le passage d'un modèle à l'autre se fait en posant :

$$\boxed{j_{s0} = nI} \quad (15)$$

En reprenant les relations (4) et (6), on constate qu'en faisant cette analogie, les résultats concernant le solénoïde infini permettent de retrouver immédiatement ceux concernant la distribution orthoradiale étudiée.

Exercice 11 ⋆⋆

Distribution volumique orthoradiale de courant / Méthode locale

L'espace étant rapporté à un repère cylindrique, on considère la distribution volumique de courant suivante:

$$r < R \quad \vec{j} = \vec{0} \quad ; \quad r \in [R, R+e] \quad \vec{j} = j_0 \vec{u}_\theta \quad ; \quad r > R+e \quad \vec{j} = \vec{0}$$

1. Justifier que le champ magnétique est nul pour $r > R+e$.

2. Etudier, en utilisant les équations locales de la magnétostatique, le champ magnétique en tout point de l'espace.

3. Etudier, en utilisant les équations locales de la magnétostatique, le potentiel vecteur en tout point de l'espace.

4. Que deviennent les résultats précédents lorsqu'on fait tendre l'épaisseur e de la distribution vers zéro, en conservant constante l'intensité des courants par unité de longueur ? Commenter.

1. Le volume de la distribution peut être découpé en éléments de volume infinitésimaux compris entre les cylindres de rayons r' et $r'+dr'$, r' variant de R à $R+e$. Le courant qui parcourt un de ces éléments a la structure de celui qui parcourt un solénoïde de longueur infinie. Le champ magnétique créé par l'élément de rayon r' a donc lui-même la structure du champ magnétique d'un solénoïde infiniment long de même rayon. En particulier, il est nul pour $r > r'$.
Un point extérieur à la distribution volumique étudiée $(r > R+e)$ est extérieur à tous les éléments infinitésimaux considérés. On peut donc affirmer que le champ magnétique résultant y est nul.

2. Soit M un point quelconque de l'espace. Le plan passant par M et normal à l'axe Oz est un plan de symétrie des courants. C'est donc un plan d'antisymétrie du champ magnétique ; le champ magnétique en M est normal à ce plan :

$$\vec{B}(M) = B(M)\vec{u}_z = B(r,\theta,z)\vec{u}_z$$

Le problème étant invariant par rotation autour de l'axe Oz et par translation parallèlement à ce même axe, on en déduit que $B(r,\theta,z)$ ne dépend en fait que de r et finalement :

$$\vec{B}(M) = B(r)\vec{u}_z$$

En se reportant au formulaire pour l'expression en cylindriques du rotationnel d'un tel champ, on obtient :

$$\overrightarrow{rot}\vec{B} = -\frac{\partial B}{\partial r}\vec{u}_\theta \quad (1)$$

Puis en utilisant l'équation de Maxwell-Ampère :

$$\left.\begin{matrix}\overrightarrow{rot}\vec{B} = \mu_0\vec{j} \\ (1)\end{matrix}\right\} \Rightarrow -\frac{\partial B}{\partial r}\vec{u}_\theta = \mu_0\vec{j} \quad (2)$$

On en déduit dans les différents cas :

$$\begin{cases} r > R+e & (2) \Rightarrow -\dfrac{\partial B}{\partial r} = 0 & \Rightarrow B(r) = C_1 & (3) \\ r \in [R, R+e] & (2) \Rightarrow -\dfrac{\partial B}{\partial r} = \mu_0 j_0 & \Rightarrow B(r) = -\mu_0 j_0 r + C_2 & (4) \\ r < R & (2) \Rightarrow -\dfrac{\partial B}{\partial r} = 0 & \Rightarrow B(r) = C_3 & (5) \end{cases}$$

Le champ étant nul pour $r > R+e$, la constante C_1 est nulle. On détermine les autres constantes C_2 et C_3 par continuité du champ en $r = R+e$ et $r = R$:

$$\left.\begin{array}{lll}(4) & \Rightarrow & \lim\limits_{r\to(R+e)^-} B(r) = -\mu_0 j_0(R+e) + C_2 \\ (3) & \Rightarrow & \lim\limits_{r\to(R+e)^+} B(r) = C_1 = 0\end{array}\right\} \Rightarrow \quad C_2 = \mu_0 j_0(R+e) \quad (6)$$

$$\left.\begin{array}{lll}(4),(6) & \Rightarrow & \lim\limits_{r\to R^+} B(r) = -\mu_0 j_0 R + \mu_0 j_0(R+e) = \mu_0 j_0 e \\ (5) & \Rightarrow & \lim\limits_{r\to R^-} B(r) = C_3\end{array}\right\} \quad \Rightarrow \quad C_3 = \mu_0 j_0 e$$

Finalement :

$r > R+e$	$\vec{B}(M) = \vec{0}$	(7)
$r \in [R, R+e]$	$\vec{B}(M) = \mu_0 j_0 (R+e-r)\vec{u}_z$	(8)
$r < R$	$\vec{B}(M) = \mu_0 j_0 e \vec{u}_z$	(9)

3. Le potentiel vecteur est défini par : $\vec{B} = \overrightarrow{rot}\,\vec{A}$

Soit M un point quelconque de l'espace. Le plan passant par M et contenant l'axe Oz est un plan d'antisymétrie des courants. C'est donc un plan d'antisymétrie du potentiel vecteur ; le potentiel vecteur en M est normal à ce plan :

$$\vec{A}(M) = A(M)\vec{u}_\theta = A(r,\theta,z)\vec{u}_\theta$$

Le problème étant invariant par rotation autour de l'axe Oz et par translation parallèlement à ce même axe, on en déduit que $A(r,\theta,z)$ ne dépend en fait que de r et finalement : $\vec{A}(M) = A(r)\vec{u}_\theta$

En se reportant au formulaire pour l'expression en cylindriques du rotationnel d'un tel champ, on obtient :

$$\overrightarrow{rot}\,\vec{A} = \frac{1}{r}\frac{\partial}{\partial r}(rA)\vec{u}_z$$

Il vient donc :

$$\left.\begin{array}{l}\vec{B} = B(r)\vec{u}_z = \overrightarrow{rot}\,\vec{A} \\ \overrightarrow{rot}\,\vec{A} = \dfrac{1}{r}\dfrac{\partial}{\partial r}(rA)\vec{u}_z\end{array}\right\} \quad \Rightarrow \quad \frac{1}{r}\frac{\partial}{\partial r}(rA) = B(r) \quad (10)$$

★ Pour $r < R$:

$$(10),(9) \quad \Rightarrow \quad \frac{1}{r}\frac{\partial}{\partial r}(rA) = \mu_0 j_0 e \quad \Rightarrow \quad \frac{\partial}{\partial r}(rA) = \mu_0 j_0 e r$$

$$\Rightarrow \quad rA(r)=\frac{1}{2}\mu_0 j_0 e r^2+K_1 \quad \Rightarrow \quad A(r)=\frac{1}{2}\mu_0 j_0 e r+\frac{K_1}{r} \quad (11)$$

Le potentiel vecteur d'une distribution volumique de courant étant défini et continu en tout point, la fonction $A(r)$ est en particulier définie et continue en $r=0$. La constante d'intégration K_1 est donc nécessairement nulle.

⋆ Pour $r\in[R,R+e]$:

$$(10),(8) \quad \Rightarrow \quad \frac{1}{r}\frac{\partial}{\partial r}(rA)=\mu_0 j_0(R+e-r)$$

$$\Rightarrow \quad \frac{\partial}{\partial r}(rA)=\mu_0 j_0\left((R+e)r-r^2\right)$$

$$\Rightarrow \quad rA(r)=\mu_0 j_0\left(\frac{1}{2}(R+e)r^2-\frac{1}{3}r^3\right)+K_2$$

$$\Rightarrow \quad A(r)=\mu_0 j_0\left(\frac{1}{2}(R+e)r-\frac{1}{3}r^2\right)+\frac{K_2}{r} \quad (12)$$

On détermine la valeur de K_2 par continuité du potentiel vecteur en $r=R$:

$$\left[\begin{array}{lll}(11) & \Rightarrow & \lim\limits_{r\to R^-} A(r)=\frac{1}{2}\mu_0 j_0 e R \\ (12) & \Rightarrow & \lim\limits_{r\to R^+} A(r)=A(r)=\mu_0 j_0\left(\frac{1}{2}(R+e)R-\frac{1}{3}R^2\right)+\frac{K_2}{R}\end{array}\right.$$

$$\Rightarrow \quad K_2=-\frac{1}{6}\mu_0 j_0 R^3 \quad (13)$$

$$(12),(13)\Rightarrow \quad A(r)=\mu_0 j_0\left(\frac{1}{2}(R+e)r-\frac{1}{3}r^2-\frac{1}{6}\frac{R^3}{r}\right) \quad (14)$$

⋆ Pour $r>R+e$:

$$(10),(7) \quad \Rightarrow \quad \frac{1}{r}\frac{\partial}{\partial r}(rA)=0 \quad \Rightarrow \quad rA(r)=K_3 \quad \Rightarrow \quad A(r)=\frac{K_3}{r} \quad (15)$$

On détermine la valeur de K_3 par continuité du potentiel vecteur en $r=R+e$:

$$\begin{cases} (14) \Rightarrow & \lim\limits_{r \to (R+e)^-} = \dfrac{1}{6}\mu_0 j_0 e \dfrac{3R^2 + 3Re + e^2}{R+e} \\ (15) \Rightarrow & \lim\limits_{r \to (R+e)^+} = \dfrac{K_3}{R+e} \end{cases}$$

$$\Rightarrow \quad K_3 = \frac{1}{6}\mu_0 j_0 e\left(3R^2 + 3Re + e^2\right) \quad (16)$$

Finalement :

$r < R$	$\vec{A}(M) = \dfrac{1}{2}\mu_0 j_0 e r \vec{u}_\theta$	(17)
$r \in (R+e)$	$\vec{A}(M) = \mu_0 j_0 \left(\dfrac{1}{2}(R+e)r - \dfrac{1}{3}r^2 - \dfrac{1}{6}\dfrac{R^3}{r}\right)\vec{u}_\theta$	(18)
$r > R$	$\vec{A}(M) = \dfrac{1}{6}\mu_0 j_0 e\left(3R^2 + 3Re + e^2\right)\dfrac{1}{r}\vec{u}_\theta$	(19)

4. Considérons un tronçon de la distribution de longueur égale à L selon l'axe Oz. La distribution étant orthoradiale, une section droite de ce tronçon est un rectangle de longueur L et de largeur e. Compte tenu de la structure des courants, l'intensité qui traverse cette section, a pour expression $I_L = j_0 e L$.

En ramenant cette intensité à l'unité de longueur, nous obtenons une grandeur qui a les dimensions d'une densité surfacique de courant, que nous noterons donc j_s et qui vaut $j_s = j_0 e$.

Lorsqu'on veut faire tendre l'épaisseur e vers zéro, en maintenant constante l'intensité par unité de longueur, on doit donc maintenir constante cette grandeur j_s.

En faisant apparaître j_s dans les résultats précédents pour $r < R$ et pour $r > R + e$, on obtient :

$$\begin{cases} r < R & \vec{B}(M) = \mu_0 j_s \vec{u}_z & \vec{A}(M) = \dfrac{1}{2}\mu_0 j_s r \vec{u}_\theta \\ r > R & \vec{B}(M) = \vec{0} & \vec{A}(M) = \dfrac{1}{6}\mu_0 j_s\left(3R^2 + 3Re + e^2\right)\dfrac{1}{r}\vec{u}_\theta \end{cases}$$

D'où, en faisant tendre e vers zéro, tout en maintenant constante j_s :

$r < R$	$\vec{B}(M) = \mu_0 j_s \vec{u}_z$	(20)	$\vec{A}(M) = \dfrac{1}{2}\mu_0 j_s r \vec{u}_\theta$	(22)
$r > R$	$\vec{B}(M) = \vec{0}$	(21)	$\vec{A}(M) = \dfrac{1}{2}\mu_0 j_s \dfrac{R^2}{r}\vec{u}_\theta$	(23)

Nous retrouvons les résultats concernant la nappe surfacique orthoradialc de courant (cf. exercice n°6 de ce chapitre). En faisant tendre vers zéro l'épaisseur e de la distribution volumique, tout en conservant les courants, nous sommes en effet passés d'une modélisation volumique à une modélisation surfacique. **Ce passage à la modélisation surfacique s'accompagne de l'apparition d'une discontinuité du champ magnétique au niveau de la surface de la distribution**. Cette discontinuité satisfait aux relations de passage :

$$\left.\begin{array}{ll}(20) \Rightarrow & \lim\limits_{r\to R^-} \vec{B}(M) = \vec{B}(R^-) = \mu_0 j_s \vec{u}_z \\ (21) \Rightarrow & \lim\limits_{r\to R^+} \vec{B}(M) = \vec{B}(R^+) = \vec{0}\end{array}\right\} \Rightarrow \vec{B}(R^+) - \vec{B}(R^-) = -\mu_0 j_s \vec{u}_z$$

$$\Rightarrow \vec{B}(R^+) - \vec{B}(R^-) = \mu_0 j_s \vec{u}_\theta \wedge \vec{u}_r \Rightarrow \boxed{\vec{B}(R^+) - \vec{B}(R^-) = \mu_0 \vec{j}_s \wedge \vec{n}}$$

Le potentiel vecteur, quant à lui, reste continu au niveau de la surface de la distribution surfacique.

Exercice 12 ★

Distribution volumique orthoradiale de courant / Méthode intégrée

On reprend l'étude de la distribution volumique de courant de l'exercice précédent.

1. Etudier, en utilisant les lois intégrées de la magnétostatique, le champ magnétique en tout point de l'espace.

2. Etudier, en utilisant les lois intégrées de la magnétostatique, le potentiel vecteur en tout point de l'espace.

Qu'on utilise les lois intégrées ou les lois locales, une étude préalable des symétries et des invariances du problème doit être faite pour réduire le volume des calculs.

On reprend ici les résultats de cette étude faite dans l'exercice précédent :

$$\vec{B}(M) = B(r)\vec{u}_z \quad (1) \quad \text{et} \quad \vec{A}(M) = A(r)\vec{u}_\theta \quad (2)$$

On sait en outre que pour $r > R + e$, $B(r)$ est nul (cf. question n°1 de l'exercice précédent).

1. La méthode intégrée repose, pour l'étude du champ magnétique, sur l'utilisation du théorème d'Ampère :

$$\oint_{\Gamma} \vec{B} \cdot d\overrightarrow{OM} = \mu_0 I_{enlacé} \quad (3)$$

Compte tenu de la structure du champ magnétique, on choisit comme contour (Γ) un rectangle dont le plan contient l'axe Oz et tel que deux de ses côtés sont parallèles à cet axe, l'un à une distance r inférieure à $R+e$, l'autre à une distance supérieure à $R+e$.

On oriente ce contour de façon que la normale à son plan soit selon $\vec{u}_\theta$ (cf. figure ci-dessous).

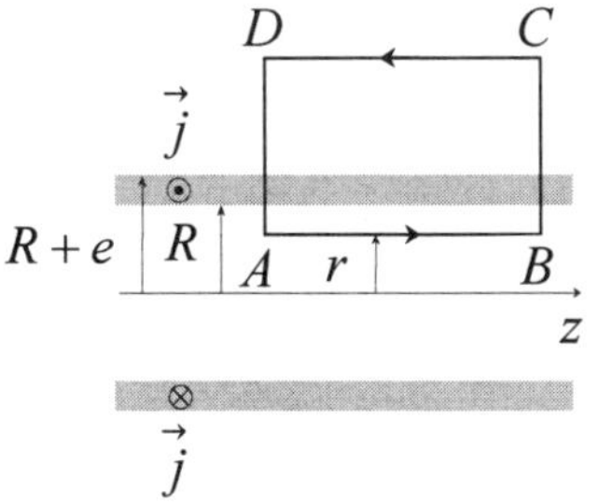

Le long des tronçons CD, DA et BC la circulation est nulle. Le long de CD elle est nulle parce que le champ est nul ; le long de DA et BC elle est nulle parce que le champ est normal au déplacement. Finalement :

$$\oint_{\Gamma} \vec{B} \cdot d\overrightarrow{OM} = \int_A^B \vec{B} \cdot d\overrightarrow{OM}$$

$$\Rightarrow \quad \oint_{\Gamma} \vec{B} \cdot d\overrightarrow{OM} = \int_{z_A}^{z_B} B(r)\vec{u}_z \cdot dz\vec{u}_z = \int_{z_A}^{z_B} B(r)dz$$

$$\Rightarrow \quad \oint_{\Gamma} \vec{B} \cdot d\overrightarrow{OM} = (z_B - z_A)B(r) \quad (4)$$

$I_{enlacé}$ est l'intensité du courant traversant une surface quelconque s'appuyant sur le contour (Γ) et orientée compatiblement avec lui (règle du « tire-bouchon »). On prend comme surface (S), la surface plane limitée par (Γ).

$$I_{enlacé} = \iint_S \vec{j} \cdot \overrightarrow{d^2s} = \iint_S j(r')\vec{u}_\theta \cdot d^2s\vec{u}_\theta = \int_{z=z_A}^{z_B} \int_{r'=r}^{r_C} j(r')dr'dz$$

$$I_{enlacé} = (z_B - z_A)\int_{r'=r}^{r_C} j(r')dr' \quad (5)$$

- Pour $r \in [0,R]$:

$$(5) \quad \Rightarrow \quad I_{enlacé} = (z_B - z_A)\int_R^{R+e} j_0 dr' = j_0 e(z_B - z_A) \quad (6)$$

$$(3),(4),(6) \quad \Rightarrow \quad B(r) = \mu_0 j_0 e \quad (7)$$

- Pour $r \in [R, R+e]$:

$$(5) \quad \Rightarrow \quad I_{enlacé} = (z_B - z_A)\int_r^{R+e} j_0 dr' = j_0(R+e-r)(z_B - z_A) \quad (8)$$

$$(3),(4),(8) \Rightarrow B(r) = \mu_0 j_0 (R+e-r) \quad (9)$$

Finalement :

$$\boxed{\begin{array}{lll} r < R & \vec{B}(M) = \mu_0 j_0 e \vec{u}_z & (10) \\ r \in [R, R+e] & \vec{B}(M) = \mu_0 j_0 (R+e-r)\vec{u}_z & (11) \\ r > R+e & \vec{B}(M) = \vec{0} & (12) \end{array}}$$

On retrouve les résultats obtenus par la méthode locale dans la deuxième question de l'exercice précédent.

2. Pour l'étude du potentiel vecteur, la méthode intégrée repose sur les propriétés de sa circulation. (S) étant une surface quelconque s'appuyant sur le contour (Γ) et orientée compatiblement avec lui par la règle du « tire-bouchon » :

$$\oint_\Gamma \vec{A} \cdot d\overrightarrow{OM} = \iint_S \vec{B} \cdot \overrightarrow{d^2 s} \quad (13)$$

Compte tenu des structures du potentiel vecteur et du champ magnétique, on choisit comme contour (Γ), un cercle de rayon r, centré sur l'axe Oz dans un plan normal à ce dernier et comme surface (S), le disque limité par ce cercle.

$$\oint_\Gamma \vec{A} \cdot d\overrightarrow{OM} = \int_0^{2\pi} A(r)\vec{u}_\theta \cdot rd\theta\vec{u}_\theta = \int_0^{2\pi} A(r) r d\theta$$

$$\Rightarrow \oint_\Gamma \vec{A} \cdot d\overrightarrow{OM} = 2\pi r A(r) \quad (14)$$

$$\iint_S \vec{B} \cdot \overrightarrow{d^2 s} = \iint_S B(r')\vec{u}_z \cdot d^2 s \vec{u}_z = \int_{\theta=0}^{2\pi} \int_{r'=0}^{r} B(r') r' dr' d\theta$$

$$\Rightarrow \iint_S \vec{B} \cdot \overrightarrow{d^2 s} = 2\pi \int_0^r B(r') r' dr' \quad (15)$$

- Pour $r \in [0, R]$:

$$(15),(7) \Rightarrow \iint_S \vec{B} \cdot \overrightarrow{d^2 s} = 2\pi \int_0^r \mu_0 j_0 e r' dr' = 2\pi \mu_0 j_0 e \int_0^r r' dr'$$

$$\Rightarrow \iint_S \vec{B} \cdot \overrightarrow{d^2 s} = \pi \mu_0 j_0 e r^2 \quad (16)$$

$$(13),(14),(16) \Rightarrow 2\pi r A(r) = \pi \mu_0 j_0 e r^2$$

$$\Rightarrow A(r) = \frac{1}{2} \mu_0 j_0 e r \quad (17)$$

- Pour $r \in [R, R+e]$:

$$(15),(7),(9) \Rightarrow \iint_S \vec{B} \cdot \overrightarrow{d^2 s} = 2\pi \left(\int_0^R \mu_0 j_0 e r' dr' + \int_R^r \mu_0 j_0 (R + e - r') r' dr' \right)$$

$$\Rightarrow \iint_S \vec{B} \cdot \overrightarrow{d^2 s} = 2\pi \mu_0 j_0 \left(\frac{1}{2} e R^2 + \frac{1}{2}(R+e)\left(r^2 - R^2\right) - \frac{1}{3}\left(r^3 - R^3\right) \right)$$

$$\Rightarrow \iint_S \vec{B} \cdot \overrightarrow{d^2 s} = 2\pi \mu_0 j_0 \left(\frac{1}{2}(R+e) r^2 - \frac{1}{3} r^3 - \frac{1}{6} R^3 \right) \quad (18)$$

$$(13),(14),(18) \Rightarrow 2\pi r A(r) = 2\pi \mu_0 j_0 \left(\frac{1}{2}(R+e) r^2 - \frac{1}{3} r^3 - \frac{1}{6} R^3 \right)$$

$$\Rightarrow A(r) = \mu_0 j_0 \left(\frac{1}{2}(R+e) r - \frac{1}{3} r^2 - \frac{1}{6} \frac{R^3}{r} \right) \quad (19)$$

- Pour $r > R + e$ (compte tenu de $B(r) = 0$ pour $r > R + e$) :

$$(15),(7),(9) \Rightarrow \iint_S \vec{B} \cdot \overrightarrow{d^2 s} = 2\pi \left(\int_0^R \mu_0 j_0 e r' dr' + \int_R^{R+e} \mu_0 j_0 (R + e - r') r' dr' \right)$$

$$\Rightarrow \iint_S \vec{B} \cdot \overrightarrow{d^2 s} = 2\pi \mu_0 j_0 \left(\frac{1}{2} e R^2 + \frac{1}{2}(R+e)\left(2eR + e^2\right) - \frac{1}{3}\left(3R^2 e + 3Re^2 + e^3\right) \right)$$

$$\Rightarrow \iint_S \vec{B} \cdot \overrightarrow{d^2 s} = \frac{1}{3} \pi \mu_0 j_0 e \left(3R^2 + 3Re + e^2\right) \quad (20)$$

$$(13),(14),(20) \Rightarrow 2\pi r A(r) = \frac{1}{3} \pi \mu_0 j_0 e \left(3R^2 + 3Re + e^2\right) \quad (21)$$

$$\Rightarrow A(r) = \frac{1}{6} \mu_0 j_0 e \left(3R^2 + 3Re + e^2\right) \frac{1}{r} \quad (22)$$

Finalement :

$r < R$	$\vec{A}(M) = \frac{1}{2} \mu_0 j_0 e r \vec{u}_\theta$	(23)
$r \in (R + e)$	$\vec{A}(M) = \mu_0 j_0 \left(\frac{1}{2}(R+e) r - \frac{1}{3} r^2 - \frac{1}{6} \frac{R^3}{r} \right) \vec{u}_\theta$	(24)
$r > R$	$\vec{A}(M) = \frac{1}{6} \mu_0 j_0 e \left(3R^2 + 3Re + e^2\right) \frac{1}{r} \vec{u}_\theta$	(25)

On retrouve les résultats obtenus par la méthode locale dans la troisième question de l'exercice précédent.

Exercice 13 ★

Courants uniformes sur une épaisseur variable / Limite surfacique

L'espace est rapporté à un repère cartésien $\left(O, \vec{u}_x, \vec{u}_y, \vec{u}_z\right)$.

On étudie le champ magnétique créé par la distribution volumique de courant dont la densité est définie par : $|z| < a$ alors $\vec{j} = j_0 \vec{u}_y$ et $|z| > a$ alors $\vec{j} = \vec{0}$.

1. Calculer le champ magnétique créé par cette distribution de courant, en tout point de l'espace.

2. On fait tendre l'épaisseur a vers 0, tout en maintenant constante l'intensité du courant à travers une section orthogonale à $\vec{u}_y$.

2.1. Montrer que la distribution volumique tend vers une distribution surfacique dont on exprimera la densité surfacique en fonction de a et j_0. Quelle remarque peut-on alors faire concernant j_0 ?

2.2. Déterminer le champ créé par cette distribution surfacique.

2.3. Etudier le comportement du champ de la distribution surfacique, au voisinage du plan $z = 0$. Commenter le résultat.

1. La densité volumique de courant proposée est infinie suivant les directions (O, x) et (O, y) et les courants circulent sur une couche d'épaisseur $2a$ (Figure 1)

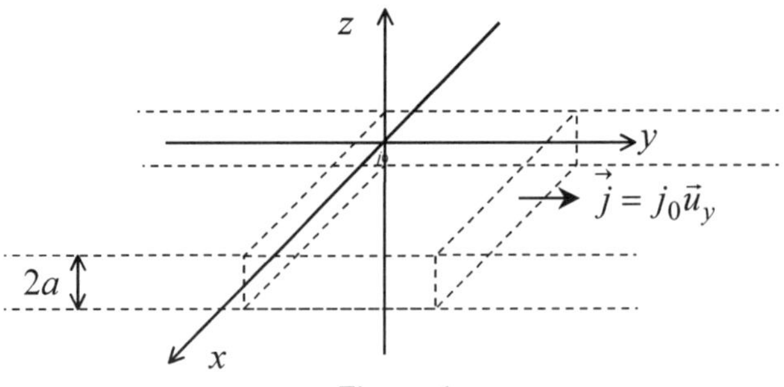

Figure 1

Afin de choisir entre l'utilisation du théorème d'Ampère ou de la loi de Biot et Savart, il est nécessaire d'étudier au préalable les symétries de la distribution. Si celles-ci permettent d'établir la géométrie des lignes de champ, il sera alors possible de construire un contour fermé sur lequel la circulation sera exploitable dans l'application du théorème d'Ampère.

Si M désigne un point quelconque de l'espace, le plan $\left(M,\vec{u}_y,\vec{u}_z\right)$ est un plan de symétrie de la distribution de courant. Le champ magnétique est donc porté par $\vec{u}_x$. Les invariances de la distribution, par translation suivant (O,x) et (O,y), se traduisent par un champ dont la valeur algébrique ne dépend que de la seule variable z. Ces propriétés se résument par la forme :

$$\boxed{\vec{B}(M) = B_x(z)\vec{u}_x}$$

Les lignes de champ sont des droites parallèles à (O,x).

En outre, on peut aussi remarquer que le plan $z=0$ est un plan de symétrie de la distribution. Cette propriété permet d'écrire $B_x(z) = -B_x(-z)$.

L'analyse précédente montre que la circulation du champ se calcule aisément sur un contour rectangulaire de cotés parallèles à (O,x) et (O,z) et s'exprimera en fonction de $B_x(z)$ uniquement si les cotés sont symétriques par rapport au plan $z=0$. Soit (Γ) un tel contour représenté sur la figure 2.

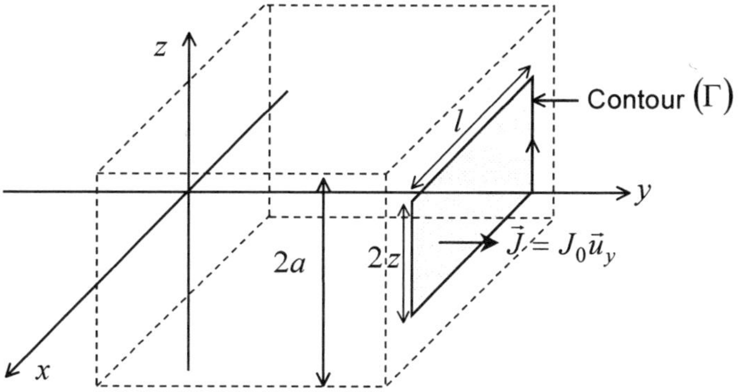

Figure 2

Avec les notations introduites, la circulation du champ magnétique le long du contour (Γ) s'explicite sous la forme :

$$\oint_{\Gamma} \vec{B}\cdot\vec{dl} = \left(B_x(z) - B_x(-z)\right)l = 2B_x(z)l$$

Par ailleurs, le théorème d'Ampère indique que cette circulation est aussi proportionnelle à l'intensité du courant traversant (Γ). Le signe de cette intensité est déterminé par la normale $\vec{u}_y$. Il vient donc :

Si $0 < z < a$ alors $2B_x(z)l = \mu_0 j_0 2zl \Rightarrow$ $\boxed{B_x(z) = \mu_0 j_0 z}$

Si $z > a$ alors $2B_x(z)l = \mu_0 j_0 2al \Rightarrow$ $\boxed{B_x(z) = \mu_0 j_0 a}$

La fonction $B_x(z)$ étant impaire, ces expressions donnent accès à celles de $B_x(z)$, pour toute valeur de z. Les variations de $B_x(z)$ sont représentées par la courbe 1 :

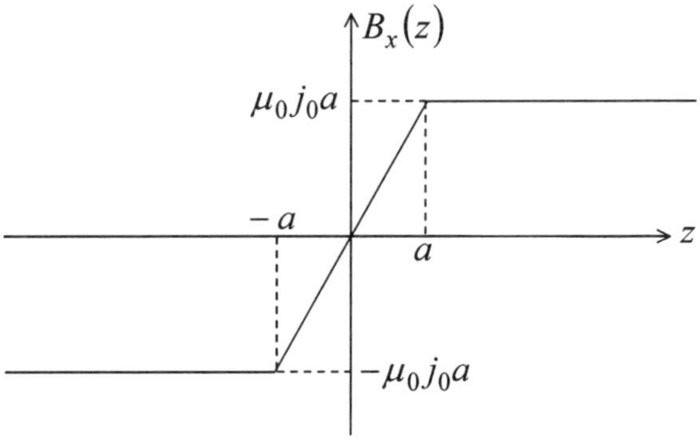

Courbe 1

2. Lorsque l'épaisseur de la couche tend vers 0, il est possible d'envisager un modèle surfacique.

2.1. Afin que les deux modèles, volumique et surfacique, de répartitions locales soient compatibles, ils doivent tous les deux conduire au même courant macroscopique.
Soit I l'intensité du courant traversant (Γ) lorsque $z = a$. Dans le cadre du modèle volumique, elle a pour expression $I = 2alj_0$. Dans le cadre du modèle surfacique, caractérisé par la distribution surfacique $\vec{j}_s = j_s \vec{u}_x$, cette même intensité vaut alors $I = j_s l$. Ces deux modèles seront donc en accord lorsque $I = 2alj_0 = j_s l$. La distribution surfacique a donc pour expression :

$$\boxed{j_s = 2aj_0}$$

Remarque : L'intensité I, indépendante du modèle local, reste constante. La densité de courant j_0 tend donc vers l'infini lorsque a tend vers 0.

2.2. Le champ magnétique associé à la distribution surfacique peut s'obtenir à partir de celui crée par la densité volumique en faisant tendre a vers 0 et aj_0 vers $j_s/2$. On obtient ainsi un champ dont les variations sont représentées par la courbe 2.

Remarque : On peut également établir directement l'expression de ce champ en appliquant, au cas de la distribution surfacique, la méthode utilisée dans la question 1 pour étudier le champ de la distribution volumique.

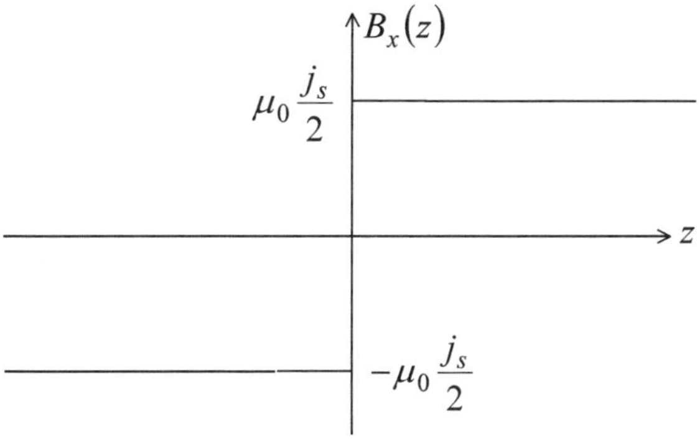

Courbe 2

2.3. La composante tangente au plan $z = 0$ du champ magnétique est discontinue. Sa discontinuité se traduit par $B_x(0^+) - B_x(0^-) = \mu_0 j_s$.

Ce résultat est en accord avec les conditions de passage que doit satisfaire le champ magnétique au niveau d'une surface séparant deux domaines et parcourue par un courant surfacique de densité $\vec{j}_s$.

En effet, les équations de Maxwell permettent d'établir qu'en tout point de cette surface, les limites du champ, prises de part et d'autre de celle-ci, sont reliées par la relation $\vec{B}^+ - \vec{B}^- = \mu_0 \vec{J}_S \wedge \vec{n}_{-/+}$ où $\vec{n}_{-/+}$ désigne la normale à la surface dirigée du domaine « - » vers le domaine « + ».

Le second membre de cette relation, explicité dans le contexte de l'étude faite donne :

$$\mu_0 \vec{j}_s \wedge \vec{n}_{-/+} = \mu_0 j_s \vec{u}_y \wedge \vec{u}_z = \mu_0 j_s \vec{u}_x$$

La discontinuité est bien celle obtenue précédemment.

Exercice 14 ★★

Supraconducteur de géométrie plane

Un matériau supraconducteur, soumis à un champ magnétique, a pour propriété d'expulser les lignes de champ vers l'extérieur. C'est ce que l'on nomme " l'effet Meissner". On rend compte de ce phénomène en postulant la relation constitutive de London qui relie la densité volumique de courant à l'intérieur du supraconducteur et le potentiel vecteur : $\vec{j} = -\frac{1}{\mu_0 \Lambda^2}\vec{A}$, Λ étant une constante homogène à une longueur.

1. Etablir l'équation différentielle que vérifie le champ magnétique à l'intérieur du supraconducteur en régime permanent.

2. Le matériau est compris entre deux plans d'équations cartésiennes $z = a$ et $z = -a$ (a est un réel positif). Il est soumis à un champ magnétique extérieur, uniforme et stationnaire, $\vec{B} = B_0 \vec{u}_x$.
On suppose qu'à l'intérieur du matériau le champ magnétique est de la forme $\vec{B} = B_x(z)\,\vec{u}_x$, avec pour conditions aux limites : $B_x(a) = B_x(-a) = B_0$.
Etablir l'expression de $B_x(z)$.

3. Calculer la densité volumique de courant $\vec{j}$ à l'intérieur du supraconducteur.

4. Etudier le champ magnétique créé par ces supracourants, à l'extérieur du matériau ? Conclure.

5. Tracer les courbes représentant $B_x(z)$ et $j_y(z)$.

Application numérique :

$$\Lambda = 50\,10^{-9}\,m,\ B_0 = 0{,}1\,T,\ a = 2mm,\ \mu_0 = 4\pi\ 10^{-7}\,Hm^{-1}$$

1. L'équation différentielle que doit satisfaire le champ magnétique dans le supraconducteur s'obtient à partir des équations de Maxwell et de la loi de London :

$$div\vec{B} = \vec{0} \quad \text{et} \quad \overrightarrow{rot}\vec{B} = \mu_0\vec{j} \quad \text{avec} \quad \vec{j} = -\frac{1}{\mu_0\Lambda^2}\vec{A} \quad \text{et} \quad \overrightarrow{rot}\vec{A} = \vec{B}$$

Ces équations permettent d'écrire, d'une part :

$$\overrightarrow{rot}\,\vec{j} = -\frac{1}{\mu_0\Lambda^2}\overrightarrow{rot}\,\vec{A} = -\frac{1}{\mu_0\Lambda^2}\vec{B}$$

et d'autre part :

$$\overrightarrow{rot}\vec{j} = \frac{1}{\mu_0}\overrightarrow{rot}\,(\overrightarrow{rot}\,\vec{B}) = \frac{1}{\mu_0}\left(\overrightarrow{grad}\left(div\,\vec{B}\right) - \vec{\Delta}\,\vec{B}\right) = -\frac{1}{\mu_0}\vec{\Delta}\,\vec{B}$$

Ainsi, $\vec{B}$ est solution de l'équation :

$$\boxed{\vec{\Delta}\vec{B} - \frac{1}{\Lambda^2}\vec{B} = \vec{0}}$$

2. Avec la forme proposée pour $\vec{B}$ ($\vec{B} = B_x(z)\vec{u}_x$), l'équation vectorielle précédente se réduit à l'équation scalaire :

$$\boxed{\frac{d^2B_x}{dz^2} - \frac{1}{\Lambda^2}B_x = 0}$$

La résolution de cette équation différentielle passe par l'étude des racines de son équation caractéristique $r^2 - \dfrac{1}{\Lambda^2} = 0$.

Celle-ci admet deux racines réelles $r_1 = \dfrac{1}{\Lambda}$ et $r_2 = -\dfrac{1}{\Lambda}$.

La solution a donc pour forme : $\quad B_x(z) = \alpha \exp\left(\dfrac{z}{\Lambda}\right) + \beta \exp\left(-\dfrac{z}{\Lambda}\right)$

α et β sont des constantes qui se déterminent à l'aide des conditions aux limites en $x = a$ et $x = -a$:

$$\begin{cases} B_x(+a) = \alpha \exp\left(+\dfrac{a}{\lambda}\right) + \beta \exp\left(-\dfrac{a}{\lambda}\right) = B_0 \\ B_x(-a) = \alpha \exp\left(-\dfrac{a}{\lambda}\right) + \beta \exp\left(+\dfrac{a}{\lambda}\right) = B_0 \end{cases} \Rightarrow \begin{cases} \alpha = \beta \\ \alpha = \dfrac{B_0}{2\cosh\left(\dfrac{a}{\Lambda}\right)} \end{cases}$$

On obtient ainsi l'expression du champ magnétique en fonction de z, à l'intérieur du matériau :

$$\boxed{B_x(z) = B_0 \frac{\cosh\left(\dfrac{z}{\Lambda}\right)}{\cosh\left(\dfrac{a}{\Lambda}\right)}} \quad (1)$$

3. La densité volumique de courant $\vec{j}$ est reliée au champ magnétique par l'équation de Maxwell-Ampère $\overrightarrow{rot}\vec{B} = \mu_0 \vec{j}$. Cette densité $\vec{j}$ se calcule donc par dérivation, à partir de la relation (1) :

$$\overrightarrow{rot}\,\vec{B} = \frac{\partial B_x}{\partial z}\vec{u}_y = \mu_0 \vec{j} \quad \Rightarrow \quad \boxed{\vec{j} = \frac{B_0}{\mu_0 \Lambda} \frac{\sinh\left(\dfrac{z}{\Lambda}\right)}{\cosh\left(\dfrac{a}{\Lambda}\right)} \vec{u}_y}$$

4. Afin d'étudier le champ magnétique créé par les supracourants à l'extérieur de la distribution, intéressons nous, pour commencer, aux symétries et invariances du problème.

La densité de courant étant de la forme $\vec{j} = j_y(z)\,\vec{u}_y$, le plan $\left(M, \vec{u}_y, \vec{u}_z\right)$ est un plan de symétrie de la distribution pour tout point M de l'espace. Le champ magnétique créé en M est donc porté par $\vec{u}_x$. Il est de la forme $\vec{B}' = B_x(M)\,\vec{u}_x$. En outre, le problème étant invariant par translation selon (O,x) et selon (O,y), $B_x(M)$ ne dépend que de z. On posera donc $\vec{B}'(M) = B_x(z)\,\vec{u}_x$.

Enfin, la fonction $j_y(z)$ étant impaire, le plan $z = 0$ est un plan d'antisymétrie de la distribution et par conséquent, un plan de symétrie du champ magnétique. La fonction $B_x(z)$ doit donc être paire : $B_x(z) = B_x(-z)$.

Compte tenu de ce qui précède, le théorème d'Ampére permet d'établir facilement que le champ magnétique est uniforme à l'extérieur de la distribution.
En effet, prenons pour contour un rectangle dont les côtés sont deux à deux parallèles aux axes (O,x) et (O,z) (cf. figure 1). Sa hauteur est h et ses côtés parallèles à (O,x) ont pour cotes $z = z_1$ et $z = z_2$.

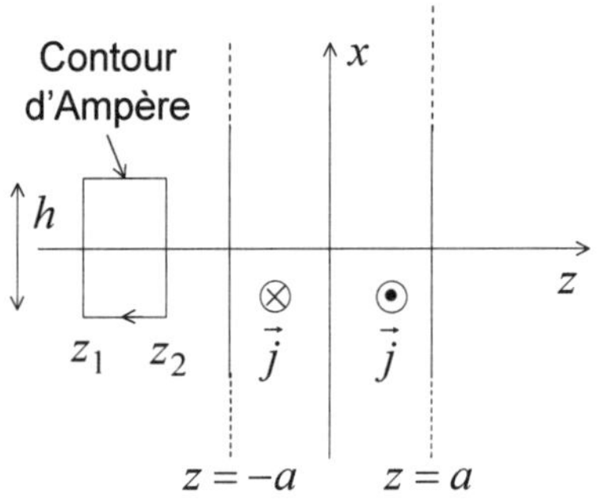

Figure 1

Lorsque z_1 et z_2 sont tous les deux inférieurs à $-a$ ou tous les deux supérieurs à a, ce rectangle n'enlace aucun courant. Le théorème d'ampère permet alors d'écrire :

$$\left(B_x(z_1) - B_x(z_2)\right)h = 0 \quad \Rightarrow \quad B_x(z_1) = B_x(z_2)$$

Le champ est donc bien uniforme à l'extérieur de la distribution. Sa valeur se détermine par continuité en $z = a$ pour la région $z > a$ et en $z = -a$ pour la région $z < -a$:

$$B\left(-a^-\right) = B\left(-a^+\right) = B_0 \quad \Rightarrow \quad B(z) = B_0 \quad \text{pour} \quad z < -a$$

$$B\left(+a^+\right) = B\left(+a^-\right) = B_0 \quad \Rightarrow \quad B(z) = B_0 \quad \text{pour} \quad z > +a$$

On en déduit qu'à l'extérieur de la distribution $\vec{B} = B_0\,\vec{u}_x$.

Ce champ représente le champ total créé d'une part par les supracourants, d'autre part par les sources du champ extérieur dans lequel le supraconducteur est plongé. Ce champ extérieur étant lui-même égal à $B_0\,\vec{u}_x$, on en conclut que **le champ magnétique créé par les supracourants à l'extérieur de la distribution est nul**.

Remarque : Cette conclusion peut être obtenue en utilisant le champ magnétique créé par une nappe surfacique de courant (cf. exercice 13 de ce chapitre).

En effet, une nappe surfacique de courant, parcourue par un courant surfacique $\vec{j}_s = j_{sy}\vec{u}_y$ et localisée dans le plan $z=0$, génère un champ magnétique porté par $\vec{u}_x$ dont la valeur algébrique est représentée par la courbe 1.

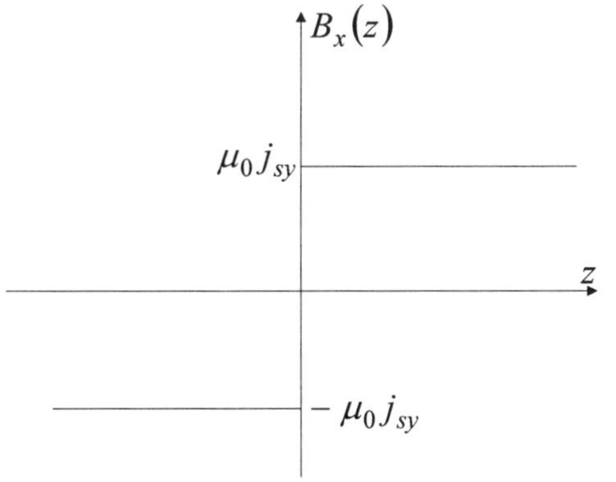

Courbe 1

Ce résultat permet de calculer le champ créé par les supracourants en s'aidant du théorème de superposition.
Considérons la distribution de ces courants comme la superposition de nappes surfaciques d'épaisseur dz, parcourues un courant $\vec{j}_s = j_{sy}\vec{u}_y = j_y(z)dz\,\vec{u}_y$, situées en z. La fonction $j_y(z)$ étant impaire, deux nappes symétriques par rapport à O sont parcourues par des courants opposés. Le champ $d\vec{B}$ créé par ces deux éléments est la somme des champs créés par chaque nappe. Il est représenté par la courbe 2.

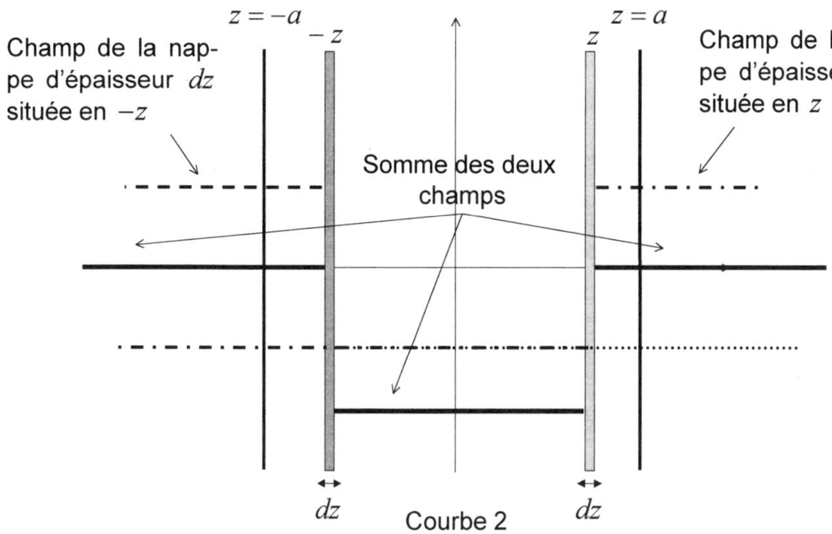

Courbe 2

On observe ainsi que le champ crée à l'extérieur du matériau par la superposition de ces deux éléments est nul.
Or le champ total créé par les supracourants résulte de la somme des champs créés par toutes ces paires d'éléments symétriques qui constituent la distribution globale. Il est donc nul à l'extérieur du matériau. On retrouve bien le résultat précédent.

5. On peut donc conclure que le champ à l'extérieur du matériau, égal à $B_0 \vec{u}_x$, provient uniquement des sources extérieures. Ainsi, soumis à ce champ uniforme, le supraconducteur à l'équilibre est le siège de supracourants de densité volumique $j_y(z)$, sources d'un champ magnétique $\vec{B} = B_x(z)\vec{u}_x$. Les variations de $j_y(z)$ et de $B_x(z)$ sont représentées ci-dessous, en fonction de $u = z/a$. Les échelles des deux courbes sont indépendantes.

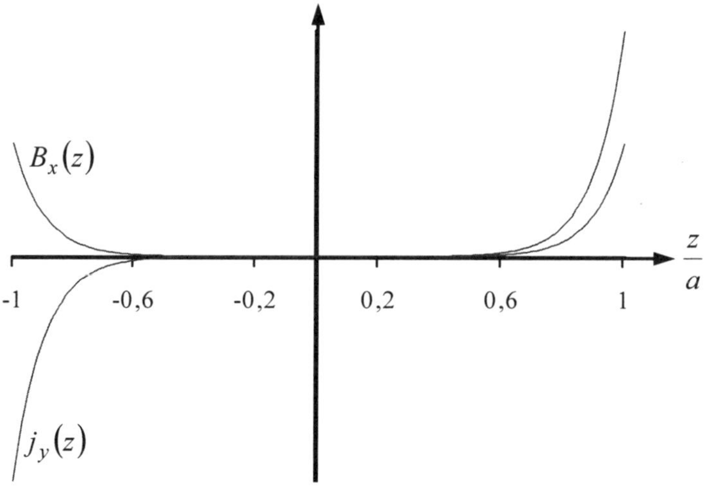

Remarque : Afin de mieux visualiser l'évolution des valeurs étudiées, les courbes sont tracées pour $a/\Lambda = 10$.

Avec les valeurs numériques fournies par le texte : $a/\Lambda = 4\ 10^4$. Dans ce cas, les champs sont négligeables dans la quasi-totalité du matériau et varient brusquement au voisinage de $z = \pm a$.
Ainsi, les courants se réduisent à des courants surfaciques circulant à la surface du matériau lorsque celui-ci est plongé dans un champ extérieur. Ils sont responsables de la discontinuité du champ magnétique en $z = \pm a$. Nommés supracourants, ils annulent le champ à l'intérieur du matériau, comme le prévoit l'effet Meissner.

Exercice 15 ★★

Supraconducteur de géométrie cylindrique

Certains conducteurs changent de comportement en passant à l'état de supraconducteurs lorsque leur température devient inférieure à une certaine valeur.
Cet état diffère de celui d'un conducteur parfait. En effet, un supraconducteur soumis à un champ magnétique extérieur expulse les lignes de champ hors du matériau. Ce phénomène est appelé effet Meissner.
Une interprétation macroscopique de cette manifestation est possible en ajoutant au système d'équations de Maxwell, la loi phénoménologique de London :

$$\vec{j} = -\frac{1}{\mu_0 \Lambda^2}\vec{A}$$

où $\vec{j}$ est la densité volumique de courant, $\vec{A}$ le potentiel vecteur et Λ une longueur caractéristique du supraconducteur (variant de $10\,nm$ à $100\,nm$).

1. Etablir l'équation différentielle que vérifie le champ magnétique à l'intérieur du supraconducteur. Un champ uniforme peut-il être solution de cette équation ?

2. L'espace est rapporté à un repère cylindrique $\left(O,\vec{u}_r,\vec{u}_\theta,\vec{u}_x\right)$. On s'intéresse à un cylindre supraconducteur, d'axe (O,z) et de rayon R, placé dans un champ magnétique extérieur, uniforme et stationnaire, $\vec{B}_0 = B_0\vec{u}_z$ (figure 1).

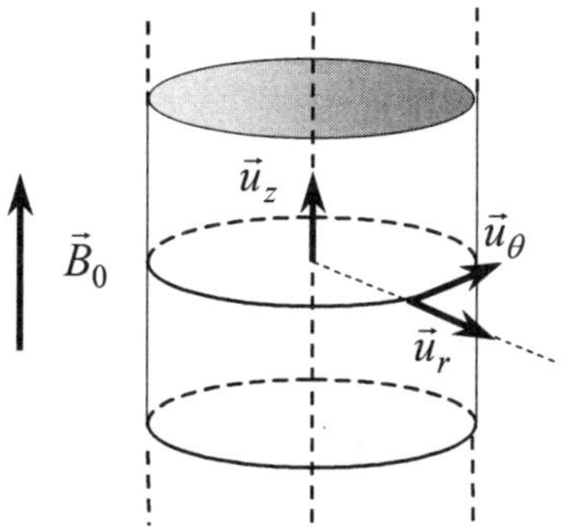

Figure 1

Montrer que si l'on néglige les effets de bord et si r est grand devant Λ, la solution $\vec{B} = B_i \exp\left(-\frac{R-r}{\Lambda}\right)\vec{u}_z$, où B_i est une constante, convient.

3. En admettant que le champ magnétique soit nul pour $r = 0$, tracer l'allure de la courbe $B_z(r)$ lorsque R est très grand devant Λ. Que peut-on conclure ?

4. Calculer la densité volumique de courant circulant à l'intérieur du cylindre et en déduire le champ magnétique qu'elle génère à l'extérieur du matériau.
Déterminer la constante B_i.

5. L'hypothèse R très grand devant Λ permet d'envisager un modèle surfacique. Calculer la distribution surfacique de courant par deux méthodes différentes.

6. Exprimer le moment magnétique engendré par les courants de supraconduction circulant sur une unité de longueur du cylindre. Comment pourrait-on le mettre en évidence ?

1. A l'intérieur du cylindre, les équations locales du problème sont :

- Les équations de Maxwell : $\overrightarrow{rot}\vec{B} = \mu_0 \vec{j}$ et $div\vec{B} = 0$
- L'équation de London : $\vec{j} = -\dfrac{1}{\mu_0 \Lambda^2}\vec{A}$ où $\vec{B} = \overrightarrow{rot}\vec{A}$

Ces équations impliquent d'une part : $\overrightarrow{rot}\vec{j} = -\dfrac{1}{\mu_0 \Lambda^2}\overrightarrow{rot}\vec{A} = -\dfrac{1}{\mu_0 \Lambda^2}\vec{B}$

D'autre part : $\overrightarrow{rot}\vec{j} = \dfrac{1}{\mu_0}\overrightarrow{rot}\left(\overrightarrow{rot}\vec{B}\right) = \dfrac{1}{\mu_0}\left(\overrightarrow{grad}\left(div\vec{B}\right) - \vec{\Delta}\vec{B}\right) = -\dfrac{1}{\mu_0}\vec{\Delta}\vec{B}$

On en déduit que le champ magnétique à l'intérieur du matériau doit satisfaire à l'équation :

$$\boxed{\vec{\Delta}\vec{B} - \frac{1}{\Lambda^2}\vec{B} = \vec{0}} \quad (1)$$

Le Laplacien d'un champ uniforme étant nul, un champ uniforme non nul ne peut être solution de cette équation. Par conséquent, il ne peut exister de champ uniforme au sein du supraconducteur.

2. Le champ magnétique proposé est de la forme $\vec{B} = B_z(r)\vec{u}_z$. On peut remarquer que ce type de solution respecte les propriétés d'invariance du problème. En effet, le système étudié étant invariant par translation parallèle à (O,z) et par rotation autour de (O,z), $B_z(M)$ ne peut dépendre que de r.

Pour un champ de la forme $\vec{B} = B_z(r)\vec{u}_z$, le Laplacien vectoriel s'exprime en coordonnées cylindriques par :

$$\vec{\Delta}\vec{B} = \left(\frac{\partial^2 B_z}{\partial r^2} + \frac{1}{r}\frac{\partial B_z}{\partial r}\right)\vec{u}_z \quad (2)$$

En adoptant pour $B_z(r)$ l'expression $B_z(r) = B_i \exp\left(-\frac{R-r}{\Lambda}\right)$ proposée par le texte, le Laplacien de $\overrightarrow{B}$ vaut :

$$\vec{\Delta}\vec{B} = B_i \exp\left(-\frac{R-r}{\Lambda}\right)\left(\frac{1}{\Lambda^2} + \frac{1}{\Lambda r}\right)\vec{u}_z = \frac{B_i \exp\left(-\frac{R-r}{\Lambda}\right)}{\Lambda^2}\left(1 + \frac{\Lambda}{r}\right)\vec{u}_z$$

Dans le cas où $r >> a$, c'est-à-dire où $\Lambda/r << 1$, on peut écrire, en première approximation :

$$\vec{\Delta}\vec{B} \approx \frac{B_i \exp\left(-\frac{R-r}{\Lambda}\right)}{\Lambda^2}\vec{u}_z \approx \frac{1}{\Lambda^2}\vec{B}$$

La solution proposée satisfait donc bien, en première approximation, à l'équation (1) en tout point du cylindre suffisamment écarté du centre, lorsque le rayon du cylindre est suffisamment grand devant Λ.

3. Les variations de $B_z(r)/B_i$ sont représentées en fonction de r/R par la courbe 1, pour $R = 10\Lambda$, $R = 50\Lambda$ et $R = 100\Lambda$.

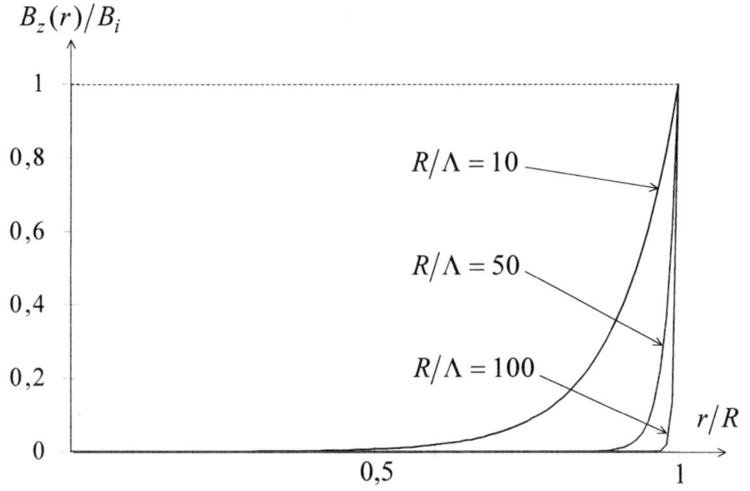

Courbe 1

On observe que B_i représente la valeur du champ en $r = R$. En outre, la zone dans laquelle le champ magnétique reste négligeable est d'autant plus importante que le rapport R/Λ est élevé. Cette zone tend à s'étendre à tout le cylindre lorsque ce rapport tend vers l'infini.

En effet, la longueur caractéristique sur laquelle le champ varie de 0 à B_i est de l'ordre de grandeur de Λ. Elle représente une proportion d'autant plus faible du rayon total que Λ est petit devant R. Il est donc possible, lorsque R/Λ est élevé, d'envisager un modèle discontinu dans lequel le champ varie brusquement de 0 à B_i en $r = R$.

On observe, en examinant les ordres de grandeurs très faibles de Λ, que cette situation est très fréquente. Les modèles avec discontinuité de champ sont alors adoptés.

4. La densité volumique de courant $\vec{j}$ se détermine à partir de l'équation de Maxwell-Ampère :

$$\left.\begin{array}{l} \overrightarrow{rot}\vec{B} = \mu_0 \vec{j} \\ \overrightarrow{rot}\vec{B} = -\dfrac{\partial B_z}{\partial r}\vec{u}_\theta \end{array}\right\} \Rightarrow \quad \vec{j} = -\frac{1}{\mu_0}\frac{\partial B_z}{\partial r}\vec{u}_\theta$$

Soit, compte tenu de l'expression du champ dans le matériau :

$$\boxed{\vec{j} = -\frac{B_i}{\mu_0 \Lambda}\exp\left(-\frac{R-r}{\Lambda}\right)\vec{u}_\theta}$$

Soit $\vec{B}'$ le champ magnétique créé par cette distribution volumique de courant à l'extérieur du cylindre de rayon R. Pour calculer ce champ, on peut décomposer la distribution volumique en une infinité d'éléments infinitésimaux cylindriques, de rayons r' inférieurs à R et d'épaisseur dr'. Ces éléments sont assimilables à des distributions surfaciques orthoradiales de courant (figure 3) de densité :

$$\vec{j}_s = j_\theta(r')dr'\vec{u}_\theta .$$

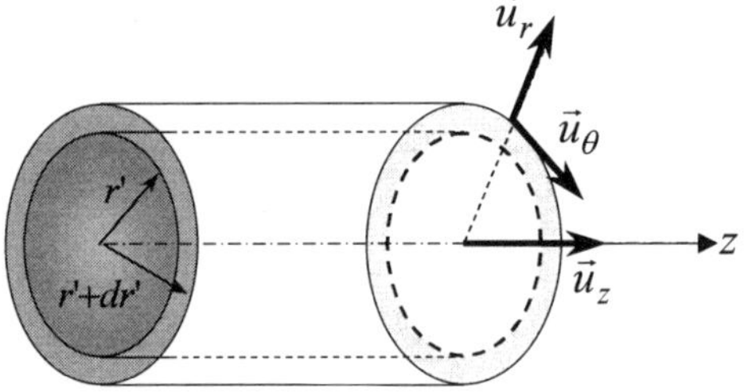

Figure 3

Une telle distribution surfacique crée un champ magnétique nul à l'extérieur du cylindre de rayon r' (cf. exercice 10 de ce chapitre).

Le champ magnétique créé en tout point extérieur au cylindre de rayon R par les courants volumiques, s'obtient en sommant les champs créés par ces distributions élémentaires, en un point M situé à une distance r de (O,z) supérieure à R, lorsque r' varie de 0 à R. Tous ces champs étant nuls, le champ résultant est lui-même nul. Ainsi **le champ magnétique créé à l'extérieur du matériau par les supracourants est nul**.

La constante B_i peut se déterminer par continuité du champ magnétique en $r = R$. Le champ total $\vec{B}$ hors du cylindre résulte de la superposition du champ $\vec{B}_0$ et de celui créé par les supracourants qui est nul. La limite du champ en $r = R$ par valeur inférieure est $\vec{B} = B_i\vec{u}_z$. Dans le cadre du modèle volumique, la continuité du champ magnétique en $r = R$ impose donc :

$$\boxed{B_i = B_0}$$

5. Le courant surfacique peut se calculer de deux manières. La première consiste à confronter les deux modèles surfacique et volumique en imposant que l'intensité à travers une section judicieusement choisie, obtenue à partir de l'un ou l'autre des deux modèles, soit la même. L'autre méthode exploite l'expression de la discontinuité du champ magnétique au niveau d'une distribution surfacique de courant.

⋆ Pour la première méthode, il faut choisir une surface traversée par un courant dont l'intensité I est calculée de deux façons. La géométrie orthoradiale des courants suggère de considérer une section droite dans un plan contenant l'axe (figure 4).

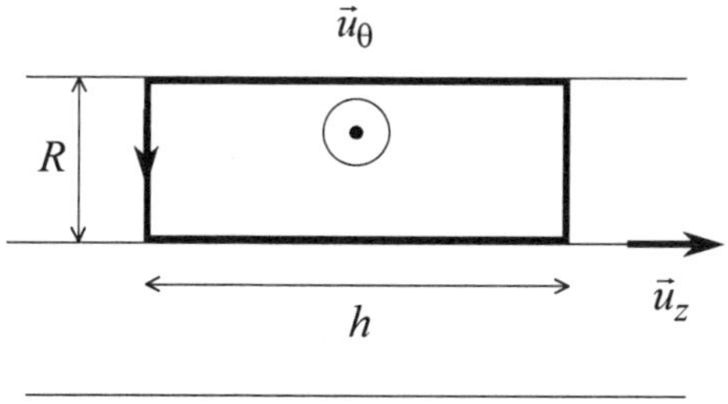

Figure 4

Si r_0 désigne le rayon à partir duquel l'expression de $B_z(r)$ est valable, l'intensité traversant la surface orientée par $\vec{u}_\theta$ s'écrit, pour un tronçon de longueur h :

$$I = \iint\limits_{\substack{0\le r\le R\\ 0\le z\le h}} j_\theta(r)drdz = h\left(\int_0^{r_0} j_\theta(r)dr + \int_{r_0}^{R} -\frac{B_0}{\mu_0\Lambda}\exp\left(-\frac{R-r}{\Lambda}\right)dr\right)$$

En prenant $j_\theta(r) \approx 0$ pour $0 \le r \le r_0$, il vient :

$$I = -\frac{B_0 h}{\mu_0}\left(1 - \exp\left(-\frac{R-r_0}{\Lambda}\right)\right) \approx -\frac{B_0 h}{\mu_0}$$

Dans le cas du modèle surfacique, l'intensité correspondant au même tronçon s'écrit :

$$I = j_s h$$

Les deux modèles sont donc équivalents lorsque : $\boxed{j_s = -\dfrac{B_0}{\mu_0}}$

⋆ La seconde méthode consiste à utiliser la relation de discontinuité que doit satisfaire le champ magnétique à la surface du cylindre supraconducteur, parcourue par la distribution surfacique de courant :

$$\vec{B}_{ext} - \vec{B}_{\text{int}} = \mu_0 \, \vec{j}_s \wedge \vec{u}_r \quad (3)$$

où $\vec{B}_{ext}$ et $\vec{B}_{\text{int}}$ représentent respectivement les limites du champ magnétique en $r = R$, côté extérieur et côté intérieur.

Dans le cadre du problème, ces limites sont $\overrightarrow{B}_{\text{int}} = \vec{0}$, et $\overrightarrow{B}_{ext} = B_0 \overrightarrow{u_z}$, et donc (3) devient :

$$\vec{B}_0 = \mu_0 \vec{j}_s \wedge \vec{u}_r \quad \Rightarrow \quad \vec{j}_s = \frac{1}{\mu_0} \vec{u}_r \wedge \vec{B}_0 = -\frac{B_0}{\mu_0} \vec{u}_\theta$$

On retrouve le même résultat que précédemment.

6. Les supracourants engendrent, par unité de longueur du cylindre, un moment magnétique $\overrightarrow{M} = j_s h \pi R^2 \, \vec{u}_z$ avec $h = 1$.

Ce dipôle magnétique plongé dans un champ magnétique extérieur $\vec{B}_e$ légèrement inhomogène subit des actions dont la résultante s'écrit :

$$\overrightarrow{F} = \left(\overrightarrow{M} \cdot \overrightarrow{grad} \right) \vec{B}_e$$

Ainsi, le matériau refroidi à partir de l'état conducteur en présence d'un champ magnétique extérieur, devient supraconducteur au-dessous d'une certaine température. De ce fait, il est le siège de supracourants qui sont à l'origine de l'apparition d'un dipôle magnétique qui, subissant les actions décrites précédemment, permet de rendre compte de la lévitation de l'échantillon supraconducteur. Ce phénomène est une manifestation caractéristique de la transition de phase que subit le matériau.

Exercice 16 ⋆⋆

Champ d'une spire circulaire au voisinage de son axe

L'espace est rapporté à un système de coordonnées cylindriques.

On considère une spire circulaire de rayon R, de centre O, parcourue par un courant d'intensité I (figure 1).

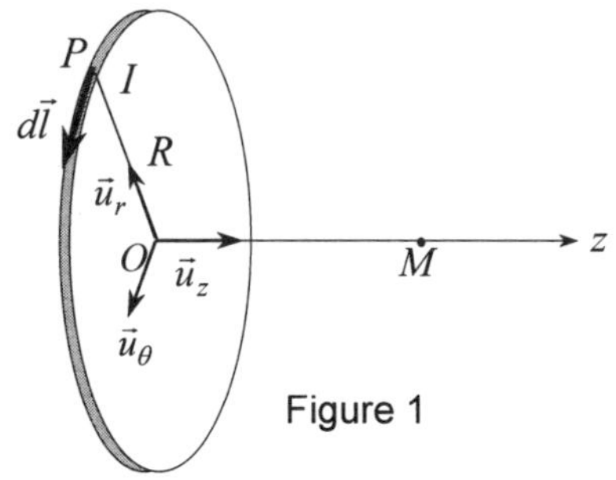

Figure 1

1. Soit M un point de l'axe (O,z) tel que $\overline{OM} = z$.

1.1. Donner la relation permettant de calculer le champ magnétique au point M.

1.2. Quelle est la direction du champ en un point quelconque de l'axe ? On justifiera soigneusement la réponse.

1.3. Calculer $\vec{B}(M)$ en fonction de $\vec{B}(O)$, z et R. On explicitera $\vec{B}(O)$ en fonction des données.

1.4. Tracer la courbe $\|\vec{B}(M)\|/\|\vec{B}(O)\|$ en fonction de $u = z/R$.

2. On s'intéresse maintenant à un point M proche de l'axe (O,z), de coordonnées (r, θ, z) où r est un infiniment petit du premier ordre.

2.1. Montrer que le champ $\vec{B}(M)$ a pour forme générale :

$$\vec{B}(M) = B_r(r,z)\,\vec{u}_r + B_z(r,z)\,\vec{u}_z$$

2.2. On cherche à exprimer $B_r(r,z)$ lorsque r est infiniment petit. En utilisant les propriétés locales de $\vec{B}$ et en se limitant aux termes du premier ordre en r, montrer que la composante radiale a pour expression approchée :

$$B_r(r,z) \approx -\frac{r}{2}\frac{\partial B_z(0,z)}{\partial z}$$

2.3. A l'aide des résultats de la question 1.3, donner la forme approchée de $B_r(r,z)$ en fonction de r, z et des données. Tracer l'allure des lignes de champ au voisinage de l'axe.

1. M est un point de l'axe (O,z).

1.1. Le champ magnétique créé par cette distribution de courant filiforme peut se déterminer à l'aide de la loi de Biot et Savart :

$$\boxed{\vec{B}(M) = \frac{\mu_0}{4\pi} \oint I\,\overrightarrow{dl} \wedge \frac{\overrightarrow{PM}}{PM^3}}$$

1.2. Tous les plans contenant l'axe (O,z) sont des plans d'antisymétrie de la distribution de courant. $\vec{B}(M)$ est de ce fait parallèle à tous ces plans, donc à l'axe (O,z) qui constitue leur intersection.

Ainsi, en un point M de l'axe (O,z), de coordonnées $(0,\theta,z)$, $\vec{B}(M)$, porté par $\vec{u}_z$, peut s'écrire : $\vec{B}(M) = B_z(0,\theta,z)\,\vec{u}_z$.

De plus, une rotation d'axe (O,z) laisse la distribution de courant invariante. En conséquence, le champ magnétique est indépendant de θ :

$$\boxed{\vec{B}(M) = B(z)\,\vec{u}_z}$$

1.3. Considérons le champ créé par l'élément $\overrightarrow{dl}$ situé au niveau du point P de la distribution (figure 2). D'après la loi de Biot et Savart, cet élément crée au point M le champ élémentaire :

$$\overrightarrow{dB}(M) = \frac{\mu_0 I}{4\pi}\,\overrightarrow{dl} \wedge \frac{\overrightarrow{PM}}{PM^3}$$

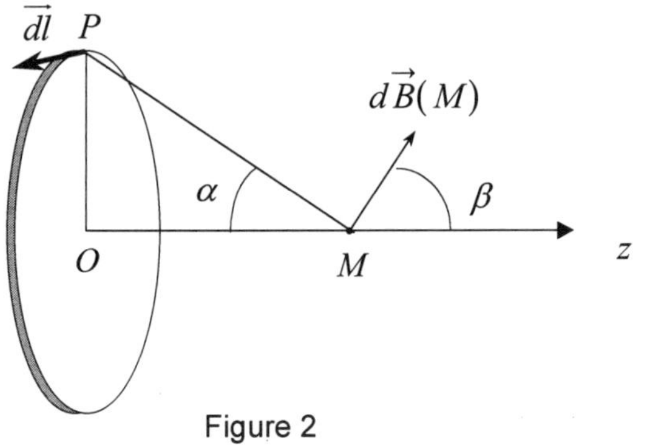

Figure 2

Le champ magnétique résultant, en un point de l'axe (O,z), étant porté par $\vec{u}_z$, seule la composante de $\overrightarrow{dB}$ sur $\vec{u}_z$ est utile :

$$B(z) = \vec{B}(M)\cdot\vec{u}_z = \left(\frac{\mu_0 I}{4\pi}\oint \overrightarrow{dl}\wedge\frac{\overrightarrow{PM}}{PM^3}\right)\cdot\vec{u}_z = \frac{\mu_0 I}{4\pi}\oint\left(\overrightarrow{dl}\wedge\frac{\overrightarrow{PM}}{PM^3}\right)\cdot\vec{u}_z$$

La projection du vecteur $\overrightarrow{dl}\wedge\frac{\overrightarrow{PM}}{PM^3}$ sur $\vec{u}_z$ fait intervenir les angles β ou α (figure 2). Ainsi, $B(z)$ s'écrit :

$$B(z) = \frac{\mu_0 I}{4\pi}\oint dl\,\frac{PM}{PM^3}\cos\beta = \frac{\mu_0 I}{4\pi}\oint\frac{dl}{PM^2}\sin\alpha = \frac{\mu_0 I}{4\pi}\oint\frac{\sin\alpha}{PM^2}R\,d\theta$$

PM peut s'exprimer en fonction de R et de α, grandeurs qui ne varient pas lorsque le point P décrit la spire. On obtient alors :

$$B(z) = \frac{\mu_0 I}{4\pi}\oint\frac{\sin\alpha^3}{R}d\theta = \frac{\mu_0 I}{4\pi}\frac{\sin\alpha^3}{R}\oint d\theta = \frac{\mu_0 I}{2R}\sin\alpha^3$$

Le champ magnétique au point O s'obtient en faisant $\alpha = \frac{\pi}{2}$:

$$\boxed{\vec{B}(O) = \frac{\mu_0 I}{2R}\vec{u}_z}$$

En remplaçant, pour finir, $\sin\alpha$ par son expression en fonction de la variable z, il vient :

$$\sin\alpha = \frac{R}{PM} = \left(1+\frac{z^2}{R^2}\right)^{-1/2} \quad\Rightarrow\quad \boxed{\vec{B}(M) = \vec{B}(O)\left(1+\frac{z^2}{R^2}\right)^{-3/2}}$$

1.4. A partir du résultat précédent et en posant $u = z/R$, on obtient pour la fonction $f(u) = \|\vec{B}(M)\|/\|\vec{B}(O)\|$, l'expression :

$$\boxed{f(u) = \left(1+u^2\right)^{-3/2}}$$

Les variations de f en fonction de u sont représentées par la courbe 1. La fonction f étant paire, seules les valeurs positives de u sont représentées.

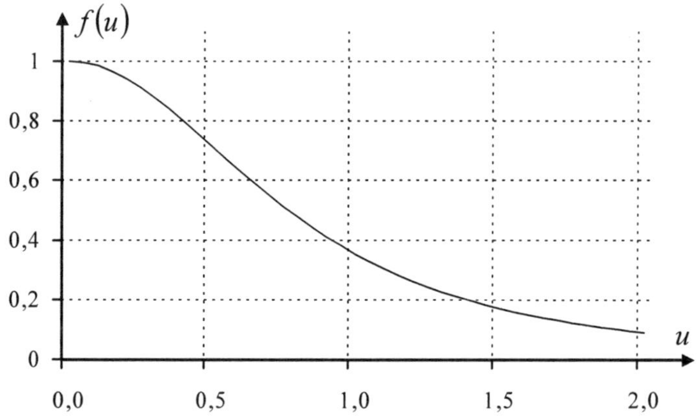

Courbe 1

2. On considère maintenant un point M proche de l'axe, de coordonnées (r, θ, z).

2.1. Le plan $(M, \vec{u}_r, \vec{u}_z)$ est un plan d'antisymétrie de la distribution de courant. C'est donc un plan d'antisymétrie du champ magnétique et, par conséquent, $\vec{B}(M)$ n'a pas de composante sur $\vec{u}_\theta$.

De plus, la distribution de courant restant invariante par rotation d'axe (O,z), les composantes du champ magnétique sont indépendantes de θ et $\vec{B}(M)$ s'écrit :

$$\boxed{\vec{B}(M) = B_r(r, z)\,\vec{u}_r + B_z(r, z)\,\vec{u}_z}$$

2.2. Le champ magnétique satisfait à l'équation locale $div\vec{B} = 0$ qui, dans le cas présent, prend la forme : $\dfrac{1}{r}\dfrac{\partial(rB_r)}{\partial r} + \dfrac{\partial B_z}{\partial z} = 0 \quad (1)$

La variable z étant fixée, le développement de $\dfrac{\partial B_z(r, z)}{\partial z}$, au premier ordre en r et au voisinage de 0, permet d'écrire, lorsque r est suffisamment petit :

$$\frac{\partial B_z(r, z)}{\partial z} \approx \left(\frac{\partial B_z(r, z)}{\partial z}\right)_{r=0} + r\left(\frac{\partial^2 B_z(r, z)}{\partial z^2}\right)_{r=0}$$

$$\Rightarrow \quad \frac{\partial B_z(r, z)}{\partial z} \approx \frac{\partial B_z(0, z)}{\partial z} + r\,\frac{\partial^2 B_z(0, z)}{\partial z^2}$$

En insérant cette expression dans l'équation (1) et en ne conservant que les termes du premier ordre en r, on obtient :

$$\frac{\partial(rB_r(r,z))}{\partial r} \approx -r\left(\frac{\partial B_z(0,z)}{\partial z} + r\frac{\partial^2 B_z(0,z)}{\partial z^2}\right) \approx -r\left(\frac{\partial B_z(0,z)}{\partial z}\right)$$

L'intégration entre 0 et r du premier membre de cette égalité donne :

$$\int_0^r \frac{\partial(r'B_r(r',z))}{\partial r} dr' = \left[r'B_r(r',z)\right]_0^r = rB_r(r,z)$$

La même opération effectuée sur le second membre conduit à :

$$\int_0^r -r'\frac{\partial B_z(0,z)}{\partial z} dr' \approx -\frac{r^2}{2}\frac{\partial B_z(0,z)}{\partial z}$$

L'égalité des deux expressions permet de déduire la composante radiale du champ au voisinage de l'axe :

$$\boxed{B_r(r,z) \approx -\frac{r}{2}\frac{\partial B_z(0,z)}{\partial z}}$$

2.3. La forme analytique de $B_z(0,z)$ a été établie à la question 1.3. En effet, $B_z(0,z)$ représentant le champ sur l'axe, s'identifie à $B(z)$. Il vient donc :

$$\frac{\partial B_z(0,z)}{\partial z} = -\frac{3\mu_0 I}{2}\frac{z}{R^3}\left(1+\frac{z^2}{R^2}\right)^{-5/2} \Rightarrow \boxed{B_r(r,z) \approx \frac{3\mu_0 I}{4}\frac{z\,r}{R^3}\left(1+\frac{z^2}{R^2}\right)^{-5/2}}$$

L'allure des lignes de champ au voisinage de l'axe est représentée sur la figure 4. Le vecteur $\vec{u}_z$ est tangent aux lignes de champ magnétique dans le plan $z=0$, ce qui est en accord avec le fait que le plan de la spire soit un plan de symétrie de la distribution de courant et donc un plan d'antisymétrie de $\vec{B}$.

On observe aussi que la composante radiale du champ, nulle sur l'axe et sur le plan $z=0$, devient d'autant plus importante que l'on s'éloigne de l'axe à z fixé ou que l'on s'éloigne du plan $z=0$, à r fixé.

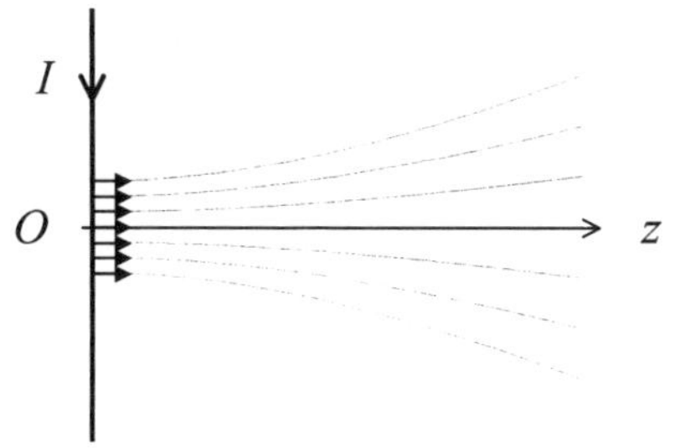

Figure 4

Exercice 17 ★★

Bobines d'Helmholtz

On considère deux spires circulaires coaxiales (S_1) et (S_2) toutes deux de rayon R, semblables à celle étudiée dans l'exercice précédent. Leurs centres respectifs O_1 et O_2 sont distants de a et elles sont parcourues dans le même sens par le même courant I (figure 1).

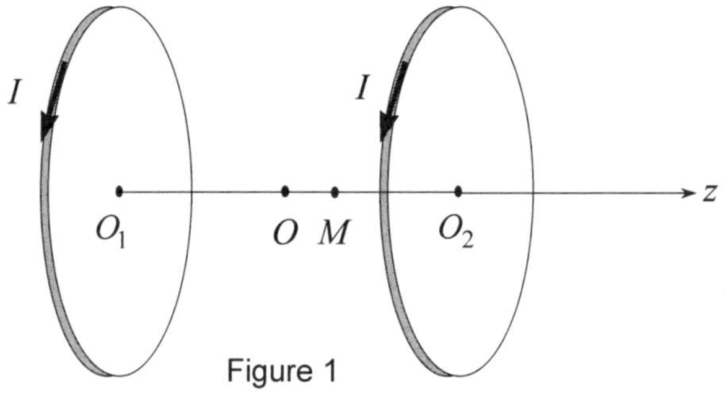

Figure 1

L'origine est prise en O, milieu de O_1 et O_2, et un point M de l'axe des bobines est repéré à partir de O par sa cote z.
On désire étudier le champ magnétique créé par le dispositif au niveau de son axe, au voisinage de O.

1. Montrer que pour un point M de l'axe suffisamment proche de O, le champ magnétique peut s'exprimer par un développement limité ne contenant que des termes de rang pair en z.

2. Afin que le champ soit le plus uniforme possible au voisinage de O, on souhaite annuler le terme de rang 2. Quelle est la condition, nommée « condition d'Helmholtz », que doivent satisfaire a et R pour qu'il en soit ainsi ?

3. Quelle est alors la variation relative du champ en un point de l'axe de cote z par rapport au champ en O ?

4. En déduire la largeur de la zone où la variation relative est inférieure à 1%.

5. Discuter du comportement de la composante radiale dans cette zone.

1. Si $\vec{B}_1(M)$ et $\vec{B}_2(M)$ représentent respectivement les champs créés en M par (S_1) et (S_2), le théorème de superposition permet d'écrire :

$$\vec{B}(M) = \vec{B}_1(M) + \vec{B}_2(M)$$

Dans l'exercice précédent il a été montré que le champ créé par une spire circulaire en un point de son axe est parallèle à cet axe. On en déduit, pour un point M de (O,z) :

$$\vec{B}(M) = B_1(z)\vec{u}_z + B_2(z)\vec{u}_z = B(z)\vec{u}_z$$

Par ailleurs, le plan $z=0$ est un plan de symétrie du dispositif constitué de l'ensemble des deux spires. C'est un plan de symétrie des courants et donc un plan d'antisymétrie du champ magnétique. On en déduit que la fonction $B(z)$ est paire.

Pour un point M appartenant à (Oz) et suffisamment proche de O, la fonction $B(z)$ peut-être développée au voisinage de $z=0$. Dans la mesure où elle est paire, son développement limité en z, au voisinage de $z=0$, ne comporte que des termes de rang pair.

2. Le champ créé par une spire en un point de son axe a été établi dans l'exercice précédent, en prenant l'origine au centre de la spire :

$$\vec{B}(M) = B_0\left(1+\frac{z^2}{R^2}\right)^{-3/2}\vec{u}_z \quad \text{avec} \quad B_0 = \frac{\mu_0 I}{2R}$$

Pour étudier le champ sur l'axe du dispositif on peut reprendre ce résultat. Cependant, l'origine étant modifiée, il faut opérer une translation de $+a/2$ ou de $-a/2$, selon la bobine considérée :

$$\vec{B}_1(M) = B_1(z)\vec{u}_z = B_0\left(1+\left(\frac{a}{2R}+\frac{z}{R}\right)^2\right)^{-3/2}\vec{u}_z$$

$$\vec{B}_2(M) = B_2(z)\vec{u}_z = B_0\left(1+\left(-\frac{a}{2R}+\frac{z}{R}\right)^2\right)^{-3/2}\vec{u}_z$$

En posant $u = z/R$, $v = a/2R$ et $f(X) = \left(1+X^2\right)^{-3/2}$, la valeur algébrique du champ magnétique résultant se met sous la forme :

$$B(z) = B_0\left[f(x+v) + f(x-v)\right] \quad (1)$$

$B(z)$ étant une fonction paire, son développement limité au voisinage de $z=0$ et à l'ordre 4, s'écrit :

$$B(z) = B(0) + \frac{1}{2}\left(\frac{d^2B(z)}{dz^2}\right)_{z=0} z^2 + \frac{1}{24}\left(\frac{d^4B(z)}{dz^4}\right)_{z=0} z^4 + z^4\varepsilon(z)$$

Pour que le terme de rang 2 soit nul, il faut et il suffit que : $\left(\dfrac{d^2B(z)}{dz^2}\right)_{z=0} = 0$

Or :
$$\left(\frac{d^2B(z)}{dz^2}\right)_{z=0} = \frac{B_0}{R^2}\left(\frac{d^2f(X)}{dX^2}\right)_{X=v} + \frac{B_0}{R^2}\left(\frac{d^2f(X)}{dX^2}\right)_{X=-v}$$

La fonction $f(X)$ étant paire, la condition se traduit par :

$$\left(\frac{d^2B(z)}{dz^2}\right)_{z=0} = 2\frac{B_0}{R^2}\left(\frac{d^2f(X)}{dX^2}\right)_{X=v} = 0$$

La dérivée seconde de $f(X)$ a pour expression :

$$\frac{d^2f(X)}{dX^2} = 3\frac{(2X-1)(2X+1)}{\left(1+X^2\right)^{7/2}}$$

On en déduit :
$$\left(\frac{d^2f}{dX^2}\right)_{X=v} = 0 \quad \Rightarrow \quad v = \frac{a}{2R} = \frac{1}{2}$$

$$\Rightarrow \quad \boxed{a = R}$$ C'est la condition d'Helmholtz.

3. Lorsque la condition d'Helmholtz $a = R$ est satisfaite, le développement , sur l'axe, du champ magnétique, au voisinage de O s'écrit :

$$B(z) = B(0) + \frac{1}{24}\left(\frac{d^4B(z)}{dz^4}\right)_{z=0} z^4 + z^4\varepsilon(z)$$

Or :
$$B(0) = 2B_0 f\left(\frac{1}{2}\right) = 1{,}43B_0$$

D'où :
$$B(z) = 1{,}43B_0 + \frac{1}{24}\left(\frac{d^4B(z)}{dz^4}\right)_{z=0} z^4 + z^4\varepsilon(z) \quad (2)$$

Au quatrième ordre près, on peut donc écrire : $B(z) \approx B(0) = 1{,}43B_0 \quad (3)$

La variation relative, par rapport au champ magnétique en O, du champ magnétique sur l'axe, se définit par : $\dfrac{\Delta B}{B} = \dfrac{B(z)-B(0)}{B(0)}$.

Compte tenu des relations (2) et (3), elle peut-être évaluée par :

$$\frac{\Delta B}{B} = \frac{1}{24}\frac{1}{1{,}43 B_0}\left(\frac{d^4 B(z)}{dz^4}\right)_{z=0} z^4$$

Or, en reprenant l'expression (1), il vient : $\left(\frac{d^4 B(z)}{dz^4}\right)_{z=0} = 2\frac{B_0}{R^4}\left(\frac{d^4 f(X)}{dX^4}\right)_{X=1/2}$

Puis: $f(X) = \left(1+X^2\right)^{-3/2} \Rightarrow \frac{d^4 f(X)}{dx^4} = 45\frac{\left(8X^4 - 12X^2 + 1\right)}{\left(1+X^2\right)^{11/2}}$

$$\Rightarrow \left(\frac{d^4 f(X)}{dx^4}\right)_{X=1/2} = -19{,}78 \Rightarrow \left(\frac{d^4 B(z)}{dz^4}\right)_{z=0} = -39{,}56\frac{B_0}{R^4}$$

Finalement : $\boxed{\frac{\Delta B}{B} = -1{,}15\left(\frac{z}{R}\right)^4}$

4. Cette relation permet de délimiter la zone où la variation relative du champ n'excède pas 1%. En effet, cette dernière condition sera remplie si z vérifie :

$$\left|\frac{\Delta B}{B}\right| = 1{,}15\left(\frac{z}{R}\right)^4 < 0{,}01 \Rightarrow \left|\frac{z}{R}\right| < \left(\frac{0{,}01}{1{,}15}\right)^{1/4}$$

$$\Rightarrow \boxed{-0{,}30 < \frac{z}{R} < 0{,}30}$$

5. Le plan $z = 0$ est un plan de symétrie du dispositif constitué par l'ensemble des deux spires. C'est un plan de symétrie des courants et donc un plan d'antisymétrie du champ magnétique. On en déduit qu'en tout point de ce plan, le champ magnétique est parallèle à l'axe (O,z). Sa composante radiale est nulle.

En dehors du plan $z = 0$ et au voisinage de l'axe (O,z), on peut établir une expression approchée de la composante radiale du champ magnétique en utilisant les résultats de la question 2.3 de l'exercice précédent.

En effet, en posant $B_0 = \frac{\mu_0 I}{2R}$ et $\overrightarrow{OM} = r\vec{u}_r + z\vec{u}_z$, les composantes radiales du champ magnétique créé par chaque spire ont pour valeur approchée, au premier ordre en r :

$$B_{1r}(r,z) \approx 3B_0\frac{r}{R}\left(\frac{a}{2R}+\frac{z}{R}\right)\left(1+\left(\frac{a}{2R}+\frac{z}{R}\right)^2\right)^{-5/2}$$

$$B_{2r}(r,z) \approx 3B_0 \frac{r}{R}\left(-\frac{a}{2R}+\frac{z}{R}\right)\left(1+\left(-\frac{a}{2R}+\frac{z}{R}\right)^2\right)^{-5/2}$$

Ces expressions se simplifient lorsqu'on tient compte de la condition d'Helmholtz $a = R$. En posant $g(X) = X\left(1+X^2\right)^{-5/2}$, la composante radiale du champ résultant s'écrit, en première approximation :

$$B_r(r,z) = 3B_0 \frac{r}{R}\left[g\left(\frac{1}{2}+\frac{z}{R}\right)+g\left(-\frac{1}{2}+\frac{z}{R}\right)\right]$$

On peut étudier ses variations en fonction de z au voisinage de 0, à r fixé.

La courbe 1 représente les variations, en fonction de $u = z/a$, de la fonction :

$$h(u) = \frac{B_r(r,z)}{3B_0}\frac{R}{r} = \left[g\left(\frac{1}{2}+u\right)+g\left(-\frac{1}{2}+u\right)\right]$$

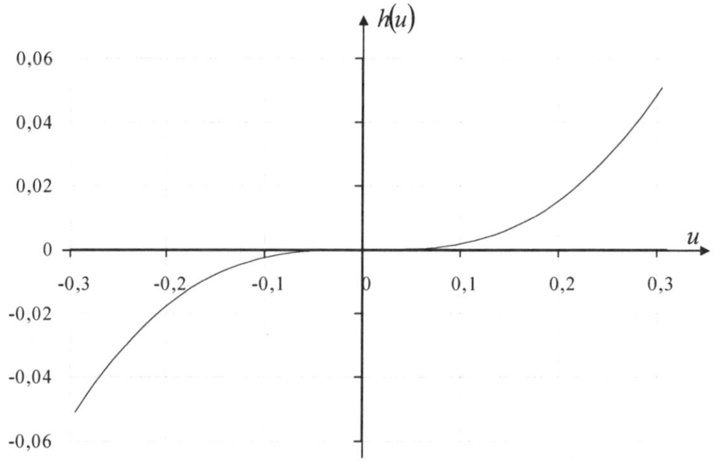

Courbe 1

Cette courbe présente en $u = 0$ une tangente horizontale. On en conclut que la composante radiale du champ magnétique ne varie, au voisinage du plan $z = 0$, qu'au second ordre en z.
Ce dispositif permet donc de générer au voisinage du point O un champ parallèle à l'axe (O,z), que l'on peut considérer comme uniforme.

REGIMES PERMANENTS

Exercice 18 ★★

Effet Hall

On considère un métal parcouru par un courant électrique permanent. Le passage du courant est assuré par un déplacement d'électrons, qualifiés d'électrons libres, de charge $q = -e$, de masse m et de concentration n. Le métal contient en outre des charges fixes positives. Si ρ_m désigne la densité volumique des charges mobiles et ρ_f celle des charges fixes, alors $\rho_m + \rho_f = 0$.

1. Conduction en l'absence de champ magnétique

Pour rendre compte de la conductivité du métal, on considère que les électrons assurant la conduction se déplacent avec une vitesse $\vec{v}$ et subissent une force $\vec{f} = -\lambda\vec{v}$. Cette force modélise leurs interactions avec l'environnement. Le métal est plongé dans un champ électrique extérieur $\vec{E}$.

1.1. Appliquer le principe fondamental de la dynamique à un électron et en déduire, en régime permanent, une relation entre $\vec{v}$ et $\vec{E}$.

1.2. Au mouvement de ces électrons, on associe une densité volumique de courant $\vec{j}$. Exprimer $\vec{j}$ et en déduire la conductivité γ du conducteur en fonction de n, λ et e.

1.3. Exprimer la puissance volumique cédée aux électrons par le champ électrique. Calculer la puissance totale reçue par un parallélépipède métallique, de section S et de longueur L, tel quel le champ électrique appliqué soit parallèle aux côtés de longueur L. Déduire de ce calcul l'expression de la résistance R de cette portion de métal en fonction de γ, S et L.

2. Conduction en présence de champ magnétique.

Dans cette partie l'espace est rapporté à un repère cartésien $\left(O, \vec{u}_x, \vec{u}_y, \vec{u}_z\right)$ et le métal est soumis à un champ électrique et à un champ magnétique notés :

$$\vec{E} = E_x\vec{u}_x + E_y\vec{u}_y + E_z\vec{u}_z \quad \text{et} \quad \vec{B} = B\vec{u}_z$$

2.1. Appliquer le principe fondamental de la dynamique à un électron et en déduire, en régime permanent, une relation entre $\vec{j}$ et $\vec{E}$ du type :

$$\begin{bmatrix} j_x \\ j_y \\ j_z \end{bmatrix} = \begin{bmatrix} \gamma_{xx} & \gamma_{xy} & \gamma_{xz} \\ \gamma_{yx} & \gamma_{yy} & \gamma_{yz} \\ \gamma_{zx} & \gamma_{zy} & \gamma_{zz} \end{bmatrix} \begin{bmatrix} E_x \\ E_y \\ E_z \end{bmatrix}$$

où les coefficients γ_{lk} s'expriment en fonction de γ, n, e et B.

2.2. On étudie les effets du champ magnétique sur le conducteur métallique dans le cadre de la géométrie de Hall. Dans cette géométrie le courant circule à l'intérieur d'un barreau infiniment long, de section rectangulaire S (figure 1). Les lignes de courant sont parallèles à Ox.

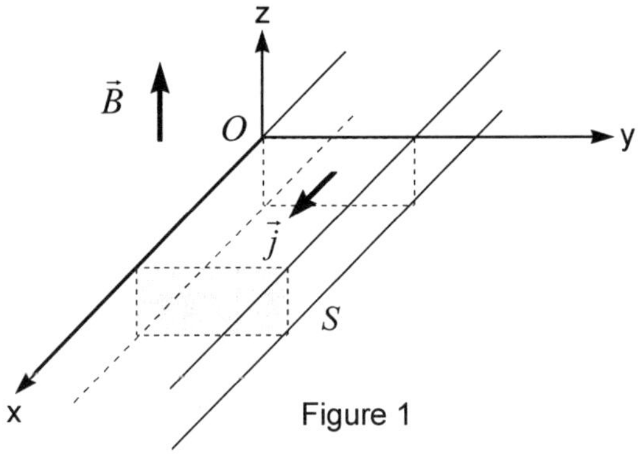

Figure 1

Montrer que pour $\vec{j} = j\vec{u}_x$, on observe la présence d'un champ électrique $\vec{E}_H = E_y\vec{u}_y$, nommé champ de Hall, que l'on exprimera en fonction de j, n, e et B. Comment peut-on mesurer ce champ électrique ?

Application numérique :

Dans un métal, n est de l'ordre de $10^{22}\ cm^{-3}$. Calculer l'ordre de grandeur du champ de Hall pour $B = 1\ T$ et $j = 1\ A\,m^{-2}$.

Que peut-on en conclure ?

Dans quel type de matériau ce phénomène est-il observable et pourquoi ?

2.3. Calculer la densité volumique des forces de Laplace auxquelles le barreau est soumis. Montrer, par un raisonnement simple, qu'en régime permanent la composante orthogonale à $\vec{u}_x$ de la résultante des forces s'exerçant sur les électrons de conduction, est nulle.

2.4. Calculer la densité volumique des forces exercées par le champ de Hall sur les ions liés au métal. Que peut-on conclure ?

1. Conduction en l'absence de champ magnétique

1.1. Les forces qui s'exercent sur l'électron de masse m de charge $-e$ sont : la force électrique $-e\vec{E}$, la force de frottement $-\lambda\vec{v}$ et son poids. Le poids étant négligeable devant la force électrique, le principe fondamental de la dynamique, appliqué à un électron libre, s'écrit :

$$m\frac{d\vec{v}}{dt} = -e\vec{E} - \lambda\vec{v}$$

En régime permanent, la vitesse est indépendante du temps et par conséquent $\frac{d\vec{v}}{dt} = \vec{0}$. Dans ces conditions, le principe fondamental montre que $\vec{E}$ et $\vec{v}$ sont liés par la relation :

$$\boxed{\vec{v} = -\frac{e}{\lambda}\vec{E}}$$

1.2. Par définition, la densité volumique de courant vaut $\vec{j} = -ne\vec{v}$, ce qui devient en remplaçant $\vec{v}$ par son expression :

$$\boxed{\vec{j} = \frac{ne^2}{\lambda}\vec{E}}$$

En identifiant cette dernière relation à la loi d'Ohm locale $\vec{j} = \gamma\vec{E}$, on obtient la valeur de la conductivité :

$$\boxed{\gamma = \frac{ne^2}{\lambda}}$$

1.3. La puissance volumique p cédée aux électrons par le champ électrique s'écrit :

$$p = \vec{j}\cdot\vec{E} = \frac{j^2}{\gamma}$$

Considérons le parallélépipède représenté en figure 4.

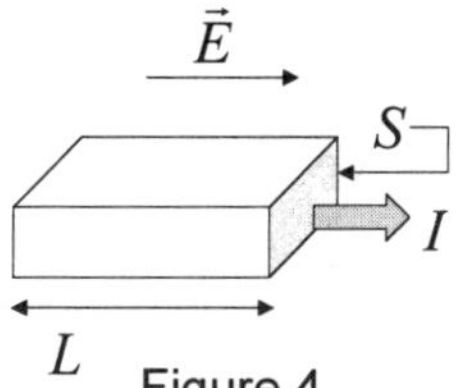

Figure 4

Il est parcouru par un courant d'intensité $I = jS$ et reçoit la puissance volumique :

$$p = \frac{I^2}{\gamma S^2}$$

La puissance totale P reçue, s'obtient en intégrant p sur tout le volume du parallélépipède :

$$P = \iiint \frac{I^2}{\gamma S^2} d^3\tau = \frac{L}{\gamma S} I^2$$

En identifiant cette expression à $P = RI^2$, on déduit la résistance de cette portion de métal :

$$\boxed{R = \frac{L}{\gamma S}}$$

2. Conduction en présence de champ magnétique

2.1. En présence du champ magnétique $\vec{B}$, il faut compléter le bilan des forces précédent pour tenir compte de la force de Lorentz $-e\vec{v} \wedge \vec{B}$. Le principe fondamental de la dynamique appliqué à un électron libre s'écrit alors :

$$m\frac{d\vec{v}}{dt} = -e\vec{E} - \lambda\vec{v} - e\vec{v} \wedge \vec{B}$$

En régime permanent, la dérivée temporelle de la vitesse est nulle. En éliminant $\vec{v}$ au profit de $\vec{j}$, à l'aide de la relation $\vec{j} = -ne\vec{v}$, on obtient :

$$-e\vec{E} + \frac{\lambda}{ne}\vec{j} - e\vec{v} \wedge \vec{B} = \vec{0}$$

Finalement en introduisant la conductivité $\gamma = \dfrac{ne^2}{\lambda}$, il vient :

$$\boxed{\vec{j} = \gamma\left(\vec{E} - \frac{1}{ne}\vec{j} \wedge \vec{B}\right)}$$

Il apparaît que la loi d'Ohm locale est modifiée par rapport à celle écrite en l'absence de champ magnétique.

En projetant cette relation sur la base $(\vec{u}_x, \vec{u}_y, \vec{u}_z)$, on obtient les trois équations :

$\vec{u}_x \wedge \vec{u}_y = \vec{u}_z$ $\vec{u}_y \wedge \vec{u}_z = \vec{u}_x$ $\vec{u}_z \wedge \vec{u}_x = \vec{u}_y$

$$\begin{cases} j_x = \gamma\left(E_x - \dfrac{1}{ne} j_y B\right) \\ j_y = \gamma\left(E_y + \dfrac{1}{ne} j_x B\right) \\ j_z = \gamma E_z \end{cases} \Rightarrow \begin{cases} j_x + \dfrac{\gamma B}{ne} j_y = \gamma E_x \\ -\dfrac{\gamma B}{ne} j_x + j_y = \gamma E_y \\ j_z = \gamma E_z \end{cases} \Rightarrow \begin{cases} j_x = \gamma \dfrac{E_x - \dfrac{\gamma B}{ne} E_y}{1 + \dfrac{\gamma^2 B^2}{n^2 e^2}} \\ j_y = \gamma \dfrac{\dfrac{\gamma B}{ne} E_x + E_y}{1 + \dfrac{\gamma^2 B^2}{n^2 e^2}} \\ j_z = \gamma E_z \end{cases}$$

Ce résultat, mis sous forme matricielle, devient :

$$\begin{bmatrix} j_x \\ j_y \\ j_z \end{bmatrix} = \gamma \begin{bmatrix} \dfrac{1}{1 + \dfrac{\gamma^2 B^2}{n^2 e^2}} & -\dfrac{\gamma B}{ne} \dfrac{1}{1 + \dfrac{\gamma^2 B^2}{n^2 e^2}} & 0 \\ \dfrac{\gamma B}{ne} \dfrac{1}{1 + \dfrac{\gamma^2 B^2}{n^2 e^2}} & \dfrac{1}{1 + \dfrac{\gamma^2 B^2}{n^2 e^2}} & 0 \\ 0 & 0 & 1 \end{bmatrix} \begin{bmatrix} E_x \\ E_y \\ E_z \end{bmatrix}$$

2.2. Etude de la géométrie de Hall :

Dans cette géométrie, les lignes de courant sont parallèles à (O,x) et le vecteur densité volumique de courant a pour forme $\vec{j} = j\vec{u}_x$. D'après le système d'équations de la question précédente, les coordonnées du champ électrique sont données par les relations :

$$E_x = \frac{j}{\gamma} \ , \ E_y = -\frac{B}{ne} j \ , \ E_z = 0$$

On observe un champ électrique dont la composante sur $\vec{u}_y$, nommée champ de Hall, est égale à :

$$\vec{E}_H = -\frac{B}{ne} j \vec{u}_y$$

Ce champ de Hall génère une tension, notée U_H, entre les deux faces latérales du conducteur. En notant l la largeur de celui-ci, cette tension est égale à la circulation du champ entre les faces $y=0$ et $y=l$:

$$U_H = \int_0^l E_H dy = E_H l = -\frac{B}{ne} jl$$

Cette tension peut être mesurée par un voltmètre branché entre les deux faces (figure 5). La connaissance de la valeur de l permet ensuite de déterminer E_H.

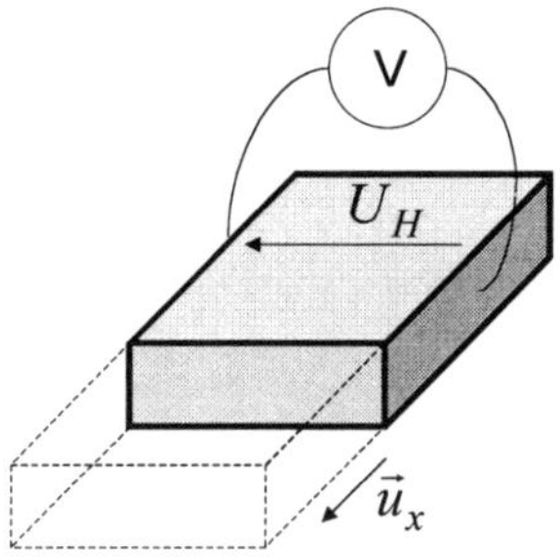

Figure 5

Application numérique :
$j = 1\,A\,m^{-2} = 1\;10^{-4}\,A\,cm^{-2}$, $B = 1\,T$, $n = 10^{22}\,cm^{-3}$, $e = 1{,}6\;10^{-19}\,C$

$$\boxed{E_y = -0{,}625\,10^{-2}\,\mu V cm^{-1}}$$

Le champ, ainsi que la tension de Hall, sont très faibles dans un conducteur. Cet aspect est lié à la grande valeur de n. En fait, lorsque l'effet Hall est exploité pour des mesures de champ magnétique ou de courant, le matériau utilisé n'est pas un conducteur, pour lequel l'effet est peu perceptible mais plutôt un semi-conducteur, pour lequel n est beaucoup plus faible.

2.3. La force de Laplace que subit le barreau a pour densité volumique :

$$\boxed{\frac{d\vec{F}}{d\tau} = \vec{j} \wedge \vec{B} = -jB\,\vec{u}_y}$$

En régime permanent, les lignes de champ de $\vec{j}$ sont des droites parallèles à (O,x). Les vecteurs $\vec{j}$ et $\vec{v}$ sont colinéaires à $\vec{u}_x$. On en déduit :

$$\vec{v}\cdot\vec{u}_y = \vec{v}\cdot\vec{u}_z = 0 \quad\Rightarrow\quad \frac{d\vec{v}}{dt}\cdot\vec{u}_y = \frac{d\vec{v}}{dt}\cdot\vec{u}_z = 0$$

Or, $\vec{f}$ étant la résultante des forces s'exerçant sur un électron libre, le principe fondamental de la dynamique, appliqué à un électron libre, peut s'écrire : $\vec{f} = m\frac{d\vec{v}}{dt}$. Il vient alors : $\vec{f} \cdot \vec{u}_y = \vec{f} \cdot \vec{u}_z = 0$. Ainsi, en régime permanent, $\vec{f}$ n'a pas de composante orthogonale à $\vec{u}_x$.

2.4. Les ions liés au métal sont immobiles. Ils ne subissent donc que l'action du champ électrique. La densité volumique des forces subies par les charges fixes s'écrit donc :

$$\frac{d\vec{F}_f}{d\tau} = \rho_f \vec{E} = \rho_f \left(\frac{j}{\gamma} \vec{u}_x + E_H \vec{u}_y \right) = ne \left(\frac{j}{\gamma} \vec{u}_x + \vec{E}_H \right) = \frac{nej}{\gamma} \vec{u}_x + ne\vec{E}_H$$

Par ailleurs, la densité volumique des forces que subissent les électrons libres, en régime permanent, vaut :

$$\frac{d\vec{F}_m}{d\tau} = \rho_m \left(\vec{E} + \vec{v} \wedge \vec{B} \right) = \rho_m \left(\frac{j}{\gamma} \vec{u}_x + E_H \vec{u}_y - \frac{j}{ne} \vec{u}_x \wedge B\vec{u}_z \right) = \rho_m \frac{j}{\gamma} \vec{u}_x = -\frac{nej}{\gamma} \vec{u}_x$$

La densité volumique des forces de Laplace s'exerçant sur le barreau est égale à la somme de ces deux densités.
La force de Laplace agissant sur le conducteur peut donc être interprétée comme résultant de l'action du champ de Hall sur les charges fixes du réseau.

Exercice 19 ★★

Effet de Magnétorésistance

On reprend le problème précédent mais avec un type de géométrie différent. On s'intéresse maintenant à un conducteur constitué d'un cylindre métallique, de rayon b, percé en son centre d'une cavité cylindrique de rayon a (figure 1).
L'espace est ici rapporté à un repère cylindrique $(O, \vec{u}_r, \vec{u}_\theta, \vec{u}_z)$ (figure 2).

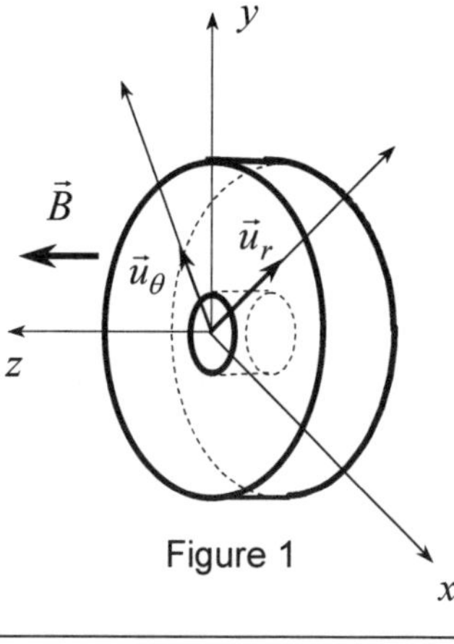

Figure 1

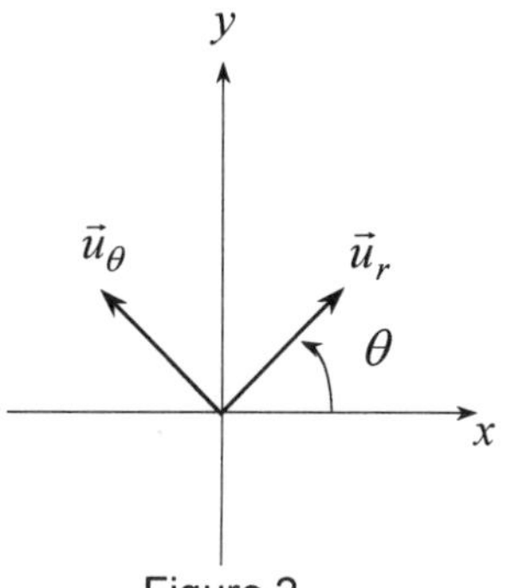

Figure 2

Les cylindres de rayon a et b sont respectivement maintenus aux potentiels constants V_a et V_b. On impose ainsi un champ électrique radial $\vec{E} = E_r\vec{u}_r$.

Le métal est en outre soumis à un champ magnétique $\vec{B} = B\vec{u}_z$.

1. En utilisant la base cylindrique, établir comme dans la question 2.1 de l'exercice précédent, la relation matricielle liant $\vec{j}$ et $\vec{E}$.

2. Montrer que le champ électrique radial impose une relation entre j_r et j_θ. En déduire l'équation $r(\theta)$ des lignes de champ de $\vec{j}$. Quelle est l'allure de ces lignes de champ ?

3. Exprimer E_r en fonction de j_r et en déduire la résistance par unité de longueur du conducteur métallique compris entre les deux cylindres de rayons a et b.

4. Calculer cette même résistance en l'absence de champ magnétique et en déduire la variation relative de résistance lorsqu'on applique un champ magnétique sur $\vec{u}_z$.

Application numérique : $B = 1\,T$, $\gamma = 5{,}8\,10^7\ S\,m^{-1}$

Commenter le terme : « effet de magnétorésistance » que l'on attribue à ce phénomène.

1. Reconduisons le raisonnement développé dans la question 2.1 de l'exercice précédent. En appliquant, en régime permanent, le principe fondamental de la dynamique à un électron libre et en utilisant la base vectorielle $(\vec{u}_r, \vec{u}_\theta, \vec{u}_z)$, on obtient la relation matricielle :

$$\begin{bmatrix} j_r \\ j_\theta \\ j_z \end{bmatrix} = \gamma \begin{bmatrix} \dfrac{1}{1+\dfrac{\gamma^2B^2}{n^2e^2}} & -\dfrac{\gamma B}{ne}\dfrac{1}{1+\dfrac{\gamma^2B^2}{n^2e^2}} & 0 \\ \dfrac{\gamma B}{ne}\dfrac{1}{1+\dfrac{\gamma^2B^2}{n^2e^2}} & \dfrac{1}{1+\dfrac{\gamma^2B^2}{n^2e^2}} & 0 \\ 0 & 0 & 1 \end{bmatrix} \begin{bmatrix} E_r \\ E_\theta \\ E_z \end{bmatrix}$$

2. L'hypothèse du champ électrique radial se traduit en posant $E_\theta = E_z = 0$. La relation matricielle précédente fournit alors :

$$j_r = \frac{1}{1+\dfrac{\gamma^2B^2}{n^2e^2}}E_r \quad , \quad j_\theta = \frac{\gamma B}{ne}\frac{1}{1+\dfrac{\gamma^2B^2}{n^2e^2}}E_r \quad , \quad j_z = 0$$

Le rapport membre à membre des deux premières équations fournit la relation entre j_r et j_θ :

$$\boxed{\frac{\gamma B}{ne} j_r = j_\theta}$$

Cette dernière relation permet d'accéder aux équations des lignes de courant. En coordonnées cylindriques ces lignes de courant sont définies par :

$$\begin{cases} \vec{j}(M) = j_r \vec{u}_r + j_\theta \vec{u}_\theta \\ \overrightarrow{dOM} = dr\vec{u}_r + rd\theta\vec{u}_\theta + dz\vec{u}_z \\ \vec{j}(M) \wedge \overrightarrow{dOM} = \vec{0} \end{cases} \Rightarrow \begin{cases} j_r r d\theta = j_\theta dr \\ dz = 0 \end{cases} \Rightarrow \begin{cases} \dfrac{dr}{r} = \dfrac{j_r}{j_\theta} d\theta \\ dz = 0 \end{cases}$$

En tenant compte de la relation entre j_r et j_θ, il vient alors : $\begin{cases} \dfrac{dr}{r} = \dfrac{ne}{\gamma B} d\theta \\ dz = 0 \end{cases}$

Ces équations s'intègrent en :

$$r = r_0 \exp\left(\frac{ne}{\gamma B}\theta\right) \quad \text{et} \quad z = z_0 \quad (r_0 \text{ et } z = z_0 \text{ constantes d'intégration})$$

Les lignes de courant ont donc la forme de **spirales logarithmiques**, dans des plans normaux à l'axe (O,z).

3. D'après le système d'équations obtenu à la question 2, les composantes radiales du champ électrique et de la densité de courant sont reliées par :

$$j_r = \frac{1}{1 + \dfrac{\gamma^2 B^2}{n^2 e^2}} E_r$$

L'intensité I du courant traversant la surface latérale du cylindre d'axe (O,z), de longueur unité et de rayon r tel que $a < r < b$, s'écrit : $I = j_r 2\pi r h$ (avec $h = 1$).

Ainsi, en remplaçant j_r par $\dfrac{I}{2\pi r}$ dans la relation précédente, on obtient :

$$E_r = \left(1 + \frac{\gamma^2 B^2}{n^2 e^2}\right) \frac{I}{2\pi r}$$

Soit U la tension entre les deux surfaces équipotentielles que constituent le cylindre intérieur et le cylindre extérieur. Cette tension est égale à la circulation du champ électrique sur un chemin quelconque allant d'un cylindre à l'autre. En choisissant un segment de droite dirigé selon $\vec{u}_r$ dont le support passe par l'axe et compris entre les deux cylindres, il vient :

$$U = \int_a^b E_r dr = \int_a^b \left(1 + \frac{\gamma^2 B^2}{n^2 e^2}\right) \frac{I}{2\pi r} dr = \frac{1}{2\pi h}\left(1 + \frac{\gamma^2 B^2}{n^2 e^2}\right) \ln\frac{b}{a} I$$

La résistance linéique en présence d'un champ magnétique, notée R, vaut :

$$R = \frac{U}{I} \quad \Rightarrow \quad \boxed{R = \frac{1}{2\pi\gamma}\left(1 + \frac{\gamma^2 B^2}{n^2 e^2}\right) \ln\frac{b}{a}}$$

4. La résistance linéique R_0 en l'absence de champ magnétique s'obtient en annulant la variable B dans le résultat précédent : $R_0 = \dfrac{1}{2\pi\gamma}\ln\dfrac{b}{a}$

La variation relative de résistance, observée lors de l'application du champ magnétique B, définie par $\dfrac{R - R_0}{R_0}$ vaut donc :

$$\boxed{\frac{R - R_0}{R_0} = \frac{\gamma^2 B^2}{n^2 e^2}}$$

Application numérique :

$$\boxed{\frac{\Delta R}{R} \approx 0{,}13\%}$$

Commentaire : La présence d'un champ magnétique a pour effet d'augmenter la résistance du conducteur ce qui justifie l'emploi du terme « magnétorésistance ». Cependant la variation relative étant très faible, cet effet est très peu marqué.

REGIMES VARIABLES

Exercice 1 ★

Etude de la distribution volumique de charges d'un conducteur ohmique

On considère un métal ohmique de conductivité σ, de permittivité diélectrique et de perméabilité magnétique relatives égales à 1.

Soit $\rho(M,t)$ la densité volumique de charges au point M du métal, à la date t.

1. Etablir l'équation différentielle satisfaite par $\rho(M,t)$ en un point M donné.

2. Suite à une perturbation $\rho(M,t)$ prend à la date t_0 la valeur ρ_0 au point M_0. Etudier son évolution temporelle en M_0. Définir le temps de relaxation du milieu matériel (constante de temps du phénomène).

3. Dans le cas du cuivre $\sigma = 5{,}8\,10^7\ \Omega^{-1}m^{-1}$. Calculer le temps nécessaire pour que la densité de charges en M_0 soit inférieure à $0{,}01\,\rho_0$ et conclure.

1. L'équation de conservation de la charge s'écrit : $div\vec{j}(M,t) + \dfrac{\partial \rho(M,t)}{\partial t} = 0 \quad (1)$

Le métal ohmique suit la loi d'Ohm locale : $\vec{j}(M,t) = \sigma \vec{E}(M,t) \quad (2)$

$$(1),(2) \quad \Rightarrow \quad \sigma div\vec{E}(M,t) + \frac{\partial \rho(M,t)}{\partial t} = 0 \quad (3)$$

Considérons enfin l'équation de Maxwell-Gauss : $div\vec{E}(M,t) = \dfrac{\rho(M,t)}{\varepsilon_0} \quad (4)$

$$(3),(4) \quad \Rightarrow \quad \boxed{\frac{\partial \rho(M,t)}{\partial t} + \frac{\sigma}{\varepsilon_0}\rho(M,t) = 0} \quad (5)$$

2. On définit la constante de temps τ du phénomène par : $\boxed{\tau = \dfrac{\varepsilon_0}{\sigma}} \quad (6)$

La solution générale de l'équation (5) est de la forme : $\rho(M_0,t) = K\exp\left(-\frac{t}{\tau}\right)$

A $t = t_0$: $\rho(M_0,t_0) = K\exp\left(-\frac{t_0}{\tau}\right) = \rho_0 \Rightarrow K = \rho_0 \exp\left(\frac{t_0}{\tau}\right)$

Finalement : $$\boxed{\rho(M_0,t) = \rho_0 \exp\left(-\frac{t-t_0}{\tau}\right)} \quad (7)$$

3. Dans le cas du cuivre $\sigma = 5{,}8\,10^7\ \Omega^{-1}m^{-1}$. Par ailleurs $\frac{1}{4\pi\varepsilon_0} = 9\,10^9\ SI$. D'où :

$$\tau = \frac{\varepsilon_0}{\sigma} = \frac{10^{-16}}{36\times 5{,}8\,\pi} s \quad \Rightarrow \quad \boxed{\tau = 1{,}5\,10^{-19}\ s}$$

Le temps nécessaire pour que la densité de charges en M_0 soit inférieure à $0{,}01\,\rho_0$ est défini par :

$$\rho(M_0,t_1) = \rho_0 \exp\left(-\frac{t_1-t_0}{\tau}\right) = 0{,}01\rho_0$$

$$\Rightarrow \quad \Delta t = t_1 - t_0 = 2\ln(10)\tau \quad \Rightarrow \quad \Delta t \approx 5\tau \quad \Rightarrow \quad \boxed{\Delta t \approx 10^{-18}\ s}$$

Si, suite à une perturbation, il apparaît en un point du métal une concentration de charges, cette concentration disparaît au bout d'un temps extrêmement bref. Ce temps peut être négligé lors de l'étude d'un phénomène caractérisé par un temps T grand devant Δt. C'est le cas pour un phénomène périodique, comme par exemple la propagation d'une onde électromagnétique dans le métal, dont la fréquence est telle que :

$$T = \frac{1}{f} >> 10^{-18}s \quad \Rightarrow \quad f << 10^{18}\ Hz$$

Or la loi d'Ohm n'est valable que pour des fréquences inférieures à $10^{14}\ Hz$.

Ainsi, on peut considérer que, pour de bons conducteurs comme le cuivre, dans le domaine de validité de la loi d'Ohm, le temps nécessaire à la relaxation du milieu est négligeable. Cela revient à considérer que, dans son volume, **le métal est localement neutre en tout point et à toute date**. Il ne peut alors être chargé qu'en surface.

Exercice 2 ★★

Stabilité thermique d'un supraconducteur

On étudie un supraconducteur de dimensions infinies suivant les directions (O,x) et (O,y), compris entre les plans $z=a$ et $z=-a$.

L'espace est rapporté à un repère de coordonnées cartésiennes $\left(O,\vec{u}_x,\vec{u}_y,\vec{u}_z\right)$.

On admettra que la norme de la densité volumique de courant à l'intérieur d'un tel matériau est soit nulle, soit une constante J_0, indépendante du champ magnétique, mais fonction décroissante de la température. Ce courant circule sur une épaisseur b à partir de la surface et est nul dans la zone centrale (figure 1).

Lorsqu'on applique un champ magnétique extérieur $\vec{B}=B_0\vec{u}_x$, il apparaît à l'intérieur du supraconducteur des courants $\vec{J}=\pm J_0\vec{u}_y$, $(J_0>0)$, qui circulent à la périphérie sur l'épaisseur b (figure 1). Cette distribution étant en fait un modèle sans effets de bord de boucles de courant très allongées suivant (O,y), le sens de circulation est opposé dans chacune des deux zones, les lignes se refermant à l'infini.

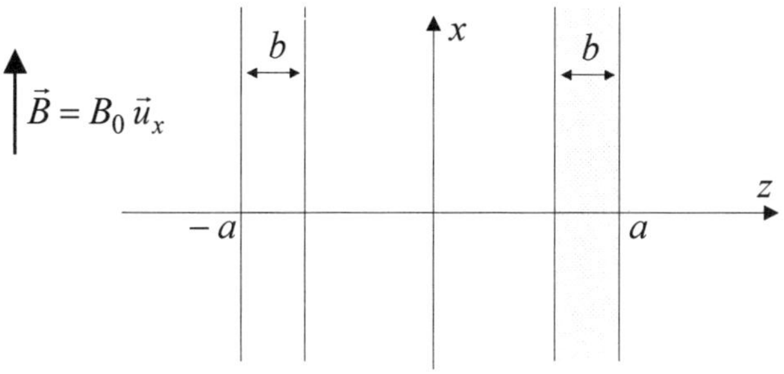

Figure 1

1. Quelle est la direction du champ magnétique créé par les courants circulant dans le matériau ?

2. Montrer qu'une telle distribution de courant crée un champ magnétique nul à l'extérieur du supraconducteur et en déduire la valeur du champ en $z=a$ et $z=-a$.

3. Sachant que ces courants ont pour effet d'annuler le champ magnétique au centre du matériau $(-a+b<z<a-b)$, donner pour $B_0>0$, l'orientation de $\vec{J}$, densité volumique de courant dans les deux zones définies par $-a<z<b-a$ et $a-b<z<a$.

Dans le cas où $B_0 < \mu_0 J_0 a$, tracer les variations du champ ainsi que celles de la densité de courant à l'intérieur du supraconducteur en fonction de z. Exprimer b en fonction de B_0 et J_0.

4. Comment évolue b lorsque le champ extérieur appliqué devient plus intense ?

Quelle est la valeur limite de B_0 à partir de laquelle le champ ne s'annule plus au centre du supraconducteur ?
Au delà de cette valeur, on parle de complète pénétration. Tracer dans cette situation, les variations du champ magnétique en fonction de z.

On étudie la stabilité thermique de ce matériau. On désigne par C sa capacité calorifique volumique et T sa température, supposée homogène dans tout le matériau. On se place dans le cas de complète pénétration.

5. On suppose qu'entre les instants t et $t+dt$, la température varie de dT ce qui engendre une variation de la densité de courant dJ_0. Etablir l'expression du champ électrique qui en résulte. ($\vec{E}$ sera pris nul sur le plan $z=0$).

6. En déduire la puissance volumique cédée par effet joule au supraconducteur.

7. Montrer à l'aide d'un bilan d'énergie que le supraconducteur sera stable thermiquement lorsque $a < \sqrt{\dfrac{3C}{\mu_0 J_0 \left|\dfrac{\partial J_0}{\partial T}\right|}}$.

8. Application numérique :

$$C = 5\,kJK^{-1}m^3,\ J_0 = 2\,10^9\ Am^{-2},\ \frac{\partial J_0}{\partial T} = -10^9\ Am^{-2}K^{-1}.$$

Calculer la valeur limite de a assurant la stabilité thermique du matériau.

9. D'après ce résultat, comment doit-on fabriquer les supraconducteurs ?

1. Considérons tout d'abord la distribution de courant définie par :

$$-a < z < b-a \text{ alors } \vec{J} = J_0\vec{u}_y$$
$$a-b < z < a \text{ alors } \vec{J} = -J_0\vec{u}_y.$$

Celle de signe opposée possède les mêmes propriétés de symétrie. Les lignes de champ qu'elle génère sont donc identiques à celles associées à la distribution ci-dessus, mais orientées dans le sens opposé.
Cette distribution est invariante par toute translation suivant (O,x) et (O,y), le champ magnétique qu'elle crée est par conséquent indépendant de x et y. De plus,

tous les plans $(M, \vec{u}_y, \vec{u}_z)$, M étant un point quelconque, sont des plans de symétrie de la distribution de courant. Le champ magnétique orthogonal aux plans de symétrie de la distribution, est donc porté par $\vec{u}_x$. Ainsi, son expression en un point M quelconque, est de la forme :

$$\boxed{\vec{B}(M) = B_x(z)\vec{u}_x}$$

2. Le champ magnétique à l'extérieur du matériau peut se déterminer à l'aide du théorème de superposition. En effet, le champ créé par chacune des couches de largeur b, parcourue par la densité de courant volumique $\vec{J} = \pm J_0 \vec{u}_y$ peut se calculer à l'aide du théorème d'Ampère. Cette démarche fait l'objet de l'exercice 14 du chapitre I dont on utilise ici les résultats. La courbe 1 représente les variations de $B_x^0(z)$, composante sur $\vec{u}_x$ du champ généré par une seule couche parcourue par $\vec{J} = J_0 \vec{u}_y$, l'origine étant prise en son centre.

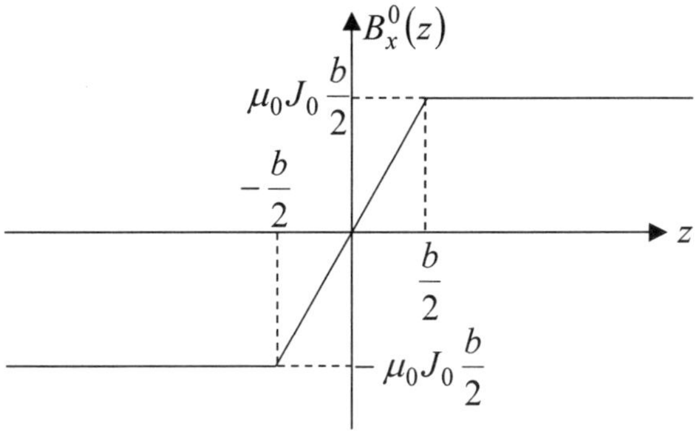

Courbe 1

Le champ associé à la distribution totale résulte de la superposition des champs, créés par les deux couches d'épaisseur b parcourues par des courants opposés. Ces champs n'ont qu'une composante sur $\vec{u}_x$ tout comme le champ résultant. En considérant que la couche centrée en $-a + \frac{b}{2}$ soit parcourue par la densité $\vec{J} = J_0 \vec{u}_y$, elle engendre alors le champ $B_x^0\left(z - \left(-a + \frac{b}{2}\right)\right)$. La couche centrée en $a - \frac{b}{2}$ est parcourue par la densité de courant opposée et produit donc le champ $-B_x^0\left(z - \left(a - \frac{b}{2}\right)\right)$. La courbe 2 représente ces deux champs.

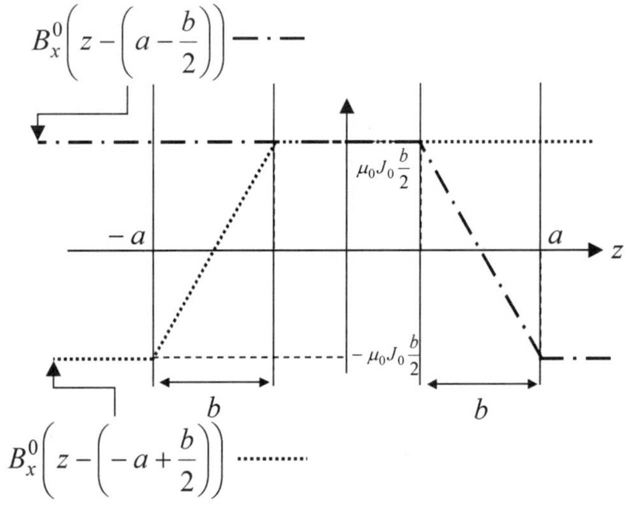

Courbe 2

On observe sur cette courbe que dans le domaine extérieur au matériau défini par $|z| > a$, les deux champs sont opposés, leur somme est donc nulle.

Les courants circulant dans le matériau créent un champ nul à l'extérieur du supraconducteur.

Le champ total qui règne hors du supraconducteur résulte de la superposition du champ créé par les sources extérieures $B_0\vec{u}_x$ et de celui généré par les supracourants. Ce dernier étant nul, le champ total se résume donc à $B_0\vec{u}_x$.

La distribution de courant étant volumique, le champ magnétique est continu en $z = a$ et $z = -a$. Par conséquent, sa limite coté matériau garde la même valeur que celle coté extérieur. On obtient donc :

$$\boxed{B_x\left(a^-\right) = B_x\left(-a^+\right) = B_0}$$

3. Le champ magnétique total à l'intérieur du matériau pourrait s'obtenir par application du théorème de superposition. Il suffirait pour cela d'expliciter les deux champs représentés sur la courbe 2 et sommer ces deux fonctions avec celle associée au champ extérieur. Une autre méthode consiste à utiliser l'équation locale de Maxwell-Ampère $\overrightarrow{rot}\left(\vec{B} + \vec{B}_0\right) = \mu_0 \vec{J}$ où $\vec{J} = \pm J_0 \vec{u}_y$ sur les bords, et $\vec{J} = \vec{0}$ dans la zone centrale. Dans cette équation, le champ $\vec{B}$ désigne celui créé par les supracourants, et $\vec{B}_0$ le champ extérieur appliqué. Ce dernier étant uniforme, son rotationnel est nul. Ainsi, l'équation de Maxwell-Ampère se traduit par les relations :

$$-a < z < -a + b \Rightarrow \frac{dB_x}{dz} = \pm \mu_0 J_0 \;;\; a - b < z < a \Rightarrow \frac{dB_x}{dz} = \mp \mu_0 J_0 \;;$$
$$-a + b < z < a - b \Rightarrow \frac{dB_x}{dz} = 0 \qquad (1)$$

Afin que le champ s'annule dans la zone centrale, partant de la valeur B_0 aux limites $z=a$ et $z=-a$, $B_x(z)$ doit être décroissante sur l'intervalle $-a<z<-a+b$ puis croissante pour $a-b<z<a$. Cette propriété impose le signe de la dérivée $\frac{dB_x}{dz}$.
Ainsi, ces conditions seront réalisées lorsque $\vec{J}\cdot\vec{u}_y<0$ dans le domaine $-a<z<-a+b$ et $\vec{J}\cdot\vec{u}_y>0$ pour $a-b<z<a$. On peut donc déduire le sens de circulation du courant représenté sur la courbe 3.
En intégrant les équations du système (1) avec pour conditions aux limites $B_x(a^-)=B_x(-a^+)=B_0$, on obtient :

$$-a<z<-a+b \qquad \frac{dB_x}{dz}=-\mu_0 J_0 \Rightarrow B_x=B_0-\mu_0 J_0(z+a)$$

$$a-b<z<a \qquad \frac{dB_x}{dz}=+\mu_0 J_0 \Rightarrow B_x=B_0+\mu_0 J_0(z-a)$$

La valeur nulle du champ dans la zone centrale définie par $-a+b<z<a-b$, impose, liant B_0 et les divers paramètres, la relation :

$$B_x(-a+b)=B_x(a-b)=0\Rightarrow \boxed{B_0=\mu_0 J_0 b}$$

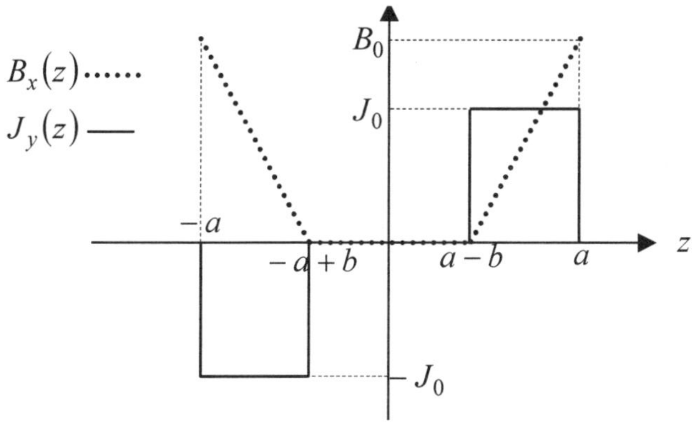

Courbe 3

On remarque que la valeur limite $B_0=\mu_0 J_0 a$, correspondant au cas $b=a$, est associée à une zone centrale d'épaisseur nulle. Avec l'hypothèse $B_0<\mu_0 J_0 a$, l'égalité $B_0=\mu_0 J_0 b$ définit l'épaisseur b en fonction de la température par l'intermédiaire de J_0 et du champ extérieur B_0 par la relation :

$$\boxed{b=\frac{B_0}{J_0\mu_0}}$$

4. La relation ci-dessus montre que l'épaisseur b augmente avec B_0. Lorsque B_0 dépasse la valeur maximale que peut prendre $\mu_0 J_0 b$, c'est-à-dire $\mu_0 J_0 a$, on est en situation de complète pénétration, pour laquelle les variations du champ sont représentées sur la courbe 4.

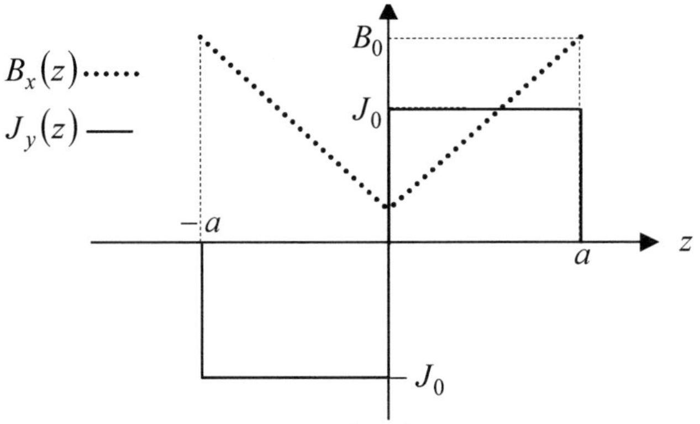

Courbe 4

Les expressions du champ restent :

$$-a < z < 0 \Rightarrow B_x = B_0 - \mu_0 J_0 (z+a)$$
$$0 < z < a \Rightarrow B_x = B_0 + \mu_0 J_0 (z-a)$$

5. Dans l'hypothèse où J_0 varie en fonction du temps, comme en témoignent les expressions ci-dessus, le champ magnétique est alors variable et devient source de champ électrique. Ce dernier obéit à l'équation locale de Maxwell-Faraday $\overrightarrow{rot}\vec{E} = -\frac{\partial \vec{B}}{\partial t}$. De plus, il doit respecter les symétries du problème et de ce fait n'est fonction que de la variable z.

Les équations aux dérivées partielles du champ électrique s'établissent à partir de la relation locale de Maxwell-Faraday qui pour un champ de la forme $\vec{E}(z)$ donne :

$$\overrightarrow{rot}\vec{E} = -\frac{\partial \vec{B}}{\partial t} \Rightarrow \begin{cases} -\frac{\partial E_y}{\partial z} = -\frac{\partial B_x(z)}{\partial t} \\ \frac{\partial E_x}{\partial z} = 0 \end{cases}$$

La fonction $E_x(z)$, de dérivée nulle, est constante. L'hypothèse $\vec{E} = \vec{0}$ en $z = 0$, permet de déduire que cette constante est nulle.

La composante E_z s'obtient à partir de l'équation de Maxwell-Gauss $div\vec{E} = 0$. En effet, dans le contexte du problème, cette équation s'écrit :

$$\frac{\partial E_x}{\partial x}+\frac{\partial E_y}{\partial y}+\frac{\partial E_z}{\partial z}=0$$

Cette relation se simplifie en considérant un champ fonction uniquement de la variable z et devient : $\dfrac{\partial E_z}{\partial z}=0$.

Cette équation permet d'affirmer pour les mêmes raisons évoquées lors de l'étude de $E_x(z)$, que $E_z(z)$ est nulle. Le champ électrique est donc porté par $\vec{u}_y$ et s'obtient par intégration :

$$\frac{\partial E_y}{\partial z}=\frac{\partial B_x(z)}{\partial t}\Rightarrow\begin{cases}-a<z<0\Rightarrow\dfrac{\partial E_y}{\partial z}=-\mu_0\dfrac{\partial J_0}{\partial t}(z+a)\\ 0<z<a\Rightarrow\dfrac{\partial E_y}{\partial z}=+\mu_0\dfrac{\partial J_0}{\partial t}(z-a)\end{cases}$$

Finalement :

$$\boxed{\begin{array}{r}-a<z<0\Rightarrow E_y(z)=-\mu_0\dfrac{\partial J_0}{\partial t}\left(\dfrac{1}{2}z^2+az\right)\\ 0<z<a\Rightarrow E_y(z)=+\mu_0\dfrac{\partial J_0}{\partial t}\left(\dfrac{1}{2}z^2-az\right)\end{array}}$$

6. La puissance volumique dissipée par effet Joule dans le supraconducteur s'écrit par définition $p=\vec{J}\cdot\vec{E}$. Les expressions de la densité volumique de courant et du champ électrique étant résumées ci-dessous :

$$z<0\begin{cases}E_y(z)=-\mu_0\dfrac{\partial J_0}{\partial t}\left(\dfrac{1}{2}z^2+az\right)\\ J_y(z)=-J_0\end{cases}\text{ et } 0<z\begin{cases}E_y(z)=+\mu_0\dfrac{\partial J_0}{\partial t}\left(\dfrac{1}{2}z^2-az\right)\\ J_y(z)=J_0\end{cases},$$

conduisent aux résultats :

$$\boxed{\begin{array}{ll}z<0 & p(z)=\mu_0 J_0\dfrac{\partial J_0}{\partial t}\left(\dfrac{1}{2}z^2+az\right)\\ 0<z & p(z)=\mu_0 J_0\dfrac{\partial J_0}{\partial t}\left(\dfrac{1}{2}z^2-az\right)\end{array}}$$

7. Considérons un volume V de matériau défini par un parallélépipède de section S, parallèle au plan (O,x,y), et de longueur $2a$ suivant (O,z). Entre les instants t et $t+dt$, cette portion reçoit le transfert thermique $\delta Q=Pdt$ où P représente la

puissance dissipée dans tout le volume considéré. Son expression se déduit de $p(z)$ par intégration. En effet, on a par définition $P = \iiint_V p(z) d^3\tau$ qui s'explicite :

$$P = \mu_0 S J_0 \frac{\partial J_0}{\partial t}\left(\int_{-a}^{0} \left(\frac{1}{2}z^2 + az \right) dz + \int_{0}^{a} \left(\frac{1}{2}z^2 - az \right) dz \right) \Rightarrow$$

$$\boxed{P = -\mu_0 \frac{2}{3} a^3 S J_0 \frac{\partial J_0}{\partial t}}$$

Ainsi, en remarquant que $\frac{\partial J_0}{\partial t} dt = dJ_0$, le transfert reçu pendant dt par le volume considéré s'écrit $\delta Q = -\mu_0 \frac{2}{3} a^3 S J_0 dJ_0$.

Cet apport d'énergie thermique induit une nouvelle variation de température dT_1 du matériau, qui d'après le premier principe de la thermodynamique s'obtient en notant U l'énergie interne du volume considéré par $\delta Q = dU = S2aCdT_1$. En identifiant les deux expressions de δQ, on déduit :

$$S2aCdT_1 = -\mu_0 \frac{2}{3} a^3 S J_0 dJ_0$$

En observant que $dJ_0 = \frac{\partial J_0}{\partial T} dT$, les deux variations de températures sont liées par la relation :

$$dT_1 = -\frac{1}{3C} a^2 \mu_0 J_0 \frac{\partial J_0}{\partial T} dT$$

On observe donc qu'une première variation de température engendre une réaction du milieu qui en produit une nouvelle. Cette dernière va à son tour générer une troisième variation de température suivant le même processus que la première et ainsi de suite. Au fil de ces étapes successives, la température évolue suivant deux schémas possibles. Les variations dT_n et dT_{n+1} associées à deux étapes consécutives, satisfont la relation :

$$dT_{n+1} = -\frac{1}{3C} a^2 \mu_0 J_0 \frac{\partial J_0}{\partial T} dT_n$$

Cette dernière définit une série géométrique de raison $\alpha = -\frac{1}{3C} a^2 \mu_0 J_0 \frac{\partial J_0}{\partial T}$ positive car $\frac{\partial J_0}{\partial T} < 0$. Cette série convergera vers 0 pour des valeurs de sa raison inférieures à 1 et divergera dans le cas contraire.

Ainsi, pour $\alpha < 1$, au bout d'un grand nombre d'étapes, la variation s'annule et la température se stabilise sur une valeur finale. Toutes autres valeurs de α conduit à une variation de température d'amplitude de plus en plus importante, qui engendre une instabilité thermique. La stabilité est donc assurée par la condition :

$$\boxed{a < \sqrt{\frac{3C}{\mu_0 J_0 \left|\frac{\partial J_0}{\partial T}\right|}}}$$

8. Application numérique : $\boxed{\sqrt{\frac{3C}{\mu_0 J_0 \left|\frac{\partial J_0}{\partial T}\right|}} = 77{,}25\ \mu m}$

L'épaisseur de la plaque supraconductrice ne doit pas excéder $77{,}25\ \mu m$.

9. Cette valeur étant très faible, on construit un supraconducteur en assemblant des couches très fines dont l'épaisseur est suffisamment faible pour assurer la stabilité thermique.

Exercice 3 ★★★

Cet exercice est en fait un problème de synthèse qui étudie le comportement d'un même conducteur sous plusieurs régimes. Certaines notions déjà évoquées sont reprises dans un contexte plus large.

Comportement d'un conducteur sous différents régimes

L'espace est rapporté à un repère de coordonnées $\left(O,\vec{u}_x,\vec{u}_y,\vec{u}_z\right)$.

Un matériau conducteur caractérisé par les constantes ε_0 et μ_0, de conductivité $\gamma = 6{,}5\,10^7\ Sm^{-1}$, est compris entre les plans d'équation $z = a$ et $z = -a$ (a étant un réel positif). Ce matériau est entouré de vide.

L'exercice étudie ce même matériau sous plusieurs régimes.

1. Etude du régime permanent

Le matériau est le siège d'un courant de densité volumique uniforme $\vec{J} = J_0\,\vec{u}_x$. On admet que la densité volumique de charges est nulle à l'intérieur du conducteur.

1.1. Ecrire les équations de Maxwell que vérifie le champ électromagnétique en précisant leurs formes suivant le domaine considéré.

On souhaite calculer le champ magnétique créé dans tout l'espace par cette distribution de courant.

1.2. Montrer que $\vec{B}(M)$ peut se mettre sous la forme $\vec{B}(M) = B(z)\vec{u}_z$.

1.3. Calculer $B(z)$ et tracer la courbe de ses variations en fonction de z.

1.4. On s'intéresse au cas où l'épaisseur $2a$ est très faible.

1.4.1. Examiner le cas où a tend vers 0 et mettre en évidence la distribution de courant $\vec{J}_S = J_{0S}\,\vec{u}_x$ à adopter pour un modèle surfacique. Donner l'expression de J_{0S} en fonction de J_0 et a.

1.4.2. Tracer les variations de $B(z)$ en fonction de z pour le modèle surfacique.

1.5. Exprimer le champ électrique à l'intérieur du conducteur.

2. Régime lentement variable

Le système décrit précédemment reste identique, cependant la densité volumique de courant est maintenant $\vec{J} = J(t)\,\vec{u}_x$.

2.1. Ecrire les équations de Maxwell que vérifie le champ électromagnétique à l'intérieur du matériau conducteur.

2.2. En utilisant l'équation de conservation de la charge, établir l'équation différentielle que vérifie $\rho(M,t)$, densité volumique de charges, à l'intérieur du conducteur.

2.2.1. Montrer que pour un conducteur de conductivité $\gamma = 6{,}5\,10^7\ Sm^{-1}$, toute accumulation de charges apparaissant en un point M_0 du conducteur, disparaît en un temps dont on calculera l'ordre de grandeur en fonction de γ et ε_0.

2.2.2. Déduire du calcul précédent que $\rho(M,t)$ peut-être considérée comme est nulle dans tout le conducteur.

2.3. On s'intéresse dorénavant à des variations sinusoïdales de $J(t)$. On pose $J(t) = J\cos(\omega t)$ avec $\omega = 314\ rads^{-1}$. Montrer que le courant de déplacement est négligeable devant $\vec{J}$.

2.4. Calculer le champ magnétique $\vec{B}$ créé par $\vec{J}$ dans le conducteur. Quelle est la relation entre $\vec{J}$ et $\vec{E}$?

2.5. Le champ magnétique $\vec{B}$ étant variable, est à son tour source d'un champ électrique $\vec{E}_1$ associé à une densité de courant $\vec{J}_1$. Ecrire l'équation locale liant $\vec{E}_1$

à $\vec{B}$ ainsi que la relation liant $\vec{E}_1$ à $\vec{J}_1$ dans le conducteur.

2.6. Calcul de $\vec{E}_1$ et $\vec{J}_1$
On adopte désormais la notation complexe $J(t) = J\cos\omega t = \Re(\bar{J}(t))$ avec $\bar{J}(t) = J\exp i\omega t$ et $i^2 = -1$. On étudie les champs uniquement à l'intérieur du conducteur.

2.6.1. Par des considérations de symétries, déterminer la direction de $\vec{E}_1$.

2.6.2. En appliquant le théorème de Stokes-Ampère sur un contour judicieusement choisi, calculer $\vec{E}_1$ à l'intérieur du conducteur, et montrer que $\bar{J}_1(z,t) = i\dfrac{z^2}{\delta^2}\bar{J}(t)$ où δ est une fonction de μ_0, γ et ω que l'on exprimera.

2.7. Calculer la valeur complexe du champ magnétique $\vec{B}_1$ créé par $\vec{J}_1$.

2.8. En reproduisant au rang suivant le raisonnement précédent, montrer que la densité de courant totale se met sous la forme d'une série dont on explicitera le terme de rang n en fonction de $\bar{J}(t)$, n, z, δ et i.

2.9. Pour $a = 5\,10^{-4}\,m$, étudier l'importance relative des deux premiers rangs. Conclure sur l'expression des champs à basses fréquences. On conservera cette expression pour la suite de la deuxième partie.

2.10. Bilan d'énergie

2.10.1. Exprimer la puissance moyenne dissipée par effet Joule dans un volume parallélépipédique, d'épaisseur $2a$ suivant (O,z) et de section unité.

2.10.2. Exprimer le vecteur de Poynting et calculer son flux moyen à travers la surface délimitant le volume défini à la question 2.10.1.

2.10.3. Montrer que les résultats des deux questions précédentes sont en accord avec l'équation locale de conservation de l'énergie dans le conducteur.

3. Cas général
Lorsque la fréquence augmente, on ne peut plus supposer que la densité de courant totale reste uniforme. On pose $\bar{J}(z,t) = \bar{J}_0(z)\exp i\omega t$ et on admettra que $\bar{J}_0(z)$ est une fonction paire de z.

3.1. Calculer la fréquence à partir de laquelle le courant de déplacement est négligeable devant le courant de conduction à 1% près.

On se placera désormais dans le cadre de cette hypothèse.

3.2. Etablir l'équation différentielle vectorielle vérifiée par la grandeur complexe associée à la densité de courant .

3.3. En déduire l'équation différentielle vérifiée par $\bar{J}_0(z)$ et la résoudre avec la condition $\bar{J}_0(0)=0$.

3.4. Pour une fréquence de $1\,MHz$, calculer δ. Revenir aux fonctions réelles et exprimer l'amplitude de la densité de courant notée $J_0(z)$.
En posant $u=a/\delta$ et $z'=z/a$, exprimer le rapport $J_0(z)/J_0(a)$ en fonction du u et z'.
Tracer le graphe de ses variations en fonction de z' pour plusieurs valeurs représentatives de u.

3.5. Qu'observe-t-on ? Comment s'appelle ce phénomène ? Quelles conclusions pratiques peut-on tirer ?

1. Etude du régime permanent

1.1. Le milieu conducteur est situé dans le domaine défini par $|z|<a$, et la densité volumique de courant est nulle hors du conducteur. Les équations de Maxwell prennent donc la forme :

$$div\vec{B}=0 \qquad div\vec{E}=0$$

$$\overrightarrow{rot}\vec{E}=\vec{0} \qquad \begin{cases}|z|<a \Rightarrow \overrightarrow{rot}\vec{B}=\mu_0\vec{J}\\ |z|>a \Rightarrow \overrightarrow{rot}\vec{B}=\vec{0}\end{cases}$$

1.2. Les propriétés géométriques du champ magnétique dépendent de celles de la distribution de courant qui le crée. Afin d'étudier cette dernière, considérons un point quelconque M de l'espace (figure 1).

Figure 1

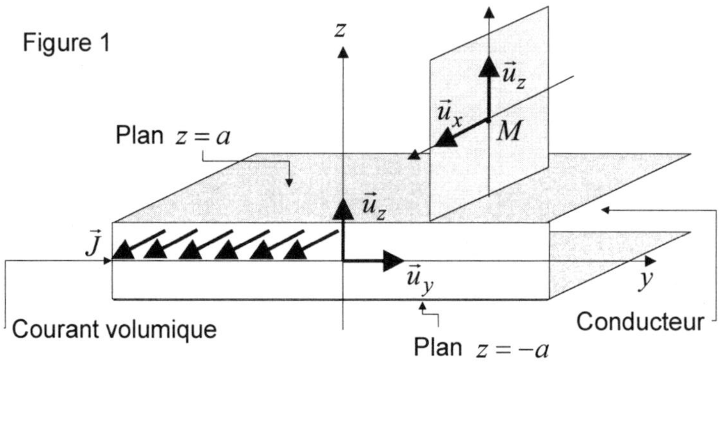

Le plan $\left(M, \vec{u}_x, \vec{u}_z\right)$ est un plan de symétrie de la distribution de courant. Le champ magnétique, orthogonal à ce plan, s'écrit de façon générale, $\vec{B}(M) = B(x,y,z)\vec{u}_x$. De plus, la distribution reste inchangée après toutes translations suivant (O,x) et (O,y), et de ce fait, $\vec{B}$ est indépendant des variables x et y.

L'ensemble de ces propriétés permet d'écrire :

$$\boxed{\vec{B}(M) = B(z)\,\vec{u}_y}$$

1.3. Les lignes de champ magnétique sont des droites parallèles à l'axe (O,y), il est donc possible de construire un contour et d'appliquer le théorème d'Ampère.
Soit (Γ_1) le contour rectangulaire délimitant une surface (Σ), de normale compatible avec l'orientation de (Γ_1). Sa hauteur et sa largeur valent respectivement $2z$ et l (figure 2), la normale à (Σ) est $\vec{u}_x$.

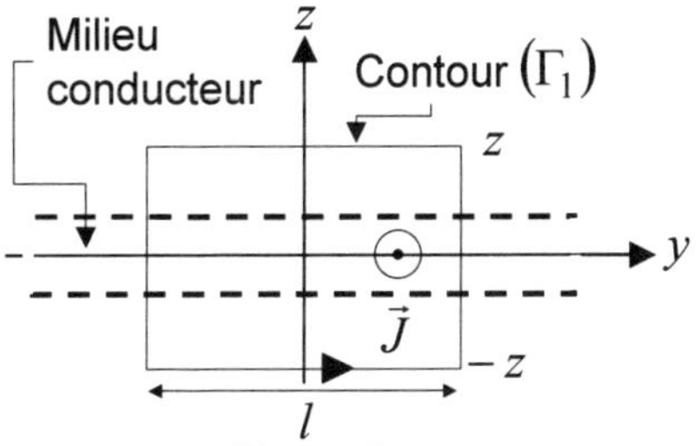

Figure 2

La circulation du champ magnétique s'écrit :

$$\oint_{\Gamma_1} \vec{B} \cdot \vec{dl} = -B(z)l + B(-z)l$$

Le plan $z = 0$ est un plan de symétrie de la distribution, cela se traduit au niveau du champ par la relation :

$$B(z) = -B(-z)$$

Ainsi, on obtient finalement $\oint_{\Gamma_1} \vec{B} \cdot \vec{dl} = -2B(z)l$. Le théorème d'Ampère permet de relier cette circulation à l'intensité du courant traversant (Σ). Ce courant se définit comme le flux de $\vec{J}$ à travers la surface (Σ), qui dépend de z suivant les relations :

$$\begin{cases} |z| < a \Rightarrow I = J2zl \\ |z| > a \Rightarrow I = J2al \end{cases}$$

En identifiant la circulation du champ à $\mu_0 I$, on obtient :

$$\begin{cases} |z| < a & B(z) = -\mu_0 Jz \\ z > a & B(z) = +\mu_0 Ja \\ z < -a & B(z) = -\mu_0 Ja \end{cases}$$

Les variations de $\dfrac{B}{B_{\max}}$ en fonction de z, avec $B_{\max} = \mu_0 Ja$, sont représentées sur la courbe 1.

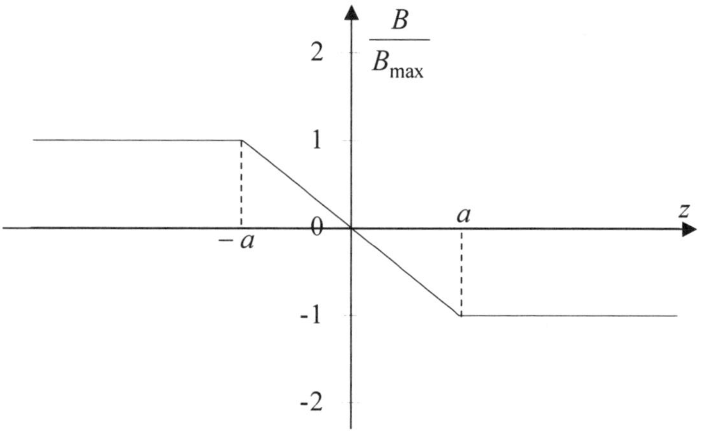

Courbe 1

1.4. Couche superficielle de courant

1.4.1. Lorsque a tend vers 0, le courant circule sur le plan $z = 0$. $\vec{J}_S$ doit être choisi de telle sorte que les représentations surfaciques et volumiques décrivent la même intensité.
Si on conserve le contour défini à la question 1.3, l'intensité traversant la surface (Σ) s'exprime de deux manières suivant le modèle utilisé. A l'aide du modèle volumique , il a été établi que pour $|z| > a$, alors $I = J2al$. Pour un modèle surfacique, cette même surface serait traversée par $I = J_{0S}l$.
Afin que ces deux modèles soient compatibles, la distribution surfacique doit être définie par :

$$\lim_{\substack{a \to 0 \\ J_0 \to \infty}} 2aJ_0 = J_{0S}$$

1.4.2. Les variations de B représentées sur la courbe 2 s'obtiennent à partir de celles figurant sur la courbe 1, en passant à la limite du cas surfacique. Pour cela, il suffit de reconsidérer les résultats de la question 1.3. dans lesquels on fait tendre a

vers 0, et aJ_0 vers $\frac{J_{0S}}{2}$. On obtient ainsi les variations en fonction de z du champ généré par la distribution de courant $\vec{J}_S$ représentées sur la courbe 2 :

$$\begin{cases} z<0 & B(z)=-\mu_0\dfrac{J_{0S}}{2} \\ z>0 & B(z)=+\mu_0\dfrac{J_{0S}}{2} \end{cases}$$

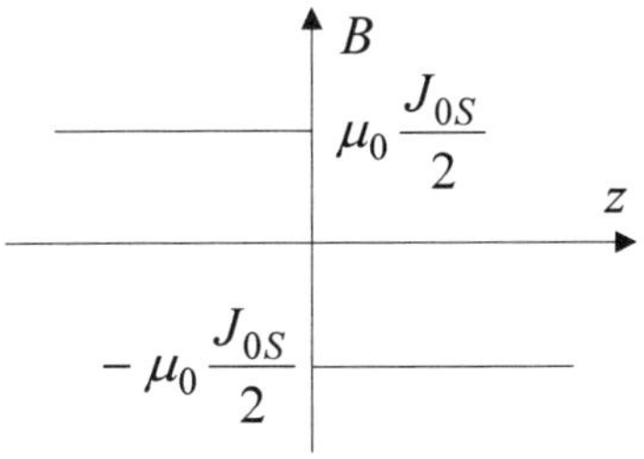

Courbe 2

1.5. Le conducteur obéit à la loi d'Ohm, le champ électrique est proportionnel à la densité de courant :

$$\vec{E}=\frac{1}{\gamma}\vec{J}$$

Remarque :
Cette première partie montre que le régime permanent est caractérisé par un champ électrique et une densité de courant uniforme à l'intérieur du conducteur.

2. Régime lentement variable

2.1. Les équations de Maxwell en régime variable s'écrivent :

$$div\vec{B}=0 \quad div\vec{E}=\frac{\rho}{\varepsilon_0}$$
$$\overrightarrow{rot}\vec{E}=-\frac{\partial\vec{B}}{\partial t} \quad \overrightarrow{rot}\vec{B}=\mu_0\left(\vec{J}+\varepsilon_0\frac{\partial\vec{E}}{\partial t}\right)$$

2.2. A l'aide de la loi d'Ohm $\vec{J}=\gamma\vec{E}$ et de l'équation de Maxwell-Gauss, l'équation locale de conservation de la charge $div\vec{J}+\frac{\partial\rho}{\partial t}=0$ devient :

$$\frac{\partial\rho}{\partial t}+\frac{\gamma}{\varepsilon_0}\rho=0$$

2.2.1. Supposons qu'à l'instant $t = 0$, apparaisse localement en M_0 une accumulation de charges caractérisée par $\rho(M_0,0) = \rho_0$, l'évolution ultérieure de $\rho(M_0,t)$ s'obtient en résolvant l'équation différentielle :

$$\frac{\partial \rho(M_0,t)}{\partial t} + \frac{\gamma}{\varepsilon_0}\rho(M_0,t) = 0$$, complétée par la condition $\rho(M_0,0) = \rho_0$.

En un point fixé de l'espace, M_0, ρ n'est fonction que du temps et en posant $\tau = \varepsilon_0/\gamma$, l'équation s'intègre suivant l'expression :

$$\boxed{\rho(M_0,t) = \rho_0 \exp\left(-\frac{t}{\tau}\right)}$$

La courbe 3 représente les variations de $\rho(M_0,t)$ en fonction du temps :

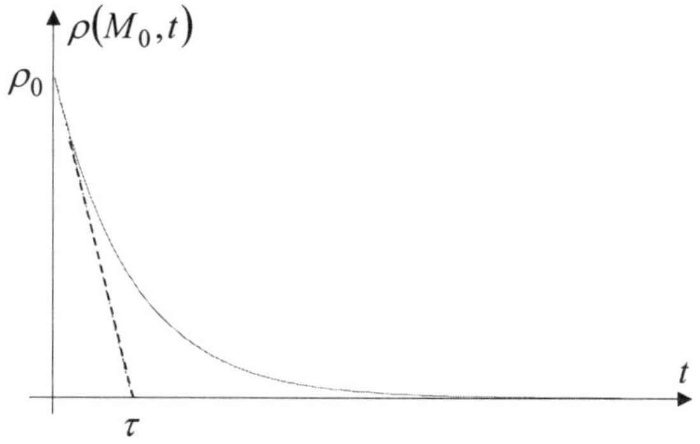

Courbe 3

Il apparaît que la densité volumique de charges tend vers 0. La constante τ représente un bon ordre de grandeur du temps nécessaire pour que la valeur finale soit atteinte. La valeur de τ obtenue après application numérique est $\tau = 1{,}36\,10^{-19}\,s$.

2.2.2. Lorsque les temps caractéristiques T, associés aux variations des champs sont grands devant τ, toute accumulation locale de charges disparaît en un temps très faible devant ceux associés aux variations des champs. On pourra donc considérer que ρ reste toujours nulle. Ceci sera observable pour des régimes dont les fréquences restent faibles devant $\tau^{-1} = 7{,}35\,10^{18}\,Hz$.

2.3. Le courant de déplacement $\vec{j}_D = \varepsilon_0 \dfrac{\partial \vec{E}}{\partial t}$ est à comparer avec le courant de conduction $\vec{j} = \gamma\vec{E}$. En régime sinusoïdal établi, si E_m désigne la valeur maximale de la norme du champ électrique, alors celles de $\vec{j}_D$ et $\vec{j}$ s'expriment respectivement $\varepsilon_0 \omega E_m$ et γE_m. Or, les valeurs numériques de ε_0, ω et γ montrent que l'amplitude du courant de déplacement est négligeable devant celle du courant de conduction suivant le rapport :

$$\frac{\varepsilon_0 \omega}{\gamma} = 4{,}27\ 10^{-17}$$

On pourra donc négliger $\vec{J}_D$ dans les équations de Maxwell et travailler dans le cadre de l'approximation des régimes quasi stationnaires.

2.4. L'équation de Maxwell-Ampère $\overrightarrow{rot}\vec{B} = \mu_0 \vec{J}$, ayant la même forme qu'en régime permanent, le champ magnétique s'exprime de façon identique en fonction de J. Son expression demeure :

$$\boxed{\vec{B} = -\mu_0 J(t) z\, \vec{u}_y}$$

Le champ électrique est relié à la densité de courant par la loi d'Ohm :

$$\boxed{\vec{J} = \gamma \vec{E}}$$

2.5. Les relations locales liant respectivement $\vec{E}_1$ à $\vec{B}$ puis $\vec{E}_1$ à $\vec{J}_1$ sont respectivement l'équation de Maxwell-Faraday et la loi d'Ohm :

$$\boxed{\overrightarrow{rot}\vec{E}_1 = -\frac{\partial \vec{B}}{\partial t} \qquad \vec{J}_1 = \gamma \vec{E}_1}.$$

2.6. Calcul de $\vec{E}_1$ et $\vec{J}_1$

2.6.1. Le champ $\vec{E}_1$, s'obtient en intégrant l'équation $\overrightarrow{rot}\vec{E}_1 = -\mu_0 J \omega \sin(\omega t) z\, \vec{u}_y$ à l'intérieur du conducteur, et $\overrightarrow{rot}\vec{E} = \vec{0}$, à l'extérieur. La condition $div\vec{E} = 0$ est valable pour tous les domaines. Ces équations, identiques à celles de la magnétostatique, autorisent un raisonnement par analogie. Ainsi, $\vec{E}_1$ est orthogonal à tout plan de symétrie du champ $\overrightarrow{rot}\vec{E}_1$, au même titre que $\vec{B}$ est orthogonal aux plans de symétrie de $\vec{J}$. Ces plans sont ici ceux parallèles à $\left(O, \vec{u}_y, \vec{u}_z\right)$. On obtient donc :

$$\boxed{\vec{E}_1 = E_1(z,t)\, \vec{u}_x}$$

2.6.2. Si (Γ_2) désigne un contour orienté et fermé, le théorème de Stokes démontre l'égalité $\oint_{\Gamma_2} \vec{E}_1 \cdot \overrightarrow{dl} = \iint_{\Sigma} \overrightarrow{rot}\vec{E}_1 \cdot \overrightarrow{dS}$ où (Σ) étant une surface s'appuyant sur le contour (Γ_2) et orientée par celui-ci. En choisissant le contour défini sur la figure 3, et en travaillant avec les grandeurs complexes l'égalité se traduit par :

$$|z| < a \Rightarrow (\underline{E}_1(z,t) - \underline{E}_1(0,t))l = \iint_{\Sigma} \left(\mu_0 i\omega z \underline{J}(t)\,\vec{u}_y\right) \cdot \vec{u}_y d^2S = \mu_0 i\omega \underline{J}(t) l \frac{z^2}{2}$$

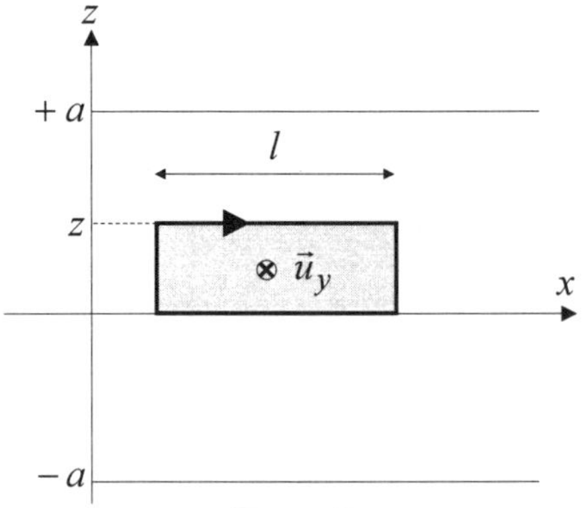

Figure 3

Pour déterminer l'inconnue $\underline{E}_1(0,t)$, il suffit de considérer l'égalité précédente dans le cas du régime permanent caractérisé par $\omega = 0$. Celle-ci permet d'écrire que pour tout z tel que $|z| < a$ alors $\underline{E}_1(z,t) = \underline{E}_1(0,t)$. D'autre part, comme le montre la première partie du problème, le champ $\underline{E}_1(z,t)$ est nul en régime permanent. On en déduit que $\underline{E}_1(0,t) = 0$.

Le champ $\vec{E}_1$ dans le conducteur a pour expression :

$$\boxed{\underline{E}_1(z,t) = \mu_0 i\omega \underline{J}(t)\frac{z^2}{2}}$$

A partir de la loi d'Ohm, il vient immédiatement $\underline{J}_1(z,t) = i\frac{\omega\mu_0\gamma}{2}\underline{J}(t)z^2$, et en posant $\delta = \sqrt{\frac{2}{\mu_0\gamma\omega}}$, le courant induit s'écrit sous la forme :

$$\boxed{\underline{J}_1(z,t) = i\frac{z^2}{\delta^2}\underline{J}(t)}$$

2.7. Le courant induit $\vec{J}_1$ génère à son tour un champ magnétique $\vec{B}_1$ qui se calcule à partir de l'équation locale $\overrightarrow{rot}\vec{B}_1 = \mu_0\vec{J}_1$. Les propriétés de symétrie de cette distribution de courant sont les mêmes que celle de la distribution statique. En outre, la fonction $\underline{J}_1(z,t)$ étant paire, le plan $z = 0$ reste un plan de symétrie.

Avec la notation $\vec{B}_1 = B_1(z,t)\,\vec{u}_y$, cette propriété se traduit au niveau du champ par la relation :

$$B_1(z,t) = -B_1(-z,t)$$

Le théorème d'Ampère appliqué au contour (Γ_1) identique à celui défini à la question 1.3, conduit à :

$$2\overline{B}_1(z,t)l = -i\frac{\mu_0}{\delta^2}l\overline{J}(t)\int_{-z}^{z} Z^2 dZ$$

Expression qui se transforme après intégration en : $\boxed{\vec{B}_1 = -i\mu_0 \frac{z^3}{3\delta^2}\overline{J}(t)\vec{u}_y}$

2.8. Le champ $\vec{B}_1$ créé par le courant induit $\vec{J}_1$, de rang $n = 1$, est lui aussi variable et, à ce titre, génère un champ électrique associé à une densité de courant de second rang notés $\vec{E}_2$ et $\vec{J}_2$ satisfaisant les équations $\overrightarrow{rot}\vec{E}_2 = -\frac{\partial \vec{B}_1}{\partial t}$ et $\vec{J}_2 = \gamma\vec{E}_2$.

Les propriétés de symétrie restent identiques quel que soit le rang. Les champs $\vec{B}_n$ et $\vec{E}_n$ sont donc de la forme $\vec{B}_n = B_n(z,t)\vec{u}_y$ et $\vec{E}_n = E_n(z,t)\vec{u}_x$. L'expression de $\vec{E}_2$ s'établit de la même manière que celle de $\vec{E}_1$ en appliquant le théorème de Stokes à l'aide du même contour (Γ_2).

L'expression du champ $\vec{B}_1$, trouvée à la question 2.7, permet d'expliciter d'équation locale reliant $\vec{E}_2$ et $\vec{B}_1$:

$$\vec{B}_1 = -i\mu_0 \frac{z^3}{3\delta^2}\overline{J}(t)\vec{u}_y \Rightarrow \overrightarrow{rot}\vec{E}_2 = i^2\mu_0\omega\overline{J}(t)\frac{z^3}{3\delta^2}\vec{u}_y$$

Le théorème de Stokes permet d'écrire :

$$(\overline{E}_2(z,t) - \overline{E}_2(0,t))l = \iint_{\Sigma}\left(i^2\mu_0\omega\frac{z^3}{3\delta^2}\overline{J}(t)\vec{u}_y\right)\cdot\vec{u}_y d^2S = i^2\mu_0\omega\frac{z^4}{3\times 4\delta^2}\overline{J}(t)l$$

En prenant, pour les mêmes raisons qu'au rang précédent, $\overline{E}_2(0,t) = 0$, on obtient pour le second rang :

$$\boxed{\overline{E}_2(z,t) = i^2\frac{\mu_0\omega}{2}\frac{z^4}{2\times 3\delta^2}\overline{J}(t) \quad , \quad \overline{J}_2(z,t) = i^2\frac{z^4}{2\times 3\delta^4}\overline{J}(t)}$$

Les relations au rang n s'établissent par récurrence. La connaissance de $\overline{J}_n(z,t)$ permet la détermination de $\vec{B}_n$ à l'aide de l'équation $\overrightarrow{rot}\vec{B}_n = \mu_0\vec{J}_n$. Le passage à $\overline{J}_{n+1}(z,t)$ se fait à partir des deux relations $\overrightarrow{rot}\vec{E}_{n+1} = -\frac{\partial \vec{B}_n}{\partial t}$ et $\overline{J}_{n+1}(z,t) = \gamma\vec{E}_{n+1}$ par application du théorème de Stokes. Les contours utilisés restent les mêmes pour tous les rangs. Entre chaque passage de n à $n+1$ la fonction $\overline{J}_n(z,t)$ est d'une part dérivée par rapport au temps ce qui fait apparaître le terme $i\omega$, d'autre part intégrée à deux reprises les bornes étant propres à chaque contour (Γ_1) et (Γ_2). En prenant en compte les constantes multiplicatives apparaissant dans les diverses étapes, il vient :

$$\bar{J}_n(z,t) = i^n \frac{1}{n!\prod_{k=1}^{n}(2k-1)} \left(\frac{z^2}{\delta^2}\right)^n \bar{J}(t)$$

La densité de courant totale résulte de la superposition des densités obtenues pour chaque rang et s'exprime par le développement :

$$\bar{J}(z,t) = \sum_{n=0}^{\infty} i^n \frac{1}{n!\prod_{k=1}^{n}(2k-1)} \left(\frac{z^2}{\delta^2}\right)^n \bar{J}(t)$$

2.9. La valeur de δ obtenue par application numérique pour $\omega = 314\, rads^{-1}$ et $\gamma = 6{,}5\, 10^7\ Sm^{-1}$ est $\delta = 8.8\, mm$. Pour tout point de côte z telle que $|z| < a$, on peut écrire :

$$\frac{|\bar{J}_1|}{|J|} = \left(\frac{z}{\delta}\right)^2 \le \left(\frac{a}{\delta}\right)^2$$

Or $\left(\frac{a}{\delta}\right)^2 = 3.2\, 10^{-3}$; ainsi, le module du courant de rang 1 est négligeable devant celui de rang 0. On peut donc ne prendre en compte que le rang 0. La densité de courant, qui devient avec cette simplification indépendante de z, est alors uniforme. Aux basses fréquences, les courants induits sont négligeables devant le courant inducteur $\vec{J}$ qui représente à lui seul le courant total. L'expression des champs est identique à celle en régime permanent en remplaçant les grandeurs statiques par les grandeurs instantanées.

Les expressions approchées des champs à l'intérieur du conducteur pour de telles fréquences sont :

$$\vec{J} = J\cos\omega t\, \vec{u}_x = \gamma\vec{E}$$
$$\vec{B} = -\mu_0 J(t) z\, \vec{u}_y$$

2.10. Bilan d'énergie

2.10.1. La puissance dissipée par effet Joule dans le parallélépipède défini par l'énoncé s'obtient par intégration de la puissance volumique dans ce volume. Cette dernière vaut par définition $p(t) = \vec{J}\cdot\vec{E}$ et sa valeur instantanée ainsi que sa valeur moyenne s'explicitent à l'aide des expressions établies à la question précédente :

$$p(t)=\frac{J^2}{\gamma}\cos^2\omega t \qquad \langle p(t)\rangle=\frac{J^2}{2\gamma}$$

La puissance moyenne dissipée par effet Joule dans le volume V, situé à l'intérieur du parallélépipède de section $S=1\,m^2$ et d'épaisseur $2a$, résulte de l'intégrale :

$$\langle P\rangle=\iiint_V\langle p(t)\rangle d^3\tau=\iiint_V\frac{J^2}{2\gamma}d^3\tau \Rightarrow \boxed{\langle P\rangle=2aS\frac{J^2}{2\gamma}=a\frac{J^2}{\gamma}}$$

2.10.2. Le vecteur de Poynting égal par définition à $\vec{\Pi}=\frac{1}{\mu_0}\vec{E}\wedge\vec{B}$ s'exprime ici :

$$\vec{\Pi}=-\frac{J^2}{\gamma}\cos^2\omega t\, z\,\vec{u}_z$$

Le volume V est délimité par une surface fermée Σ', constituée par l'ensemble des faces du parallélépipède. Le vecteur $\vec{\Pi}$ étant porté par $\vec{u}_z$, seuls les flux à travers les deux sections situées en $z=a$ et $z=-a$ seront non nuls. Le flux total et sa valeur moyenne se résument donc à :

$$\Phi=\oiint_{\Sigma'}\vec{\Pi}\cdot\overrightarrow{d^2S}=-2a\frac{J^2}{\gamma}\cos^2\omega t \quad\Rightarrow\quad \boxed{\langle\Phi\rangle=-a\frac{J^2}{\gamma}}$$

2.10.3. Les deux résultats obtenus aux questions précédentes montrent que $\langle P\rangle=-\langle\Phi\rangle$. Cette identité traduit que toute l'énergie électromagnétique qui entre dans le volume étudié se dissipe sous forme d'effet Joule. Cette propriété est en accord avec l'équation locale de Poynting :

$$-\frac{\partial w_{em}}{\partial t}=div\vec{\Pi}+\vec{J}\cdot\vec{E}$$

où $w_{em}=\frac{\varepsilon_0E^2}{2}+\frac{B^2}{2\mu_0}$ désigne l'énergie volumique électromagnétique.

En effet, par intégration des deux membres de cette égalité sur tout le volume V, on obtient la relation :

$$-\iiint_V\frac{\partial w_{em}}{\partial t}d^3\tau=\iiint_V div\vec{\Pi}d^3\tau+\iiint_V\vec{J}\cdot\vec{E}\,d^3\tau=\oiint_{\Sigma'}\vec{\Pi}\cdot\overrightarrow{d^2S}+\iiint_V\vec{J}\cdot\vec{E}\,d^3\tau$$

Les termes $\oiint_{\Sigma'}\vec{\Pi}\cdot\overrightarrow{d^2S}$ et $\iiint_V\vec{J}\cdot\vec{E}\,d^3\tau$ s'identifient respectivement au flux Φ et à la puissance Joule P calculés dans les questions précédentes.

L'énergie volumique w_{em} s'explicite par le calcul ci-dessous :

$$w_{em}=\frac{\varepsilon_0 E^2}{2}+\frac{B^2}{2\mu_0}=\frac{\varepsilon_0 J^2\cos^2\omega t}{2\gamma}+\frac{J^2\cos^2\omega t\, z^2}{2}=\frac{J^2\cos^2\omega t}{2}\left(\frac{\varepsilon_0}{\gamma}+z^2\right)$$

La forme intégrale de l'équation de Poynting devient donc :

$$-\iiint_V \frac{\partial}{\partial t}\left(\frac{J^2\cos^2\omega t}{2}\left(\frac{\varepsilon_0}{\gamma}+z^2\right)\right)d^3\tau=-\frac{\partial}{\partial t}\left(J^2\cos^2\omega t\right)\iiint_V \frac{1}{2}\left(\frac{\varepsilon_0}{\gamma}+z^2\right)d^3\tau$$

$$\Rightarrow J^2\omega\sin\omega t\cos\omega t\iiint_V\left(\frac{\varepsilon_0}{\gamma}+z^2\right)d^3\tau=P+\Phi$$

Après passage aux valeurs moyennes, en remarquant que $\langle\sin\omega t\cos\omega t\rangle=0$, on obtient finalement :

$$\boxed{0=\langle P\rangle+\langle\Phi\rangle}$$

3. Influence de la fréquence

3.1. Le courant de déplacement est négligeable devant le courant de conduction à 1% près lorsque $\varepsilon_0\omega\le 10^{-2}\,\gamma$, ce qui correspond à des fréquences comprises dans l'intervalle :

$$\boxed{f<f_l,\quad f_l=1{,}17\,10^{16}\ Hz}$$

3.2. Les équations de Maxwell complétées de la loi d'Ohm $\vec{J}=\gamma\vec{E}$, permettent d'établir le système :

$$\begin{cases}\overrightarrow{rot}\vec{B}=\mu_0\vec{J}\\ \overrightarrow{rot}\vec{J}=-\gamma\dfrac{\partial\vec{B}}{\partial t}\end{cases}$$

En appliquant l'opérateur rotationnel aux deux membres de la deuxième équation, on obtient après développement :

$$\overrightarrow{rot}\left(\overrightarrow{rot}\vec{J}\right)=\overrightarrow{grad}\left(div\vec{J}\right)-\vec{\Delta}\vec{J}=-\gamma\mu_0\frac{\partial\vec{J}}{\partial t}$$

$$\boxed{\vec{\Delta}\vec{J}-\gamma\mu_0\frac{\partial\vec{J}}{\partial t}=\vec{0}}$$

Après projection sur $\vec{u}_x$, cette équation vectorielle fournit une équation scalaire qui, avec la notation $\vec{J}=\bar{J}(z,t)\,\vec{u}_x$, s'écrit :

$$\boxed{\frac{\partial^2\bar{J}}{\partial z^2}-\gamma\mu_0\frac{\partial\bar{J}}{\partial t}=\vec{0}}$$

3.3. L'équation différentielle que vérifie la fonction $\overline{J}_0(z)$ s'établit en introduisant la notation $\overline{J}(z,t) = \overline{J}_0(z)\exp i\omega t$ dans l'équation différentielle précédente :

$$\boxed{\frac{d^2\overline{J}_0}{dz^2} - i\omega\mu_0\gamma\overline{J}_0 = 0}$$

Il s'agit d'une équation linéaire à coefficients complexes constants dont l'équation caractéristique $r^2 = i\mu_0\omega\gamma$ admet deux racines $r^+ = \frac{1+i}{\delta}$ et $r^- = -\frac{1+i}{\delta}$.

La solution est de la forme :

$$\overline{J}_0(z) = \alpha\exp\left(\frac{1+i}{\delta}z\right) + \beta\exp\left(-\frac{1+i}{\delta}z\right)$$

α et β sont des constantes d'intégration complexes à déterminer. A partir de la condition $\overline{J}_0(0) = J_0$ et de la parité de la fonction $\overline{J}_0(z)$, on établit aisément $\alpha = \beta = \frac{J_0}{2}$. Finalement la solution obtenue est :

$$\boxed{\overline{J}_0(z) = \frac{J_0}{2}\left(\exp\left(\frac{z}{\delta}\right)\exp\left(\frac{iz}{\delta}\right) + \exp\left(-\frac{z}{\delta}\right)\exp\left(-\frac{iz}{\delta}\right)\right)}$$

On peut montrer en utilisant le développement en série $\exp Z = \sum_{n=0}^{\infty}\frac{Z^n}{n!}$ que le développement de $\overline{J}_0(z)$ trouvé ci-dessus coïncide avec celui trouvé en question 2.8.

3.4. Pour une fréquence de $1\,MHz$, δ vaut $6{,}24\,10^{-5}\,m$. L'amplitude de la fonction réelle s'identifie au module de la représentation complexe.

Ainsi, $J_0(z) = \left|\overline{J}_0(z)\right| = \sqrt{\overline{J}_0(z)\overline{J}_0(z)^*}$, ce qui donne après calcul :

$$\boxed{J_0(z) = \frac{J_0}{\sqrt{2}}\left(\cos\left(\frac{2z}{\delta}\right) + \cosh\left(\frac{2z}{\delta}\right)\right)^{\frac{1}{2}}}$$

Avec les variables z' et u proposées, le rapport $\frac{J_0(z)}{J_0(a)}$ s'exprime :

$$\frac{J_0(z)}{J_0(a)} = \sqrt{\frac{\cos(2z'u) + \cosh(2z'u)}{\cos(2u) + \cosh(2u)}}$$

La courbe 4 représente les variations de $\dfrac{J_0(z)}{J_0(a)}$ en fonction de z' pour plusieurs valeurs de u.

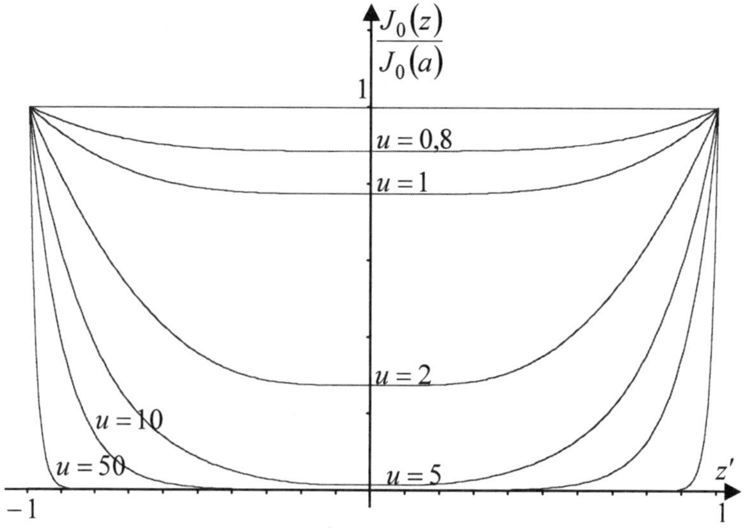

Courbe 4

3.5. On observe que pour des valeurs de u de l'ordre de quelques unités, le courant au centre de la plaque est négligeable devant le courant à la périphérie. Ce phénomène se nomme l'effet de peau. La grandeur δ, homogène à une longueur, se nomme épaisseur de peau et décroît avec la fréquence. Pour une épaisseur donnée de conducteur, le paramètre u croît lorsque la fréquence augmente. Ainsi, on observera des courants d'autant plus faibles au centre que la fréquence est élevée. Ce phénomène est gênant car lorsque l'on souhaite véhiculer un courant variable dans un conducteur, la zone centrale est inutilisée. De ce fait, le volume de conducteur nécessaire pour une intensité donnée sera beaucoup plus important que celui en régime permanent.

Afin de minimiser le volume total, il est possible de fragmenter le conducteur et de mettre en parallèle plusieurs dispositifs de faibles dimensions dont la valeur de u est la plus petite possible.

CHAPITRE III

ENERGIE ELECTROMAGNETIQUE

Exercice 1 ★

Etude énergétique d'un cylindre conducteur

On considère un conducteur ohmique non magnétique, de conductivité σ, occupant le volume d'un cylindre de rayon a et de longueur infinie. Ce conducteur est parcouru par un courant stationnaire, uniformément réparti d'intensité I.

1. Etablir les expressions des champs électrique et magnétique en tout point intérieur au conducteur.

2. Etablir l'expression de l'énergie électromagnétique délocalisée dans un tronçon de longueur L du conducteur.

3. Etablir l'expression de l'énergie cédée, par le champ électromagnétique, à la matière de ce tronçon, entre les instants t et $t+dt$.

4. Etablir l'expression de l'énergie électromagnétique rayonnée, à travers la surface latérale du tronçon de longueur L, entre les instants t et $t+dt$.

5. Commenter les résultats obtenus.

Le problème étant à géométrie cylindrique, on utilise un repère cylindrique dont l'axe Oz est confondu avec l'axe du cylindre conducteur.

1. L'intensité du courant étant, par hypothèse, uniformément répartie sur une section, la densité volumique de courant est uniforme à l'intérieur du conducteur. Par ailleurs, la surface du conducteur canalisant les lignes de courant, celles-ci sont colinéaires à l'axe Oz. On peut donc poser :

$$\vec{j} = j\vec{u}_z$$

L'intensité du courant à travers une surface étant égale au flux de $\vec{j}$ à travers cette surface, il vient pour une section droite du conducteur :

$$I = \iint_S \vec{j} \cdot \overrightarrow{d^2s} = \iint_S j d^2s = j \iint_S d^2s = j\pi a^2$$

$$\Rightarrow \quad \vec{j} = \frac{I}{\pi a^2}\vec{u_z} \quad (1)$$

Le conducteur satisfait à la loi d'Ohm locale :

$$\vec{j} = \sigma \vec{E} \quad (2)$$

$$(1),(2) \quad \Rightarrow \quad \boxed{\vec{E} = \frac{1}{\pi a^2 \sigma} I \vec{u_z}} \quad (3)$$

Pour tout point M de l'espace, le plan défini par ce point et l'axe Oz est un plan de symétrie des courants. C'est donc un plan d'antisymétrie du champ magnétique. On en déduit que le champ magnétique est normal en M à ce plan. Il est donc orthoradial. En outre, le problème étant invariant par translation parallèle à Oz et par rotation autour de Oz, le module du champ magnétique en M ne dépend que de la distance r de ce point à l'axe Oz. Finalement :

$$\vec{B}(M) = B(r)\vec{u_\theta}$$

Pour obtenir l'expression du champ magnétique en tout point intérieur au conducteur, il suffit ensuite d'appliquer le théorème d'Ampère en prenant comme contour un cercle de rayon r inférieur à a, centré sur Oz dans un plan normal à Oz :

$$\oint_\Gamma \vec{B} \cdot d\overrightarrow{OM} = \mu_0 I_{enlacé} \quad (4)$$

$$\oint_\Gamma \vec{B} \cdot d\overrightarrow{OM} = \int_0^{2\pi} B(r)\vec{u_\theta} \cdot r d\theta \vec{u_\theta} = \int_0^{2\pi} B(r) r d\theta = 2\pi r B(r) \quad (5)$$

$$I_{enlacé} = \iint_S \vec{j} \cdot \overrightarrow{d^2 s} = j\pi r^2 = I\frac{r^2}{a^2} \quad (6)$$

Finalement :

$$(4),(5),(6) \quad \Rightarrow \quad B(r) = \frac{\mu_0}{2\pi} I \frac{r}{a^2} \quad \Rightarrow \quad \boxed{\vec{B}(M) = \frac{\mu_0}{2\pi} I \frac{r}{a^2}\vec{u_\theta}} \quad (7)$$

2. La densité d'énergie électromagnétique vaut :

$$w_{elec} = \frac{\varepsilon_0 E^2}{2} + \frac{B^2}{2\mu_0} \quad (8)$$

$$(3),(7),(8) \quad \Rightarrow \quad w_{elec} = \frac{\varepsilon_0}{2}\left(\frac{1}{\pi a^2 \sigma} I\right)^2 + \frac{1}{2\mu_0}\left(\frac{\mu_0}{2\pi} I \frac{r}{a^2}\right)^2$$

$$\Rightarrow \quad w_{elec} = \frac{I^2}{2\pi^2 a^4}\left(\varepsilon_0 \frac{1}{\sigma^2} + \mu_0 \frac{r^2}{4}\right) \quad (10)$$

D'où l'énergie électromagnétique délocalisée dans le tronçon de longueur L :

$$\left.\begin{array}{c} W_{elec} = \iiint_V w_{elec} d^3\tau \\ (10) \end{array}\right\} \Rightarrow \quad W_{elec} = \iiint_V \frac{I^2}{2\pi^2 a^4}\left(\varepsilon_0 \frac{1}{\sigma^2} + \mu_0 \frac{r^2}{4}\right) d^3\tau$$

$$\Rightarrow \quad W_{elec} = \frac{I^2}{2\pi^2 a^4}\left(\varepsilon_0 \frac{1}{\sigma^2}\iiint_V d^3\tau + \mu_0 \frac{1}{4}\iiint_V r^2 d^3\tau\right)$$

$$\Rightarrow \quad W_{elec} = \frac{I^2}{2\pi^2 a^4}\left(\varepsilon_0 \frac{1}{\sigma^2}\pi a^2 L + \mu_0 \frac{\pi L}{2}\int_0^a r^3 dr\right)$$

$$\Rightarrow \quad W_{elec} = \frac{I^2}{2\pi^2 a^4}\left(\varepsilon_0 \frac{1}{\sigma^2}\pi a^2 L + \mu_0 \frac{\pi a^4 L}{8}\right)$$

$$\Rightarrow \quad \boxed{W_{elec} = \frac{1}{2}\left(\frac{1}{\sigma}\frac{L}{\pi a^2}\right)\frac{\varepsilon_0}{\sigma}\left(1 + \frac{1}{2}\left(\frac{1}{2}\frac{\sigma a}{\varepsilon_0 c}\right)^2\right) I^2} \quad (11)$$

Remarque : **Dans le cas d'un courant stationnaire, cette énergie est indépendante du temps.**

3. L'énergie cédée, entre les instants t et $t + dt$, par le champ électromagnétique à l'unité de volume de matière, vaut :

$$\left.\begin{array}{c} dw_{mat} = \vec{j} \cdot \vec{E} dt \\ (1),(3) \end{array}\right\} \Rightarrow \quad dw_{mat} = \frac{I^2}{\sigma \pi^2 a^4} dt$$

On en déduit l'énergie cédée, entre les instants t et $t + dt$, par le champ électromagnétique à la matière du tronçon de longueur L :

$$dW_{mat} = \iiint_V \left(\frac{I^2}{\sigma \pi^2 a^4} dt\right) d^3\tau = \frac{I^2}{\sigma \pi^2 a^4}\left(\iiint_V d^3\tau\right) dt = \frac{I^2}{\sigma \pi^2 a^4}\pi a^2 L dt$$

$$\Rightarrow \quad dW_{mat} = \frac{1}{\sigma}\frac{L}{\pi a^2} I^2 dt$$

Soit, en introduisant la résistance électrique $R = \dfrac{1}{\sigma}\dfrac{L}{\pi a^2}$ du tronçon considéré :

$$\boxed{dW_{mat} = RI^2 dt} \quad (12)$$

Remarque : **L'énergie électromagnétique cédée à la matière est égale à l'énergie que celle-ci dissipe par effet Joule.**

4. La puissance électromagnétique rayonnée à travers une surface est égale au flux du vecteur de Poynting à travers cette surface.

Le vecteur de Poynting est défini par : $\vec{R} = \dfrac{\vec{E} \wedge \vec{B}}{\mu_0}$ (13)

Compte tenu des expressions (3) et (7) des champs électrique et magnétique, le vecteur de Poynting vaut, en un point intérieur au conducteur :

$$\vec{R} = \frac{1}{\mu_0}\left(\frac{1}{\pi a^2 \sigma} I \vec{u}_z\right) \wedge \left(\frac{\mu_0}{2\pi} I \frac{r}{a^2} \vec{u}_\theta\right) = -\frac{1}{\sigma}\frac{r}{2\pi^2 a^4} I^2 \vec{u}_r$$

D'où son expression à la surface du conducteur :

$$\vec{R} = -\frac{1}{\sigma}\frac{1}{2\pi^2 a^3} I^2 \vec{u}_r$$

On en déduit l'énergie électromagnétique rayonnée à travers la surface latérale du tronçon de longueur L, entre les instants t et $t + dt$:

$$dW_{ray} = \left(\iint_S \vec{R} \cdot \overrightarrow{d^2 s}\right) dt = \left(\iint_S -\frac{1}{\sigma}\frac{1}{2\pi^2 a^3} I^2 \vec{u}_r \cdot d^2 s \vec{u}_r\right) dt$$

$$\Rightarrow \quad dW_{ray} = \left(-\frac{1}{\sigma}\frac{1}{2\pi^2 a^3} I^2 \iint_S d^2 s\right) dt = \left(-\frac{1}{\sigma}\frac{1}{2\pi^2 a^3} I^2 2\pi a L\right) dt$$

$$\Rightarrow \quad dW_{ray} = \left(-\frac{1}{\sigma}\frac{L}{\pi a^2} I^2\right) dt$$

Soit, en introduisant la résistance électrique $R = \dfrac{1}{\sigma}\dfrac{L}{\pi a^2}$ du tronçon considéré :

$$\boxed{dW_{ray} = -RI^2 dt} \quad (14)$$

Remarque : La surface latérale du conducteur a été orientée selon le vecteur $\vec{u}_r$, c'est à dire vers l'extérieur. **Le signe négatif correspond donc à une énergie rayonnée vers l'intérieur du conducteur.**

5. Interprétation des résultats

⋆ Energie électromagnétique intérieure au volume du tronçon de longueur L :

$$W_{elec} = \frac{1}{2}\left(\frac{1}{\sigma}\frac{L}{\pi a^2}\right)\frac{\varepsilon_0}{\sigma}\left(1+\frac{1}{2}\left(\frac{1}{2}\frac{\sigma a}{\varepsilon_0 c}\right)^2\right)I^2 \quad (11)$$

⋆ Energie électromagnétique traversant la surface latérale du tronçon de longueur L, orientée selon la normale sortante, entre t et $t+dt$:

$$dW_{ray} = -RI^2 dt \quad (14)$$

⋆ Energie électromagnétique cédée, entre t et $t+dt$, à la matière intérieure au tronçon de longueur L :

$$dW_{mat} = RI^2 dt \quad (12)$$

L'énergie électromagnétique W_{elec} du tronçon de longueur L étant indépendante du temps, on peut écrire $dW_{elec} = 0$. Il vient alors :

$$(11),(12),(14) \quad \Rightarrow \quad \boxed{dW_{elec} + dW_{ray} + dW_{mat} = 0}$$

Cette relation traduit **la conservation de l'énergie** pour le tronçon de longueur L. Son énergie électromagnétique étant indépendante du temps, **l'énergie électromagnétique qui pénètre à l'intérieur, par rayonnement au travers de sa surface latérale, correspond à l'énergie cédée à la matière qu'il contient**. C'est cette énergie qui est convertie en énergie calorifique au niveau de l'agitation thermique et qui constitue l'effet Joule.

Remarque : Dans l'étude des circuits électriques, on considère que l'énergie dissipée par effet Joule est fournie par les générateurs. L'interprétation énergétique qu'on vient de donner est cohérente avec cette vision. En effet, on est amené à considérer que l'énergie dissipée par effet Joule dans le conducteur est fournie à celui-ci par le champ électromagnétique, sous forme d'énergie rayonnée. Or, ce sont les générateurs responsables de la circulation du courant qui sont les sources de ce champ électromagnétique. Ce sont donc bien eux qui, en définitive, fournissent l'énergie dissipée.

Exercice 2 ★★

Energie d'un condensateur dans le cadre de l'A.R.Q.S.

On considère un condensateur plan dont les armatures sont constituées de deux disques coaxiaux de rayon a, séparés par une distance e. On applique entre les armatures de ce condensateur, dans le cadre de l'approximation des régimes quasi stationnaires, une tension sinusoïdale de fréquence f :

$$U(t) = U_0 \cos(2\pi f t) \quad \text{avec } f < 1\, gHz$$

On néglige les effets de bord. Dans ces conditions, on admet que les lignes du champ électrique sont des droites normales aux armatures et que celles du champ magnétique sont des cercles centrés sur l'axe du condensateur dans des plans parallèles aux armatures.

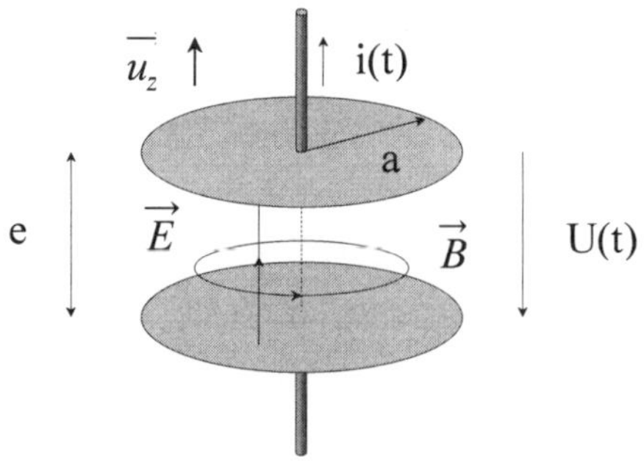

Pour les applications numériques on prendra $a = 1\, cm$ et $e = 0{,}5\, cm$.

1. Montrer que, dans le cadre des hypothèses faites, le champ électrique est, à l'intérieur du condensateur, de la forme $\vec{E} = E(r,t)\vec{u_z}$.

2. Etablir l'expression du champ électrique entre les armatures, en supposant négligeable le terme correspondant au potentiel vecteur.

3. Etablir l'expression du champ magnétique entre les armatures.

4. Montrer qu'en posant $\vec{A} = A(r,t)\vec{u_z}$, on satisfait bien aux équations des régimes quasi-stationnaires et établir l'expression de la fonction $A(r,t)$. Préciser le domaine de validité de l'approximation faite dans la question 2.

5. Etablir l'expression du vecteur de Poynting à l'intérieur du condensateur.

> 6. Calculer le flux du vecteur de Poynting à travers la surface latérale du condensateur. Commenter le résultat obtenu, sachant que la capacité d'un condensateur plan d'épaisseur e dont les armatures ont pour surface S, vaut $C = \varepsilon_0 S/e$.

1. En repérant un point par ses coordonnées cylindriques, le champ électrostatique entre les armatures est à priori de la forme : $\vec{E}(M,t) = E(r,\theta,z,t)\vec{u}_z$.

La divergence d'un tel champ s'écrit : $div\vec{E} = \dfrac{\partial E}{\partial z}$.

Entre les armatures, l'équation de Maxwell-Gauss s'écrit : $div\vec{E} = 0$.

On en déduit que la fonction $E(r,\theta,z,t)$ est indépendante de z. Comme par ailleurs, le problème est invariant par rotation autour de l'axe Oz, elle est aussi indépendante de θ. On peut donc poser :

$$\boxed{\vec{E} = E(r,t)\vec{u}_z}$$

2. La relation entre le champ électrique et les potentiels électromagnétiques s'écrit :

$$\vec{E} = -\overrightarrow{grad}V - \frac{\partial \vec{A}}{\partial t}$$

En négligeant le terme lié au potentiel vecteur, elle devient : $\vec{E} = -\overrightarrow{grad}V$

En faisant circuler cette expression d'un point M_1, de l'armature de cote $-e/2$, à un point M_2, de l'armature de cote $e/2$, on obtient :

$$\begin{cases} \displaystyle\int_{M_1}^{M_2} \vec{E}\cdot d\overrightarrow{OM} = -\int_{M_1}^{M_2} \overrightarrow{grad}V \cdot d\overrightarrow{OM} = -\int_{V(-e/2)}^{V(e/2)} dV = \int_{V(e/2)}^{V(-e/2)} dV = U(t) \\ \displaystyle\int_{M_1}^{M_2} \vec{E}\cdot d\overrightarrow{OM} = \int_{-e/2}^{e/2} E(r,t)\vec{u}_z \cdot dz\vec{u}_z = \int_{-e/2}^{e/2} E(r,t)\cdot dz = E(r,t)e \end{cases}$$

$$\Rightarrow \quad E(r,t) = \frac{U(t)}{e} \quad \Rightarrow \quad \boxed{\vec{E} = \frac{U(t)}{e}\vec{u}_z} \quad (1)$$

3. Entre les armatures, l'équation de Maxwell-Ampère s'écrit : $\overrightarrow{rot}\vec{B} = \mu_0\varepsilon_0 \dfrac{\partial \vec{E}}{\partial t}$

On en déduit l'expression de la circulation du champ magnétique le long d'un cercle (Γ), de rayon r, centré sur l'axe Oz dans un plan normal à Oz :

$$\oint_\Gamma \vec{B}\cdot\vec{dl} = \iint_S \overrightarrow{rot}\left(\vec{B}\right)\cdot\overrightarrow{d^2s} = \mu_0\varepsilon_0 \iint_S \frac{\partial\vec{E}}{\partial t}\cdot\overrightarrow{d^2s} = \mu_0\varepsilon_0\frac{\partial}{\partial t}\iint_S \vec{E}\cdot\overrightarrow{d^2s} \quad (2)$$

$$(1),(2) \Rightarrow 2\pi r B(r,t) = \mu_0\varepsilon_0\frac{\partial}{\partial t}\left(\pi r^2 E(t)\right) = \mu_0\varepsilon_0\pi r^2\frac{d}{dt}\left(\frac{U}{e}\right) = \mu_0\varepsilon_0\frac{\pi r^2}{e}\frac{dU}{dt}$$

Finalement le champ magnétique entre les armatures s'écrit :

$$\boxed{\vec{B}(M,t) = \mu_0\varepsilon_0\frac{r}{2e}\frac{dU}{dt}\vec{u}_\theta} \quad (3)$$

4. En utilisant l'expression de la divergence en cylindriques, on vérifie que la condition de jauge, dans le cadre de l'approximation des régimes quasi-stationnaires, $div\vec{A} = 0$, est satisfaite par l'expression $\vec{A} = A(r,t)\vec{u}_z$.

Par ailleurs, en utilisant l'expression du rotationnel en cylindrique, il vient :

$$\vec{A} = A(r,t)\overrightarrow{u_z} \Rightarrow \overrightarrow{rot}\vec{A} = -\frac{\partial A}{\partial r}\vec{u}_\theta \quad (4)$$

$$\left.\begin{array}{l}\vec{B} = \overrightarrow{rot}\vec{A} \\ (3),(4)\end{array}\right\} \Rightarrow \frac{\partial A}{\partial r} = -\mu_0\varepsilon_0\frac{r}{2e}\frac{dU}{dt}$$

En prenant arbitrairement l'origine des potentiels vecteurs sur l'axe Oz :

$$\boxed{A(r,t) = -\mu_0\varepsilon_0\frac{r^2}{4e}\frac{dU}{dt}} \quad (5)$$

Dans l'expression du champ électrique, nous avons négligé le terme $-\frac{\partial\vec{A}}{\partial t}$ devant le terme $-\overrightarrow{grad}V$. Compte tenu des relations (1) et (5), cela n'est valable que si :

$$\mu_0\varepsilon_0\frac{r^2}{4e}\frac{d^2U}{dt^2} << \frac{U}{e}$$

D'où :
$$\left.\begin{array}{l}\mu_0\varepsilon_0\dfrac{r^2}{4e}\dfrac{d^2U}{dt^2} << \dfrac{U}{e} \\ U = U_0\cos 2\pi f t\end{array}\right\} \Rightarrow \mu_0\varepsilon_0\pi^2 f^2 r^2\cos 2\pi f t << \cos 2\pi f t$$

C'est en $r = a$ que cette condition est la plus contraignante. On doit donc avoir :

$$f^2 << \frac{1}{\mu_0 \varepsilon_0 \pi^2 a^2} = \left(\frac{c}{\pi a}\right)^2 \Rightarrow \boxed{f << \frac{c}{\pi a}} \quad (6)$$

Numériquement : $a = 1\,cm \Rightarrow \boxed{f << 10\,gHz}$

Dans le cadre des régimes quasi-stationnaires $(f < 1\,gHz)$, l'approximation faite est donc valable.

5. Par définition du vecteur de Poynting : $\vec{R} = \dfrac{\vec{E} \wedge \vec{B}}{\mu_0}$

$$(1),(3) \Rightarrow \vec{R} = -\varepsilon_0 \frac{r}{2e^2} U \frac{dU}{dt} \vec{u}_r \Rightarrow \boxed{\vec{R} = -\varepsilon_0 \frac{r}{4e^2} \frac{d}{dt}\left(U^2\right)\vec{u}_r} \quad (7)$$

6. Le flux du vecteur de Poynting à travers la surface latérale du condensateur vaut :

$$\Phi\left(\vec{R},S\right) = \iint_s -\varepsilon_0 \frac{a}{4e^2} \frac{d}{dt}\left(U^2\right)\vec{u}_r \cdot d^2S\vec{u}_r = -\varepsilon_0 \frac{a}{4e^2} \frac{d}{dt}\left(U^2\right) \iint_s d^2S$$

$$\boxed{\Phi\left(\vec{R},S\right) = -\frac{1}{2} \frac{\varepsilon_0 \pi a^2}{e} \frac{d}{dt}\left(U^2\right)} \quad (9)$$

En introduisant la capacité C du condensateur :

$$\left.\begin{array}{c} C = \dfrac{\varepsilon_0 S}{e} = \dfrac{\varepsilon_0 \pi a^2}{e} \\ (9) \end{array}\right\} \Rightarrow \Phi\left(\vec{R},S\right) = -\frac{d}{dt}\left(\frac{1}{2}CU^2\right) \quad (10)$$

En reconnaissant l'énergie $W_E = \dfrac{1}{2}CU^2$ du condensateur : $\dfrac{dW_E}{dt} = -\Phi\left(\vec{R},S\right)$

Interprétation : Le flux du vecteur de Poynting à travers une surface orientée est égale à la puissance électromagnétique algébrique traversant cette surface dans le sens de sa normale.

La normale à la surface latérale du condensateur ayant été orientée selon $\vec{u}_r$, **l'opposé du flux calculé est donc égal à la puissance algébrique reçue par le condensateur, c'est à dire à la variation, par unité de temps, de son énergie**.

Cette interprétation n'est pas en contradiction avec l'étude de la charge d'un condensateur en électrocinétique. Le champ électromagnétique est en effet créé par un générateur. C'est donc bien, en définitive, ce générateur qui fourni son énergie au condensateur.

Exercice 3 ★★

Antenne cylindrique

Une antenne ayant la forme d'un cylindre, de rayon a et d'axe Oz, émet radialement dans le vide, de façon isotrope, une onde électromagnétique progressive monochromatique de pulsation ω. La puissance moyenne émise, par unité de longueur, par cette antenne vaut P_0.

Les propriétés électromagnétiques du milieu de propagation sont assimilées à celles du vide.

On note $\vec{u_z}$ le vecteur unitaire de l'axe Oz et r la distance à cet axe d'un point quelconque de l'espace.

On suppose que le champ électrique de l'onde est, en notation complexe, de la forme $\underline{\vec{E}}(M,t) = E(r)\exp j(\omega t - k\,r)\vec{u_z}$ où k est réel et $E(r)$ une fonction à valeurs réelles.

1. Etablir l'expression du champ magnétique associé au champ électrique précédent.

2. Calculer la puissance électromagnétique moyenne traversant la surface d'un cylindre d'axe Oz, de rayon r et de hauteur h.

3. En déduire l'expression de $E(r)$ en fonction de ω, k, P_0 et r.

4. Etablir l'équation de propagation du champ électrique et en déduire deux équations différentielles devant être satisfaites par $E(r)$.

5. Montrer que l'expression proposée pour le champ électrique n'est valable que si r est suffisamment grand devant la longueur d'onde λ.

6. On définit le domaine de validité du modèle comme le domaine à l'intérieur duquel $\omega = kc$ à $0,1\%$. Préciser ce domaine pour une fréquence de $0,3\ GHz$.

1. Le champ électrique et le champ magnétique de l'onde sont liés par l'équation de Maxwell-Faraday qui, transposée par la notation complexe, s'écrit :

$$\overrightarrow{rot}\,\underline{\vec{E}} = -\frac{\partial \underline{\vec{B}}}{\partial t} = -j\omega\underline{\vec{B}} \quad (1)$$

Le champ électrique proposé est, en notation complexe, de la forme $\underline{\vec{E}} = \underline{E}_z\vec{u_z}$ avec $\underline{E}_z = E(r)\exp j(\omega t - k\,r)$. En utilisant, dans le formulaire, l'expression du rotationnel en cylindriques, on obtient pour le champ électrique proposé :

$$\overrightarrow{rot}\,\overrightarrow{\underline{E}} = -\frac{\partial \underline{E}_z}{\partial r}\vec{u}_\theta = -\left(\frac{dE(r)}{dr} - jkE(r)\right)\exp j(\omega t - k\,r)\vec{u}_\theta \quad (2)$$

D'où finalement, l'expression du champ magnétique associé au champ électrique proposé :

$$(1),(2) \;\Rightarrow\; \boxed{\vec{\underline{B}} = -\left(\frac{k}{\omega}E(r) + j\frac{1}{\omega}\frac{dE(r)}{dr}\right)\exp j(\omega t - k\,r)\vec{u}_\theta} \quad (3)$$

2. La puissance électromagnétique traversant une surface est égale au flux à travers cette surface du vecteur de Poynting $\vec{R}$, défini par :

$$\vec{R} = \frac{\vec{E} \wedge \vec{B}}{\mu_0}$$

Pour le calculer il est nécessaire de revenir aux grandeurs réelles :

- ⋆ Pour $\vec{E}$: $\quad \vec{\underline{E}} = E(r)\exp j(\omega t - k\,r)\vec{u}_z \;\Rightarrow\; \vec{E} = E(r)\cos(\omega t - k\,r)\vec{u}_z$

- ⋆ Pour $\vec{B}$: $\quad (3) \;\Rightarrow\; \vec{B} = \left(-\frac{k}{\omega}E(r)\cos(\omega t - kr) + \frac{1}{\omega}\frac{dE(r)}{dr}\sin(\omega t - kr)\right)\vec{u}_\theta$

On en déduit :

$$\vec{R} = \frac{E(r)}{\mu_0}\left(\frac{k}{\omega}E(r)\cos^2(\omega t - kr) - \frac{1}{\omega}\frac{dE(r)}{dr}\cos(\omega t - k\,r)\sin(\omega t - kr)\right)\vec{u}_r$$

La puissance électromagnétique traversant la surface d'un cylindre d'axe Oz, de rayon r et de hauteur h vaut donc :

$$P = \iint_S \vec{R}\cdot\overrightarrow{d^2s} = \frac{2\pi rh}{\mu_0}E\left(\frac{k}{\omega}E\cos^2(\omega t - kr) - \frac{1}{\omega}\frac{dE}{dr}\cos(\omega t - k\,r)\sin(\omega t - kr)\right)$$

Soit en valeur moyenne :

$$\boxed{\langle P\rangle = \frac{\pi rh}{\mu_0}\frac{k}{\omega}E(r)^2} \quad (4)$$

3. L'antenne émettant dans le vide, il n'y a pas de phénomène d'absorption d'énergie. La puissance moyenne traversant la surface du cylindre d'axe Oz, de rayon r et de hauteur h, est égale à la puissance moyenne rayonnée par le tronçon d'antenne de hauteur h correspondant. Compte tenu de (4), il vient donc :

$$\langle P\rangle = \frac{\pi r h}{\mu_0}\frac{k}{\omega}E(r)^2 = P_0 h \quad \Rightarrow \quad \boxed{E(r) = \sqrt{\frac{\mu_0 P_0}{\pi}\frac{\omega}{k}}\, r^{-\frac{1}{2}}} \quad (5)$$

Remarque : La décroissance de l'amplitude de l'onde qui accompagne le phénomène de propagation n'est pas liée ici à une quelconque absorption (le raisonnement précédent repose sur le fait qu'il n'y a pas d'absorption) mais à la croissance de l'aire des surfaces d'onde au cours de la propagation.

4. Les équations de Maxwell dans le vide s'écrivent :

$$div\vec{B} = 0 \quad (M_1) \qquad div\vec{E} = 0 \quad (M_3)$$

$$\overrightarrow{rot}\vec{E} = -\frac{\partial \vec{B}}{\partial t} \quad (M_2) \qquad \overrightarrow{rot}\vec{B} = \frac{1}{c^2}\frac{\partial \vec{E}}{\partial t} \quad (M_4)$$

L'équation de propagation du champ électrique s'obtient en exprimant le rotationnel de son rotationnel :

$$\left.\begin{array}{l}\overrightarrow{rot}\left(\overrightarrow{rot}\vec{E}\right) = \overrightarrow{grad}\left(div\vec{E}\right) - \Delta\vec{E} \\ (M_2),(M_3)\end{array}\right\} \Rightarrow \overrightarrow{rot}\left(-\frac{\partial \vec{B}}{\partial t}\right) = -\Delta\vec{E} \Rightarrow \frac{\partial}{\partial t}\left(\overrightarrow{rot}\vec{B}\right) = \Delta\vec{E}$$

Compte tenu de l'équation (M_4), on obtient finalement :

$$\boxed{\Delta\vec{E} - \frac{1}{c^2}\frac{\partial^2 \vec{E}}{\partial t^2} = \vec{0}} \quad (6)$$

Le champ électrique proposé est, en notation complexe, de la forme $\vec{\underline{E}} = \underline{E}_z \vec{u}_z$ avec $\underline{E}_z = E(r)\exp j(\omega t - k\,r)$. En utilisant, dans le formulaire, l'expression du Laplacien en cylindriques, on obtient :

$$\Delta\vec{\underline{E}} = \Delta\underline{E}_z \vec{u}_z = \left(\frac{\partial^2 \underline{E}_z}{\partial r^2} + \frac{1}{r}\frac{\partial \underline{E}_z}{\partial r}\right)\vec{u}_z$$

L'équation de propagation, transposée par la notation complexe et projetée sur $\vec{u}_z$, conduit donc à :

$$\frac{\partial^2 \underline{E}_z}{\partial r^2} + \frac{1}{r}\frac{\partial \underline{E}_z}{\partial r} - \frac{1}{c^2}\frac{\partial^2 \underline{E}_z}{\partial t^2} = 0 \quad (7)$$

Compte tenu de l'expression de $\underline{E}_z$:

$$\begin{cases} \dfrac{\partial \underline{E}_z}{\partial r} = \left(\dfrac{dE(r)}{dr} - jkE(r)\right)\exp j(\omega t - kr) \\ \dfrac{\partial^2 \underline{E}_z}{\partial r^2} = \left(\dfrac{d^2E(r)}{dr^2} - 2jk\dfrac{dE(r)}{dr} - k^2E(r)\right)\exp j(\omega t - kr) \\ \dfrac{\partial^2 \underline{E}_z}{\partial t^2} = -\omega^2 E(r)\exp j(\omega t - kr) \end{cases}$$

L'équation (7) s'écrit alors, en regroupant parties réelles et parties imaginaires :

$$\left(\frac{d^2E(r)}{dr^2} + \frac{1}{r}\frac{dE(r)}{dr} + \left(\frac{\omega^2}{c^2} - k^2\right)E(r)\right) - jk\left(2\frac{dE(r)}{dr} + \frac{1}{r}E(r)\right) = 0$$

La fonction $E(r)$ étant à valeurs réelles, on en déduit qu'elle doit simultanément satisfaire aux deux équations différentielles suivantes :

$$\boxed{\begin{cases} \dfrac{d^2E(r)}{dr^2} + \dfrac{1}{r}\dfrac{dE(r)}{dr} + \left(\dfrac{\omega^2}{c^2} - k^2\right)E(r) = 0 & (8) \\ 2\dfrac{dE(r)}{dr} + \dfrac{1}{r}E(r) = 0 & (9) \end{cases}}$$

5. L'équation (9) s'écrit $\dfrac{dE}{E} = -\dfrac{1}{2}\dfrac{dr}{r}$. Sa solution générale est : $E(r) = Ar^{-1/2}$.

Cette forme de $E(r)$ est en accord avec l'expression (5) obtenue dans la question précédente : $E(r) = \sqrt{\dfrac{\mu_0 P_0}{\pi}\dfrac{\omega}{k}}\, r^{-1/2}$

D'où :

$$\left.\begin{aligned} E(r) &= Ar^{-1/2} \\ E(r) &= \sqrt{\frac{\mu_0 P_0}{\pi}\frac{\omega}{k}}\, r^{-1/2} \end{aligned}\right\} \Rightarrow A = \sqrt{\frac{\mu_0 P_0}{\pi}\frac{\omega}{k}}$$

On en déduit, en particulier, que **l'expression proposée pour le champ électrique n'est valable que si le rapport ω/k est constant**.

Si maintenant on injecte la solution générale $E(r) = Ar^{-1/2}$ de l'équation (9) dans l'équation (8) on obtient, après simplification par A :

$$\frac{3}{4}r^{-5/2} - \frac{1}{2}r^{-5/2} + \left(\frac{\omega^2}{c^2} - k^2\right)r^{-3/2} = 0$$

$$\Rightarrow \quad \frac{\omega^2}{c^2} - k^2 = -\frac{1}{4r^2} \quad \Rightarrow \quad \frac{\omega^2}{k^2} = c^2\left(1 - \frac{1}{4k^2r^2}\right)$$

Soit en introduisant la longueur d'onde $\lambda = \dfrac{2\pi}{k}$:

$$\frac{\omega^2}{k^2} = c^2\left(1 - \frac{1}{16\pi^2}\frac{\lambda^2}{r^2}\right) \quad (10)$$

Or, il a été établi précédemment que le rapport ω/k devait être constant. On en déduit que **le modèle proposé ne peut être considéré comme valable que si r est suffisamment grand devant λ** pour que $\lambda^2/16\pi^2r^2$ soit négligeable devant 1.

6. Le domaine de validité du modèle dépend du critère adopté. Celui retenu par le texte se traduit par :

$$\delta_r = \left|\frac{\omega - kc}{kc}\right| < 10^{-3} \quad (11)$$

$$\left.\begin{aligned} &(10) \Rightarrow \omega = kc\left(1 - \frac{1}{16\pi^2}\frac{\lambda^2}{r^2}\right)^{1/2} \\ &\frac{1}{16\pi^2}\frac{\lambda^2}{r^2} << 1 \end{aligned}\right\} \Rightarrow \omega \approx kc\left(1 - \frac{1}{32\pi^2}\frac{\lambda^2}{r^2}\right) \Rightarrow \delta_r \approx \frac{1}{32\pi^2}\frac{\lambda^2}{r^2}$$

$$\delta_r < 10^{-3} \quad \Rightarrow \quad r > \sqrt{\frac{10^3}{32}}\frac{\lambda}{\pi} \quad \Rightarrow \quad \boxed{r > 1{,}8\,\lambda}$$

Pour une fréquence égale à $0{,}3\,GHz$, qui correspond à une longueur d'onde égale à un mètre, le modèle est valable pour une distance à l'axe de l'antenne supérieure à $1{,}8\,m$. Il est donc valable dans un très grand domaine, dés qu'on s'éloigne un peu de l'antenne, ce qui fait son intérêt.

Exercice 4 ★★★

Absorption d'une onde par un métal

L'espace est rapporté à un trièdre cartésien $Oxyz$.
Le demi-espace $z<0$ est occupé par l'air dont les propriétés électromagnétiques sont assimilées à celles du vide.

Le demi-espace $z>0$ est occupé par un métal ohmique de conductivité σ et de perméabilité magnétique relative égale à 1. On prendra $\sigma = 5{,}8\,10^7\,\Omega^{-1}m^{-1}$, ce qui correspond au cas du cuivre.

Une onde électromagnétique monochromatique plane incidente, polarisée parallèlement à l'axe Ox, se propage dans l'air vers le métal dans la direction de l'axe Oz. En arrivant sur le métal en $z=0$, cette onde donne naissance à deux ondes planes de même fréquence, polarisées toutes les deux parallèlement à l'axe Ox et se propageant dans la direction de l'axe Oz. L'une se propage dans l'air dans le sens négatif, c'est l'onde réfléchie ; l'autre se propage dans le métal dans le sens positif, c'est l'onde transmise.

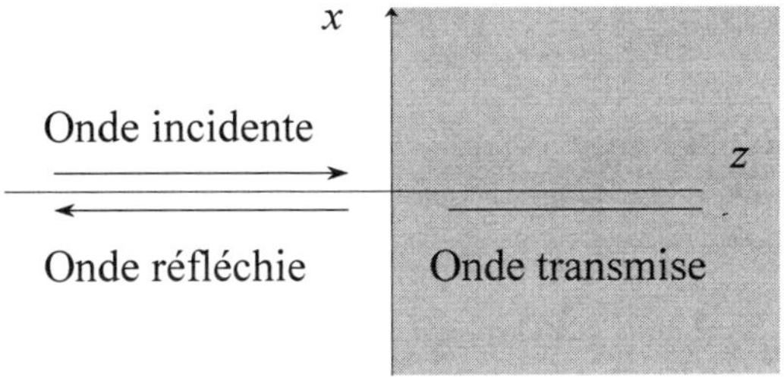

En notation complexe, les champs électriques de ces ondes seront écrits :

- ⋆ Pour l'onde incidente : $\underline{\vec{E}}_i = E_0 \exp j(\omega t - kz)\vec{u}_x$
- ⋆ Pour l'onde réfléchie : $\underline{\vec{E}}_r = \underline{\rho} E_0 \exp j(\omega t + kz)\vec{u}_x$
- ⋆ Pour l'onde transmise : $\underline{\vec{E}}_t = \underline{\tau} E_0 \exp j(\omega t - k_m z)\vec{u}_x$

$\underline{\rho}$ et $\underline{\tau}$ sont les coefficients complexes de réflexion et de transmission et k_m est éventuellement complexe. On notera $\underline{\tau} = \tau \exp j\varphi_\tau$.

1. En tenant compte de ce que le métal peut être considéré comme localement neutre (cf. exercice 1 du chapitre II), établir l'équation de propagation du champ électrique dans le métal.

2. Montrer que pour des ondes monochromatiques de fréquences inférieures à $10^{10}\,Hz$, on peut adopter pour cette équation une forme approchée. Dans la suite on se placera dans ce cas.

3. Etablir l'expression de k_m en fonction de σ et ω. Interpréter le résultat obtenu. Calculer la profondeur à laquelle le champ électrique de l'onde transmise est atténué à 99% pour une fréquence égale à $50\,Hz$, $1\,MHz$ ou $10\,GHz$ et commenter.

4. Etablir, en utilisant la structure de l'onde plane, l'expression en $z=0$ du vecteur de Poynting de l'onde transmise, en fonction de σ, ω, τ et φ_τ. En déduire la puissance électromagnétique moyenne pénétrant dans le métal au travers d'une partie de sa surface d'aire égale à S.

5. Calculer la puissance moyenne dissipée par effet Joule dans le volume du métal correspondant à la surface considérée précédemment. Conclure.

6. Etablir l'expression de τ en fonction de σ et ω.

1. En tenant compte de ce que le métal est localement neutre et que sa perméabilité magnétique relative est égale à 1, les équations de Maxwell s'y écrivent :

$$div\vec{B}=0 \quad (M_1) \qquad div\vec{E}=0 \quad (M_3)$$

$$\overrightarrow{rot}\,\vec{E}=-\frac{\partial\vec{B}}{\partial t} \quad (M_2) \qquad \overrightarrow{rot}\,\vec{B}=\mu_0\vec{j}+\frac{1}{c^2}\frac{\partial\vec{E}}{\partial t} \quad (M_4)$$

Par ailleurs, la loi d'Ohm locale s'écrit : $\vec{j}=\sigma\vec{E}$ (1)

L'équation de propagation du champ électrique s'obtient en exprimant le rotationnel de son rotationnel :

$$\left.\begin{array}{l}\overrightarrow{rot}\left(\overrightarrow{rot}\,\vec{E}\right)=\overrightarrow{grad}\left(div\vec{E}\right)-\Delta\vec{E}\\ (M_2),(M_3)\end{array}\right\}\Rightarrow \overrightarrow{rot}\left(-\frac{\partial\vec{B}}{\partial t}\right)=-\Delta\vec{E}\Rightarrow\frac{\partial}{\partial t}\left(\overrightarrow{rot}\,\vec{B}\right)=\Delta\vec{E}$$

Compte tenu des équations (M_4) et (1), on obtient : $\dfrac{\partial}{\partial t}\left(\mu_0\sigma\vec{E}+\dfrac{1}{c^2}\dfrac{\partial\vec{E}}{\partial t}\right)=\Delta\vec{E}$

$$\Rightarrow \boxed{\Delta\vec{E}-\mu_0\sigma\frac{\partial\vec{E}}{\partial t}-\frac{1}{c^2}\frac{\partial^2\vec{E}}{\partial t^2}=\vec{0}} \quad (2)$$

Cette relation constitue l'équation de propagation du champ électrique dans le métal.

2. Pour une onde monochromatique dont le champ électrique en notation complexe est de la forme $\vec{\underline{E}} = \vec{\underline{E}}_0 \exp j(\omega t - k_m z)$:

$$\Delta\vec{\underline{E}} = -k_m^2 \vec{\underline{E}} \quad , \quad \frac{\partial \vec{\underline{E}}}{\partial t} = j\omega \vec{\underline{E}} \quad , \quad \frac{\partial^2 \vec{\underline{E}}}{\partial t^2} = -\omega^2 \vec{\underline{E}}$$

L'équation (2) se transpose donc en : $-k_m^2 \vec{\underline{E}} - j\mu_0\sigma\omega\vec{\underline{E}} + \frac{\omega^2}{c^2}\vec{\underline{E}} = \vec{0}$

$$\Rightarrow \quad k_m^2 + \mu_0\sigma\omega\left(j - \frac{\varepsilon_0}{\sigma}\omega\right) = 0 \quad (3)$$

Numériquement, pour des fréquences f inférieures à $10^{10}\,Hz$:

$$\left.\begin{array}{l} \frac{\varepsilon_0}{\sigma}\omega = 2\pi\frac{\varepsilon_0}{\sigma}f < 2\pi\frac{\varepsilon_0}{\sigma}10^{10} \\ \sigma = 5{,}8\,10^7\,\Omega^{-1}m^{-1} \,,\, \frac{1}{4\pi\varepsilon_0} = 9\,10^9\,SI \end{array}\right\} \Rightarrow \quad \frac{\varepsilon_0}{\sigma}\omega < 10^{-8}$$

Pour des fréquences inférieures à $10^{10}\,Hz$, l'équation (3) peut donc s'écrire avec une très bonne approximation, sous la forme :

$$k_m^2 + j\mu_0\sigma\omega = 0 \quad (4)$$

Ce qui revient à négliger, dans l'équation de propagation, la dérivée temporelle seconde devant la dérivée temporelle première et donc à l'écrire sous la forme :

$$\boxed{\Delta\vec{E} - \mu_0\sigma\frac{\partial\vec{E}}{\partial t} = \vec{0}} \quad (5)$$

3. L'expression de k_m s'obtient en résolvant l'équation (4) :

$$(4) \quad \Rightarrow \quad k_m = \sqrt{\frac{\mu_0\sigma\omega}{2}}(1-j) \quad \text{ou} \quad k_m = \sqrt{\frac{\mu_0\sigma\omega}{2}}(-1+j)$$

L'onde transmise étudiée se propage dans le métal dans le sens positif. C'est donc la solution dont la partie réelle est positive qui est physiquement acceptable.

$$\Rightarrow \quad \boxed{k_m = \sqrt{\frac{\mu_0\sigma\omega}{2}}(1-j)} \quad (6)$$

L'onde transmise dans le métal est donc de la forme :

$$\underline{\vec{E}}_t = \underline{\tau}E_0 \exp j\left(\omega t - \sqrt{\frac{\mu_0\sigma\omega}{2}}(1-j)\,z\right)\vec{u}_x$$

$$\Rightarrow \quad \underline{\vec{E}}_t = \underline{\tau}E_0 \exp\left(-\sqrt{\frac{\mu_0\sigma\omega}{2}}\,z\right)\exp j\left(\omega t - \sqrt{\frac{\mu_0\sigma\omega}{2}}\,z\right)\vec{u}_x \quad (7)$$

Ainsi l'amplitude du champ électrique de l'onde transmise décroît exponentiellement au cours de la propagation. Ce caractère évanescent est dû à l'absorption de l'onde par le métal. Il est traduit par la partie imaginaire de k_m.

Le champ de l'onde transmise peut se mettre sous la forme :

$$\underline{\vec{E}}_t = \underline{\tau}E_0 \exp\left(-\frac{z}{\delta}\right)\exp j\left(\omega t - \sqrt{\frac{\mu_0\sigma\omega}{2}}\,z\right)\vec{u}_x$$

Avec : $$\delta = \sqrt{\frac{2}{\mu_0\sigma\omega}} = \frac{1}{\sqrt{\pi\mu_0\sigma f}}$$

La profondeur à laquelle l'amplitude du champ électrique est atténuée à 99%, est de l'ordre de :

$$\boxed{z = 5\delta = \frac{5}{\sqrt{\pi\mu_0\sigma f}}} \quad (8)$$

Numériquement : $z = \dfrac{5}{2\pi\sqrt{5{,}8}}\dfrac{1}{\sqrt{f}} = \dfrac{0{,}33}{\sqrt{f}}\ m$. Pour les fréquences proposées :

f	$50\ Hz$	$1\ MHz$	$1\ GHz$
z	$47\ cm$	$0{,}33\ mm$	$3{,}3\ \mu m$

Pour de faibles fréquences, la profondeur de pénétration n'est pas négligeable. Par contre, elle le devient pour des fréquences élevées. On peut alors considérer qu'il n'y a pas d'onde transmise dans le métal ; ce qui revient à faire l'hypothèse du métal parfaitement conducteur $(\sigma \to \infty)$.

4. En utilisant la structure de l'onde plane, on obtient en notation complexe, pour l'onde transmise :

$$\underline{\vec{B}}_t = \frac{k_m\vec{u}_z \wedge \underline{\vec{E}}_t}{\omega} = \frac{k_m}{\omega}\underline{\tau}E_0 \exp\left(-\sqrt{\frac{\mu_0\sigma\omega}{2}}\,z\right)\exp j\left(\omega t - \sqrt{\frac{\mu_0\sigma\omega}{2}}\,z\right)\vec{u}_y \quad (9)$$

Pour exprimer le vecteur de Poynting de l'onde transmise, il est nécessaire de revenir aux grandeurs réelles.

★ Pour le champ électrique :

$$(7) \Rightarrow \quad \overrightarrow{\underline{E}}_t = \tau \exp(j\varphi_\tau) E_0 \exp\left(-\sqrt{\frac{\mu_0 \sigma \omega}{2}}\, z\right) \exp j\left(\omega t - \sqrt{\frac{\mu_0 \sigma \omega}{2}}\, z\right) \vec{u}_x$$

$$\Rightarrow \quad \overrightarrow{\underline{E}}_t = \tau E_0 \exp\left(-\sqrt{\frac{\mu_0 \sigma \omega}{2}}\, z\right) \exp j\left(\omega t - \sqrt{\frac{\mu_0 \sigma \omega}{2}}\, z + \varphi_\tau\right) \vec{u}_x$$

$$\Rightarrow \quad \vec{E}_t = \tau E_0 \exp\left(-\sqrt{\frac{\mu_0 \sigma \omega}{2}}\, z\right) \cos\left(\omega t - \sqrt{\frac{\mu_0 \sigma \omega}{2}}\, z + \varphi_\tau\right) \vec{u}_x \quad (10)$$

★ Pour le champ magnétique, en reprenant son expression (9) et compte tenu de l'expression (6) de k_m :

$$\overrightarrow{\underline{B}}_t = \frac{1}{\omega}\sqrt{\frac{\mu_0 \sigma \omega}{2}}(1-j)\,\tau \exp(j\varphi_\tau) E_0 \exp\left(-\sqrt{\frac{\mu_0 \sigma \omega}{2}}\, z\right) \exp j\left(\omega t - \sqrt{\frac{\mu_0 \sigma \omega}{2}}\, z\right) \vec{u}_y$$

$$\Rightarrow \quad \overrightarrow{\underline{B}}_t = \sqrt{\frac{\mu_0 \sigma}{\omega}}\,\tau E_0 \exp\left(-\sqrt{\frac{\mu_0 \sigma \omega}{2}}\, z\right) \exp j\left(\omega t - \sqrt{\frac{\mu_0 \sigma \omega}{2}}\, z + \varphi_\tau - \frac{\pi}{4}\right) \vec{u}_y$$

$$\Rightarrow \quad \vec{B}_t = \sqrt{\frac{\mu_0 \sigma}{\omega}}\,\tau E_0 \exp\left(-\sqrt{\frac{\mu_0 \sigma \omega}{2}}\, z\right) \cos\left(\omega t - \sqrt{\frac{\mu_0 \sigma \omega}{2}}\, z + \varphi_\tau - \frac{\pi}{4}\right) \vec{u}_y \quad (11)$$

Par définition du vecteur de Poynting : $\vec{R}_t = \dfrac{\vec{E}_t \wedge \vec{B}_t}{\mu_0}$. On en déduit en $z = 0$:

$$(10),(11) \Rightarrow \quad \vec{R}_t(0,t) = \frac{\tau^2 E_0^2}{\mu_0}\sqrt{\frac{\mu_0 \sigma}{\omega}} \cos(\omega t + \varphi_t) \cos\left(\omega t + \varphi_\tau - \frac{\pi}{4}\right) \vec{u}_z$$

$$\Rightarrow \quad \vec{R}_t(0,t) = \frac{\tau^2 E_0^2}{2}\sqrt{\frac{\sigma}{\mu_0 \omega}}\left(\cos\left(2\omega t + 2\varphi_\tau - \frac{\pi}{4}\right) + \cos\frac{\pi}{4}\right) \vec{u}_z$$

$$\Rightarrow \quad \boxed{\vec{R}_t(0,t) = \frac{\tau^2 E_0^2}{2}\sqrt{\frac{\sigma}{\mu_0 \omega}}\left(\cos\left(2\omega t + 2\varphi_\tau - \frac{\pi}{4}\right) + \frac{1}{\sqrt{2}}\right) \vec{u}_z} \quad (12)$$

La puissance électromagnétique moyenne pénétrant dans le métal au travers de la surface d'aire égale à S :

$$\langle P_{em}\rangle = \iint_S \left\langle \vec{R}_t(0,t)\right\rangle \cdot \overrightarrow{d^2s} = \iint_S \left\langle \vec{R}_t(0,t)\right\rangle \cdot \vec{u}_z\, d^2s$$

Or, compte tenu de (12) : $\left\langle \vec{R}_t(0,t)\right\rangle = \dfrac{\tau^2 E_0^2}{2}\sqrt{\dfrac{\sigma}{2\mu_0\omega}}\vec{u}_z$. D'où finalement :

$$\boxed{\langle P_{em}\rangle = \frac{\tau^2 E_0^2}{2}\sqrt{\frac{\sigma}{2\mu_0\omega}}S} \qquad (13)$$

5. La puissance dissipée par effet Joule dans l'élément de volume infinitésimal $d^3\tau$ du métal, vaut :

$$d^3P_J = \vec{j}\cdot\vec{E}_t d^3\tau = \sigma E_t^2 d^3\tau$$

On en déduit la puissance moyenne dissipée par effet Joule dans le volume du métal correspondant à l'élément de surface considéré précédemment :

$$\langle P_J\rangle = \int_0^\infty \left\langle \sigma E_t^2\right\rangle S dz$$

Or, compte tenu de l'expression (10) de $\vec{E}_t$:

$$\left\langle \sigma E_t^2\right\rangle = \sigma\frac{\tau^2 E_0^2}{2}\exp\left(-\sqrt{2\mu_0\sigma\omega}\, z\right)$$

$$\Rightarrow \quad \langle P_J\rangle = \int_0^\infty \sigma\frac{\tau^2 E_0^2}{2}\exp\left(-\sqrt{2\mu_0\sigma\omega}\, z\right)S dz = \sigma\frac{\tau^2 E_0^2}{2}S\int_0^\infty \exp\left(-\sqrt{2\mu_0\sigma\omega}\, z\right)dz$$

$$\Rightarrow \quad \boxed{\langle P_J\rangle = \frac{\tau^2 E_0^2}{2}\sqrt{\frac{\sigma}{2\mu_0\omega}}S} \qquad (14)$$

Lorsqu'on compare les expressions (13) et (14), on constate qu'elles sont identiques. **La puissance électromagnétique moyenne pénétrant dans le métal, au travers d'une partie de sa surface, est égale à la puissance moyenne dissipée par effet Joule, dans le volume correspondant du métal. Cela traduit la conservation de l'énergie lors de l'absorption de l'onde par le métal.**

6. En utilisant la structure de l'onde plane, on obtient, en notation complexe :

* Pour l'onde incidente : $\vec{\underline{B}}_i = \dfrac{k\vec{u}_z \wedge \vec{\underline{E}}_i}{\omega} = \dfrac{k}{\omega} E_0 \exp j(\omega t - kz)\,\vec{u}_y$
* Pour l'onde réfléchie : $\vec{\underline{B}}_r = \dfrac{-k\vec{u}_z \wedge \vec{\underline{E}}_r}{\omega} = -\dfrac{k}{\omega}\underline{\rho} E_0 \exp j(\omega t + kz)\,\vec{u}_y$
* Pour l'onde transmise : $\vec{\underline{B}}_t = \dfrac{k_m\vec{u}_z \wedge \vec{\underline{E}}_t}{\omega} = \dfrac{k_m}{\omega}\underline{\tau} E_0 \exp j(\omega t - k_m z)\,\vec{u}_y$

La continuité du champ électrique à la surface du métal s'écrit :

$$\vec{\underline{E}}_i(0,t) + \vec{\underline{E}}_r(0,t) = \vec{\underline{E}}_t(0,t) \quad \Rightarrow \quad E_0 + \underline{\rho} E_0 = \underline{\tau} E_0$$

$$\Rightarrow \quad 1 + \underline{\rho} = \underline{\tau} \quad (15)$$

La continuité du champ magnétique à la surface du métal non magnétique s'écrit :

$$\vec{\underline{B}}_i(0,t) + \vec{\underline{B}}_r(0,t) = \vec{\underline{B}}_t(0,t) \quad \Rightarrow \quad \frac{k}{\omega} E_0 - \frac{k}{\omega}\underline{\rho} E_0 = \frac{k_m}{\omega}\underline{\tau} E_0$$

$$\Rightarrow \quad k\left(1 - \underline{\rho}\right) = k_m \underline{\tau} \quad (16)$$

Remarque : Il n'y a pas de discontinuité de la composante tangentielle du champ magnétique à la surface du métal non magnétique car le modèle utilisé pour les courants est ici le modèle volumique.

D'où : $(15),(16) \quad \Rightarrow \quad \underline{\tau} = \dfrac{2k}{k + k_m} = \dfrac{2}{1 + \dfrac{k_m}{k}} \quad \Rightarrow \quad \underline{\tau} = \dfrac{2}{1 + \dfrac{c}{\omega} k_m} \quad (17)$

Puis : $(6),(17) \quad \Rightarrow \quad \underline{\tau} = \dfrac{2}{1 + \dfrac{c}{\omega}\sqrt{\dfrac{\mu_0 \sigma \omega}{2}}(1 - j)} = \dfrac{2}{\left(1 + \sqrt{\dfrac{\sigma}{2\varepsilon_0 \omega}}\right) - j\sqrt{\dfrac{\sigma}{2\varepsilon_0 \omega}}}$

Finalement :

$$\tau = \frac{2}{\sqrt{\left(1 + \sqrt{\dfrac{\sigma}{2\varepsilon_0 \omega}}\right)^2 + \dfrac{\sigma}{2\varepsilon_0 \omega}}} \quad \Rightarrow \quad \boxed{\tau = \frac{2}{\sqrt{1 + 2\sqrt{\dfrac{\sigma}{2\varepsilon_0 \omega}} + \dfrac{\sigma}{\varepsilon_0 \omega}}}} \quad (18)$$

Exercice 5 ★★★

Bilan énergétique d'une ligne coaxiale

On considère une ligne coaxiale composée de deux conducteurs parfaits, cylindriques, de longueurs infinies. Le conducteur intérieur occupe le volume du cylindre d'axe Oz et de rayon a. Le conducteur extérieur occupe le volume compris entre les cylindres d'axe Oz et de rayons b et $b+e$ ($b>a$). Les propriétés électromagnétiques de l'air qui se trouve entre les deux conducteurs, sont assimilées à celles du vide.

Le conducteur extérieur est maintenu au potentiel nul. Le conducteur intérieur est porté à un potentiel sinusoïdal, d'amplitude U_0, qui se propage le long de la ligne. En notation complexe ce potentiel s'écrit, à la cote z et à la date t :

$$\underline{U}(M,t) = U_0 e^{j(\omega t - kz)}$$

Sous l'effet de ce potentiel, une onde transverse électrique et magnétique (T.E.M.) se propage dans l'espace entre les conducteurs, dans la direction de l'axe Oz.
$E_{0r}(r)$, $E_{0\theta}(r)$, $B_{0r}(r)$ et $B_{0\theta}(r)$ étant des fonctions de r à valeurs réelles, les champs de cette onde s'écrivent, à priori, en notation complexe :

$$\vec{\underline{E}}(M,t) = \vec{E}_0 e^{j(\omega t - kz)} = \left(E_{0r}(r)\vec{u}_r + E_{0\theta}(r)\vec{u}_\theta\right)e^{j(\omega t - kz)}$$

$$\vec{\underline{B}}(M,t) = \vec{B}_0 e^{j(\omega t - kz)} = \left(B_{0r}(r)\vec{u}_r + B_{0\theta}(r)\vec{u}_\theta\right)e^{j(\omega t - kz)}$$

Dans les conducteurs parfaits, les champs électrique et magnétique sont nuls.

$V_0(r)$ étant une fonction de r à valeurs réelles, le potentiel en un point M situé entre les conducteurs, est à priori de la forme :

$$\underline{V}(M,t) = V_0(r) e^{j(\omega t - kz)}$$

1. Montrer, en utilisant les équations aux rotationnels des champs électrique et magnétique, que les champs de l'onde étudiée respectent la structure :

$$\vec{\underline{B}}(M,t) = \frac{1}{c}\vec{u}_z \wedge \vec{\underline{E}}(M,t)$$

2. L'origine des potentiels est arbitrairement prise au niveau du conducteur extérieur. $A_{0r}(r)$, $A_{0\theta}(r)$ et $A_{0z}(r)$ étant des fonctions de r à valeurs réelles, on adopte à priori pour le potentiel vecteur entre les conducteurs, en notation complexe, la forme :

$$\vec{\underline{A}}(M,t) = \vec{A}_0 e^{j(\omega t - kz)} \quad \text{avec : } \vec{A}_0(r) = A_{0r}(r)\vec{u}_r + A_{0\theta}(r)\vec{u}_\theta + A_{0z}(r)\vec{u}_z$$

Vérifier que les formes proposées pour les potentiels électromagnétiques, permettent de retrouver la relation entre les champs électrique et magnétique de l'onde, établie dans la première question et exprimer $\vec{A}_0(r)$ en fonction de $V_0(r)$.

3. Montrer que $V_0(r)$ obéit à l'équation : $\Delta V_0 = 0$

4. Exprimer $\vec{E}_0(r)$ et $\vec{B}_0(r)$ entre les conducteurs, en fonction de a, b, r, et U_0.

5. Etablir l'expression du vecteur de Poynting entre les conducteurs. En déduire la puissance qui traverse une section droite de la ligne coaxiale.

6. Calculer la densité volumique d'énergie électromagnétique. En déduire la vitesse de propagation de l'énergie.

Le passage de l'onde entre les conducteurs s'accompagne de l'apparition de charges et de courants surfaciques au niveau des conducteurs.

7. Exprimer les densités surfaciques de charges et de courant qui se développent sur les faces en regard des conducteurs.

8. En déduire la charge par unité de longueur et l'intensité du courant au niveau de chaque conducteur et conclure.

9. Retrouver, à partir de l'intensité du courant parcourant chaque conducteur, l'expression de la puissance obtenue dans la question n°5.

10. Etablir, en utilisant la conservation de la charge au niveau du conducteur interne, une équation différentielle entre la densité surfacique de charges et la densité surfacique de courant de ce conducteur. Vérifier que les expressions obtenues dans la question 7, satisfont à cette équation.

1. *Relation entre les champs de l'onde*

- Considérons tout d'abord l'équation de Maxwell Faraday : $\overrightarrow{rot}\,\underline{\vec{E}} = -\dfrac{\partial \underline{\vec{B}}}{\partial t}$ (1)

Compte tenu de la structure proposée pour les champs de l'onde, on obtient :

⋆ Pour le rotationnel du champ électrique, en utilisant, dans le formulaire, l'expression du rotationnel en cylindriques :

$$\overrightarrow{rot}\,\underline{\vec{E}} = -\frac{\partial \underline{E}_\theta}{\partial z}\vec{u}_r + \frac{\partial \underline{E}_r}{\partial z}\vec{u}_\theta + \frac{1}{r}\frac{\partial}{\partial r}(r\underline{E}_\theta)\vec{u}_z$$

$$\Rightarrow \quad \overrightarrow{rot}\,\underline{\vec{E}} = \left(jkE_{0\theta}\vec{u}_r - jkE_{0r}\vec{u}_\theta + \frac{1}{r}\frac{\partial}{\partial r}(rE_{0\theta})\vec{u}_z \right) e^{j(\omega t - kz)} \quad (2)$$

⋆ Pour la dérivée temporelle du champ magnétique :

$$\frac{\partial \vec{\underline{B}}}{\partial t} = j\omega\left(B_{0r}\vec{u}_r + B_{0\theta}\vec{u}_\theta\right)e^{j(\omega t - kz)} \quad (3)$$

D'où : $$(1),(2),(3) \Rightarrow \begin{cases} kE_{0\theta} = -\omega B_{0r} & (4) \\ kE_{0r} = \omega B_{0\theta} & (5) \\ \dfrac{1}{r}\dfrac{\partial}{\partial r}(rE_{0\theta}) = 0 & (6) \end{cases}$$

- Considérons ensuite l'équation de Maxwell-Ampère, écrite entre les conducteurs, c'est à dire en dehors des courants : $\overrightarrow{rot}\vec{\underline{B}} = \dfrac{1}{c^2}\dfrac{\partial \vec{\underline{E}}}{\partial t}$ (7)

Compte tenu de la structure proposée pour les champs de l'onde, on obtient comme précédemment :

* Pour le rotationnel du champ magnétique :

$$\overrightarrow{rot}\vec{\underline{B}} = \left(jkB_{0\theta}\vec{u}_r - jkB_{0r}\vec{u}_\theta + \frac{1}{r}\frac{\partial}{\partial r}(rB_{0\theta})\vec{u}_z\right)e^{j(\omega t - kz)} \quad (8)$$

* Pour la dérivée temporelle du champ électrique :

$$\frac{\partial \vec{\underline{E}}}{\partial t} = j\omega\left(E_{0r}\vec{u}_r + E_{0\theta}\vec{u}_\theta\right)e^{j(\omega t - kz)} \quad (9)$$

D'où : $$(7),(8),(9) \Rightarrow \begin{cases} kB_{0\theta} = \dfrac{\omega}{c^2}E_{0r} & (10) \\ -kB_{0r} = \dfrac{\omega}{c^2}E_{0\theta} & (11) \\ \dfrac{1}{r}\dfrac{\partial}{\partial r}(rB_{0\theta}) = 0 & (12) \end{cases}$$

Les équations (4) et (11) d'une part, (5) et (10) d'autre part permettent d'écrire :

$$k = \frac{\omega^2}{kc^2} \quad \Rightarrow \quad \boxed{k = \frac{\omega}{c}} \quad (13)$$

Ensuite : $$\begin{cases} (4),(13) \Rightarrow B_{0r} = -\dfrac{k}{\omega}E_{0\theta} = -\dfrac{1}{c}E_{0\theta} \\ (5),(13) \Rightarrow B_{0\theta} = \dfrac{k}{\omega}E_{0r} = \dfrac{1}{c}E_{0r} \end{cases}$$

$$\Rightarrow \quad \underline{\vec{B}} = \frac{1}{c}\left(-E_{0\theta}\vec{u}_r + E_{0r}\vec{u}_\theta\right)e^{j(\omega t - kz)} = \frac{1}{c}\vec{u}_z \wedge \left(E_{0\theta}\vec{u}_\theta + E_{0r}\vec{u}_r\right)e^{j(\omega t - kz)}$$

$$\Rightarrow \quad \boxed{\underline{\vec{B}}(M,t) = \frac{1}{c}\vec{u}_z \wedge \underline{\vec{E}}(M,t)} \quad (14)$$

2. Les formes proposées pour $\underline{\vec{A}}(M,t)$ et $\underline{V}(M,t)$ doivent satisfaire à la fois les relations de définition des potentiels électromagnétiques et la condition de jauge de Lorentz :

- ⋆ Définition des potentiels : $\underline{\vec{E}} = -\overrightarrow{grad}\underline{V} - \dfrac{\partial \underline{\vec{A}}}{\partial t}$ (15) et $\underline{\vec{B}} = \overrightarrow{rot}\,\underline{\vec{A}}$ (16)

- ⋆ Jauge de Lorentz : $div\underline{\vec{A}} + \dfrac{1}{c^2}\dfrac{\partial \underline{V}}{\partial t} = 0$ (17)

Compte tenu des formulations proposées pour les potentiels et en utilisant le formulaire, il vient :

- ⋆ Pour le champ électrique :

$$(15) \quad \Rightarrow \quad \underline{\vec{E}} = -\left(\frac{dV_0}{dr}\vec{u}_r - jkV_0\vec{u}_z\right)e^{j(\omega t - kz)} - j\omega\vec{A}_0 e^{j(\omega t - kz)}$$

$$\Rightarrow \quad \underline{\vec{E}} = \left(\left(-\frac{dV_0}{dr} - j\omega A_{0r}\right)\vec{u}_r - j\omega A_{0\theta}\vec{u}_\theta + j\left(kV_0 - \omega A_{0z}\right)\vec{u}_z\right)e^{j(\omega t - kz)} \quad (18)$$

$\underline{\vec{E}}$ étant, par hypothèse, de la forme $\underline{\vec{E}}(M,t) = \left(E_{0r}(r)\vec{u}_r + E_{0\theta}(r)\vec{u}_\theta\right)e^{j(\omega t - kz)}$ et $E_{0r}(r)$, $E_{0\theta}(r)$, $V_0(r)$, $A_{0r}(r)$, $A_{0\theta}(r)$ et $A_{0z}(r)$ étant à valeurs réelles, on en déduit :

$$A_{0r} = 0 \quad (19) \qquad E_{0r} = -\frac{dV_0}{dr} \quad (20)$$

$$A_{0\theta} = 0 \quad (21) \qquad E_{0\theta} = 0 \quad (22)$$

$$A_{0z} = \frac{k}{\omega}V_0 \quad (23)$$

D'où : $(20),(22) \quad \Rightarrow \quad \underline{\vec{E}} = -\dfrac{dV_0}{dr}e^{j(\omega t - kz)}\vec{u}_r$ (24)

Et : $(13),(23) \quad \Rightarrow \quad A_{0z} = \dfrac{V_0}{c}$ (25)

- ⋆ Pour le champ magnétique :

$$(16) \quad \Rightarrow \quad \underline{\vec{B}} = \left(jkA_{0\theta}\vec{u}_r - \left(jkA_{0r} + \frac{dA_{0z}}{dr} \right)\vec{u}_\theta + \frac{1}{r}\frac{d}{dr}(rA_{0\theta})\vec{u}_z \right) e^{j(\omega t - kz)}$$

$\underline{\vec{B}}$ étant, par hypothèse, de la forme $\underline{\vec{B}}(M,t) = \left(B_{0r}(r)\vec{u}_r + B_{0\theta}(r)\vec{u}_\theta \right) e^{j(\omega t - kz)}$ et $B_{0r}(r)$, $B_{0\theta}(r)$, $A_{0r}(r)$, $A_{0\theta}(r)$ et $A_{0z}(r)$ étant à valeurs réelles, on en déduit :

$$A_{0\theta} = 0 \quad (21) \qquad B_{0r} = 0 \quad (26)$$

$$A_{0r} = 0 \quad (19) \qquad B_{0\theta} = -\frac{dA_{0z}}{dr} \quad (27)$$

$$\frac{d}{dr}(rA_{0\theta}) = 0 \quad (28)$$

D'où :

$$\left. \begin{array}{l} (26),(27) \quad \Rightarrow \quad \underline{\vec{B}} = -\dfrac{dA_{0z}}{dr} e^{j(\omega t - kz)}\vec{u}_\theta \\ \qquad\qquad (25) \end{array} \right\} \quad \Rightarrow \quad \underline{\vec{B}} = -\frac{1}{c}\frac{dV_0}{dr} e^{j(\omega t - kz)}\vec{u}_\theta \quad (29)$$

On vérifie que les relations (24) et (29) satisfont à la relation :

$$\underline{\vec{B}}(M,t) = \frac{1}{c}\vec{u}_z \wedge \underline{\vec{E}}(M,t)$$

Par ailleurs en reprenant les relations (19), (21) et (25) on obtient :

$$\boxed{\vec{A}_0(r) = \frac{V_0(r)}{c}\vec{u}_z} \quad (30)$$

⋆ Pour la condition de Jauge :

$$(17) \quad \Rightarrow \quad \frac{1}{r}\frac{d}{dr}(rA_{0r}) - jkA_{0z} + j\frac{\omega}{c^2}V_0 = 0$$

On vérifie que, compte tenu des relations (13), (18) et (30), cette équation est bien satisfaite par les formes proposées pour les potentiels.

3. L'équation de Poisson au potentiel scalaire s'écrit, entre les conducteurs :

$$\Delta\underline{V} - \frac{1}{c^2}\frac{\partial^2 \underline{V}}{\partial t^2} = 0 \quad \Rightarrow \quad \left(\frac{1}{r}\frac{\partial}{\partial r}\left(r\frac{\partial \underline{V}}{\partial r} \right) + \frac{\partial^2 \underline{V}}{\partial z^2} \right) - \frac{1}{c^2}\frac{\partial^2 \underline{V}}{\partial t^2} = 0$$

$$\Rightarrow \quad \left(\frac{1}{r}\frac{d}{dr}\left(r\frac{dV_0}{dr} \right) - k^2 V_0 \right) e^{j(\omega t - kz)} + \frac{\omega^2}{c^2} V_0 e^{j(\omega t - kz)} = 0$$

$$\Rightarrow \quad \frac{1}{r}\frac{d}{dr}\left(r\frac{dV_0}{dr}\right)=0 \quad (31)$$

On reconnaît le Laplacien de $V_0(r)$: $\boxed{\Delta V_0(r)=0}$

4. En intégrant l'équation (31), on obtient :

$$(31) \Rightarrow r\frac{dV_0}{dr}=K \Rightarrow \frac{dV_0}{dr}=\frac{K_1}{r} \Rightarrow V_0(r)=K_1\ln(r)+K_2$$

Et compte tenu des conditions aux limites imposées :

$$\begin{cases} V_0(b)=K_1\ln b+K_2=0 \\ V_0(a)=K_1\ln a+K_2=U_0 \end{cases} \Rightarrow \begin{cases} K_1=-\dfrac{1}{\ln b-\ln a}U_0 \\ K_2=\dfrac{\ln b}{\ln b-\ln a}U_0 \end{cases}$$

$$\Rightarrow \quad \boxed{V_0(r)=-\frac{(\ln r-\ln b)}{(\ln b-\ln a)}U_0} \quad (32)$$

En reportant ensuite cette expression (32) dans l'expression (30) de $A_0(r)$:

$$(30),(32) \Rightarrow \boxed{\vec{A}_0(r)=-\frac{1}{c}\frac{(\ln r-\ln b)}{(\ln b-\ln a)}U_0\vec{u}_z} \quad (33)$$

A partir de ces expressions de $V_0(r)$ et de $\vec{A}_0(r)$, on obtient, en utilisant les diverses relations établies précédemment, celle du champ électromagnétique entre les conducteurs :

$$(24) \Rightarrow \boxed{\underline{\vec{E}}=\frac{U_0}{(\ln b-\ln a)}\frac{1}{r}e^{j(\omega t-kz)}\vec{u}_r} (34)$$

$$(14),(34) \Rightarrow \boxed{\underline{\vec{B}}=\frac{1}{c}\frac{U_0}{(\ln b-\ln a)}\frac{1}{r}e^{j(\omega t-kz)}\vec{u}_\theta} \quad (35)$$

5. Par définition du vecteur de Poynting : $\vec{R}=\dfrac{\vec{E}\wedge\vec{B}}{\mu_0}$

La notation complexe n'étant pas compatible avec le produit vectoriel, il faut revenir aux notations réelles des champs pour calculer le vecteur de Poynting.

$$(34) \Rightarrow \vec{E}=\frac{U_0}{(\ln b-\ln a)}\frac{1}{r}\cos(\omega t-kz)\vec{u}_r \quad (36)$$

$$(35) \Rightarrow \vec{B} = \frac{1}{c}\frac{U_0}{(\ln b - \ln a)}\frac{1}{r}\cos(\omega t - kz)\vec{u}_\theta \quad (37)$$

$$(36),(37) \Rightarrow \boxed{\vec{R} = \frac{1}{\mu_0 c}\frac{{U_0}^2}{(\ln b - \ln a)^2}\frac{1}{r^2}\cos^2(\omega t - kz)\vec{u}_z} \quad (38)$$

La puissance électromagnétique qui traverse une surface est égale au flux du vecteur de Poynting à travers cette surface. En ce qui concerne une section droite de la ligne coaxiale :

$$P = \iint_S \vec{R} \cdot \overrightarrow{d^2 s} = \iint_S \frac{1}{\mu_0 c}\frac{{U_0}^2}{(\ln b - \ln a)^2}\frac{1}{r^2}\cos^2(\omega t - kz)\vec{u}_z \cdot d^2 s\vec{u}_z$$

$$\Rightarrow P = \frac{1}{\mu_0 c}\frac{{U_0}^2}{(\ln b - \ln a)^2}\left(\iint_S \frac{d^2 s}{r^2}\right)\cos^2(\omega t - kz)$$

$$\Rightarrow P = \frac{1}{\mu_0 c}\frac{{U_0}^2}{(\ln b - \ln a)^2}\left(\int_0^{2\pi}\int_a^b \frac{1}{r} dr d\theta\right)\cos^2(\omega t - kz)$$

$$\Rightarrow \boxed{P = \frac{2\pi}{\mu_0 c}\frac{{U_0}^2}{(\ln b - \ln a)}\cos^2(\omega t - kz)} \quad (39)$$

6. Soit w_{elec} la densité d'énergie électromagnétique :

$$\left.\begin{array}{l} w_{elec} = \dfrac{\varepsilon_0 E^2}{2} + \dfrac{B^2}{2\mu_0} \\ (36),(37) \end{array}\right\} \Rightarrow w_{elec} = \frac{{U_0}^2}{(\ln b - \ln a)^2}\frac{1}{r^2}\left(\frac{\varepsilon_0}{2} + \frac{1}{2\mu_0 c^2}\right)\cos^2(\omega t - kz)$$

$$\Rightarrow \boxed{w_{elec} = \varepsilon_0 \frac{{U_0}^2}{(\ln b - \ln a)^2}\frac{1}{r^2}\cos^2(\omega t - kz)} \quad (40)$$

Pour calculer la vitesse v_{elec} de propagation de l'énergie, on considère une surface élémentaire $d^2 s$ normale à l'axe Oz et comprise entre les conducteurs.

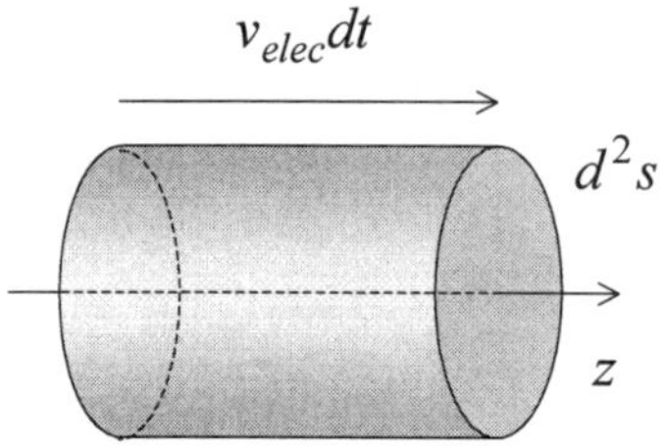

L'énergie traversant cette surface entre les dates t et $t + dt$, est égale à l'énergie comprise à la date t dans le cylindre de base $d^2 s$ et de hauteur $v_{elec}dt$.

$$\left(Rd^2s\right)dt = w_{elec}d^3\tau = w_{elec}\left(v_{elec}dt\right)d^2s \quad (41)$$

$$(38),(40),(41) \Rightarrow v_{elec} = \frac{R}{w_{elec}} = \frac{1}{\mu_0\varepsilon_0 c} \Rightarrow \boxed{v_{elec} = c} \quad (42)$$

7. Les champs électrique et magnétique étant nuls dans les conducteurs, les conditions de passage écrites en $r = a$ et $r = b$ permettent de déterminer les densités surfaciques de charges et les densités surfaciques de courant demandés.

⋆ *Discontinuité du champ électrique en $r = a$*

$$\lim_{r\to a^+}\vec{E} - \lim_{r\to a^-}\vec{E} = \lim_{r\to a^+}\vec{E} = \frac{\sigma_a}{\varepsilon_0}\vec{u}_r \quad (43)$$

$$(36) \Rightarrow \lim_{r\to a^+}\vec{E} = \frac{U_0}{(\ln b - \ln a)}\frac{1}{a}\cos(\omega t - kz)\vec{u}_r \quad (44)$$

$$(43),(44) \Rightarrow \boxed{\sigma_a = \frac{\varepsilon_0 U_0}{(\ln b - \ln a)}\frac{1}{a}\cos(\omega t - kz)} \quad (45)$$

⋆ *Discontinuité du champ électrique en $r = b$*

$$\lim_{r\to b^+}\vec{E} - \lim_{r\to b^-}\vec{E} = -\lim_{r\to b^-}\vec{E} = \frac{\sigma_b}{\varepsilon_0}\vec{u}_r \quad (46)$$

$$(36) \Rightarrow \lim_{r\to b^-}\vec{E} = \frac{U_0}{(\ln b - \ln a)}\frac{1}{b}\cos(\omega t - kz)\vec{u}_r \quad (47)$$

$$(46),(47) \Rightarrow \boxed{\sigma_b = -\frac{\varepsilon_0 U_0}{(\ln b - \ln a)}\frac{1}{b}\cos(\omega t - kz)} \quad (48)$$

⋆ *Discontinuité du champ magnétique en $r = a$:*

$$\lim_{r\to a^+}\vec{B} - \lim_{r\to a^-}\vec{B} = \lim_{r\to a^+}\vec{B} = \mu_0\vec{j}_{sa} \wedge \vec{u}_r \quad (49)$$

$$(37) \Rightarrow \lim_{r\to a^+}\vec{B} = \frac{1}{c}\frac{U_0}{(\ln b - \ln a)}\frac{1}{a}\cos(\omega t - kz)\vec{u}_\theta \quad (50)$$

La densité de courant surfacique qui parcourt le cylindre de rayon a lui est nécessairement tangente. Elle ne peut donc avoir à priori que des composantes selon $\vec{u}_\theta$ et $\vec{u}_z$.

D'où : (49),(50) $\Rightarrow$ $$\boxed{\vec{j}_{sa} = \frac{1}{\mu_0 c}\frac{U_0}{(\ln b - \ln a)}\frac{1}{a}\cos(\omega t - kz)\vec{u}_z} \quad (51)$$

★ *Discontinuité du champ magnétique en $r = b$:*

$$\lim_{r \to b^+} \vec{B} - \lim_{r \to b^-} \vec{B} = -\lim_{r \to b-} \vec{B} = \mu_0 \vec{j}_{sb} \wedge \vec{u}_r \quad (52)$$

$$(37) \Rightarrow \quad \lim_{r \to b^-} \vec{B} = \frac{1}{c}\frac{U_0}{(\ln b - \ln a)}\frac{1}{b}\cos(\omega t - kz)\vec{u}_\theta \quad (53)$$

La densité de courant surfacique qui parcourt le cylindre de rayon b lui est nécessairement tangente. Elle ne peut donc avoir à priori que des composantes selon $\vec{u}_\theta$ et $\vec{u}_z$. D'où :

$$(52),(53) \Rightarrow \quad \boxed{\vec{j}_{sb} = -\frac{1}{\mu_0 c}\frac{U_0}{(\ln b - \ln a)}\frac{1}{b}\cos(\omega t - kz)\vec{u}_z} \quad (54)$$

8. Des expressions précédentes, on déduit la charge λ_i par unité de longueur et l'intensité i_i au niveau de chacun des conducteurs.

★ Pour le conducteur intérieur :

$$\left.\begin{array}{l} \lambda_a = 2\pi a \sigma_a \\ (45) \end{array}\right\} \Rightarrow \quad \boxed{\lambda_a = \frac{2\pi\varepsilon_0 U_0}{(\ln b - \ln a)}\cos(\omega t - kz)} \quad (55)$$

$$\left.\begin{array}{l} i_a = 2\pi a \vec{j}_{sa}\vec{u}_z \\ (51) \end{array}\right\} \Rightarrow \quad \boxed{i_a = \frac{2\pi}{\mu_0 c}\frac{U_0}{(\ln b - \ln a)}\cos(\omega t - kz)} \quad (56)$$

★ Pour le conducteur extérieur :

$$\left.\begin{array}{l} \lambda_b = 2\pi b \sigma_b \\ (48) \end{array}\right\} \Rightarrow \quad \boxed{\lambda_b = -\frac{2\pi\varepsilon_0 U_0}{(\ln b - \ln a)}\cos(\omega t - kz)} \quad (57)$$

$$\left.\begin{array}{l} i_b = 2\pi b \vec{j}_{sb}\vec{u}_z \\ (54) \end{array}\right\} \Rightarrow \quad \boxed{i_b = -\frac{2\pi}{\mu_0 c}\frac{U_0}{(\ln b - \ln a)}\cos(\omega t - kz)} \quad (58)$$

Remarques :

★ **Les surfaces en regard des conducteurs, portent des charges par unité de longueur opposées**.

Ceci est en accord avec le théorème de Gauss. En effet, considérons un cylindre d'axe Oz, de hauteur h, de rayon r compris entre b et $b+e$ et fermé par deux disques normaux à Oz. Le champ électrique étant nul à l'intérieur des conducteurs et radial entre les conducteurs, il est évident que son flux à travers la surface considérée est nul. La charge totale intérieure à cette surface doit donc être nulle. Or cette charge est localisée à la surface des conducteurs. On en déduit que les surfaces en regard des conducteurs correspondant à un tronçon de la ligne coaxiale, portent des charges opposées.

⋆ On remarque également que **les deux conducteurs d'un tronçon de la ligne coaxiale sont parcourus dans des sens opposés par un courant de même intensité**. Cette intensité dépend de la cote du tronçon considéré et du temps.

Ceci est en accord avec le théorème d'Ampère. En effet, considérons un cercle centré sur l'axe Oz, dans un plan normal à celui-ci et de rayon r compris entre b et $b+e$. Le champ magnétique étant nul à l'intérieur des conducteurs, sa circulation le long de ce cercle est nul. L'intensité algébrique des courants enlacés par ce cercle est donc également nulle. Or les courants sont localisés à la surface des conducteurs. On en déduit que les conducteurs de la ligne coaxiale sont parcourus en sens inverses par des courants de même intensité.

9. Soit $P(z,t)$ la puissance électrique correspondant à la section de cote z, à la date t. En convention récepteur :

$$\left.\begin{array}{c} P(z,t) = U(z,t)i_a(z,t) \\ (56) \end{array}\right\} \Rightarrow \boxed{P(z,t) = \frac{2\pi}{\mu_0 c}\frac{U_0^{\,2}}{(\ln b - \ln a)}\cos^2(\omega t - kz)}$$

On retrouve bien l'expression (39) de la puissance électromagnétique traversant la section considérée, établie dans la question n°5. Ainsi **la puissance propagée par l'onde électromagnétique entre les conducteurs correspond à la puissance électrique qui circule dans la ligne**.

10. L'équation locale de conservation de la charge s'écrit : $div\,\vec{j} + \dfrac{\partial \rho}{\partial t} = 0$

Cette équation signifie que la variation, entre t et $t+dt$, de la charge intérieure à une surface fermée, est égale à la charge pénétrant dans cette surface entre ces deux instants. Appliquons cela à un tronçon infinitésimal du conducteur interne, compris entre z et $z+dz$.

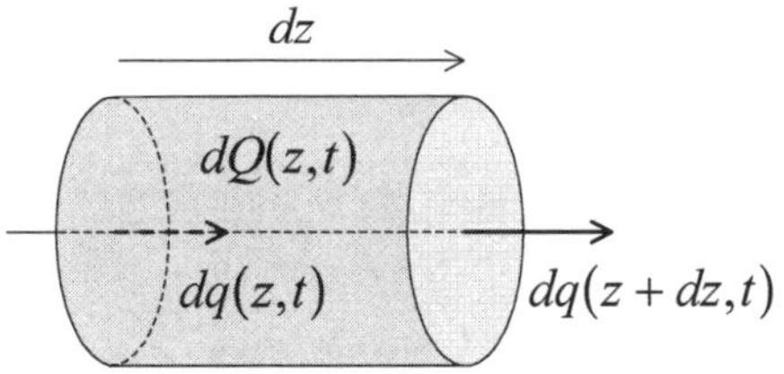

Soit $dQ(z,t) = \lambda_a(z,t)dz$ la charge intérieure à ce tronçon. La variation, entre t et $t+dt$, de cette charge $dQ(z,t)$ vaut :

$$d^2Q(z,t) = \frac{\partial \lambda_a(z,t)}{\partial t}dzdt = 2\pi a\frac{\partial \sigma_a(z,t)}{\partial t}dzdt \quad (59)$$

Soit $dq(z,t)$ la charge pénétrant dans ce tronçon au travers de la section de cote z, entre t et $t+dt$: $dq(z,t)=i_a(z,t)dt=2\pi a j_{sa}(z,t)dt$

Soit $dq(z+dz,t)$ la charge sortant de ce tronçon au travers de la section de cote $z+dz$, entre t et $t+dt$: $dq(z+dz,t)=i_a(z+dz,t)dt=2\pi a j_{sa}(z+dz,t)dt$

La charge entrant dans ce tronçon entre t et $t+dt$, vaut donc :

$$dq(z,t)-dq(z+dz,t)=2\pi a\left(j_{sa}(z,t)-j_{sa}(z+dz,t)\right)dt$$

$$\Rightarrow \quad dq(z,t)-dq(z+dz,t)=-2\pi a\frac{\partial j_{sa}(z,t)}{\partial z}dzdt \quad (60)$$

La conservation de la charge se traduit par :

$$\left.\begin{array}{c} d^2Q(z,t)=dq(z,t)-dq(z+dz,t) \\ (59),(60) \end{array}\right\}\Rightarrow 2\pi a\frac{\partial \sigma_a(z,t)}{\partial t}dzdt=-2\pi a\frac{\partial j_{sa}(z,t)}{\partial z}dzdt$$

$$\Rightarrow \quad \boxed{\frac{\partial \sigma_a(z,t)}{\partial t}=-\frac{\partial j_{sa}(z,t)}{\partial z}} \quad (61)$$

On vérifie que cette équation, traduisant la conservation de la charge, est satisfaite par les expressions des densités de charges et de courant obtenues dans la question n°7 :

$$(45) \quad \Rightarrow \quad \frac{\partial \sigma_a(z,t)}{\partial t}=-\frac{\varepsilon_0 U_0}{(\ln b-\ln a)}\frac{1}{a}\omega\sin(\omega t-kz) \quad (62)$$

$$(51) \quad \Rightarrow \quad \frac{\partial j_{sa}(z,t)}{\partial z}=\frac{1}{\mu_0 c}\frac{U_0}{(\ln b-\ln a)}\frac{1}{a}k\sin(\omega t-kz) \quad (63)$$

$$(62)(63) \quad \Rightarrow \quad \frac{\partial \sigma_a(z,t)}{\partial t}+\frac{\partial j_{sa}(z,t)}{\partial z}=\frac{U_0}{(\ln b-\ln a)}\frac{1}{a}\left(-\varepsilon_0\omega+\frac{k}{\mu_0 c}\right)\sin(\omega t-kz)$$

$$\Rightarrow \quad \frac{\partial \sigma_a(z,t)}{\partial t}+\frac{\partial j_{sa}(z,t)}{\partial z}=\frac{U_0}{(\ln b-\ln a)}\frac{\omega}{a}\left(-\varepsilon_0+\frac{1}{\mu_0 c^2}\right)\sin(\omega t-kz)$$

$$\Rightarrow \quad \frac{\partial \sigma_a(z,t)}{\partial t}+\frac{\partial j_{sa}(z,t)}{\partial z}=0$$

On retrouve bien l'équation (61) traduisant la conservation de la charge.

INDUCTION ELECTROMAGNETIQUE CAS DE LORENTZ

Exercice 1 ★

Rails de Laplace

Soient deux rails métalliques de résistances négligeables, parallèles et distants de a dans un même plan horizontal. Deux tiges métalliques identiques T_1 et T_2, de masse m et de résistance électrique R, peuvent glisser sans frottement sur ces deux rails, en leur restant perpendiculaires. L'ensemble du dispositif est plongé dans un champ magnétique vertical, uniforme et stationnaire $\vec{B} = B\vec{u}_z$. On néglige le champ propre du système .

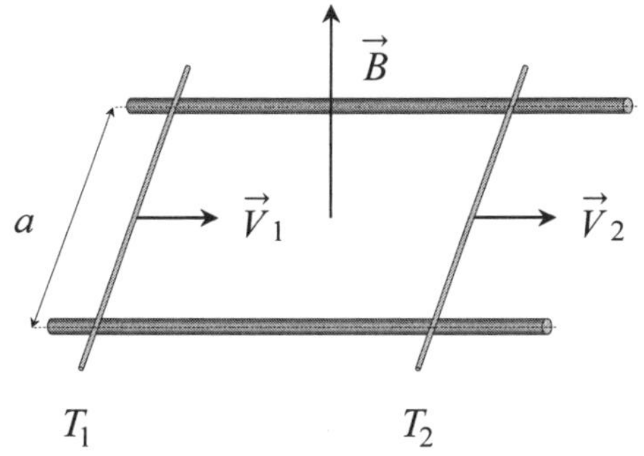

On note respectivement $\vec{V}_1$ et $\vec{V}_2$ les vitesses de chacune des tiges.

A la date $t = 0$, la tige T_1 est lancée avec une vitesse V_0 vers la droite alors que la tige T_2 est immobile.

1. Prévoir qualitativement le comportement du système.

2. Etudier les vitesses des tiges en fonction du temps et commenter les résultats obtenus.

3. Etablir la relation entre la puissance des forces de Laplace et celle de la force électromotrice induite dans le circuit.

4. Montrer que la diminution de l'énergie mécanique du système est égale à l'énergie dissipée par effet Joule. Etablir l'expression de cette dernière.

1. La tige T_1, lancée avec une vitesse V_0, constitue un conducteur en mouvement dans un champ magnétique extérieur stationnaire. Elle est le siège d'une force électromotrice induite (cas de Lorentz de l'induction électromagnétique) qui est à l'origine d'un courant dans le circuit fermé constitué par les rails et les deux tiges.
Chacune des deux tiges est alors soumise à une force de Laplace. Sous l'effet de cette force, la tige T_2 se met en mouvement et est à son tour le siège d'une force électromotrice induite.

Selon la loi de Lenz, les phénomènes d'induction s'opposent, dans leurs effets, à leurs causes. On peut considérer que la cause est ici une diminution du flux magnétique à travers le circuit, liée à la mise en mouvement de la tige T_1 vers la droite. Les tiges doivent alors se comporter de façon à limiter cette diminution du flux magnétique. On prévoit donc que la tige T_1 va être freinée (freinage par induction) et que la tige T_2 va se mettre en mouvement dans le sens de la tige T_1, mais à une vitesse moindre.

2. On peut remarquer au préalable que le problème comporte trois inconnues : les vitesses $V_1(t)$ et $V_2(t)$ de chacune des tiges et l'intensité $i(t)$ qui circule dans le circuit. La mise en équations du phénomène passe donc par l'établissement de trois équations indépendantes : une équation électrique et deux équations mécaniques.

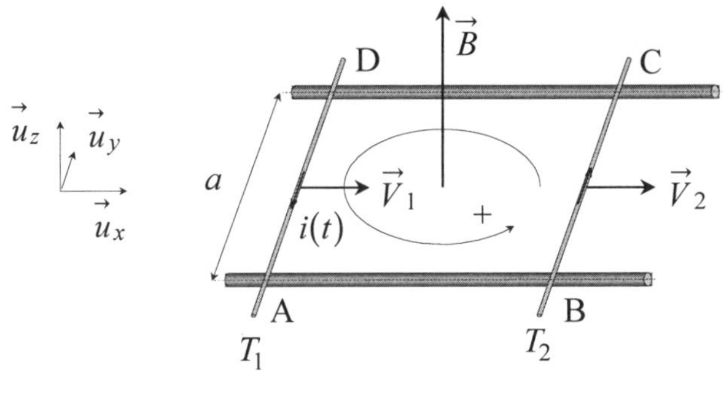

- *Equation électrique*

En notant e la force électromotrice induite dans le circuit, il vient :

$$e = 2Ri \quad (1)$$

e peut se calculer en utilisant la définition d'une force électromotrice induite (circulation du champ électromoteur) ou la loi de Faraday.

⋆ *Première méthode* : utilisation de la définition de la force électromotrice induite.

$$\left.\begin{aligned} e &= \oint_{circuit} \vec{E}_m(M)\cdot d\overrightarrow{OM} \\ \vec{E}_m(M) &= \vec{V}(M)\wedge\vec{B} \end{aligned}\right\} \Rightarrow \quad e = \oint_{circuit}\left(\vec{V}(M)\wedge\vec{B}\right)\cdot d\overrightarrow{OM} \quad (2)$$

$$\Rightarrow \quad e=\int_B^C\left(\vec{V}_2 \wedge \vec{B}\right)\cdot d\overrightarrow{OM}+\int_D^A\left(\vec{V}_1 \wedge \vec{B}\right)\cdot d\overrightarrow{OM}$$

$$\Rightarrow \quad e=\int_{y_B}^{y_C}\left(V_2\vec{u}_x \wedge B\vec{u}_z\right)\cdot dy\vec{u}_y+\int_{y_D}^{y_A}\left(V_1\vec{u}_x \wedge B\vec{u}_z\right)\cdot dy\vec{u}_y$$

$$\Rightarrow \quad e=-\int_{y_B}^{y_C}V_2B\cdot dy-\int_{y_D}^{y_A}V_1B\cdot dy=-(y_C-y_B)BV_2-(y_A-y_D)BV_1$$

$$\Rightarrow \quad e=aB(V_1-V_2) \quad (3)$$

⋆ *Deuxième méthode* : Utilisation de la loi de Faraday.

Notons ϕ le flux du champ magnétique à travers le circuit, c'est à dire à travers une surface s'appuyant sur celui-ci et orientée compatiblement avec lui (par la règle du « tire-bouchon »). Compte tenu de l'orientation choisie pour le circuit (cf. figure) :

$$\phi=\iint_S\vec{B}\cdot\overrightarrow{d^2s}=\iint_S\left(B\vec{u}_z\right)\cdot\left(d^2s\vec{u}_z\right)=\iint_S Bd^2s=Ba(x_2-x_1)$$

En utilisant la loi de Faraday :

$$\left.\begin{array}{l} e=-\dfrac{d\phi}{dt} \\ \phi=Ba(x_2-x_1) \end{array}\right\} \Rightarrow \quad e=-aB(\dot{x}_2-\dot{x}_1) \quad \Rightarrow \quad e=aB(V_1-V_2)$$

On retrouve bien l'expression (3) de la force électromotrice induite.

Finalement, l'équation électrique s'écrit :

$$(1),(3) \quad \Rightarrow \quad \boxed{2Ri=aB(V_1-V_2)} \quad (E)$$

- *Equations mécaniques*

⋆ *Théorème de la résultante cinétique appliqué à la tige T_1*

En notant respectivement $\vec{R}_1$, $\vec{R'}_1$ et $\vec{F}_1$ les réactions de chacun des deux rails et la force de Laplace subies par la tige T_1, l'application du théorème de la résultante cinétique à la tige T_1 donne :

$$m\frac{d\vec{V}_1}{dt}=\vec{F}_1+\vec{R}_1+\vec{R'}_1+m\vec{g} \quad (4)$$

La force de Laplace appliquée à la tige T_1 a pour expression :

$$\vec{F}_1 = \int_{T_1} i d\vec{l} \wedge \vec{B} = i\int_{y_D}^{y_A}\left(dy\vec{u}_y\right) \wedge \left(B\vec{u}_z\right) = iB\left(\int_{y_D}^{y_A} dy\right)\vec{u}_x$$

$$\Rightarrow \quad \vec{F}_1 = -aBi\vec{u}_x \quad (5)$$

Finalement, en projetant l'équation (4) sur $\vec{u}_x$, on obtient, compte tenu de l'expression (5) de la force de Laplace :

$$\boxed{m\frac{dV_1}{dt} = -aBi} \quad (M_1)$$

⋆ *Théorème de la résultante cinétique appliqué à la tige T_2*

La force de Laplace appliquée à la tige T_2 a pour expression :

$$\vec{F}_2 = \int_{T_2} i d\vec{l} \wedge \vec{B} = i\int_{y_B}^{y_C}\left(dy\vec{u}_y\right) \wedge \left(B\vec{u}_z\right) = iB\left(\int_{y_B}^{y_C} dy\right)\vec{u}_x$$

$$\Rightarrow \quad \vec{F}_2 = aBi\vec{u}_x \quad (6)$$

Le théorème de la résultante cinétique appliqué à la tige T_2 donne donc de la même façon :

$$\boxed{m\frac{dV_2}{dt} = aBi} \quad (M_2)$$

Les équations (E), (M_1) et (M_2) permettent ensuite d'étudier les vitesses des tiges :

$$\begin{cases} (E),(M_1) \Rightarrow \dfrac{dV_1}{dt} = -\dfrac{a^2B^2}{2mR}(V_1 - V_2) & (7) \\ (E),(M_2) \Rightarrow \dfrac{dV_2}{dt} = +\dfrac{a^2B^2}{2mR}(V_1 - V_2) & (8) \end{cases}$$

$$\Rightarrow \begin{cases} (7)+(8) \Rightarrow \dfrac{d(V_1 + V_2)}{dt} = 0 & (9) \\ (7)-(8) \Rightarrow \dfrac{d(V_1 - V_2)}{dt} = -\dfrac{a^2B^2}{mR}(V_1 - V_2) & (10) \end{cases}$$

$$\Rightarrow \begin{cases} (9) \Rightarrow V_1 + V_2 = K_1 & (11) \\ (10) \Rightarrow V_1 - V_2 = K_2 \exp\left(-\dfrac{a^2B^2}{mR}t\right) & (12) \end{cases}$$

Avec comme conditions initiales, à $t = 0$, $V_1 = V_0$ et $V_2 = 0$:

$$(11) \Rightarrow V_0 = K_1 \Rightarrow V_1 + V_2 = V_0$$

$$(12) \Rightarrow V_0 = K_2 \Rightarrow V_1 - V_2 = V_0 \exp\left(-\frac{a^2B^2}{mR}t\right)$$

D'où finalement :

$$\begin{cases} V_1 = \dfrac{V_0}{2}\left(1 + \exp\left(-\dfrac{t}{\tau}\right)\right) & (13) \\ V_2 = \dfrac{V_0}{2}\left(1 - \exp\left(-\dfrac{t}{\tau}\right)\right) & (14) \end{cases} \quad \text{avec} \quad \tau = \frac{mR}{a^2B^2} \quad (15)$$

τ est la constante de temps du phénomène.

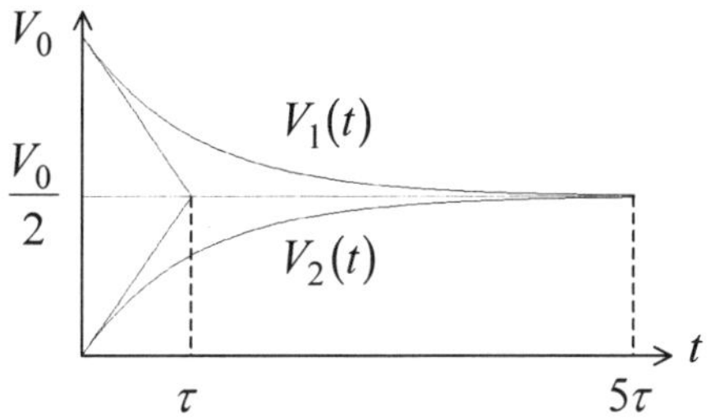

Les vitesses des tiges tendent exponentiellement vers une limite commune égale à $V_0/2$. Cette limite est approchée à moins de 1% près au bout d'un temps égal à environ 5τ. Elle peut donc être considérée comme atteinte d'autant plus rapidement que le champ magnétique est intense.

Lorsque les vitesses des tiges peuvent être considérées comme égales, la surface du circuit ne varie plus et la force électromotrice induite s'annule. Il n'y a plus de courant induit dans le circuit et donc plus de force de Laplace s'exerçant sur les tiges.

3. Soit P_L la puissance des forces de Laplace subies par les deux tiges.

$$\left.\begin{matrix} P_L = \vec{F}_1 \cdot \vec{V}_1 + \vec{F}_2 \cdot \vec{V}_2 \\ (5),(6) \end{matrix}\right\} \Rightarrow P_L = -aBi(V_1 - V_2) \quad (16)$$

Soit P_e la puissance fournie par la force électromotrice induite.

$$\left.\begin{matrix} P_e = ei \\ (3) \end{matrix}\right\} \Rightarrow P_e = aBi(V_1 - V_2) \quad (17)$$

Finalement : $(16),(17) \Rightarrow \boxed{P_L = -P_e}$ (18)

Ainsi la puissance dissipée par les forces de Laplace est opposée à la puissance de la force électromotrice induite dans le circuit.

4. Pour faire l'étude énergétique, il est intéressant de multiplier l'équation électrique (E) du circuit par l'intensité i du courant qui y circule et les équations mécaniques (M_1) et (M_2) des tiges par leurs vitesses respectives V_1 et V_2.

$$\left.\begin{array}{lll} (E)\cdot i & \Rightarrow & 2Ri^2 = aBi(V_1 - V_2) \\ (M_1)\cdot V_1 & \Rightarrow & mV_1 \dfrac{dV_1}{dt} = -aBiV_1 \\ (M_2)\cdot V_2 & \Rightarrow & mV_2 \dfrac{dV_2}{dt} = +aBiV_2 \end{array}\right\} \Rightarrow 2Ri^2 = -\left(mV_1 \frac{dV_1}{dt} + mV_2 \frac{dV_2}{dt}\right)$$

$$\Rightarrow 2Ri^2 = -\frac{d}{dt}\left(\frac{1}{2}mV_1^2 + \frac{1}{2}mV_2^2\right)$$

$$\Rightarrow 2Ri^2 dt = -d\left(\frac{1}{2}mV_1^2 + \frac{1}{2}mV_2^2\right) \quad (19)$$

Remarque : L'énergie potentielle du système est égale à la somme des énergies potentielles de pesanteur des deux tiges. Celles-ci se déplaçant dans un plan horizontal, cette énergie potentielle reste constante. La variation de l'énergie mécanique du système est donc égale à la variation de son énergie cinétique.

Compte tenu de la remarque précédente, la relation (19) signifie que l'énergie dissipée par effet Joule entre, t et $t + dt$, est égale à la diminution de l'énergie mécanique de l'ensemble des deux tiges, entre ces deux instants.

L'énergie dissipée par effet Joule lors du mouvement des tiges est donc égale à la diminution de l'énergie mécanique des tiges, c'est à dire à la diminution de leur énergie cinétique :

$$\left.\begin{array}{l} E_{c_{initiale}} = \dfrac{1}{2}mV_0^2 \\ E_{c_{finale}} = \dfrac{1}{2}m\left(\dfrac{V_0}{2}\right)^2 + \dfrac{1}{2}m\left(\dfrac{V_0}{2}\right)^2 = \dfrac{1}{4}mV_0^2 \end{array}\right\} \Rightarrow \Delta E_c = -\frac{1}{4}mV_0^2$$

$$\Rightarrow \boxed{W_J = -\Delta E_c = \frac{1}{4}mV_0^2} \quad (20)$$

Remarque : L'énergie dissipée par effet Joule peut bien sûr se calculer directement.

$$W_J = \int_0^\infty 2Ri^2 dt \quad (22)$$

En reprenant l'équation électrique, l'expression de la force électromotrice induite et celle des vitesses des tiges :

$$i = \frac{e}{2R} = \frac{aB}{2R}(V_1 - V_2) = \frac{aB}{2R}V_0 \exp\left(-\frac{a^2B^2}{mR}t\right) \quad (23)$$

$$(22),(23) \quad \Rightarrow \quad W_J = \int_0^\infty 2R\frac{a^2B^2}{4R^2}V_0^2 \exp\left(-2\frac{a^2B^2}{mR}t\right)dt$$

$$\Rightarrow \quad W_J = \frac{a^2B^2}{2R}V_0^2\frac{mR}{2a^2B^2} = \frac{1}{4}mV_0^2$$

On retrouve bien l'expression obtenue précédemment en faisant un bilan énergétique.

Exercice 2 ★★

Principe de la roue de Barlow

Dans son principe une roue de Barlow peut être décrite de la façon suivante :
Un disque de cuivre de rayon a est mobile autour d'un axe fixe, normal à son plan et passant par son centre. On note J son moment d'inertie par rapport à cet axe et $\omega(t)$ sa vitesse de rotation.

Ce disque est plongé dans un champ magnétique extérieur, uniforme et stationnaire, normal à son plan (cf. figure).
Des contacts électriques en O et A permettent d'insérer le disque dans un circuit électrique extérieur. On note R la résistance électrique de la roue, vue des points O et A. On note $i(t)$ l'intensité du courant qui circule dans ce circuit lorsqu'il est fermé et on tient compte de la diffusion des lignes de courant dans le disque.

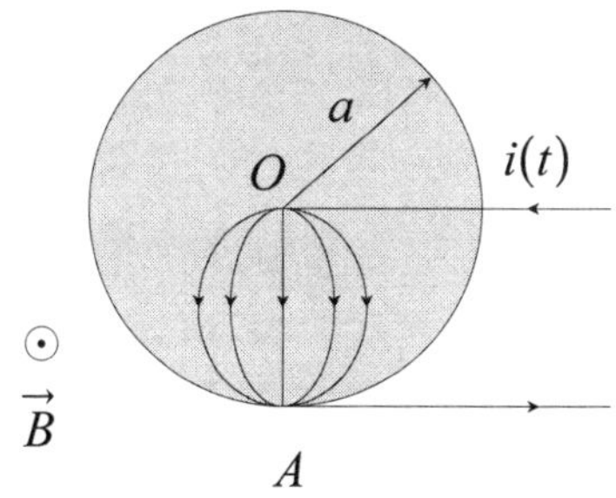

1. Calculer la force électromotrice induite le long d'une ligne de courant entre les points O et A.

2. Exprimer la différence de potentiel entre les points O et A en négligeant la résistance de la roue.

3. Reprendre la question précédente en tenant compte cette fois de la résistance de la roue.

4. Définir et calculer le moment, par rapport à l'axe de rotation, des forces de Laplace s'exerçant sur la roue.

1. La force électromotrice induite le long de la ligne de courant (Γ), entre les points O et A, est définie par :

$$e = \int_O^A \vec{E}_m \cdot d\vec{l} \quad (1)$$ où $\vec{E}_m$ est le champ électromoteur

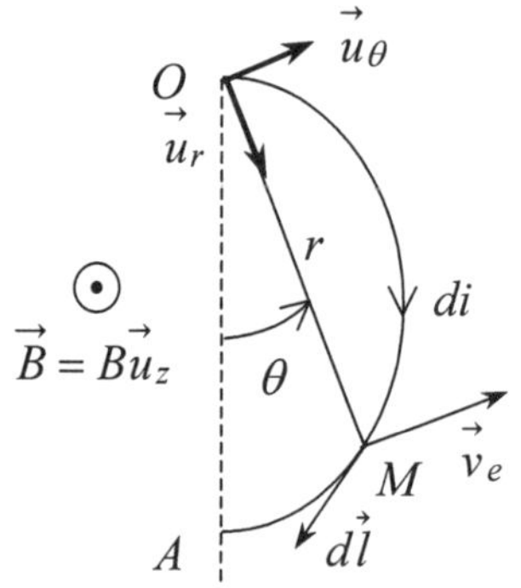

La roue constitue un conducteur mobile dans un champ magnétique stationnaire. Elle relève donc du cas de Lorentz de l'induction électromagnétique. Le champ électromoteur au point M du conducteur a pour expression :

$$\vec{E}_m = \vec{v}_e \wedge \vec{B} \quad (2)$$

où $\vec{v}_e$ est la vitesse du conducteur en M.

Le point M étant entraîné par le mouvement de la roue : $\vec{v}_e = \omega r \vec{u}_\theta \quad (3)$

$$(2),(3) \Rightarrow \vec{E}_m = \omega r \vec{u}_\theta \wedge B\vec{u}_z = B\omega r \vec{u}_r \quad (4)$$

Par ailleurs : $$\left.\begin{array}{c} d\vec{l} = dr\vec{u}_r + rd\theta\vec{u}_\theta \\ (4) \end{array}\right\} \Rightarrow \vec{E}_m \cdot d\vec{l} = B\omega r dr \quad (5)$$

On en déduit : $$(1),(5) \Rightarrow e = \int_0^a B\omega r dr$$

$$\Rightarrow \boxed{e = \frac{1}{2}Ba^2\omega} \quad (6)$$

2. Considérons un tube de courant de section élémentaire, entre les points O et A (la géométrie de ce tube est à priori inconnue).
Si on néglige la résistance de la roue le tube de courant est équivalent à un géné-

rateur de tension idéal dont la force électromotrice est égale à e.
La roue, vue des points O et A est alors assimilable à un ensemble de générateurs de tension idéaux de même force électromotrice e et branchés en parallèle. La différence de potentiel entre O et A est égale à la valeur commune de cette force électromotrice :

$$u = v_A - v_O = e \quad (7)$$

Finalement : $(6),(7) \Rightarrow$ $$\boxed{u = v_A - v_O = \frac{1}{2} B a^2 \omega} \quad (8)$$

3. Si on ne néglige pas la résistance R de la roue, le tube de courant considéré à la question précédente est équivalent à un générateur de tension de force électromotrice e et de conductance dG, débitant un courant d'intensité di. La différence de potentiel entre O et A le long de ce tube a pour expression :

$$u = v_A - v_O = e - \frac{1}{dG} di$$

$$\Rightarrow \quad di = (e-u)dG$$

En intégrant cette expression sur tous les tubes de courant de la roue, on obtient, en notant respectivement G et R la conductance et la résistance de la roue vue des points O et A :

$$i = \int_{tubes} di = \int_{tubes} (e-u)dG = (e-u) \int_{tubes} dG = (e-u)G = \frac{(e-u)}{R}$$

$$\Rightarrow \quad u = v_A - v_O = e - Ri \quad (9)$$

Finalement : $(6),(9) \Rightarrow$ $$\boxed{u = v_A - v_O = \frac{1}{2} B a^2 \omega - Ri} \quad (10)$$

4. Par définition le moment d'une force, par rapport à un axe (Δ) passant par O, est égal à la projection, sur cet axe, du moment en O de cette force :

$$M_\Delta = \overrightarrow{M}_O \cdot \vec{u}_z \quad (11)$$

Considérons à nouveau un tube de courant de section élémentaire entre O et A, parcouru par un courant d'intensité di.
Soit $\vec{dl}$ un tronçon infinitésimal de ce tube. La force de Laplace s'exerçant sur ce tronçon est : $$d^2\vec{f} = di\,\vec{dl} \wedge \vec{B} \quad (12)$$

$$\left.\begin{array}{c} \vec{dl} = dr\vec{u}_r + rd\theta\vec{u}_\theta \\ (12) \end{array}\right\} \Rightarrow d^2\vec{f} = di\left(dr\vec{u}_r + rd\theta\vec{u}_\theta\right) \wedge B\vec{u}_z = Bdi\left(-dr\vec{u}_\theta + rd\theta\vec{u}_r\right)$$

Le moment en O de cette force est :

$$d^2\overrightarrow{M}_O = \overrightarrow{OM} \wedge d^2\overrightarrow{f} = r\overrightarrow{u}_r \wedge Bdi\left(-dr\overrightarrow{u}_\theta + rd\theta\overrightarrow{u}_r\right) = -Brdidr\overrightarrow{u}_z$$

Son moment par rapport à l'axe (Δ) vaut alors :

$$d^2 M_\Delta = d^2\overrightarrow{M}_O \cdot \overrightarrow{u}_z = -Brdidr$$

En sommant cette expression le long du tube de courant considéré, on obtient le moment, par rapport à l'axe (Δ), des forces de Laplace s'exerçant sur ce tube :

$$dM_\Delta = \int_{tube} d^2 M_\Delta = \int_{r=0}^{a} -Brdidr = -Bdi\int_0^a rdr = -\frac{1}{2}Ba^2 di$$

En sommant pour finir cette dernière expression sur tous les tubes de courant on obtient le moment, par rapport à l'axe (Δ), des forces de Laplace s'exerçant sur la roue :

$$M_\Delta = \int_{tubes} dM_\Delta = -\frac{1}{2}Ba^2 \int_{tubes} di = -\frac{1}{2}Ba^2 i$$

$$\boxed{M_\Delta = -\frac{1}{2}Ba^2 i} \quad (13)$$

Exercice 3 ★

Principe du ralentisseur électromagnétique

On considère une roue de Barlow telle que celle décrite dans l'exercice 2 de ce chapitre. Son moment d'inertie par rapport à son axe de rotation est noté J. Sa résistance électrique est négligeable. Le circuit extérieur sur lequel elle est fermée, est composé d'une résistance R et d'un interrupteur K. On néglige les frottements mécaniques et les phénomènes d'auto-induction.

A la date $t = 0$ on applique à la roue, initialement au repos, un couple moteur de moment constant $\overrightarrow{C} = C\overrightarrow{u}_z$. L'interrupteur K est maintenu ouvert et le champ magnétique n'est pas établi. Lorsqu'à la date t_0, la vitesse de la roue atteint la valeur ω_0 on ferme l'interrupteur K et on établit le champ magnétique. Le couple moteur est maintenu.

1. Prévoir, sans calcul, par une analyse de la situation physique, le comportement de la roue.

2. En utilisant les résultats de l'exercice 2, établir deux équations liant l'intensité $i(t)$ du courant dans le circuit et la vitesse de rotation $\omega(t)$ de la roue lorsque t est supérieur à t_0.

2. Etudier la vitesse de rotation de la roue pour t supérieur à t_0. Définir la constante de temps du phénomène et montrer que cette vitesse tend vers une vitesse limite ω_l.

3. Tracer la courbe représentative de $\omega(t)$ pour t supérieur à t_0 en distinguant plusieurs cas selon les valeurs relatives de ω_0 et de ω_l et indiquer sur le graphique une interprétation géométrique de τ.

4. Etudier la puissance cinétique de la roue et commenter le cas du régime permanent.

1. Sous l'effet du couple moteur, la roue, initialement au repos, se met en rotation. Le moment de ce couple étant constant et les frottements mécaniques étant négligés, sa vitesse de rotation augmente linéairement au cours du temps.
Lorsqu'à la date t_0, le champ magnétique est établi et l'interrupteur K fermé, la roue constitue un conducteur mobile dans un champ magnétique stationnaire, fermé sur une résistance extérieure. Elle devient le siège d'un phénomène d'induction (cas de Lorentz) et des courants induits s'y développent. On peut alors prévoir que les forces de Laplace qui en résultent vont s'opposer, selon la **loi de Lenz**, à la cause ayant donné naissance à ce phénomène d'induction, c'est à dire au mouvement de rotation.
Dès lors, la roue sera soumise à un couple moteur et à un système de forces de Laplace jouant un rôle de freinage (freinage par induction) dont le moment devrait être fonction de la vitesse de rotation. On peut prévoir l'apparition d'un régime permanent.

2. *Equations du problème*

- *Equation électrique*

Du point de vue électrique, le dispositif est équivalent au circuit suivant :

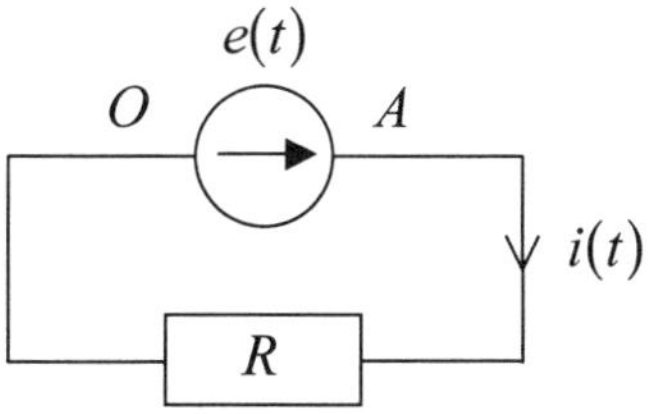

L'équation électrique s'écrit donc : $u = v_A - v_O = Ri$

En reprenant l'expression (8) de la tension aux bornes de la roue de Barlow, établie dans l'exercice précédent :

$$\left.\begin{array}{l} v_A - v_O = Ri \\ v_A - v_O = \dfrac{1}{2}Ba^2\omega \end{array}\right\} \Rightarrow \boxed{\frac{1}{2}Ba^2\omega = Ri} \quad (1)$$

- *Equation mécanique*

Les moments, par rapport à l'axe de rotation, du poids et des réactions d'axe, sont nuls puisque ces forces s'appliquent en O. Les frottements sont par ailleurs négligés. Les seuls moments, par rapport à l'axe, à prendre en compte sont donc ceux des forces de Laplace et du couple moteur. En les notant respectivement M_Δ et C, il vient :

$$J\frac{d\omega}{dt} = M_\Delta + C$$

En reprenant l'expression (13) du moment par rapport à l'axe de rotation des forces de Laplace, établie dans l'exercice précédent, il vient :

$$\left.\begin{array}{l} J\dfrac{d\omega}{dt} = M_\Delta + C \\ M_\Delta = -\dfrac{1}{2}Ba^2 i \end{array}\right\} \Rightarrow \boxed{J\frac{d\omega}{dt} = -\frac{1}{2}Ba^2 i + C} \quad (2)$$

3. En éliminant $i(t)$ entre les équations (1) et (2), on établit l'équation différentielle du mouvement :

$$\left.\begin{array}{l} \dfrac{1}{2}Ba^2\omega = Ri \\ J\dfrac{d\omega}{dt} = -\dfrac{1}{2}Ba^2 i + C \end{array}\right\} \Rightarrow \boxed{\frac{d\omega}{dt} + \frac{B^2a^4}{4JR}\omega = \frac{C}{J}} \quad (3)$$

Cette équation différentielle traduit une loi de variation exponentielle de la vitesse de rotation $\omega(t)$, avec une constante de temps égale à :

$$\boxed{\tau = \frac{4JR}{B^2a^4}} \quad (4)$$

Sa solution générale est de la forme : $$\omega(t) = \frac{4CR}{B^2a^4} + K\exp\left(-\frac{t}{\tau}\right) \quad (5)$$

A $t = t_0$: $\omega = \omega_0 \Rightarrow \omega_0 = \dfrac{4CR}{B^2a^4} + K\exp\left(-\dfrac{t_0}{\tau}\right) \Rightarrow K = \left(\omega_0 - \dfrac{4CR}{B^2a^4}\right)\exp\left(\dfrac{t_0}{\tau}\right)$

D'où finalement : $\omega(t) = \dfrac{4CR}{B^2a^4} + \left(\omega_0 - \dfrac{4CR}{B^2a^4}\right)\exp\left(-\dfrac{t-t_0}{\tau}\right)$ (6)

La vitesse de rotation tend vers une valeur limite égale à : $\boxed{\omega_l = \dfrac{4CR}{B^2a^4}}$ (7)

La loi de variation de la vitesse de rotation s'écrit donc :

$$\boxed{\omega(t) = \omega_l + (\omega_0 - \omega_l)\exp\left(-\frac{t-t_0}{\tau}\right)} \quad (8)$$

On remarque que la vitesse limite est d'autant plus faible et le régime permanent d'autant plus rapidement atteint que le champ magnétique est intense.

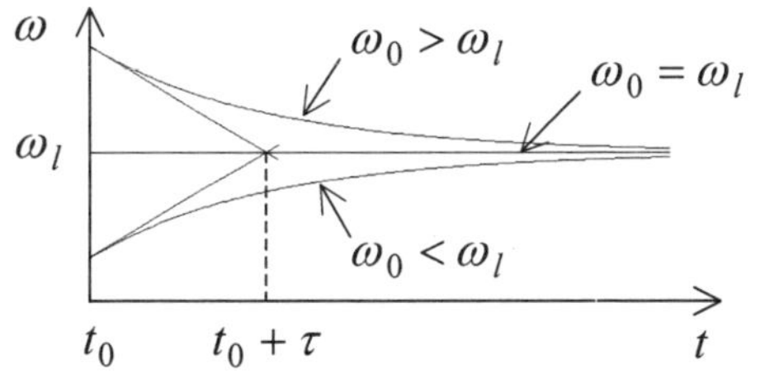

L'allure de la courbe représentative de $\omega(t)$ dépend des valeurs relatives de ω_0 et de ω_l. **Dans tous les cas les phénomènes d'induction ont un rôle modérateur**.

La roue fait office de ralentisseur. En effet, en absence des phénomènes d'induction, la vitesse de rotation continue à croître linéairement (frottements négligés) au lieu de tendre vers une valeur limite.

4. En multipliant l'équation électrique (1) par $i(t)$ et l'équation mécanique (2) par $\omega(t)$, on obtient :

$$\begin{cases} \dfrac{1}{2}Ba^2\omega i = Ri^2 & (9) \\ J\omega\dfrac{d\omega}{dt} = -\dfrac{1}{2}Ba^2\omega i + C\omega & (10) \end{cases}$$

$$\Rightarrow \quad J\omega\frac{d\omega}{dt} = -Ri^2 + C\omega \quad \Rightarrow \quad \boxed{\frac{d}{dt}\left(\frac{1}{2}J\omega^2\right) = -Ri^2 + C\omega}$$

La puissance cinétique de la roue est égale à la puissance reçue de la part du couple moteur, diminuée de la puissance dissipée par effet Joule. En régime permanent :

$$\omega = \omega_l \quad \Rightarrow \quad \frac{d}{dt}\left(\frac{1}{2}J\omega^2\right) = 0 \quad \Rightarrow \quad C\omega = Ri^2$$

La puissance fournie par le couple moteur correspond alors à la puissance dissipée par effet Joule.

Exercice 4 ★★

Principe d'une dynamo bipolaire

La dynamo étudiée est une dynamo simplifiée décrite par les figures ci-dessous. Elle se compose d'un stator et d'un rotor.

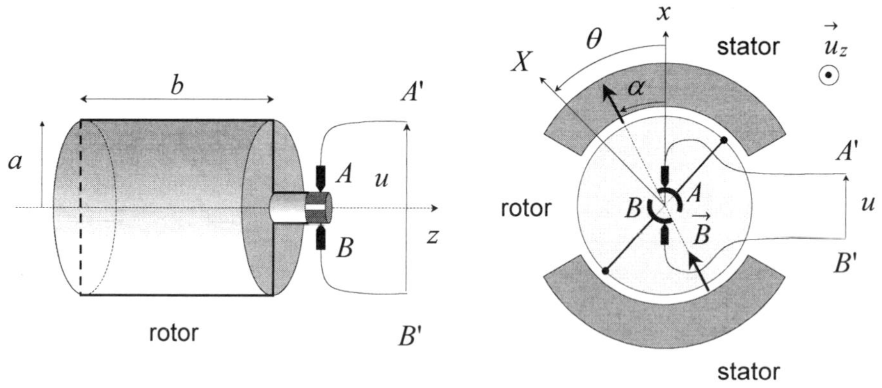

Le ***stator*** est constitué de deux pièces polaires magnétiques fixes, demi-cylindriques, d'ouverture angulaire égale à $2\pi/3$.

Le ***rotor*** est constitué d'un cylindre de fer doux, d'axe Oz, de rayon a et de hauteur b et d'un bobinage comportant N tours et assimilable à un rectangle filiforme, de longueur b et de largeur $2a$. On notera $S = 2ab$ la surface de ce rectangle. Les brins de longueur b sont disposés selon des génératrices du cylindre. Le bobinage et le cylindre sont électriquement isolés. Lorsque la dynamo fonctionne, le rotor tourne autour de l'axe Oz à la vitesse angulaire ω. La position de l'enroulement est alors repérée par l'angle θ que fait sa normale OX avec l'axe Ox.

Le bobinage peut-être inséré dans un circuit électrique extérieur par l'intermédiaire du ***collecteur***. Celui-ci est constitué de deux bagues conductrices hémi-cylindriques A et B, reliées chacune à une extrémité du bobinage et isolées électriquement l'une de l'autre, et de deux balais A' et B' connectés au circuit extérieur. Lors de la rotation du rotor les contacts entre les bagues et les balais sont les suivants :

$0 < \theta < \pi$ A' en contact avec A et B' en contact avec B.

$\pi < \theta < 2\pi$ A' en contact avec B et B' en contact avec A.

L'espace entre le noyau de fer doux et les pièces polaires magnétiques constitue l'entrefer d'un aimant où règne un champ magnétique $\vec{B}(M)$. M étant un point de cet entrefer, défini par $\overrightarrow{OM} = a\vec{u}_\alpha$ et $\left(\vec{u}_x, \vec{u}_\alpha\right) = \alpha$, ce champ est décrit par :

$$-\frac{\pi}{3} \leq \alpha \leq \frac{\pi}{3} \quad \vec{B}(M) = B\vec{u}_\alpha \quad ; \frac{2\pi}{3} \leq \alpha \leq \frac{4\pi}{3} \quad \vec{B}(M) = -B\vec{u}_\alpha \quad ; \text{sinon } \vec{B} = \vec{0}$$

1. Etudier la tension $u = V_{A'} - V_{B'}$ aux bornes de la dynamo en circuit ouvert en fonction de θ, lorsque le rotor tourne à la vitesse ω. Quel est le défaut du dispositif ?

2. Pour pallier le défaut précédent on remplace le bobinage par un ensemble de trois bobinages identiques dont les plans forment entre eux des angles égaux à $\pi/3$. Le collecteur est conçu de sorte que les forces électromotrices induites dans chacun des bobinages s'additionnent. Que devient alors la tension u aux bornes de la dynamo en circuit ouvert ?

3. Quel est le principe d'une dynamo tachymétrique ?

4. La dynamo est branchée aux bornes d'une résistance R dont la valeur est grande devant celles des bobinages. Les phénomènes d'auto-induction, ainsi que les frottements, sont négligés.

4.1. Calculer le couple moteur qu'il faut exercer sur l'axe du rotor pour que la dynamo fournisse sa force électromotrice nominale e. (On néglige les frottements mécaniques).

4.2. A quoi correspond la puissance mécanique fournie à la dynamo ?

1. Lorsque le rotor tourne à la vitesse ω autour de l'axe Oz, le bobinage est en mouvement dans le champ magnétique stationnaire de l'aimant. Il est donc le siège d'une force électromotrice induite (cas de Lorentz).

En orientant le bobinage de A vers B compatiblement avec sa normale Oz, il vient en circuit ouvert :

$$V_A - V_B = -\int_A^B \vec{E}_m \cdot d\vec{l} = -\int_A^B \left(\vec{V} \wedge \vec{B}\right) \cdot d\vec{l} \quad (1)$$

Seuls les brins parallèles à l'axe Oz sont plongés dans le champ magnétique de l'aimant. En utilisant les notations définies sur les figures 1 et 2 (cf. page suivante) et en assimilant le bobinage à N spires rectangulaires en série, on obtient :

$$(1) \Rightarrow V_A - V_B = -N\left(\int_{M_1}^{M_2} \left(\vec{V} \wedge \vec{B}\right) \cdot d\vec{l} + \int_{M_3}^{M_4} \left(\vec{V} \wedge \vec{B}\right) \cdot d\vec{l}\right)$$

$$\Rightarrow \quad V_A - V_B = -N\left(\int_{z_1}^{z_2}\left(a\omega\vec{u}_\theta \wedge \vec{B}\right)\cdot dz\vec{u}_z + \int_{z_3}^{z_4}\left(a\omega\vec{u}_\theta \wedge \vec{B}\right)\cdot dz\vec{u}_z\right) \quad (2)$$

Les brins du bobinage parallèles à l'axe Oz ne sont effectivement plongés dans le champ magnétique de l'aimant que lorsque $\pi/6 < \theta < 5\pi/6$ (figure 1) ou que $7\pi/6 < \theta < 11\pi/6$ (figure 2).

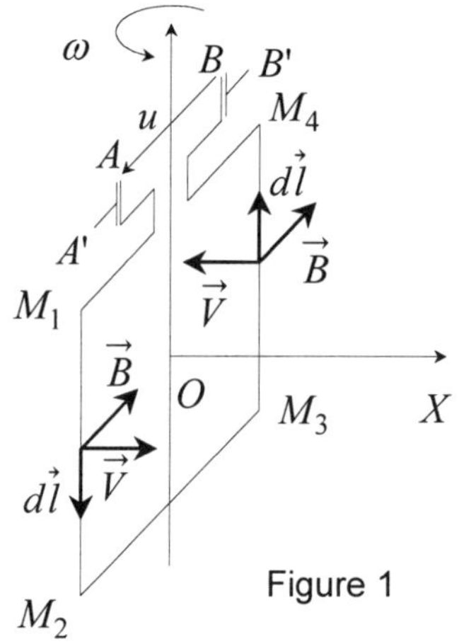

Figure 1

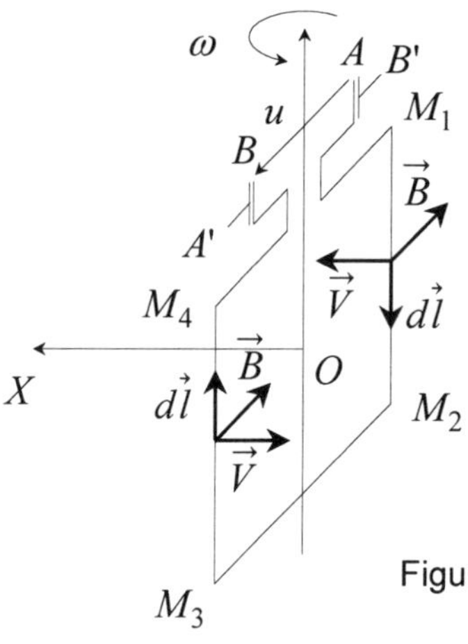

Figure 2

- Pour $\pi/6 < \theta < 5\pi/6$ (figure 1) : $u = V_{A'} - V_{B'} = V_A - V_B \quad (3)$

$$(2) \quad \Rightarrow \quad V_A - V_B = -N\left(\int_{z_1}^{z_2}\left(a\omega\vec{u}_\theta \wedge -B\vec{u}_r\right)\cdot dz\vec{u}_z + \int_{z_3}^{z_4}\left(a\omega\vec{u}_\theta \wedge B\vec{u}_r\right)\cdot dz\vec{u}_z\right)$$

$$\Rightarrow \quad V_A - V_B = -NaB\omega\left(\int_{z_1}^{z_2} dz - \int_{z_3}^{z_4} dz\right) = N2abB\omega \quad (4)$$

$$(3),(4) \quad \Rightarrow \quad \boxed{u = NSB\omega} \quad (5)$$

- Pour $7\pi/6 < \theta < 11\pi/6$ (figure 2) : $u = V_{A'} - V_{B'} = -(V_A - V_B) \quad (6)$

$$(2) \quad \Rightarrow \quad V_A - V_B = -N\left(\int_{z_1}^{z_2}\left(a\omega\vec{u}_\theta \wedge B\vec{u}_r\right)\cdot dz\vec{u}_z + \int_{z_3}^{z_4}\left(a\omega\vec{u}_\theta \wedge -B\vec{u}_r\right)\cdot dz\vec{u}_z\right)$$

$$\Rightarrow \quad V_A - V_B = -NaB\omega\left(-\int_{z_1}^{z_2} dz + \int_{z_3}^{z_4} dz\right) = -N2abB\omega \quad (7)$$

$$(6),(7) \quad \Rightarrow \quad \boxed{u = NSB\omega} \quad (8)$$

Finalement :

$$u = NSB\omega \text{ pour } \pi/6 < \theta < 5\pi/6 \text{ ou } 7\pi/6 < \theta < 11\pi/6 \text{ , sinon } u = 0.$$

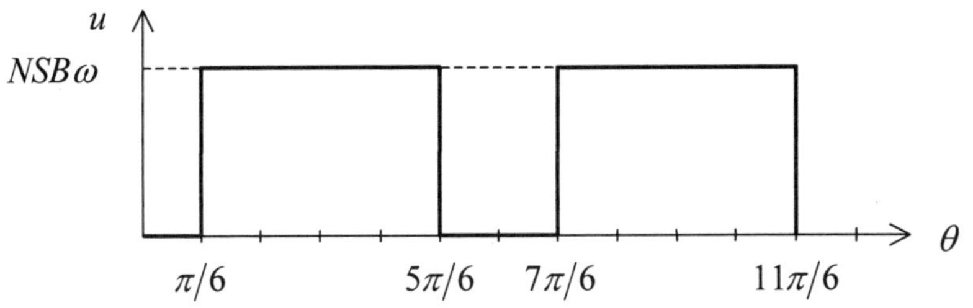

La dynamo étudiée présente un défaut. Lorsque les brins du bobinage parallèles à l'axe Oz sont en dehors de l'entrefer, la force électromotrice produite par la dynamo est nulle.

2. On reconduit le raisonnement précédent pour chacun des bobinages en tenant compte du fait que leurs normales font entre elles des angles égaux à $\pi/3$. Les résultats doivent donc être translatés de $\pi/3$ lorsqu'on passe du bobinage i au bobinage $i+1$. La tension aux bornes de chaque bobinage est alors représentée par les graphes suivants :

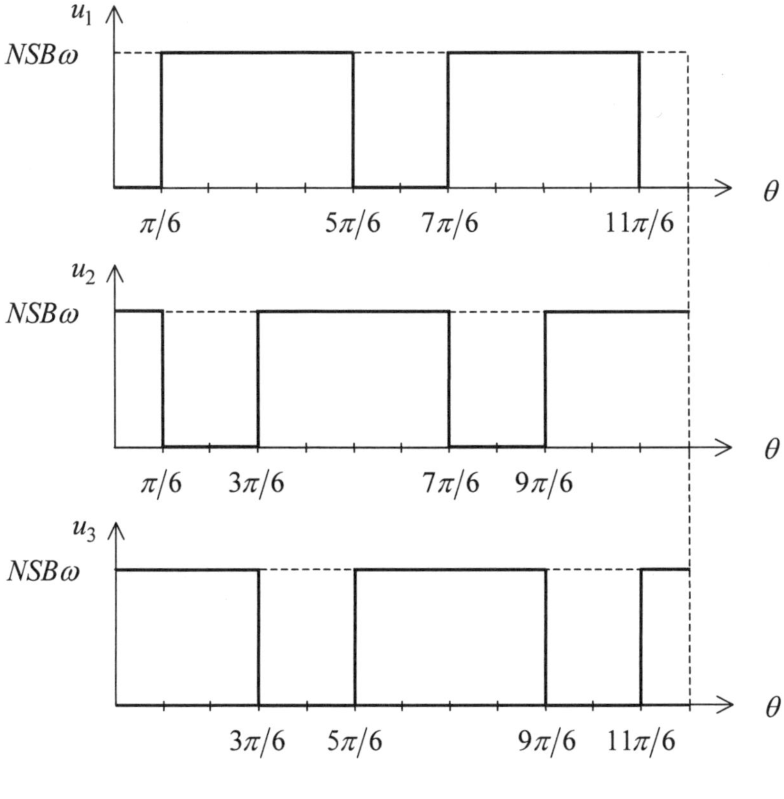

Aux bornes de la dynamo : $u = \sum_{i=1}^{3} u_i$

Compte tenu des graphes précédents, on obtient pour toute valeur de θ :

$$\boxed{u = 2NSB\omega} \quad (9)$$

3. On remarque que la tension en circuit ouvert de la dynamo est proportionnelle à la vitesse de rotation ω de son rotor. On peut utiliser cette propriété pour mesurer la vitesse de rotation d'une machine tournante. Il suffit en effet pour cela de solidariser le rotor de la machine tournante à celui d'une petite dynamo, qualifiée pour la circonstance de tachymétrique, et de mesurer la tension en circuit ouvert aux bornes de celle-ci. Connaissant le rapport de proportionnalité entre cette tension et la vitesse de rotation, on en déduit cette dernière.
En produisant une tension proportionnelle à la vitesse de rotation, la dynamo joue le rôle de capteur de vitesse de rotation.

4. On connecte une résistance R à la dynamo. En adoptant les conventions récepteur vis à vis de la résistance, le circuit est le suivant :

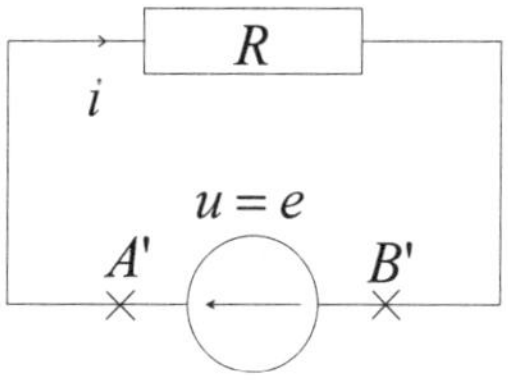

Remarque : Compte tenu de l'orientation du circuit, le courant circule dans la dynamo de B' vers A'. Les brins plongés dans le champ $\vec{B} = B\vec{u}_r$ sont parcourus selon $-\vec{u}_z$; les brins plongés dans le champ $\vec{B} = -B\vec{u}_r$ sont parcourus selon $\vec{u}_z$.

4.1. Soit Γ le couple moteur qu'il faut exercer sur l'axe du rotor pour que la dynamo fournisse sa force électromotrice nominale e. La dynamo tournant à la vitesse constante ω, le théorème scalaire du moment cinétique s'écrit :

$$J\frac{d\omega}{dt} = M + \Gamma = 0 \quad (10)$$

Les forces de Laplace appliquées aux brins parcourus dans le sens de $-\vec{u}_z$ et celles appliquées aux brins parcourus dans le sens de $\vec{u}_z$ sont opposées. Elles constituent un système de forces équivalent à un couple dont le moment est parallèle à l'axe Oz.

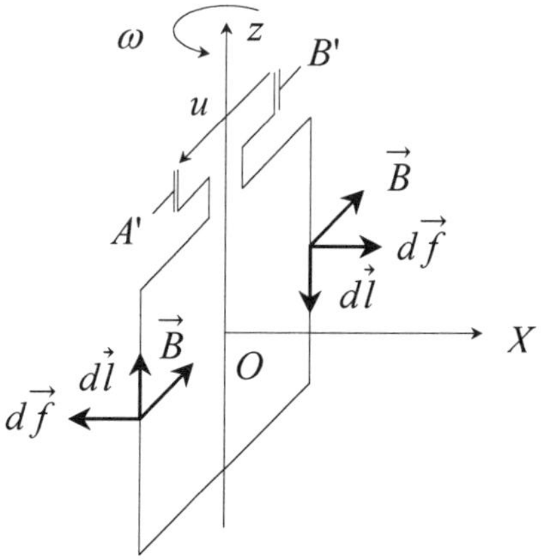

La force de Laplace appliquée à un brin parcouru dans le sens de $-\vec{u}_z$ est égale à :

$$\vec{f} = \int_{brin} i\vec{dl} \wedge \vec{B} = \int_{b/2}^{-b/2} \left(i\vec{u}_z \wedge B\vec{u}_r\right) dz = -ibB\vec{u}_\theta$$

Son moment par rapport à l'axe Oz vaut : $m = -iabB = -\frac{1}{2}iSB$

La force de Laplace appliquée à un brin parcouru dans le sens de $\vec{u}_z$ est égale à :

$$\vec{f} = \int_{brin} i\vec{dl} \wedge \vec{B} = \int_{-b/2}^{b/2} \left(i\vec{u}_z \wedge -B\vec{u}_r\right) dz = -ibB\vec{u}_\theta$$

Son moment par rapport à l'axe Oz vaut : $m = -iabB = -\frac{1}{2}iSB$

Ainsi tous les brins plongés dans le champ magnétique de l'aimant contribuent de la même façon au moment résultant par rapport à l'axe Oz des forces de Laplace. Comme il y a toujours $4N$ brins dans le champ magnétique de l'aimant, ce moment résultant vaut : $M = -2NSBi \quad (11)$

Par ailleurs, l'équation électrique s'écrit : $e = u = Ri \quad (12)$

Finalement : $(9),(11),(12) \Rightarrow M = -\frac{2NSB}{R}e = -\frac{e^2}{R\omega} \quad (13)$

D'où : $(10),(13) \Rightarrow \boxed{\Gamma = \frac{e^2}{R\omega}} \quad (14)$

4.2. En multipliant l'expression (14) de Γ par ω, on obtient la puissance mécanique fournie à la dynamo :

$$\boxed{P = \Gamma\omega = \frac{e^2}{R} = ei} \quad (15)$$

Ainsi, les frottements étant négligés, la puissance mécanique fournie à la dynamo, pour la faire tourner à la vitesse ω, correspond à la puissance électrique de la force électromotrice induite qui est la puissance fournie par la dynamo au circuit.

Exercice 5 ★

Compteur de vitesse

Pour réaliser un compteur de vitesse on utilise une génératrice tachymétrique, à courant continu et à inducteur permanent et un petit moteur à courant continu. La génératrice et le moteur ont les mêmes caractéristiques que la dynamo bipolaire étudiée dans la question 2 de l'exercice n°4 de ce chapitre. On note r la résistance de chaque induit et ϕ le rapport de proportionnalité entre la force électromotrice produite par la génératrice et la vitesse de rotation ω de son rotor, supposée constante.

Le rotor de la génératrice tachymétrique est entraîné par la rotation des roues du véhicule dont on veut mesurer la vitesse. La tension délivrée par la génératrice alimente le moteur à courant continu.

Un fil de torsion, de masse négligeable et de constante de raideur C, situé sur l'axe de l'arbre du moteur, relie cet arbre à un point fixe. L'aiguille du compteur, solidaire de l'arbre, est normale à celui-ci. On repère sa position par l'angle θ qu'elle fait avec sa position d'équilibre lorsque l'induit n'est pas alimenté. Dans cette position de repos, elle indique le zéro du compteur.

On note J le moment d'inertie du rotor du moteur par rapport à l'axe de rotation et on néglige celui de l'aiguille. On néglige tous les frottements mécaniques.

1. Décrire qualitativement le fonctionnement du dispositif.

2. Donner le schéma électrique équivalent au dispositif.

3. Etablir la relation entre θ et ω lorsque l'induit du moteur est alimenté et que son rotor est à l'équilibre.

4. Etablir l'équation différentielle satisfaite par $\theta(t)$ lorsque l'induit du moteur est alimenté et que son rotor est hors équilibre. Commenter le résultat obtenu.

5. Les caractéristiques du moteur et du fil de torsion sont choisies de sorte que $\phi^4 = 16r^2JC$. Justifier ce choix.

1. La génératrice tachymétrique produit une tension proportionnelle à la vitesse de rotation ω de son rotor. L'induit du moteur à courant continu, auquel cette tension est appliquée, est parcouru par un courant et est de ce fait soumis à des forces de Laplace. Sous l'effet conjugué des forces de Laplace et du couple de rappel du fil de torsion, le rotor du moteur se place dans une position d'équilibre définie par une valeur de θ qui dépend de ω.

2. Le schéma électrique équivalent au dispositif est le suivant :

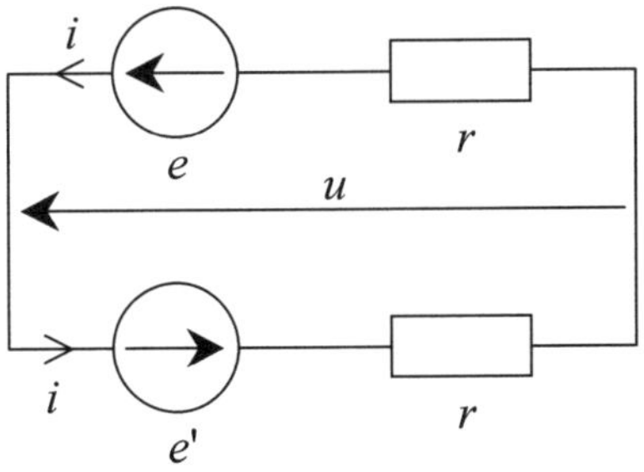

Les forces électromotrices e et e' induites dans la génératrice et le moteur dépendent des vitesses de rotation respectives ω et $\dot{\theta}$ de leurs rotors. En utilisant la relation (9) établie dans l'exercice 4 de ce chapitre, on obtient :

$$\begin{cases} e = 2NSB\omega = \phi\omega & (1) \\ e' = 2NSB\dot{\theta} = \phi\dot{\theta} & (2) \end{cases}$$

3. Lorsque le rotor est immobile, il n'est le siège d'aucun phénomène d'induction. e' est alors nulle et l'équation électrique du dispositif s'écrit :

$$e = 2ri \quad (3)$$

D'où :

$$(1),(3) \Rightarrow i = \frac{\phi\omega}{2r} \quad (4)$$

Le rotor du moteur est soumis aux forces de Laplace et au couple de rappel du fil de torsion. Le moment, par rapport à l'axe de rotation, des forces de Laplace est donné par la relation (11) établie dans l'exercice 4 de ce chapitre :

$$M = -2NSBi = -\phi i \quad (5)$$

D'où :

$$(4),(5) \Rightarrow M = -\frac{\phi^2\omega}{2r}$$

Le moment, par rapport à l'axe de rotation, du couple de rappel du fil de torsion vaut :

$$M' = -C\theta$$

A l'équilibre du rotor : $M + M' = -\dfrac{\phi^2\omega}{2r} - C\theta = 0 \Rightarrow \boxed{\theta = -\dfrac{\phi^2}{2rC}\omega} \quad (6)$

4. Lorsque le rotor du moteur est en rotation, son induit est le siège d'une force électromotrice induite. L'équation électrique du dispositif devient :

$$u = e - ri = -e' + ri \quad \Rightarrow \quad i = \frac{e + e'}{2r} \quad (7)$$

D'où :

$$(1),(2),(7) \quad \Rightarrow \quad i = \frac{\phi}{2r}\left(\omega + \dot{\theta}\right) \quad (8)$$

En appliquant le théorème scalaire du moment cinétique au rotor du moteur, on obtient, compte tenu de l'expression (5) du moment, par rapport à l'axe de rotation, des forces de Laplace : $J\ddot{\theta} = M + M' = -\phi i - C\theta \quad (9)$

D'où l'équation différentielle du mouvement du rotor :

$$(8),(9) \quad \Rightarrow \quad J\ddot{\theta} = -\frac{\phi^2}{2r}\left(\omega + \dot{\theta}\right) - C\theta \quad \Rightarrow \quad J\ddot{\theta} + \frac{\phi^2}{2r}\dot{\theta} + C\theta = -\frac{\phi^2}{2r}\omega$$

$$\Rightarrow \quad \boxed{\ddot{\theta} + \frac{\phi^2}{2Jr}\dot{\theta} + \frac{C}{J}\theta = -\frac{\phi^2}{2Jr}\omega} \quad (10)$$

On reconnaît l'équation différentielle d'un l'oscillateur harmonique à amortissement fluide dont la position d'équilibre correspond à la solution particulière constante de cette équation, c'est à dire à :

$$\theta = -\frac{\phi^2}{2Cr}\omega$$

On retrouve l'expression (6) établie dans la question précédente.

5. L'équation différentielle du mouvement du rotor peut se mettre sous la forme :

$$\ddot{\theta} + 2\lambda\omega_0\dot{\theta} + \omega_0^2\theta = -2\lambda\omega_0\omega \quad \text{avec} \quad \omega_0 = \sqrt{\frac{C}{J}} \quad \text{et} \quad \lambda = \frac{\phi^2}{4r}\frac{1}{\sqrt{JC}}$$

Ainsi le choix $\phi^4 = 16r^2JC$ correspond à $\lambda = 1$, c'est à dire au **régime critique**. Ce choix se justifie par le fait que **le régime critique est le régime pour lequel le système tend vers sa position d'équilibre le plus rapidement sans osciller**.

Exercice 6 ★★★

Frein de Foucault

L'espace est rapporté à un trièdre cartésien $\left(O,\vec{u}_x,\vec{u}_y,\vec{u}_z\right)$.

Une structure périodique d'aimants permanents, de période λ selon Ox, crée au voisinage du plan $z=0$ un champ magnétique dont les lignes de champs sont représentées sur la figure suivante.

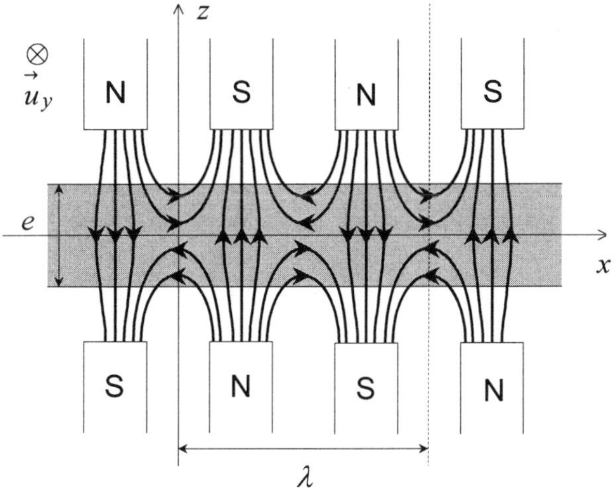

On suppose la dimension des aimants selon Oy suffisamment grande pour que le problème puisse être considéré comme invariant par translation parallèlement à Oy. Dans ces conditions, le champ magnétique produit par les aimants est de la forme :

$$\vec{B}(M)=B_x(x,z)\vec{u}_x+B_z(x,z)\vec{u}_z$$

où $B_x(x,z)$ est une fonction paire de x et une fonction impaire de z et $B_z(x,z)$ une fonction impaire de x et une fonction paire de z.

La périodicité de la distribution des aimants selon l'axe Ox conduit à développer les composantes du champ magnétique en séries de Fourier en fonction de la variable x. On posera donc :

$$B_x(x,z)=\sum_{n=1}^{\infty}B_{nx}(z)\cos\left(\frac{2\pi n}{\lambda}x\right) \quad \text{et} \quad B_z(x,z)=\sum_{n=1}^{\infty}B_{nz}(z)\sin\left(\frac{2\pi n}{\lambda}x\right)$$

On considère une plaque métallique de conductivité σ, de perméabilité μ_0, de grandes dimensions selon Ox et Oy et d'épaisseur e selon Oz. Le centre d'inertie de cette plaque se déplace dans le plan $z=0$ parallèlement à Ox à la vitesse v. On notera L la dimension de la plaque selon Oy.

1. Décrire le phénomène observé.

2. Dans la suite, on suppose que le champ magnétique est dû aux seuls aimants.

2.1. Commenter cette hypothèse.

2.2. Montrer que, dans le cadre de cette hypothèse, le champ magnétique obéit, au niveau de la plaque, à l'équation $\Delta\vec{B}=\vec{0}$.

2.3. Etablir les équations différentielles satisfaites par $B_{nx}(z)$ et $B_{nz}(z)$.

2.4. En déduire une expression de $B_x(x,z)$ faisant intervenir une série de coefficients α_n et une expression de $B_z(x,z)$ faisant intervenir une série de coefficients β_n.

2.5. Montrer que les propriétés de flux conservatif du champ magnétique permettent d'écrire des expressions de $B_x(x,z)$ et $B_z(x,z)$ ne faisant intervenir qu'une seule série de coefficients α_n.

3. En admettant que les courants induits dans la plaque sont dus au seul champ électromoteur, calculer leur densité volumique.

4. On considère un tronçon de la plaque dont la dimension selon Ox est égale à la période λ du champ magnétique. On note (V) son volume.

4.1. Exprimer la densité volumique des forces de Laplace s'exerçant sur la plaque.

4.2. Calculer la résultante des forces magnétiques s'exerçant sur le volume (V).

4.3. En déduire l'expression de la puissance des forces de Laplace s'exerçant sur le volume (V).

5. Calculer la puissance dissipée par effet Joule dans le volume (V). Comparer cette puissance à celle des forces de Laplace et conclure.

6. On suppose que $B_z\left(x,\frac{e}{2}\right)$ est une fonction créneau de x, de période λ :

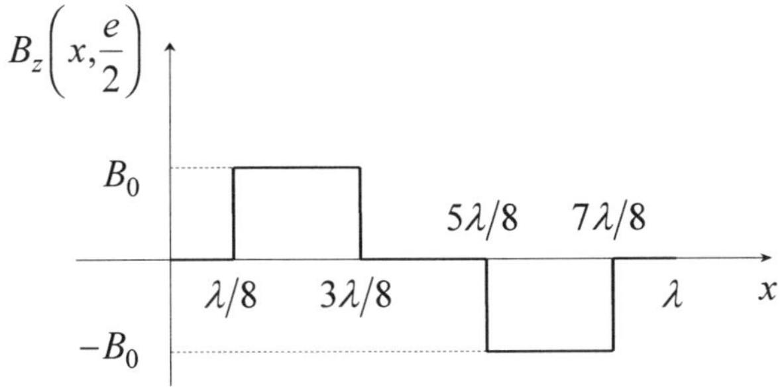

6.1. Calculer les coefficients α_n.

6.2. Montrer que la puissance dissipée par effet Joule peut se mettre sous la forme $P_J = \sum_{p=0}^{\infty} P_J^{2p+1}$ et établir l'expression de P_J^{2p+1}.

Dans la suite, on considère le cas où $e \ll \lambda$.

6.3. Calculer le premier terme P_J^1 de la puissance dissipée par effet Joule.

6.4. Donner un encadrement de cette puissance sachant que :

$$\sum_{p=0}^{\infty} \frac{1}{(2p+1)^2} = \frac{\pi^2}{8}$$

7. Quelle peut être l'application du dispositif étudié ?

1. La plaque métallique constitue un conducteur mobile dans un champ magnétique extérieur stationnaire. Elle est donc le siège de phénomènes d'induction électromagnétique (cas de Lorentz). Sous l'effet du champ électromoteur, des courants induits, appelés courants de Foucault, vont se développer dans la plaque.

Selon la loi de Lenz, les phénomènes d'induction modèrent dans leurs effets les causes qui leur donnent naissance. On peut donc prévoir que ces courants de Foucault vont être à l'origine d'une force de Laplace s'opposant au mouvement de la plaque, mouvement qui est ici la cause du phénomène d'induction. On doit ainsi observer un **freinage de la plaque par induction**.

2. **Le seul champ magnétique pris en compte est celui créé par les aimants**.

2.1. Cette hypothèse revient à négliger le champ magnétique créé par les courants induits, c'est à dire le phénomène d'auto-induction.

2.2. En dehors des aimants, on se trouve en dehors des sources du champ magnétique qu'ils créent. **En ce qui concerne ce champ stationnaire**, les équations de Maxwell s'écrivent donc, au niveau de la plaque :

$$\overrightarrow{rot}\vec{B} = \vec{0} \quad \text{et} \quad div\vec{B} = \vec{0}$$

D'où on déduit :

$$\left.\begin{array}{l} \overrightarrow{rot}\left(\overrightarrow{rot}\vec{B}\right) = \overrightarrow{grad}\left(div\vec{B}\right) - \Delta\vec{B} \\ \overrightarrow{rot}\vec{B} = \vec{0} \quad , \quad div\vec{B} = \vec{0} \end{array}\right\} \Rightarrow \boxed{\Delta\vec{B} = \vec{0}} \quad (1)$$

2.3. Compte tenu de la forme du champ $\vec{B}(M)$ créé par les aimants :

$$\Delta\vec{B} = \vec{0} \Rightarrow \begin{cases} \Delta B_x(x,z) = \dfrac{\partial^2 B_x}{\partial x^2} + \dfrac{\partial^2 B_x}{\partial z^2} = 0 \quad (2) \\ \Delta B_z(x,z) = \dfrac{\partial^2 B_z}{\partial x^2} + \dfrac{\partial^2 B_z}{\partial z^2} = 0 \quad (3) \end{cases}$$

$$(2) \Rightarrow \sum_{n=1}^{\infty} -\frac{4\pi^2 n^2}{\lambda^2} B_{nx}(z)\cos\left(\frac{2\pi n}{\lambda}x\right) + \sum_{n=1}^{\infty} \frac{d^2 B_{nx}(z)}{dz^2}\cos\left(\frac{2\pi n}{\lambda}x\right) = 0$$

$$\Rightarrow \sum_{n=1}^{\infty}\left(\frac{d^2 B_{nx}(z)}{dz^2} - \frac{4\pi^2 n^2}{\lambda^2} B_{nx}(z)\right)\cos\left(\frac{2\pi n}{\lambda}x\right) = 0$$

Cette égalité devant être satisfaite pour tout x, on en déduit :

$$\boxed{\frac{d^2 B_{nx}(z)}{dz^2} - \frac{4\pi^2 n^2}{\lambda^2} B_{nx}(z) = 0} \quad (4)$$

$$(3) \Rightarrow \sum_{n=1}^{\infty} -\frac{4\pi^2 n^2}{\lambda^2} B_{nz}(z)\sin\left(\frac{2\pi n}{\lambda}x\right) + \sum_{n=1}^{\infty} \frac{d^2 B_{nz}(z)}{dz^2}\sin\left(\frac{2\pi n}{\lambda}x\right) = 0$$

$$\Rightarrow \sum_{n=1}^{\infty}\left(\frac{d^2 B_{nz}(z)}{dz^2} - \frac{4\pi^2 n^2}{\lambda^2} B_{nz}(z)\right)\sin\left(\frac{2\pi n}{\lambda}x\right) = 0$$

Cette égalité devant être satisfaite pour tout x, on en déduit :

$$\boxed{\frac{d^2 B_{nz}(z)}{dz^2} - \frac{4\pi^2 n^2}{\lambda^2} B_{nz}(z) = 0} \qquad (5)$$

2.4. En intégrant les équations différentielles (4) et (5), on obtient :

- Pour la composante $B_x(x,z)$ du champ magnétique :

$$(4) \quad \Rightarrow \quad B_{nx}(z) = \alpha_n \exp\left(\frac{2\pi n}{\lambda} z\right) + \alpha'_n \exp\left(-\frac{2\pi n}{\lambda} z\right)$$

$$\Rightarrow \quad B_x(x,z) = \sum_{n=1}^{\infty} \left(\alpha_n \exp\left(\frac{2\pi n}{\lambda} z\right) + \alpha'_n \exp\left(-\frac{2\pi n}{\lambda} z\right)\right) \cos\left(\frac{2\pi n}{\lambda} x\right)$$

La fonction $B_x(x,z)$ étant une fonction impaire de z, on en déduit que $\alpha'_n = -\alpha_n$.

$$\Rightarrow \quad B_x(x,z) = \sum_{n=1}^{\infty} \alpha_n \left(\exp\left(\frac{2\pi n}{\lambda} z\right) - \exp\left(-\frac{2\pi n}{\lambda} z\right)\right) \cos\left(\frac{2\pi n}{\lambda} x\right)$$

$$\Rightarrow \quad \boxed{B_x(x,z) = 2\sum_{n=1} \alpha_n \sinh\left(\frac{2\pi n}{\lambda} z\right) \cos\left(\frac{2\pi n}{\lambda} x\right)} \qquad (6)$$

- Pour la composante $B_z(x,z)$ du champ magnétique :

$$(5) \quad \Rightarrow \quad B_{nz}(x) = \beta_n \exp\left(\frac{2\pi n}{\lambda} z\right) + \beta'_n \exp\left(-\frac{2\pi n}{\lambda} z\right)$$

$$\Rightarrow \quad B_z(x,z) = \sum_{n=1}^{\infty} \left(\beta_n \exp\left(\frac{2\pi n}{\lambda} z\right) + \beta'_n \exp\left(-\frac{2\pi n}{\lambda} z\right)\right) \sin\left(\frac{2\pi n}{\lambda} x\right)$$

La fonction $B_z(x,z)$ étant une fonction paire de z, on en déduit que $\beta'_n = \beta_n$.

$$\Rightarrow \quad B_z(x,z) = \sum_{n=1}^{\infty} \beta_n \left(\exp\left(\frac{2\pi n}{\lambda} z\right) + \exp\left(-\frac{2\pi n}{\lambda} z\right)\right) \sin\left(\frac{2\pi n}{\lambda} x\right)$$

$$\Rightarrow \quad \boxed{B_z(x,z) = 2\sum_{n=1}^{\infty} \beta_n \cosh\left(\frac{2\pi n}{\lambda} z\right) \sin\left(\frac{2\pi n}{\lambda} x\right)} \qquad (7)$$

2.5. Les propriétés de flux conservatif du champ magnétique se traduisent par :

$$div\vec{B} = \frac{\partial B_x}{\partial x} + \frac{\partial B_z}{\partial z} = 0 \quad (8)$$

$$(6) \Rightarrow \frac{\partial B_x}{\partial x} = 2\sum_{n=1}^{\infty} -\frac{2\pi n}{\lambda}\alpha_n \sinh\left(\frac{2\pi n}{\lambda}z\right)\sin\left(\frac{2\pi n}{\lambda}x\right) \quad (9)$$

$$(7) \Rightarrow \frac{\partial B_z}{\partial z} = 2\sum_{n=1}^{\infty} \frac{2\pi n}{\lambda}\beta_n \sinh\left(\frac{2\pi n}{\lambda}z\right)\sin\left(\frac{2\pi n}{\lambda}x\right) \quad (10)$$

$$(8)(9)(10) \Rightarrow 2\sum_{n=1}^{\infty} \frac{2\pi n}{\lambda}(\beta_n - \alpha_n)\sinh\left(\frac{2\pi n}{\lambda}z\right)\sin\left(\frac{2\pi n}{\lambda}x\right) = 0$$

Cette expression peut être interprétée comme une combinaison linéaire nulle d'exponentielles. Les exponentielles formant une famille libre, il vient :

$$(\beta_n - \alpha_n)\sin\left(\frac{2\pi n}{\lambda}x\right) = 0$$

Cette égalité devant être satisfaite pour tout x, on en déduit $\beta_n = \alpha_n$ et finalement :

$$\boxed{\begin{aligned} B_x(x,z) &= 2\sum_{n=1}^{\infty} \alpha_n \sinh\left(\frac{2\pi n}{\lambda}z\right)\cos\left(\frac{2\pi n}{\lambda}x\right) \\ B_z(x,z) &= 2\sum_{n=1}^{\infty} \alpha_n \cosh\left(\frac{2\pi n}{\lambda}z\right)\sin\left(\frac{2\pi n}{\lambda}x\right) \end{aligned}} \quad (11)$$

3. La plaque étant animée d'une vitesse $\vec{v} = v\vec{u}_x$ dans le champ magnétique des aimants, elle est le siège d'un champ électromoteur de Lorentz :

$$\vec{E}_m = \vec{v} \wedge \vec{B}$$

$$\Rightarrow \quad \vec{E}_m = v\vec{u}_x \wedge \left(B_x\vec{u}_x + B_z\vec{u}_z\right) = -vB_z\vec{u}_y$$

$$\Rightarrow \quad \vec{E}_m = -2v\sum_{n=1}^{\infty} \alpha_n \cosh\left(\frac{2\pi n}{\lambda}z\right)\sin\left(\frac{2\pi n}{\lambda}x\right)\vec{u}_y \quad (12)$$

En admettant que les courants induits dans la plaque soient dus à ce seul champ électromoteur, la densité volumique des courants induits s'écrit : $\vec{j} = \sigma\vec{E}_m \quad (13)$

D'où : (12),(13) $\Rightarrow$ $$\boxed{\vec{j} = -2\sigma v\left(\sum_{n=1}^{\infty}\alpha_n \cosh\left(\frac{2\pi n}{\lambda}z\right)\sin\left(\frac{2\pi n}{\lambda}x\right)\right)\vec{u}_y} \quad (14)$$

4. On considère le volume (V) de la plaque correspondant, dans la direction de Ox, à une longueur égale à la période λ du champ magnétique.

4.1. Soit $\vec{f}_v$ la densité volumique des forces de Laplace :

$$\vec{f}_v = \vec{j} \wedge \vec{B} = j\vec{u}_y \wedge \left(B_x\vec{u}_x + B_z\vec{u}_z\right) = j\left(B_z\vec{u}_x - B_x\vec{u}_z\right) \quad (15)$$

En reprenant les expressions (11), (14) et (15), on obtient :

⋆ En projection sur $\vec{u}_x$:

$$f_{vx} = -4\sigma v\left(\sum_{n=1}^{\infty}\alpha_n \cosh\left(\frac{2\pi n}{\lambda}z\right)\sin\left(\frac{2\pi n}{\lambda}x\right)\right)\left(\sum_{n'=1}^{\infty}\alpha_{n'} \cosh\left(\frac{2\pi n'}{\lambda}z\right)\sin\left(\frac{2\pi n'}{\lambda}x\right)\right)$$

$$\boxed{f_{vx} = -4\sigma v\sum_{n=1}^{\infty}\sum_{n'=1}^{\infty}\alpha_n\alpha_{n'} \cosh\left(\frac{2\pi n}{\lambda}z\right)\cosh\left(\frac{2\pi n'}{\lambda}z\right)\sin\left(\frac{2\pi n}{\lambda}x\right)\sin\left(\frac{2\pi n'}{\lambda}x\right)} \quad (16)$$

Ce qu'on pourra écrire : $f_{vx} = \sum_{n=1}^{\infty}\sum_{n'=1}^{\infty} f_{vx}^{n,n'}$ avec :

$$f_{vx}^{n,n'} = -4\sigma v\alpha_n\alpha_{n'} \cosh\left(\frac{2\pi n}{\lambda}z\right)\cosh\left(\frac{2\pi n'}{\lambda}z\right)\sin\left(\frac{2\pi n}{\lambda}x\right)\sin\left(\frac{2\pi n'}{\lambda}x\right) \quad (17)$$

⋆ En projection sur $\vec{u}_z$:

$$f_{vz} = 4\sigma v\left(\sum_{n=1}^{\infty}\alpha_n \cosh\left(\frac{2\pi n}{\lambda}z\right)\sin\left(\frac{2\pi n}{\lambda}x\right)\right)\left(\sum_{n'=1}^{\infty}\alpha_{n'} \sinh\left(\frac{2\pi n'}{\lambda}z\right)\cos\left(\frac{2\pi n'}{\lambda}x\right)\right)$$

$$\boxed{f_{vz} = 4\sigma v\sum_{n=1}^{\infty}\sum_{n'=1}^{\infty}\alpha_n\alpha_{n'} \cosh\left(\frac{2\pi n}{\lambda}z\right)\sinh\left(\frac{2\pi n'}{\lambda}z\right)\sin\left(\frac{2\pi n}{\lambda}x\right)\cos\left(\frac{2\pi n'}{\lambda}x\right)} \quad (18)$$

Ce qu'on pourra écrire : $f_{vz} = \sum_{n=1}^{\infty}\sum_{n'=1}^{\infty} f_{vz}^{n,n'}$ avec :

$$f_{vz}^{n,n'} = 4\sigma v\alpha_n\alpha_{n'} \cosh\left(\frac{2\pi n}{\lambda}z\right)\sinh\left(\frac{2\pi n'}{\lambda}z\right)\sin\left(\frac{2\pi n}{\lambda}x\right)\cos\left(\frac{2\pi n'}{\lambda}x\right) \quad (19)$$

4.2. Soit $\vec{F}$ la résultante des forces de Laplace s'exerçant sur le volume (V) de la plaque :

$$\vec{F}=\int_{z=-\frac{e}{2}}^{\frac{e}{2}}\int_{y=-\frac{L}{2}}^{\frac{L}{2}}\int_{x=-\frac{\lambda}{2}}^{\frac{\lambda}{2}}\vec{f}_v dxdydz=L\int_{z=-\frac{e}{2}}^{\frac{e}{2}}\int_{x=-\frac{\lambda}{2}}^{\frac{\lambda}{2}}\vec{f}_v dxdz \quad (20)$$

- En projection sur $\vec{u}_x$, l'expression (20) de $\vec{F}$ fournit, compte tenu de (17) :

$$\Rightarrow \quad F_x=L\int_{z=-\frac{e}{2}}^{\frac{e}{2}}\int_{x=-\frac{\lambda}{2}}^{\frac{\lambda}{2}}\left(\sum_{n=1}^{\infty}\sum_{n'=1}^{\infty}f_{vx}^{n,n'}\right)dxdz=L\sum_{n=1}^{\infty}\sum_{n'=1}^{\infty}\int_{z=-\frac{e}{2}}^{\frac{e}{2}}\int_{x=-\frac{\lambda}{2}}^{\frac{\lambda}{2}}f_{vx}^{n,n'}dxdz$$

Posons :

$$I_x^{\ n,n'}=\int_{z=-\frac{e}{2}}^{\frac{e}{2}}\int_{x=-\frac{\lambda}{2}}^{\frac{\lambda}{2}}\cosh\left(\frac{2\pi n}{\lambda}z\right)\cosh\left(\frac{2\pi n'}{\lambda}z\right)\sin\left(\frac{2\pi n}{\lambda}x\right)\sin\left(\frac{2\pi n'}{\lambda}x\right)dxdz$$

Compte tenu de (17) F_x s'écrit alors : $\quad F_x=-4\sigma vL\sum_{n=1}^{\infty}\sum_{n'=1}^{\infty}\alpha_n\alpha_{n'}I_x^{\ n,n'} \quad (21)$

- En projection sur $\vec{u}_z$, l'expression (20) de $\vec{F}$ fournit, compte tenu de (19) :

$$\Rightarrow \quad F_z=L\int_{z=-\frac{e}{2}}^{\frac{e}{2}}\int_{x=-\frac{\lambda}{2}}^{\frac{\lambda}{2}}\left(\sum_{n=1}^{\infty}\sum_{n'=1}^{\infty}f_{vz}^{n,n'}\right)dxdz=L\sum_{n=1}^{\infty}\sum_{n'=1}^{\infty}\int_{z=-\frac{e}{2}}^{\frac{e}{2}}\int_{x=-\frac{\lambda}{2}}^{\frac{\lambda}{2}}f_{vz}^{n,n'}dxdz$$

Posons :

$$I_z^{\ n,n'}=\int_{z=-\frac{e}{2}}^{\frac{e}{2}}\int_{x=-\frac{\lambda}{2}}^{\frac{\lambda}{2}}\cosh\left(\frac{2\pi n}{\lambda}z\right)\sinh\left(\frac{2\pi n'}{\lambda}z\right)\sin\left(\frac{2\pi n}{\lambda}x\right)\cos\left(\frac{2\pi n'}{\lambda}x\right)dxdz$$

Compte tenu de (19) F_z s'écrit alors : $\quad F_z=4\sigma vL\sum_{n=1}^{\infty}\sum_{n'=1}^{\infty}\alpha_n\alpha_{n'}I_z^{\ n,n'} \quad (22)$

- Calculons $I_x^{n,n'}$:

$$I_x^{\ n,n'}=\int_{z=-\frac{e}{2}}^{\frac{e}{2}}\cosh\left(\frac{2\pi n}{\lambda}z\right)\cosh\left(\frac{2\pi n'}{\lambda}z\right)dz\int_{x=-\frac{\lambda}{2}}^{\frac{\lambda}{2}}\sin\left(\frac{2\pi n}{\lambda}x\right)\sin\left(\frac{2\pi n'}{\lambda}x\right)dx$$

Pour $n \neq n'$:

$$\int_{x=-\frac{\lambda}{2}}^{\frac{\lambda}{2}} \sin\left(\frac{2\pi n}{\lambda}x\right)\sin\left(\frac{2\pi n'}{\lambda}x\right)dx = 0 \quad \Rightarrow \quad I_x^{\ n,n'} = 0 \quad (23)$$

Pour $n = n'$:

$$\int_{x=-\frac{\lambda}{2}}^{\frac{\lambda}{2}} \sin^2\left(\frac{2\pi n}{\lambda}x\right)dx = \frac{\lambda}{2} \quad \Rightarrow \quad I_x^{\ n,n} = \frac{\lambda}{2}\int_{z=-\frac{e}{2}}^{\frac{e}{2}} \cosh^2\left(\frac{2\pi n}{\lambda}z\right)dz$$

$$\Rightarrow \quad I_x^{\ n,n} = \frac{\lambda}{8}\int_{z=-\frac{e}{2}}^{\frac{e}{2}} \left(\exp\left(\frac{2\pi n}{\lambda}z\right) + \exp\left(-\frac{2\pi n}{\lambda}z\right)\right)^2 dz$$

$$\Rightarrow \quad I_x^{\ n,n} = \frac{\lambda}{8}\int_{z=-\frac{e}{2}}^{\frac{e}{2}} \left(2 + \exp\left(\frac{4\pi n}{\lambda}z\right) + \exp\left(-\frac{4\pi n}{\lambda}z\right)\right)dz$$

$$\Rightarrow \quad I_x^{\ n,n} = \frac{\lambda}{8}\left(2e + \frac{\lambda}{4\pi n}\left[\exp\left(\frac{4\pi n}{\lambda}z\right)\right]_{-\frac{e}{2}}^{\frac{e}{2}} - \frac{\lambda}{4\pi n}\left[\exp\left(-\frac{4\pi n}{\lambda}z\right)\right]_{-\frac{e}{2}}^{\frac{e}{2}}\right)$$

$$\Rightarrow \quad I_x^{\ n,n} = \frac{\lambda}{8}\left(2e + \frac{\lambda}{2\pi n}\left(\exp\left(\frac{2\pi n}{\lambda}e\right) - \exp\left(-\frac{2\pi n}{\lambda}e\right)\right)\right)$$

$$\Rightarrow \quad I_x^{\ n,n} = \frac{\lambda e}{4}\left(1 + \frac{\lambda}{2\pi ne}\sinh\left(\frac{2\pi ne}{\lambda}\right)\right) \quad (24)$$

⋆ Calculons $I_z^{n,n'}$:

$$I_z^{\ n,n'} = \int_{z=-\frac{e}{2}}^{\frac{e}{2}} \cosh\left(\frac{2\pi n}{\lambda}z\right)\sinh\left(\frac{2\pi n'}{\lambda}z\right)dz \int_{x=-\frac{\lambda}{2}}^{\frac{\lambda}{2}} \sin\left(\frac{2\pi n}{\lambda}x\right)\cos\left(\frac{2\pi n'}{\lambda}x\right)dx$$

$$\int_{x=-\frac{\lambda}{2}}^{\frac{\lambda}{2}} \sin\left(\frac{2\pi n}{\lambda}x\right)\cos\left(\frac{2\pi n'}{\lambda}x\right)dx = 0 \quad \Rightarrow \quad I_z^{\ n,n'} = 0 \quad (25)$$

Finalement, en reprenant les expressions (21) et (22) de F_x et de F_z, les expressions (23), (24) et (25) conduisent à :

$$\vec{F} = -4\sigma vL\sum_{n=1}^{\infty}\alpha_n{}^2 I_x^{n,n}\vec{u}_x$$

$$\Rightarrow \boxed{\vec{F} = -\sigma v\lambda eL\sum_{n=1}^{\infty}\alpha_n{}^2\left(1+\frac{\lambda}{2\pi ne}\sinh\left(\frac{2\pi ne}{\lambda}\right)\right)\vec{u}_x} \quad (26)$$

4.3. Soit P_L la puissance des forces de Laplace s'exerçant sur le volume (V) :

$$\left.\begin{array}{c} P_L = \vec{F}\cdot\vec{v} = \vec{F}\cdot v\vec{u}_x \\ (26) \end{array}\right\} \Rightarrow \boxed{P_L = -\sigma v^2\lambda eL\sum_{n=1}^{\infty}\alpha_n{}^2\left(1+\frac{\lambda}{2\pi ne}\sinh\left(\frac{2\pi ne}{\lambda}\right)\right)} \quad (27)$$

On remarque que cette puissance est négative. **Les forces de Laplace constituent donc bien des forces de freinage**.

5. La densité de puissance dissipée par effet Joule correspond à la densité de puissance cédée à la matière par le champ électromagnétique. Elle vaut :

$$p_J = \vec{j}.\vec{E} = \vec{j}\cdot\vec{E}_m \quad (28)$$

En reprenant les expressions (12) et (14) de $\vec{E}_m$ et de $\vec{j}$:

$$p_J = 4\sigma v^2\left(\sum_{n=1}^{\infty}\alpha_n\cosh\left(\frac{2\pi n}{\lambda}z\right)\sin\left(\frac{2\pi n}{\lambda}x\right)\right)\left(\sum_{n'=1}^{\infty}\alpha_{n'}\cosh\left(\frac{2\pi n'}{\lambda}z\right)\sin\left(\frac{2\pi n'}{\lambda}x\right)\right)$$

$$p_J = 4\sigma v^2\sum_{n=1}^{\infty}\sum_{n'=1}^{\infty}\left(\alpha_n\alpha_{n'}\cosh\left(\frac{2\pi n}{\lambda}z\right)\cosh\left(\frac{2\pi n'}{\lambda}z\right)\sin\left(\frac{2\pi n}{\lambda}x\right)\sin\left(\frac{2\pi n'}{\lambda}x\right)\right)$$

Ce qu'on pourra écrire : $p_J = \sum_{n=1}^{\infty}\sum_{n'=1}^{\infty}p_J{}^{n,n'}$ avec :

$$p_J{}^{n,n'} = 4\sigma v^2\alpha_n\alpha_{n'}\cosh\left(\frac{2\pi n}{\lambda}z\right)\cosh\left(\frac{2\pi n'}{\lambda}z\right)\sin\left(\frac{2\pi n}{\lambda}x\right)\sin\left(\frac{2\pi n'}{\lambda}x\right) \quad (29)$$

On en déduit la puissance dissipée par effet Joule dans le volume (V) :

$$P_J = \iiint_V p_J d^3\tau = \int_{z=-\frac{e}{2}}^{\frac{e}{2}}\int_{y=-\frac{L}{2}}^{\frac{L}{2}}\int_{x=-\frac{\lambda}{2}}^{\frac{\lambda}{2}} p_J dxdydz = L\int_{z=-\frac{e}{2}}^{\frac{e}{2}}\int_{x=-\frac{\lambda}{2}}^{\frac{\lambda}{2}} p_J dxdz$$

$$\Rightarrow \quad P_J = L\int_{z=-\frac{e}{2}}^{\frac{e}{2}}\int_{x=-\frac{\lambda}{2}}^{\frac{\lambda}{2}}\sum_{n=1}^{\infty}\sum_{n'=1}^{\infty} p_J^{n,n'}dxdz = L\sum_{n=1}^{\infty}\sum_{n'=1}^{\infty}\int_{z=-\frac{e}{2}}^{\frac{e}{2}}\int_{x=-\frac{\lambda}{2}}^{\frac{\lambda}{2}} p_J^{n,n'}dxdz$$

En reprenant les intégrales $I_x^{n,n'}$ définies à la question 4.2., P_J s'écrit alors, en tenant compte de l'expression (29) de $p_J^{n,n'}$:

$$P_J = 4\sigma v^2 L\sum_{n=1}^{\infty}\sum_{n'=1}^{\infty}\alpha_n\alpha_{n'}I_x^{n,n'}$$

Or nous avons déjà vu que :

$$n \neq n' \quad \Rightarrow \quad I_x^{n,n'} = 0$$
$$n = n' \quad \Rightarrow \quad I_x^{\;n,n} = \frac{\lambda e}{4}\left(1+\frac{\lambda}{2\pi ne}\sinh\left(\frac{2\pi ne}{\lambda}\right)\right)$$

On en déduit finalement :

$$\boxed{P_J = \sigma v^2 \lambda e L\sum_{n=1}^{\infty}\alpha_n^{\;2}\left(1+\frac{\lambda}{2\pi ne}\sinh\left(\frac{2\pi ne}{\lambda}\right)\right)} \qquad (30)$$

En comparant les expressions (27) et (30), on constate que la puissance dissipée par effet Joule est égale à l'opposé de la puissance des forces de Laplace. **La puissance dissipée par effet Joule correspond donc à la puissance fournie par les forces de Laplace.**

6. $B_z\left(x,\frac{e}{2}\right)$ est une fonction créneau de x, de période λ, définie par :

$$x \in \left[0,\frac{\lambda}{8}\right]\cup\left[\frac{3\lambda}{8},\frac{5\lambda}{8}\right]\cup\left[\frac{7\lambda}{8},\lambda\right] \qquad B_z\left(x,\frac{e}{2}\right) = 0$$
$$x \in \left[\frac{\lambda}{8},\frac{3\lambda}{8}\right] \qquad B_z\left(x,\frac{e}{2}\right) = B_0$$
$$x \in \left[\frac{5\lambda}{8},\frac{7\lambda}{8}\right] \qquad B_z\left(x,\frac{e}{2}\right) = -B_0$$

6.1. En reprenant l'expression (11) de $B_z(x,z)$ pour $z = e/2$:

$$B_z\left(x,\frac{e}{2}\right) = 2\sum_{n=1}^{\infty}\alpha_n\cosh\left(\frac{\pi ne}{\lambda}\right)\sin\left(\frac{2\pi n}{\lambda}x\right) \qquad (31)$$

Par ailleurs, le développement en série de Fourier de la fonction impaire $B_z\left(x,\frac{e}{2}\right)$ s'écrit :

$$B_z\left(x,\frac{e}{2}\right)=\sum_{n=1}^{\infty} b_n \sin\left(\frac{2\pi n}{\lambda}x\right) \quad (32)$$

avec :

$$b_n=\frac{2}{\lambda}\int_0^{\lambda} B_z\left(x,\frac{e}{2}\right)\sin\left(\frac{2\pi n}{\lambda}x\right)dx \quad (33)$$

On en déduit :

$$(31),(32) \Rightarrow \alpha_n=\frac{b_n}{2\cosh\left(\frac{\pi n e}{\lambda}\right)} \quad (34)$$

Compte tenu de l'expression de $B_z\left(x,\frac{e}{2}\right)$:

$$(33) \Rightarrow b_n - \frac{2}{\lambda}\left(\int_{\frac{\lambda}{8}}^{\frac{3\lambda}{8}} B_0 \sin\left(\frac{2\pi n}{\lambda}x\right)dx+\int_{\frac{5\lambda}{8}}^{\frac{7\lambda}{8}} -B_0 \sin\left(\frac{2\pi n}{\lambda}x\right)dx\right)$$

$$\Rightarrow b_n=-\frac{B_0}{\pi n}\left(\left[\cos\left(\frac{2\pi n}{\lambda}x\right)\right]_{\frac{\lambda}{8}}^{\frac{3\lambda}{8}}-\left[\cos\left(\frac{2\pi n}{\lambda}x\right)\right]_{\frac{5\lambda}{8}}^{\frac{7\lambda}{8}}\right)$$

$$\Rightarrow b_n=-\frac{B_0}{\pi n}\left(\cos\left(n\frac{3\pi}{4}\right)-\cos\left(n\frac{\pi}{4}\right)-\cos\left(n\frac{7\pi}{4}\right)+\cos\left(n\frac{5\pi}{4}\right)\right)$$

$$b_n=-\frac{2B_0}{\pi n}\left(\cos\left(n\frac{3\pi}{4}\right)-\cos\left(n\frac{\pi}{4}\right)\right)=\frac{4B_0}{\pi n}\sin\left(n\frac{\pi}{2}\right)\sin\left(n\frac{\pi}{4}\right)$$

Pour n pair : $b_n=0$

Pour n impair : $n=8p+1$ ou $n=8p+7$ $\quad b_n=\frac{2\sqrt{2}}{\pi n}B_0$

$n=8p+3$ ou $n=8p+5$ $\quad b_n=-\frac{2\sqrt{2}}{\pi n}B_0$

On en déduit, compte tenu de (34) :

Pour n pair : $\alpha_n = 0$

Pour n impair : $n = 8p+1$ ou $n = 8p+7$ $\alpha_n = \dfrac{\sqrt{2}}{\pi n \cosh\left(\dfrac{\pi n e}{\lambda}\right)} B_0$

$n = 8p+3$ ou $n = 8p+5$ $\alpha_n = -\dfrac{\sqrt{2}}{\pi n \cosh\left(\dfrac{\pi n e}{\lambda}\right)} B_0$

6.2. En reportant ces valeurs de α_n dans l'expression (30) de P_J, on obtient :

$$P_J = \frac{2}{\pi^2} \sigma v^2 B_0^2 \lambda e L \sum_{p=0}^{\infty} \frac{1}{(2p+1)^2} \frac{1 + \dfrac{\lambda}{2\pi(2p+1)e} \sinh\left(\dfrac{2\pi(2p+1)e}{\lambda}\right)}{\cosh^2\left(\dfrac{\pi(2p+1)e}{\lambda}\right)} \qquad (35)$$

La puissance dissipée par effet Joule est bien de la forme $P_J = \sum_{p=0}^{\infty} P_J^{\,2p+1}$ avec :

$$\boxed{P_J^{\,2p+1} = \frac{2}{\pi^2} \sigma v^2 B_0^2 \lambda e L \frac{1}{(2p+1)^2} \frac{1 + \dfrac{\lambda}{2\pi(2p+1)e} \sinh\left(\dfrac{2\pi(2p+1)e}{\lambda}\right)}{\cosh^2\left(\dfrac{\pi(2p+1)e}{\lambda}\right)}} \qquad (36)$$

6.3. Le premier terme de la puissance dissipée par effet Joule vaut :

$$P_J^{\,1} = \frac{2}{\pi^2} \sigma v^2 B_0^2 \lambda e L \frac{1 + \dfrac{\lambda}{2\pi e} \sinh\left(\dfrac{2\pi e}{\lambda}\right)}{\cosh^2\left(\dfrac{\pi e}{\lambda}\right)}$$

Pour $e << \lambda$:

$$\left.\begin{array}{l} \sinh\left(\dfrac{2\pi e}{\lambda}\right) \approx \dfrac{2\pi e}{\lambda} \\ \cosh\left(\dfrac{\pi e}{\lambda}\right) \approx 1 \end{array}\right\} \Rightarrow \boxed{P_J^{\,1} \approx \frac{4}{\pi^2} \sigma v^2 B_0^2 \lambda e L} \qquad (37)$$

6.4. Considérons la fonction $f(\theta)=\dfrac{1+\dfrac{1}{\theta}\sinh(\theta)}{2\cosh^2(\theta/2)}$ pour $\theta \geq 0$.

Une étude rapide permet d'établir que $f(0)=1$ et que $f(\theta)$ décroît vers 0 lorsque θ croît à partir de 0. On en déduit une majoration de P_J^{2p+1} pour $p>0$, puis un encadrement de P_J :

$$P_J{}^{2p+1} < \frac{4}{\pi^2}\sigma v^2 B_0^2 \lambda e L \frac{1}{(2p+1)^2}$$

$$\Rightarrow \quad P_J^1 < P_J = \sum_{p=0}^{\infty} P_J{}^{2p+1} < P_J^1 + \frac{4}{\pi^2}\sigma v^2 B_0^2 \lambda e L \sum_{p=1}^{\infty}\frac{1}{(2p+1)^2}$$

$$\Rightarrow \quad \frac{4}{\pi^2}\sigma v^2 B_0^2 \lambda e L < P_J < \frac{4}{\pi^2}\sigma v^2 B_0^2 \lambda e L \sum_{p=0}^{\infty}\frac{1}{(2p+1)^2}$$

Or $\displaystyle\sum_{p=0}^{\infty}\frac{1}{(2p+1)^2}=\frac{\pi^2}{8}$, donc finalement :

$$\boxed{\frac{4}{\pi^2}\sigma v^2 B_0^2 \lambda e L < P_J < \frac{1}{2}\sigma v^2 B_0^2 \lambda e L} \qquad (38)$$

$$0{,}4\sigma v^2 B_0^2 \lambda e L < P_J < 0{,}5\sigma v^2 B_0^2 \lambda e L$$

7. Le dispositif qui vient d'être étudié correspond au schéma de principe **de freins électromagnétiques** qui équipent certains systèmes et au niveau desquels une partie de l'énergie mécanique de ces systèmes est dissipée par effet Joule sous forme de chaleur par l'intermédiaire des forces de Laplace. Le champ magnétique extérieur peut-être créé comme ici par des aimants (frein équipant certains vélos d'appartement) ou par des électroaimants (ralentisseur équipant les poids lourds).

CHAPITRE V

INDUCTION ELECTROMAGNETIQUE CAS DE NEUMANN

Exercice 1 ★

Inductance propre d'un circuit torique

On considère un tore de section carrée de côté a et de rayon moyen R (figure 1) sur lequel on a enroulé n spires jointives, les deux extrémités du fil étant court-circuitées.

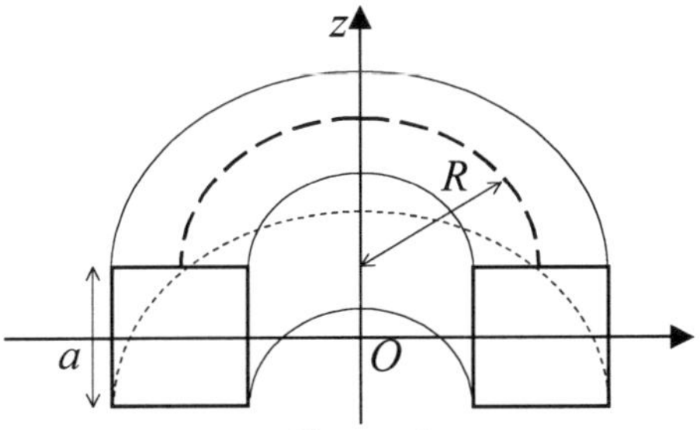

Figure 1

La figure 1 représente la moitié du tore délimité par un plan passant par l'axe (O,z), le bobinage n'étant pas dessiné. L'espace est rapporté à un système de coordonnées cylindriques $(O,\vec{u}_r,\vec{u}_\theta,\vec{u}_z)$.

Chaque spire est contenue dans un plan méridien $(O,\vec{u}_r,\vec{u}_z)$. Le circuit est parcouru par un courant électrique d'intensité I.

1. A l'aide des propriétés de symétrie de la distribution de courant, déterminer les propriétés géométriques du champ magnétique qu'elle génère.

2. Calculer le champ magnétique créé en un point quelconque de l'espace.

3. En déduire l'inductance propre de ce circuit par deux méthodes :

3.1. Calcul direct du flux.

3.2. Par l'intermédiaire de l'énergie magnétique.

1. La détermination des propriétés géométriques du champ magnétique passe par une analyse préalable de celles de la distribution de courant.
Considérons un point quelconque M repéré par les coordonnées (r,θ,z). Le plan $(M,\vec{u}_r,\vec{u}_z)$ représenté sur la figure 2 est un plan de symétrie de la distribution. Afin de mieux percevoir cette propriété, la figure comporte une des deux spires contenues dans le plan ainsi que deux spires symétriques par rapport à celui-ci. Le champ magnétique orthogonal aux plans de symétrie est donc porté par $\vec{u}_\theta$. Compte tenu de cette propriété, sa forme générale est : $\vec{B}(M)=B(r,\theta,z)\vec{u}_\theta$.
Par ailleurs, la distribution est invariante par rotation d'angle θ quelconque autour de l'axe (O,z). Par conséquent, le champ magnétique qu'elle génère ne dépend pas de θ.

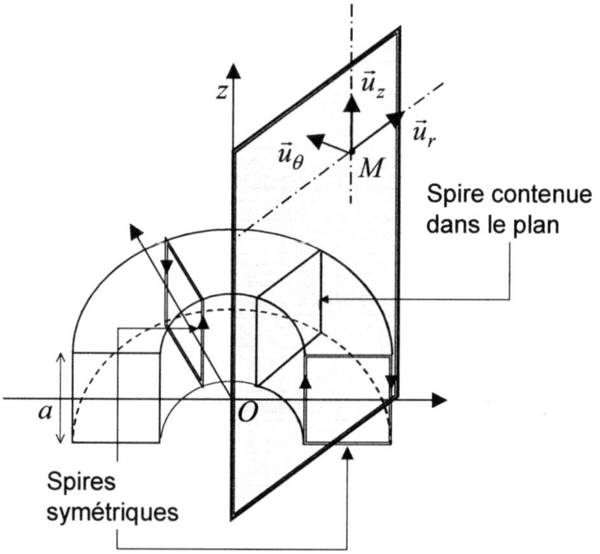

Figure 2

En conclusion, le champ magnétique a pour expression :

$$\boxed{\vec{B}(M)=B_\theta(r,z)\vec{u}_\theta}$$

Le champ étant porté par $\vec{u}_\theta$, les lignes de champ sont des cercles centrés sur l'axe (O,z).

2. Les propriétés de symétrie ayant permis de déterminer la géométrie des lignes de champ, la détermination du champ magnétique peut se faire à l'aide du théorème d'Ampère.

En effet, la structure du champ rend simple le calcul, en fonction de $B_\theta(r,z)$, de sa circulation le long d'un cercle centré sur l'axe et passant par un point M quelconque. Soit (Γ) un tel contour, de rayon r, orienté arbitrairement et représenté sur la figure 3.
Lors du calcul de la circulation du champ le long de (Γ), les variables z et r étant fixées en tout point de (Γ), $B_\theta(r,z)$ reste constant. Il vient donc :

$$C=\oint_\Gamma \vec{B}\cdot\overrightarrow{dl} = \oint_\Gamma B_\theta(r,z) r d\theta = B_\theta(r,z) 2\pi r$$

Il est à noter que ce résultat est valable pour tout r.

Le théorème d'Ampère met en relation cette circulation avec le courant traversant une surface quelconque s'appuyant sur (Γ). Il s'énonce :

$$\oint_\Gamma \vec{B}\cdot\overrightarrow{dl} = \mu_0 I_{enlacé}$$

$I_{enlacé}$ désigne l'intensité des courants qui traversent le disque de rayon r ; son signe est déterminé par l'orientation de (Γ).
Ce courant varie suivant la position de (Γ). En effet, lorsque (Γ) se situe au-dessus ou au-dessous du tore, à une cote $|z| > a/2$, le disque n'est traversé par aucun courant.
Dans le cas contraire où $|z| < a/2$, trois situations sont à envisager :
⋆ Celles définies par $r > R + a/2$ ou $r < R - a/2$ pour lesquelles l'intensité des courants enlacés est nulle.
⋆ Celle définie par $R - a/2 < r < R + a/2$ pour laquelle l'intensité des courants enlacés est égale à nI.

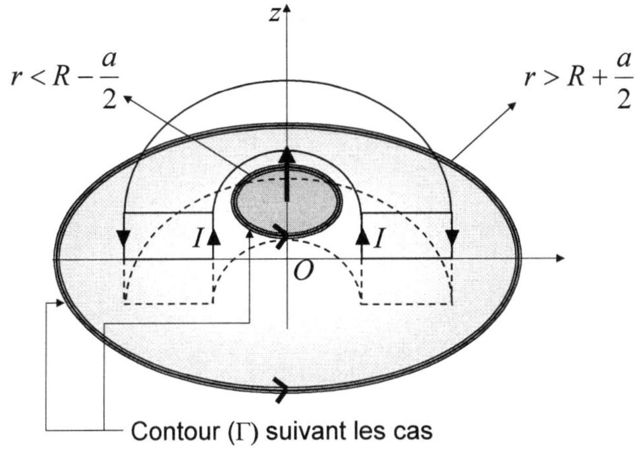

Figure 3

En identifiant les deux membres de l'égalité fournie par le théorème d'Ampère, on parvient aux conclusions :

$$\begin{cases} R-\dfrac{a}{2}<r<R+\dfrac{a}{2} \text{ et } |z|<\dfrac{a}{2} & B_\theta(r,z)=\dfrac{\mu_0 nI}{2\pi r} \\ R-\dfrac{a}{2}<r \text{ ou } r>R+\dfrac{a}{2} \text{ ou } |z|>\dfrac{a}{2} & B_\theta(r,z)=0 \end{cases}$$

Le champ est donc nul à l'extérieur du tore et vaut $\vec{B}=\dfrac{\mu_0 nI}{2\pi r}\vec{u}_\theta$ à l'intérieur.

3. Calcul de l'inductance propre

3.1. L'inductance propre de ce circuit se définit par le rapport $L=\Phi/I$ où Φ désigne le flux propre.

Le circuit comporte n spires. Chacune d'elles est traversée par le flux $\varphi=\iint_S \vec{B}\cdot\overrightarrow{dl}$ où S est la surface intérieure à la spire, c'est-à-dire le carré de côté a.

Compte tenu de l'expression du champ à l'intérieur du tore, ce flux s'écrit :

$$\varphi=\iint_S \vec{B}\cdot\vec{u}_\theta d^2S=\frac{\mu_0 nI}{2\pi}\iint_S \frac{1}{r}d^2S=\frac{\mu_0 nI}{2\pi}\int_{-\frac{a}{2}}^{\frac{a}{2}}dz\int_{R-\frac{a}{2}}^{R+\frac{a}{2}}\frac{dr}{r}$$

$$\boxed{\varphi=\frac{\mu_0 nIa}{2\pi}\ln\left(\frac{R+\frac{a}{2}}{R-\frac{a}{2}}\right)}$$

Le flux total s'obtient en sommant les flux à travers chaque spire. Le flux φ étant indépendant de la spire, le flux total Φ à travers les n spires vaut $\Phi=n\varphi$ et s'écrit :

$$\boxed{\Phi=\frac{\mu_0 n^2 Ia}{2\pi}\ln\left(\frac{R+\frac{a}{2}}{R-\frac{a}{2}}\right)}$$

Ce qui conduit immédiatement à l'expression de l'inductance :

$$L=\frac{\Phi}{I}\Rightarrow \boxed{L=\frac{\mu_0 n^2 a}{2\pi}\ln\left(\frac{R+\frac{a}{2}}{R-\frac{a}{2}}\right)}$$

3.2. L'inductance propre d'un circuit seul dans l'espace peut aussi se déduire de considérations énergétiques. En effet, l'énergie emmagasinée sous forme magnétique par un tel circuit vaut $W_m = \frac{1}{2}LI^2$. Elle est aussi calculable par l'intégrale :

$$W_m = \iiint_{espace} \frac{B^2}{2\mu_0} d^3\tau$$

L'expression du champ, établie dans la question 2, montre que celui-ci est nul à l'extérieur du tore, ce qui autorise à réduire le domaine d'intégration au volume V du tore. Suite à cette remarque, l'intégrale s'explicite :

$$W_m = \frac{\mu_0 n^2 I^2}{4\pi^2} \iiint_V \frac{d^3\tau}{r^2} = \frac{\mu_0 n^2 I^2}{4\pi^2} \iiint_V \frac{1}{r^2} r dr d\theta dz = \frac{\mu_0 n^2 I^2}{4\pi^2} \int_0^{2\pi} d\theta \int_{-\frac{a}{2}}^{\frac{a}{2}} dz \int_{R-\frac{a}{2}}^{R+\frac{a}{2}} \frac{dr}{r}$$

$$\boxed{W_m = \frac{\mu_0 n^2 I^2 a}{2\pi} \ln\left(\frac{R+\frac{a}{2}}{R-\frac{a}{2}}\right)}$$

En comparant ce résultat avec la première expression, on obtient :

$$L = 2\frac{W_m}{I^2} \Rightarrow \boxed{L = \frac{\mu_0 n^2 a}{2\pi} \ln\left(\frac{R+\frac{a}{2}}{R-\frac{a}{2}}\right)}$$

Exercice 2 ★

Pince ampèremétrique

On considère à nouveau le circuit torique décrit dans l'exercice précédent avec ses mêmes caractéristiques géométriques. On place dans sa partie centrale un fil infini se confondant avec l'axe (O,z). Le fil est parcouru par le courant i, alors que le tore est parcouru par I.

La figure 1 décrit le dispositif étudié sur lequel n'est représentée qu'une seule spire du circuit torique. Elle précise en outre les orientations des courants.
La résistance du circuit constitué par le bobinage torique est notée r et ses deux extrémités ne sont plus court-circuitées mais connectées à un voltmètre d'impédance interne R_v.

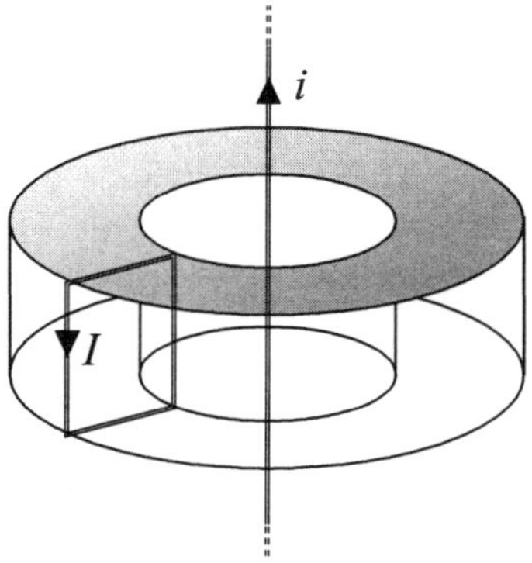

Figure 1

1. Le courant i est sinusoïdal et a pour expression $i(t)=i_m\cos(\omega t)$. Etablir la relation entre I et i.

2. En régime sinusoïdal forcé, déterminer le courant dans le tore et en déduire la tension mesurée par le voltmètre.

3. Quel est l'intérêt de ce dispositif ? Préciser son cadre d'application.

1. Une analyse préalable est utile afin de cibler la méthode choisie.
Le fil parcouru par le courant variable $i(t)$ génère un champ magnétique également variable. Le circuit torique, alors traversé par un flux variable, devient le siège d'un phénomène d'induction qui génère un courant induit I dans ce circuit.
Le calcul du courant induit I nécessite d'exprimer auparavant la force électromotrice d'induction accessible par la loi de Faraday $e=-d\Phi/dt$ où Φ désigne le flux total à travers le circuit torique, l'orientation des normales étant compatible avec celle du courant.
Le flux total à travers le circuit torique se décompose en la somme du flux propre Φ_p, associé au champ magnétique créé par le courant I et du flux mutuel Φ_m, associé au champ magnétique créé par le fil.

L'exercice précédent a montré que le flux propre, s'exprime en fonction du courant I suivant la relation :

$$\Phi_p = LI \text{ où } L=\frac{\mu_0 n^2 a}{2\pi}\ln\left(\frac{R+\frac{a}{2}}{R-\frac{a}{2}}\right)$$

Afin de calculer le flux mutuel Φ_m, il faut exprimer le champ magnétique créé par le fil. Les symétries de cette distribution induisent un champ orthoradial qui, en un point M de coordonnées (r,θ,z), a pour forme :

$$\vec{B}(M) = B_\theta(r)\vec{u}_\theta$$

En effet tous les plans $(M,\vec{u}_r,\vec{u}_z)$, M étant quelconque, sont des plans de symétrie de la distribution. Par conséquent le champ est porté par $\vec{u}_\theta$. De plus, les invariances, par translation suivant (O,z) et par rotation autour de (O,z), conduisent à considérer un champ indépendant de z et θ.
En adoptant pour contour (Γ) un cercle centré sur l'axe, de rayon r et orienté dans le même sens que $\vec{u}_\theta$, le théorème d'Ampère permet d'écrire :

$$\oint_\Gamma \vec{B} \cdot \overrightarrow{dl} = \mu_0 i$$

Ce contour étant choisi du fait de son adéquation avec la géométrie du champ, l'expression de cette circulation se calcule aisément :

$$\oint_\Gamma \vec{B} \cdot \overrightarrow{dl} = \oint_\Gamma B_\theta(r)\vec{u}_\theta \cdot r d\theta \vec{u}_\theta = B_\theta(r) 2\pi r$$

D'où finalement :

$$\boxed{\vec{B} = \frac{\mu_0 i}{2\pi r}\vec{u}_\theta}$$

Considérons maintenant une spire parmi les n spires du circuit torique. Celle-ci délimite une surface Σ plane, carrée dont la normale déduite de l'orientation du courant est $\vec{u}_\theta$. Le flux φ_m du champ magnétique $\vec{B}$ à travers cette surface résulte du calcul de l'intégrale $\varphi_m = \iint_\Sigma \vec{B} \cdot \overrightarrow{d^2S}$, développé ci-dessous :

$$\varphi_m = \iint_\Sigma \frac{\mu_0 i}{2\pi r}\vec{u}_\theta \cdot dzdr\vec{u}_\theta = \frac{\mu_0 i}{2\pi}\int_{-\frac{a}{2}}^{\frac{a}{2}} dz \int_{R-\frac{a}{2}}^{R+\frac{a}{2}} \frac{dr}{r} = \frac{\mu_0 i a}{2\pi}\ln\left(\frac{R+\frac{a}{2}}{R-\frac{a}{2}}\right)$$

Le flux mutuel total Φ_m à travers les n spires, égal à $n\varphi_m$, s'exprime :

$$\boxed{\Phi_m = \frac{\mu_0 n i a}{2\pi}\ln\left(\frac{R+\frac{a}{2}}{R-\frac{a}{2}}\right)}$$

Ainsi, le circuit torique est traversé par le flux :

$$\Phi = \Phi_p + \Phi_m \Rightarrow \boxed{\Phi = \frac{\mu_0 na}{2\pi}\ln\left(\frac{R+\frac{a}{2}}{R-\frac{a}{2}}\right)(i+nI)}$$

Ce qui peut s'écrire $\Phi = L_0(i+nI)$ avec :

$$L_0 = \frac{\mu_0 na}{2\pi}\ln\left(\frac{R+\frac{a}{2}}{R-\frac{a}{2}}\right)$$

On peut désormais expliciter la force électromotrice d'induction e conformément à la loi de Faraday :

$$\boxed{e = -\frac{d\Phi}{dt} = -L_0\left(\frac{di}{dt} + n\frac{dI}{dt}\right)}$$

La relation finale est donnée par la loi d'Ohm appliquée au circuit torique de résistance r, refermé sur le voltmètre d'impédance interne R_v. Celle-ci s'écrit :

$$e = (r+R_v)I \Rightarrow -L_0\left(\frac{di}{dt} + n\frac{dI}{dt}\right) = (r+R_v)I$$

$$\Rightarrow \quad \boxed{nL_0\frac{dI}{dt} + (r+R_v)I = -L_0\frac{di}{dt}}$$

Le second membre de cette équation est imposé par la fonction $i(t)$. Ainsi le courant I est solution de l'équation différentielle du premier ordre ci-dessus dont le second membre est sinusoïdal.

2. La solution de cette équation en régime sinusoïdal forcé se détermine plus commodément en employant la représentation complexe plutôt que la représentation temporelle. Soit $\bar{I}$ le complexe associé à $I(t)$ et $\bar{i}$ celui associé à $i(t)$ tels que $I(t) = \Re(\bar{I})$ et $i(t) = \Re(\bar{i})$. L'équation différentielle se traduit au niveau des complexes par :

$$jnL_0\omega\bar{I} + (r+R_v)\bar{I} = -jL_0\omega\bar{i}$$

$\bar{i}$ se déduit de $i(t) = i_m \cos\omega t$ et s'écrit $\bar{i} = i_m \exp(j\omega t)$. Le complexe $\bar{I}$ s'exprime donc :

$$\bar{I} = \frac{-jL_0\omega}{jnL_0\omega + (r + R_v)} i_m \exp(j\omega t) = \overline{X}\, i_m \exp(j\omega t)$$

La grandeur temporelle s'obtient par passage à la partie réelle. En remarquant que :

$$\overline{X} = \frac{L_0\omega}{\sqrt{(nL_0\omega)^2 + (r + R_v)^2}} (\cos\theta + j\sin\theta) \text{ avec } \begin{cases} \cos\theta = \dfrac{-nL_0\omega}{\sqrt{(nL_0\omega)^2 + (r + R_v)^2}} \\ \sin\theta = \dfrac{-(r + R_v)}{\sqrt{(nL_0\omega)^2 + (r + R_v)^2}} \end{cases}$$

Alors $I(t)$ est la partie réelle de :

$$\bar{I} = \frac{L_0\omega}{\sqrt{(nL_0\omega)^2 + (r + R_v)^2}} i_m \exp(j\omega t + \theta)$$

D'où finalement :

$$\boxed{I(t) = \frac{L_0\omega}{\sqrt{(nL_0\omega)^2 + (r + R_v)^2}} i_m \cos(\omega t + \theta)}$$

La tension U aux bornes du voltmètre se déduit immédiatement de $I(t)$ par la relation $U = R_v I$:

$$\boxed{U = \frac{L_0\omega}{\sqrt{(nL_0\omega)^2 + (r + R_v)^2}} R_v i_m \cos(\omega t + \theta)}$$

3. On constate que pour une valeur de ω fixée, la valeur efficace de U est proportionnelle à celle de i. Cependant la présence de θ montre que la tension U aux bornes du circuit torique est déphasée par rapport au courant i circulant dans le fil. Afin de déterminer si la grandeur $U(t)$ représente une image fiable de $i(t)$, il faut étudier les évolutions de θ suivant la fréquence. Une telle étude se fera de façon plus globale si on la mène sur la fonction de transfert définie par $\overline{H}(j\omega) = \overline{U}/\bar{i}$. D'après la question précédente, celle-ci s'exprime :

$$\begin{cases} \bar{I} = \dfrac{-jL_0\omega}{jnL_0\omega + (r + R_v)} \bar{i} \\ \overline{U} = R_v \bar{I} \end{cases} \Rightarrow \overline{H}(j\omega) = \frac{-jL_0\omega R_v}{jnL_0\omega + (r + R_v)}$$

Il apparaît que l'angle θ représente l'argument de $\overline{H}$ et son module s'identifie au rapport des grandeurs efficaces. Un diagramme de Bode permet de rendre compte du comportement du dispositif suivant les valeurs de la fréquence.

Notons $\overline{H}(j\omega) = H_{max} \dfrac{-j\omega/\omega_0}{1 + j\omega/\omega_0}$ avec $H_{max} = \dfrac{R_v}{n}$ et $\omega_0 = \dfrac{r + R_v}{nL_0}$.

Les graphes suivants représentent les variations, en fonction de $\log x = \log \omega/\omega_0$, du gain réduit défini par $g = \dfrac{G}{G_{max}} = \dfrac{20\log(|\overline{H}|)}{20\log(H_{max})}$ et de θ, l'argument de $\overline{H}(j\omega)$.

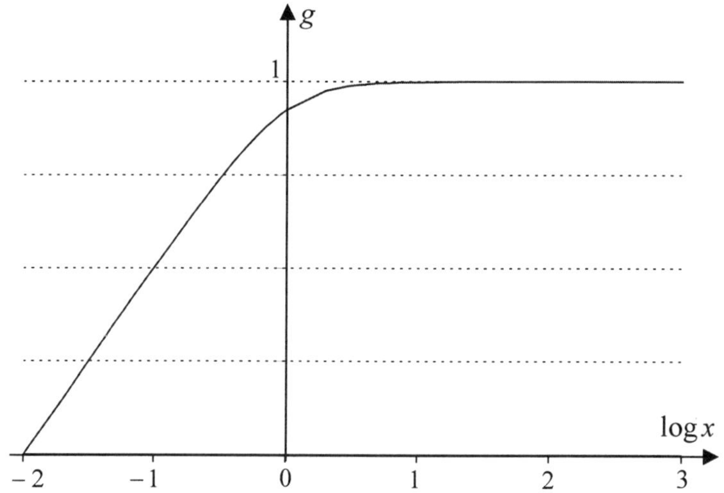

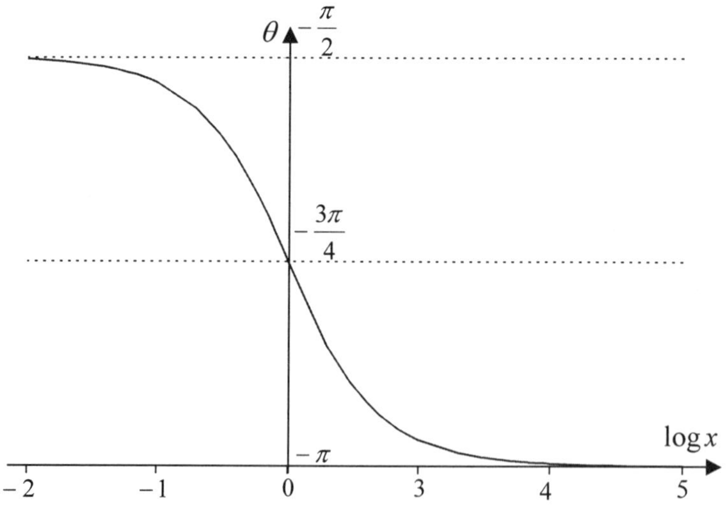

Il apparaît, suite à cette étude que ce dispositif est linéaire et se comporte comme un filtre passe-haut. Cela signifie que pour tout courant harmonique de fréquence suffisamment supérieure à la fréquence de coupure, ici égale à $f_0 = \omega_0/2\pi$, la tension obtenue peut s'écrire $U(t) = -H_{\max} i_m \cos\omega t$ puisque, lorsque x devient grand devant 1, g tend vers 1 et θ tend vers $-\pi$.

Cette forme étant indépendante de la fréquence, dans le domaine de fréquence considéré, cette relation s'appliquera donc à tous les harmoniques lorsque la fréquence du fondamental dépasse f_0.

Ainsi, pour un courant non sinusoïdal mais périodique et à valeur moyenne nulle, vérifiant la condition ci-dessus et admettant un développement en série de Fourier du type $i(t) = \sum_{k=1}^{\infty} i_k \cos(k\omega t + \varphi_k)$, en vertu de la linéarité du système, la tension U obtenue s'écrit :

$$U(t) = \sum_{k=1}^{\infty} -H_{\max} i_k \cos(k\omega t + \varphi_k) = -H_{\max} \sum_{k=1}^{\infty} i_k \cos(k\omega t + \varphi_k) = -H_{\max} i(t)$$

On constate que U reste proportionnel à i même lorsque celui-ci n'est pas sinusoïdal mais périodique et alternatif. Par généralisation, tout courant dont le spectre est contenu dans la bande passante vérifiera la même propriété. Ce dispositif fonctionne donc en sonde de courant pour les signaux hautes fréquences.

Afin que son domaine d'utilisation soit le plus large possible, il est souhaitable de rendre la pulsation de coupure aussi basse que les contraintes matérielles le permettent. Son expression est $f_0 = \dfrac{r + R_v}{2\pi n L_0}$.

Elle sera d'autant plus faible que les paramètres n et L_0 sont grands et que R_v est petit. Outre le fait d'augmenter le nombre de spires, on utilise généralement des bobinages disposés autour d'un noyau torique en matériau ferromagnétique doux qui a la propriété d'augmenter L_0 de façon sensible. Ce dispositif pose cependant un problème pour la mesure des composantes alternatives des courants à valeur moyenne non nulle. En effet, la composante continue sature le matériau dont la perméabilité différentielle devient alors très faible.

En ce qui concerne la valeur de R_v, elle est ajustable par choix du dipôle inséré dans la pince. R_v devant être le plus faible possible, il est profitable d'utiliser une fonction ampèremètre caractérisée par une faible impédance interne puis d'opérer ensuite si nécessaire une conversion courant-tension.

Exercice 3 ★★

Induction dans un anneau conducteur

L'espace est rapporté à un système de coordonnées cylindriques $(0, \vec{u}_r, \vec{u}_\theta, \vec{u}_z)$.

On considère un anneau torique constitué d'un matériau conducteur, de conductivité γ. Sa section, rectangulaire, a pour hauteur $2b$ et les rayons intérieur et extérieur sont respectivement R et aR.

On effectue une ouverture d'épaisseur négligeable suivant un plan passant par son axe (figure 1), puis on insère un voltmètre de résistance interne infinie pour mesurer la différence de potentiel entre les deux faces limitant cette ouverture. Ce dispositif est plongé dans un champ magnétique uniforme $\vec{B} = B_0 \cos(\omega t)\vec{u}_z$.

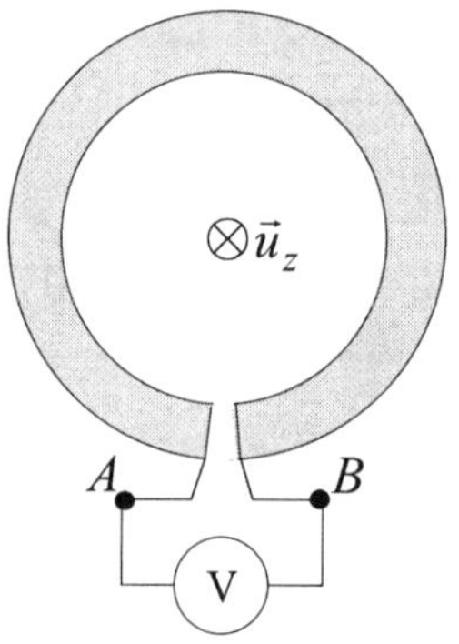

Figure1

1. Déterminer la tension mesurée par le voltmètre dans le cas où a est voisin de 1 et $b << R$.

2. Reprendre la question lorsque $a > 1$.

1. Cas de l'anneau filiforme de rayon R

La section du tore est un rectangle de côtés $2b$ et $R(a-1)$. Lorsque a est voisin de 1 et $b << R$, ces dimensions sont toutes deux négligeables devant R. On peut alors envisager le modèle filiforme.

Le circuit étant fixe et le champ magnétique variable, la force électromotrice d'induction suit la loi de Faraday $e = -d\Phi/dt$ où Φ désigne le flux magnétique à travers la surface délimitée par l'anneau et orientée compatiblement avec lui.
En posant $e = V_A - V_B$, cette surface est orientée par $\vec{u}_z$ (figure 2) et le flux s'écrit $\Phi = B_z S$, S étant l'aire du disque de rayon R, $S = \pi R^2$.

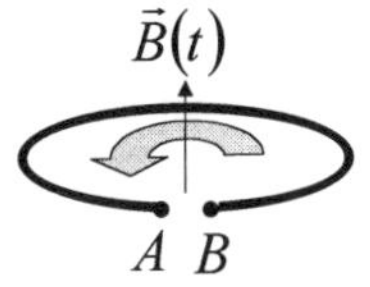

Figure 2

La force électromotrice d'induction se déduit de l'expression du flux :

$$e = -\frac{d\Phi}{dt} = -\frac{d}{dt}\left(B_0 S \cos(\omega t)\right) = B_0 \pi R^2 \omega \sin(\omega t)$$

Le voltmètre mesurera sa valeur efficace, c'est-à-dire :

$$\boxed{U = \frac{B_0 \omega \pi R^2}{\sqrt{2}}}$$

2. Cas de l'anneau torique ($a > 1$)

L'anneau n'est plus considéré comme un circuit filiforme. Cependant il est possible de le décomposer en boucles élémentaires de courant mises en parallèle, identiques à l'anneau filiforme étudié précédemment (figure 3).

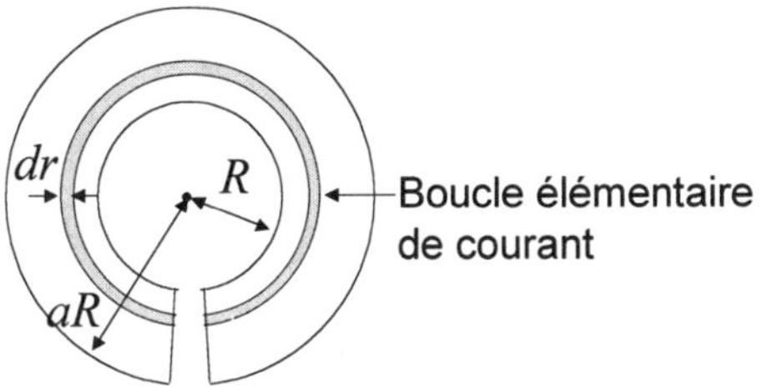

Figure 3

La boucle élémentaire de section $dS = drdz$, située à la distance r de l'axe (O,z), est donc le siège d'une force électromotrice $e(r)$ égale à :

$$e(r) = B_0 \omega \pi r^2 \sin(\omega t) \text{ avec } R \leq r \leq aR.$$

Pour calculer la différence de potentiel résultant de la mise en parallèle de ces boucles élémentaires d'épaisseur dr, on peut appliquer le théorème de Millmann. En notant $dg(r)$ la conductance de la boucle élémentaire de rayon r, celui-ci s'écrit :

$$V_A - V_B = \frac{\iint e(r)dg(r)}{\iint dg(r)}$$

Cette forme particulière que prend le théorème de Millmann dans le cas présent, se justifie de la façon suivante. Considérons la boucle en question, siège de la force électromotrice $e(r)$, de conductance dg et parcourue par le courant di. Son schéma électrique équivalent est représenté en figure 4. La loi d'ohm appliquée à ce dipôle permet d'écrire :

$$V_A - V_B = e(r) - \frac{di}{dg} \Rightarrow di = \left(e(r) - V_A - V_B\right)dg$$

Toutes les boucles étant associées en parallèle, le courant résultant est la somme des courants. Mais ici le courant total est nul puisque la résistance interne du voltmètre est infinie. Ceci se traduit par :

$$\iint di = \iint \left(e(r) - V_A - V_B\right)dg = O \Rightarrow \left(V_A - V_B\right)\iint dg = \iint e(r)dg$$

Cette dernière relation constitue le théorème de Millmann.

La conductance d'une boucle élémentaire, représentée sur la figure 4, est celle d'un conducteur de longueur $l = 2\pi r$ et de section dS. Elle s'écrit donc $dg(r) = \frac{\gamma}{2\pi r}dS = \frac{\gamma}{2\pi r}drdz$. En effet, dans cette géométrie, les équipotentielles sont des plans passant par l'axe et le champ $\vec{E}$ ainsi que les lignes de courant sont parallèles à $\vec{u}_\theta$. Dans cette situation, le raisonnement permettant de déterminer la conductance de cette portion est identique à celui développé pour une portion de conducteur rectiligne.

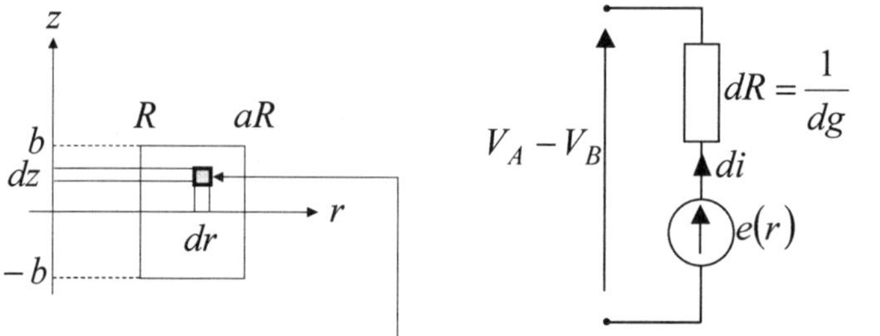

Section dS d'un tube élémentaire de courant

Schéma équivalent d'un tube élémentaire de courant

Figure 4

On peut donc écrire :

$$V_A - V_B = \frac{\displaystyle\int_{-b}^{b} dz \int_{R}^{aR} \frac{\gamma B_0 \omega \sin(\omega t)}{2} r dr}{\displaystyle\int_{-b}^{b} dz \int_{R}^{aR} \frac{\gamma}{2\pi r} dr} = B_0 \omega \pi \frac{R^2\left(a^2 - 1\right)}{2\ln a}\sin(\omega t)$$

La valeur mesurée est donc :

$$\boxed{\frac{B_0 \omega \pi R^2 \left(a^2 - 1\right)}{2\sqrt{2}\ln a}}$$

Exercice 4 ★★

Mutuelle inductance de deux spires circulaires

Le but de cet exercice est de calculer la mutuelle inductance entre deux spires circulaires coaxiales de centres O et O' et de rayons respectifs a et b où $b << a$ (figure 1). La distance entre O et O' est d.

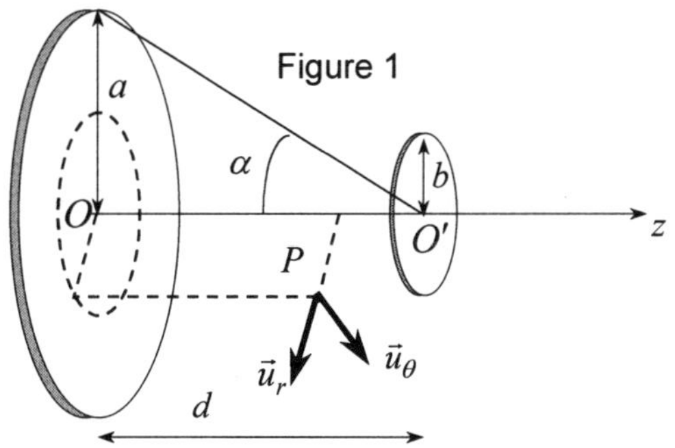

Tout point P de l'espace est repéré par un système de coordonnées cylindriques (r,θ,z), dans la base $(\vec{u}_r, \vec{u}_\theta, \vec{u}_z)$.

1. Dans le cas où $b << a$, montrer que la mutuelle inductance se détermine plutôt en calculant le flux envoyé par la grande spire dans la petite.

2. Calcul du champ crée par la spire de rayon a

Lorsque la spire de rayon a est parcourue par un courant I, le champ magnétique qu'elle génère se met sous la forme $\vec{B}(P) = B_r(r,z)\,\vec{u}_r + B_z(r,z)\,\vec{u}_z$. Une étude du champ magnétique au voisinage de l'axe (cf. exercice 16 du chapitre I) montre qu'au premier ordre en r, la composante radiale a pour expression :

$$B_r(r,z) = -\frac{r}{2}\frac{\partial B_z(0,z)}{\partial z}$$

2.1. Justifier la forme du champ magnétique proposé.

2.2. En l'absence de courant au point considéré, donner en fonction de $B_z(O,z)$ et de ses dérivées par rapport à z, à l'ordre 2 en r, l'expression de $B_z(r,z)$.

3. On note M_0 la mutuelle inductance calculée en supposant que le champ magnétique créé par la grande spire est uniforme au niveau de la petite spire et égal à sa valeur au centre de cette dernière. En tenant compte des variations du champ, établir l'expression M de la mutuelle inductance sous la forme $M = M_0(1+\varepsilon)$ où ε s'exprime en fonction de a, b et α, angle défini sur la figure 1.

4. Quelle est la valeur α_0 de α qui annule ε ?

5. Calculer M_0 dans le cas où $\alpha = \alpha_0$, lorsque $b/a = 0{,}1$ et $b = 1\,cm$.

1. La mutuelle inductance de deux circuits parcourus par les courants I_1 et I_2 se définit aussi bien par $M = \Phi_{1\to 2}/I_1$ ($\Phi_{1\to 2}$désignant le flux à travers le circuit 2 du champ magnétique créé par le circuit 1) que par $M = \Phi_{2\to 1}/I_2$ ($\Phi_{2\to 1}$ désignant le flux à travers le circuit 1 du champ magnétique créé par le circuit 2). Son calcul requiert donc de pouvoir exprimer l'un des deux flux. De plus, afin d'accéder au flux $\Phi_{i\to j}$, il est nécessaire d'expliciter le champ magnétique créé par le circuit i en tout point d'une surface s'appuyant sur le circuit j.

Or, autant le champ créé par une spire peut se déterminer analytiquement à l'aide de la loi de Biot et Savart en un point de son axe, autant son étude est délicate dès qu'on s'en éloigne. Par conséquent, la connaissance du champ créé par la petite spire en des points proches de la périphérie de la grande spire étant exclue, il sera plus judicieux d'envisager de faire l'inverse.

En conclusion, si I désigne le courant circulant dans la spire de centre O, $\vec{B}$ le champ qu'elle génère et S' une surface s'appuyant sur le cercle de rayon b et de centre O', alors la mutuelle M sera obtenue par :

$$M = \frac{\iint_{S'} \vec{B} \cdot \overrightarrow{d^2S}}{I}$$

2. Calcul du champ créé par la spire de rayon a

2.1. En un point P de coordonnées (r,θ,z), la forme adoptée pour le champ magnétique est $\vec{B}(P) = B_r(r,z)\,\vec{u}_r + B_z(r,z)\,\vec{u}_z$.

En analysant les propriétés de symétrie de la distribution de courant constituée par la spire, on constate que les plans passant par un point P quelconque et contenant l'axe (O,z) sont des plans d'antisymétrie. Le champ magnétique contenu dans ces plans ne possède pas de composante orthoradiale.

De plus, l'invariance de la distribution de courant par rotation d'angle θ quelconque autour de l'axe (O,z) doit être aussi respectée par le champ. Celui-ci est de ce fait indépendant de θ.

Le champ proposé représente la forme la plus générale compatible avec toutes ces propriétés.

2.2. Considérons un point P, siège d'aucun courant, annulant ainsi la densité volumique de courant : $\vec{j}(P)=\vec{0}$. D'après l'équation de Maxwell-Ampère utilisée dans le cadre de l'A.R.Q.S, le champ magnétique vérifie :

$$\overrightarrow{rot}\vec{B}(P)=\mu_0\vec{j}(P)=\vec{0} \quad \Rightarrow \quad \frac{\partial B_z(r,z)}{\partial r}-\frac{\partial B_r(r,z)}{\partial z}=0$$

Or, la composante radiale au voisinage de l'axe a pour l'expression :

$$B_r(r,z)=-\frac{r}{2}\frac{\partial B_z(0,z)}{\partial z}$$

A partir de ces deux relations, on déduit :

$$\frac{\partial B_z(r,z)}{\partial r}=\frac{\partial B_r(r,z)}{\partial z}=\frac{\partial}{\partial z}\left(-\frac{r}{2}\frac{\partial B_z(0,z)}{\partial z}\right)=-\frac{r}{2}\frac{\partial^2 B_z(0,z)}{\partial z^2}$$

L'expression de la composante sur $\vec{u}_z$ du champ sur l'axe étant $B_z(0,z)$, sa variation suivant r lorsque le point considéré reste au voisinage de l'axe, s'obtient au premier ordre en r, à l'aide d'un développement délimité. Celui-ci s'écrit par définition :

$$B_z(r,z)\approx B_z(0,z)+r\frac{\partial B_z(r,z)}{\partial r}$$

En substituant le résultat précédent dans le développement, il vient :

$$\boxed{B_z(r,z)\approx B_z(0,z)-\frac{r^2}{2}\frac{\partial^2 B_z(0,z)}{\partial z^2}}$$

Remarques :

⋆ La question 3 de l'exercice 16 du Chapitre I a établi que :

$$\boxed{B_z(0,z)=\frac{\mu_0 I}{2a}\left(1+\frac{z^2}{a^2}\right)^{-\frac{3}{2}}}$$

⋆ Cette démarche consiste à exprimer les fonctions $B_r(r,z)$ et $B_z(r,z)$ à partir de la fonction $B_z(0,z)$ que la loi de Biot et Savart permet d'exprimer simplement. En utilisant les propriétés locales du champ ($div\vec{B}=0$ et $\overrightarrow{rot}\vec{B}=\mu_0\vec{j}$), on relie les dérivées partielles de ces composantes. Ensuite, à l'aide de développements au voisinage de l'axe, on exprime celles-ci en fonction de r et des dérivées de la fonction $B_z(0,z)$.

⋆ La notion de voisinage reste à préciser quantitativement. L'étude menée dans l'exercice 16 du Chapitre I a montré qu'au premier ordre en r, la composante radiale a pour forme :

$$B_r(r,z) \approx \frac{3\mu_0 I}{4a}\frac{z}{a}\frac{r}{a}\left(1+\left(\frac{z}{a}\right)^2\right)^{-\frac{5}{2}} = B_0\frac{r}{a}u\left(1+u^2\right)^{-\frac{5}{2}}$$

$$\text{avec } u=\frac{z}{a} \text{ et } B_0=\frac{3\mu_0 I}{4a}$$

Les critères de délimitation du domaine de variation de r, pour lequel cette forme approchée est acceptable, restent subjectifs. Pour le déterminer, il est nécessaire de définir un niveau d'exigence arbitraire qui fixera la condition suivant laquelle l'ordre 2 sera considéré comme négligeable devant l'ordre 1. C'est en exprimant quantitativement cette condition au niveau du développement que se dégagera une inégalité du type $r/a < kf(u)$, à partir de laquelle on définit la notion de voisinage. k traduit la précision que l'on se fixe et $f(u)$ représente l'influence des coefficients multiplicatifs des puissances de r/a dans le développement.
Néanmoins, l'observation de la carte des lignes de champ que crée une spire, permet de pressentir un rapport r/a inférieur à 1 et un domaine qui sera d'autant plus étroit que l'on s'éloigne du centre de la spire, parallèlement à (O,z).
Bien entendu, l'exercice traité ici, se place dans le cadre où le paramètre d, définissant la position de O', répond à la condition $\frac{r}{a} < \alpha f\left(\frac{d}{a}\right)$ et où la valeur de b reste dans le domaine de variation de r ainsi déterminé.

3. Le calcul du flux envoyé par la grande spire dans la petite, s'accompagne du choix d'une surface s'appuyant sur le contour défini par la petite spire. Choisissons le disque de centre O', de rayon b que l'on notera S'. Les deux courants sont orientés arbitrairement suivant $\vec{u}_\theta$, la normale à S' est donc orientée de façon compatible par $\vec{u}_z$. Il vient alors :

$$\Phi = MI = \iint_{S'} \vec{B}\cdot\overrightarrow{d^2S} = \iint_{S'} \vec{B}\cdot\vec{u}_z d^2S = \iint_{S'} B_z(r,d)d^2S$$

Avec l'hypothèse selon laquelle $B_z(r,d)$ reste uniforme sur S' et égal à sa valeur $B_z(0,d)$ en O', la mutuelle notée alors M_0, a pour expression :

$$M_0 = \frac{B_z(0,d)S'}{I} \quad \text{avec} \quad B_z(0,d) = \frac{\mu_0 I}{2a}\left(1+\frac{d^2}{a^2}\right)^{-\frac{3}{2}}$$

On en déduit :

$$\boxed{M_0 = \frac{\mu_0 S'}{2a}\left(1+\frac{d^2}{a^2}\right)^{-\frac{3}{2}}}$$

Dans le cas où le champ n'est pas uniforme et où on adopte pour sa valeur $B_z(r,d) = B_z(0,d) - \frac{r^2}{2}\frac{\partial^2 B_z(0,d)}{\partial z^2}$, le flux devient alors la somme de deux termes :

$$\Phi = \iint_{S'} B_z(0,d) - \frac{r^2}{2}\frac{\partial^2 B_z(0,d)}{\partial z^2} d^2S = \iint_{S'} B_z(0,d)d^2S + \iint_{S'} -\frac{r^2}{2}\frac{\partial^2 B_z(0,d)}{\partial z^2} d^2S$$

Le premier s'identifie à $\iint_{S'} B_z(0,d)d^2S = M_0 I$, le second s'obtient par intégration :

$$\iint_{S'} -\frac{r^2}{2}\frac{\partial^2 B_z(0,d)}{\partial z^2} d^2S = -\frac{\partial^2 B_z(0,d)}{\partial z^2}\iint_{S'} \frac{r^2}{2} d^2S = -\frac{\partial^2 B_z(0,d)}{\partial z^2}\iint_{S'} \frac{r^2}{2} r dr d\theta$$

$$\iint_{S'} -\frac{r^2}{2}\frac{\partial^2 B_z(0,d)}{\partial z^2} d^2S = -\frac{1}{2}\frac{\partial^2 B_z(0,d)}{\partial z^2}\int_0^{2\pi} d\theta \int_0^b r^3 dr = -\frac{\pi b^4}{4}\frac{\partial^2 B_z(0,d)}{\partial z^2}$$

La fonction $B_z(0,z) = \frac{\mu_0 I}{2a}\left(1+\frac{z^2}{a^2}\right)^{-\frac{3}{2}}$ admet pour dérivée seconde :

$$\frac{\partial^2 B_z(0,z)}{\partial^2 z} = \frac{3\mu_0 I}{2a^3}\left(4\left(\frac{z}{a}\right)^2 - 1\right)\left(1+\left(\frac{z}{a}\right)^2\right)^{-\frac{7}{2}}$$

Cette expression permet de terminer le calcul du second terme :

$$\iint_{S'} -\frac{r^2}{2}\frac{\partial^2 B_z(0,d)}{\partial z^2} d^2S = -\frac{3\mu_0 I\pi b^4}{8a^3}\left(4\left(\frac{d}{a}\right)^2 - 1\right)\left(1+\left(\frac{d}{a}\right)^2\right)^{-\frac{7}{2}}$$

$$\iint_{S'} -\frac{r^2}{2}\frac{\partial^2 B_z(0,d)}{\partial z^2} d^2S = -\frac{3\mu_0 IS'b^2}{8a^3}\left(4\left(\frac{d}{a}\right)^2 - 1\right)\left(1+\left(\frac{d}{a}\right)^2\right)^{-\frac{7}{2}}$$

La mutuelle inductance M s'obtient par le rapport $M = \Phi/I$ qui s'exprime finalement :

$$M = M_0 - \frac{3\mu_0 S' b^2}{8a^3}\left(4\left(\frac{d}{a}\right)^2 - 1\right)\left(1+\left(\frac{d}{a}\right)^2\right)^{-\frac{7}{2}}$$

Ce qui devient, après factorisation de $M_0 = \frac{\mu_0 S'}{2a}\left(1+\frac{d^2}{a^2}\right)^{-\frac{3}{2}}$:

$$\boxed{M = M_0\left(1-\frac{3b^2}{4a^2}\left(4\left(\frac{d}{a}\right)^2 - 1\right)\left(1+\left(\frac{d}{a}\right)^2\right)^{-2}\right)}$$

L'angle α, défini sur la figure 1, a pour tangente $\tan\alpha = a/d$. Par identification de l'expression de M trouvée avec la forme $M = M_0(1+\varepsilon)$ et en remplaçant d/a par $1/\tan\alpha$, on parvient à l'expression de ε :

$$\boxed{\varepsilon = -\frac{3b^2}{4a^2}\left(4\left(\frac{1}{\tan\alpha}\right)^2 - 1\right)\left(1+\left(\frac{1}{\tan\alpha}\right)^2\right)^{-2}}$$

4. La valeur de ε s'annule pour un angle α_0, solution de l'équation :

$$4\left(\frac{1}{\tan\alpha}\right)^2 - 1 = 0$$

D'où :

$$\boxed{\tan\alpha_0 = 2}$$

5. Application numérique :

$$M_0 = \frac{\mu_0 \pi b}{a}\frac{b}{a}b\left(1+\frac{1}{\tan^2\alpha_0}\right)^{-\frac{3}{2}} \Rightarrow \boxed{M_0 = 1{,}41\ 10^{-9}\,H = 1{,}41\ nH}$$

L'étude menée montre que deux spires de rayon $10\ cm$ et $1\ cm$ situées à une distance de $5\ cm$, ont une mutuelle inductance de l'ordre de $1\ nH$. Cette valeur très faible peut être augmentée en enroulant un grand nombre de spires sur le support. En effet, lorsque chacun des circuits possède n spires, M est multipliée par n^2. Cependant, le modèle de la spire parfaitement plate doit alors être remis en question au niveau du calcul du champ, afin de prendre en compte l'épaisseur et la largeur de l'enroulement.

Exercice 5 ★★

Courants de Foucault (1)

On considère un cylindre conducteur circulaire, d'axe Oz, de rayon a et de hauteur h. Sa conductivité est σ. On note r la distance d'un point M quelconque de l'espace à l'axe Oz.

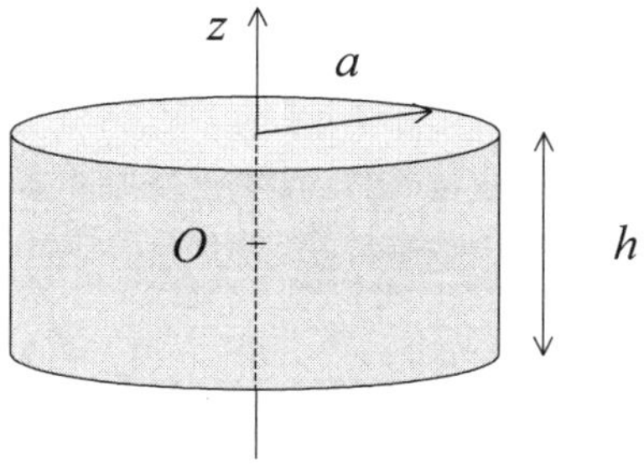

Le disque est plongé dans un champ magnétique extérieur défini par $(b > a)$:

$$r < b \quad \vec{B} = B(t)\vec{u}_z = B_0 \cos(2\pi f t)\,\vec{u}_z$$
$$r > b \quad \vec{B} = \vec{0}$$

On se place dans le cadre de l'approximation des régimes quasi-stationnaires.

1. Analyser qualitativement le phénomène observé. Préciser le type de dispositif permettant de créer le champ magnétique extérieur considéré.

2. On admet que, par raison de symétrie, les lignes de courant sont des cercles centrés sur l'axe Oz, dans des plans normaux à cet axe. On néglige le champ propre créé par les courants circulant dans le cylindre.

2.1. Exprimer la force électromotrice induite le long d'une ligne de courant de rayon r.

2.2. Etablir l'expression de la densité des courants induits dans le cylindre.

3. Calculer la puissance dissipée par ces courants induits. Quelle remarque peut-on faire en ce qui concerne la fréquence ?

4. Applications

4.1. Trouver un exemple d'application dans laquelle on utilise ces courants.

4.2. Trouver un exemple d'application dans laquelle ces courants sont néfastes. Comment parvient-on alors à les réduire ?

5. Reprendre l'étude de la densité volumique des courants induits dans le cas où b est inférieur à a et exprimer celle-ci en fonction de la dérivée temporelle de $B(t)$.

1. Le cylindre est immobile dans un champ magnétique non stationnaire. Nous sommes dans le cas de Neumann de l'électromagnétisme. Sous l'effet du champ électromoteur, des courants induits se développent dans la masse du conducteur. Ils sont appelés courants de Foucault .

Le champ dans lequel est plongé le cylindre est celui d'un solénoïde, parcouru par un courant sinusoïdal dont la longueur est suffisamment grande devant h pour qu'on puisse le considérer infini.

2. On admet que les lignes de courant sont des cercles centrés sur l'axe Oz, dans des plans normaux à cet axe.

2.1. Soit (Γ) la ligne de courant de rayon r et (S) la surface du disque limité par (Γ). D'après la loi de Faraday :

$$e = -\frac{d\Phi}{dt} \quad (1)$$

Compte tenu de la structure de $\vec{B}$: $\Phi = \iint_S \vec{B} \cdot \overrightarrow{d^2 s} = \pi r^2 B_0 \cos(2\pi f t) \quad (2)$

On en déduit : $(1),(2) \Rightarrow \boxed{e = 2\pi^2 r^2 f B_0 \sin(2\pi f t)} \quad (3)$

2.2. En utilisant la loi d'Ohm locale et la relation entre le champ électrique et les potentiels électromagnétiques, on obtient :

$$\left.\begin{array}{l} \vec{j} = \sigma \vec{E} \\ \vec{E} = -\dfrac{\partial \vec{A}}{\partial t} - \overrightarrow{grad} V \end{array}\right\} \Rightarrow \vec{j} = \sigma\left(-\frac{\partial \vec{A}}{\partial t} - \overrightarrow{grad} V\right)$$

En faisant circuler cette expression le long de (Γ) :

$$\oint_\Gamma \vec{j} \cdot \overrightarrow{dl} = \sigma \oint_\Gamma \left(-\frac{\partial \vec{A}}{\partial t} - \overrightarrow{grad} V\right) \cdot \overrightarrow{dl} = \sigma\left(\oint_\Gamma -\frac{\partial \vec{A}}{\partial t} \cdot \overrightarrow{dl} - \oint_\Gamma \overrightarrow{grad} V \cdot \overrightarrow{dl}\right) \quad (4)$$

Or par définition de la force électromotrice induite : $e = \oint_\Gamma -\frac{\partial \vec{A}}{\partial t} \cdot \overrightarrow{dl} \quad (5)$

Et par définition du gradient d'un champ de scalaires :

$$\oint_{\Gamma} \overrightarrow{gradV} \cdot \overrightarrow{dl} = \oint_{\Gamma} dV = 0 \quad (6)$$

D'où : $$(4),(5),(6) \Rightarrow \oint_{\Gamma} \vec{j} \cdot \overrightarrow{dl} = \sigma e \quad (7)$$

Par ailleurs, les lignes de courant étant circulaires et le problème étant invariant par rotation autour de l'axe Oz, le vecteur densité de courant est à priori de la forme :

$$\vec{j} = j(r,z)\vec{u}_{\theta}$$

On en déduit : $$\oint_{\Gamma} \vec{j} \cdot \overrightarrow{dl} = \oint_{\Gamma} jdl = 2\pi rj \quad (8)$$

Finalement : $$(3),(7),(8) \Rightarrow 2\pi rj = \sigma 2\pi^2 r^2 f B_0 \sin(2\pi f t)$$

$$\Rightarrow \boxed{\vec{j} = \sigma \pi f B_0 r \sin(2\pi f t)\vec{u}_{\theta}} \quad (9)$$

3. La puissance volumique dissipée par les courants de Foucault correspond à la puissance volumique reçue par la matière dans son interaction avec le champ électromagnétique. Elle a pour expression :

$$\frac{d^3 P}{d^3 \tau} = \vec{j} \cdot \vec{E} = \frac{1}{\sigma} \vec{j} \cdot \vec{j} = \frac{1}{\sigma} j^2 \quad (10)$$

La puissance dissipée par les courants de Foucault, dans la masse du conducteur vaut donc :

$$P = \iiint_{\tau} \frac{1}{\sigma} j^2 d^3\tau = \frac{1}{\sigma} \int_{z=0}^{h} \int_{r=0}^{a} \int_{\theta=0}^{2\pi} j^2(r) r d\theta dr dz = \frac{2\pi h}{\sigma} \int_0^a j^2(r) r dr \quad (11)$$

$$(9),(11) \Rightarrow P = \frac{2\pi h}{\sigma} \int_0^a (\sigma \pi f B_0 r \sin(2\pi f t))^2 r dr$$

$$\Rightarrow P = 2\sigma \pi^3 h f^2 B_0^{\,2} \left(\int_0^a r^3 dr \right) \sin^2(2\pi f t)$$

$$\Rightarrow \boxed{P = \frac{1}{2} \sigma \pi^3 h a^4 f^2 B_0^2 \sin^2(2\pi f t)} \quad (12)$$

On remarque que la puissance dissipée est proportionnelle au carré de la fréquence. Lorsque la fréquence est multipliée par 10, la puissance dissipée est, toutes choses égales par ailleurs, multipliée par 100. Cela a son importance dans les transformateurs.

4. La puissance des courants de Foucault est dissipée sous forme de puissance thermique et conduit à une élévation de la température du conducteur.

4.1. Ce phénomène est mis à profit dans **les fours à induction** et dans **les plaques chauffantes par induction**. Dans le cas d'un four à induction, un champ magnétique non stationnaire est généré à l'intérieur du four. Une pièce métallique placée dans le four est alors le siège de courants de Foucault qui l'échauffent par effet Joule. Dans le cas d'une plaque chauffante par induction, un champ magnétique non stationnaire est généré au niveau des éléments actifs de la plaque. Une casserole métallique placée sur un de ces éléments est parcourue par des courants de Foucault qui l'échauffent par effet Joule. Avec ces plaques, on ne risque pas de se brûler en posant par inadvertance la main sur un élément actif, contrairement au cas d'une plaque chauffante électrique. Bien entendu, il est impératif d'utiliser des casseroles conductrices !

4.2. Dans **les transformateurs à noyaux ferromagnétiques**, les noyaux conducteurs sont plongés dans le champ magnétique non stationnaire créé par les courants variables circulant dans les bobines. **Ils sont donc le siège de courants de Foucault qui constituent une des causes de dissipation d'énergie. Pour limiter cette dissipation d'énergie il faut empêcher au maximum les courants induits de se développer**. A cette fin on utilise la technique du feuilletage : le noyau ferromagnétique est constitué de feuilles accolées et isolées électriquement les unes des autres par du vernis.

Remarque : Une autre cause importante de dissipation d'énergie dans les noyaux magnétiques des transformateurs est l'hystérésis. Malheureusement la technique du feuilletage élargit le cycle d'hystérésis du matériau. On perd donc au niveau de l'hystérésis une partie de ce qu'on gagne au niveau des courants de Foucault.

5. On reprend l'étude de la densité volumique des courants induits dans le cas où b est inférieur à a. Les relations (1), (7) et (8) restant valables, il vient :

$$\left.\begin{array}{l}\left.\begin{array}{ll}(7) & \oint_\Gamma \vec{j}\cdot\vec{dl}=\sigma e\\ (8) & \oint_\Gamma \vec{j}\cdot\vec{dl}=2\pi r j\end{array}\right\}\Rightarrow\ j=\dfrac{\sigma e}{2\pi r}\\ (1)\quad e=-\dfrac{d\Phi}{dt}\end{array}\right\}\Rightarrow\ j=-\frac{\sigma}{2\pi r}\frac{d\Phi}{dt}\qquad(13)$$

⋆ Cas $r<b<a$

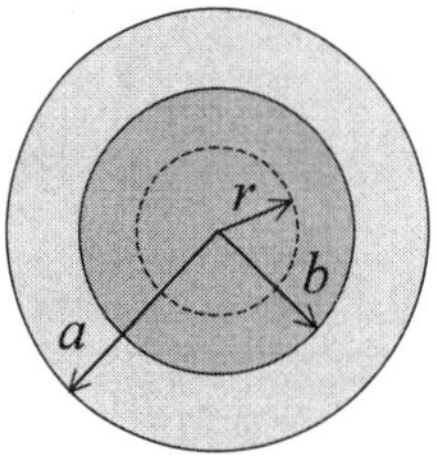

$$\phi=\pi r^2 B(t)$$

$$\Rightarrow\quad \frac{d\phi}{dt}=\pi r^2\frac{dB}{dt}\qquad(14)$$

$$(13),(14)\quad\Rightarrow\quad j=-\frac{\sigma r}{2}\frac{dB}{dt}\qquad(15)$$

⋆ Cas $b<r<a$

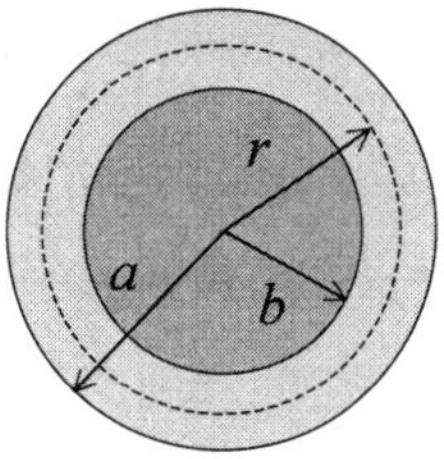

$$\phi=\pi b^2 B$$

$$\Rightarrow \quad \frac{d\phi}{dt}=\pi b^2\frac{dB}{dt} \quad (16)$$

$$(13),(16) \quad \Rightarrow \quad j=-\sigma\frac{b^2}{2r}\frac{dB}{dt} \quad (17)$$

Finalement :

$$\boxed{\begin{array}{lll} r<b & \vec{j}=-\dfrac{\sigma r}{2}\dfrac{dB}{dt}\vec{u}_\theta & (18) \\ r>b & \vec{j}=-\sigma\dfrac{b^2}{2r}\dfrac{dB}{dt}\vec{u}_\theta & (19) \end{array}}$$

Exercice 6 ⋆

Courants de Foucault (2)

On reprend le dispositif ayant fait l'objet de l'exercice précédent et constitué d'un cylindre métallique de conductivité σ plongé dans le champ magnétique extérieur :

$$\vec{B}=B_0\cos(2\pi f t)\vec{u}_z$$

Les courants induits ont été étudiés dans le cadre de l'A.R.Q.S. en considérant négligeables les phénomènes d'auto-induction et en supposant leur structure orthoradiale. Dans ces conditions, il a été établi que leur densité volumique a pour expression :

$$\vec{j}=\sigma\pi f B_0 r\sin(2\pi f t)\vec{u}_\theta$$

1. Etude du champ électromoteur.

1.1. Etablir, dans le cadre de l'A.R.Q.S., l'expression du potentiel vecteur associé au champ magnétique extérieur.

1.2. En déduire, en négligeant les phénomènes d'auto-induction, le champ électromoteur aux différents points du cylindre.

2. Montrer que le potentiel électrique est uniforme dans le cylindre.

3. Justifier l'hypothèse concernant la géométrie des lignes de courant.

1. Etude du champ électromoteur.

1.1. Le potentiel vecteur $\vec{A}(M,t)$ est défini dans le cadre de l'approximation des régimes quasi-stationnaires par :

$$\begin{cases} \vec{B}(M,t) = \overrightarrow{rot}\,\vec{A}(M,t) & (1) \\ div\,\vec{A}(M,t) = 0 & (2) \end{cases}$$

Remarque : l'équation (2) traduit la condition de jauge dans le cadre de l'A.R.Q.S.

Le champ magnétique étant axial et invariant par translation parallèle à Oz et par rotation autour de Oz, on peut à priori supposer qu'il est le rotationnel d'un champ orthoradial dont le module présente les mêmes invariances (cf. exercice n°1 du chapitre 0). On pose donc :

$$\vec{A}(M,t) = A(r,t)\vec{u}_\theta$$

En utilisant les expressions de la divergence et du rotationnel en cylindriques, données dans le formulaire du chapitre 0, on obtient pour un tel champ :

$$\begin{cases} div\,\vec{A}(M,t) = \dfrac{\partial A}{\partial \theta} = 0 & (3) \\ \overrightarrow{rot}\,\vec{A}(M,t) = \dfrac{1}{r}\left(\dfrac{\partial}{\partial r}(rA)\right) & (4) \end{cases}$$

La condition de jauge est donc bien satisfaite. Par ailleurs :

$$(1),(4) \;\Rightarrow\; \frac{1}{r}\left(\frac{\partial}{\partial r}(rA)\right) = B_0\cos(2\pi f t)$$

$$\Rightarrow\; \left(\frac{\partial}{\partial r}(rA)\right) = B_0 r\cos(2\pi f t) \;\Rightarrow\; rA(r,t) = \frac{1}{2}B_0 r^2\cos(2\pi f t) + C$$

$$\Rightarrow\; A(r,t) = \frac{1}{2}B_0 r\cos(2\pi f t) + \frac{C}{r}$$

Les sources du champ $\vec{B}$ ne comportant pas de courants surfaciques ou linéiques au niveau de l'axe Oz, le potentiel vecteur est défini en $r = 0$. On en déduit que la constante C est nulle et finalement :

$$\boxed{\vec{A}(M,t)=\frac{1}{2}B_0 r\cos(2\pi f t)\vec{u}_\theta} \quad (5)$$

1.2. Le champ électromoteur de Neumann est défini par : $\vec{E}_m(M,t)=-\dfrac{\partial\vec{A}(M,t)}{\partial t}$

Les phénomènes d'auto-induction étant négligés, seul le potentiel vecteur associé au champ magnétique extérieur est à prendre en compte. On en déduit :

$$(5) \Rightarrow \boxed{\vec{E}_m(M,t)=\pi f B_0 r\sin(2\pi f t)\vec{u}_\theta} \quad (6)$$

2. La relation entre la densité volumique des courants induits et les potentiels s'écrit :

$$\vec{j}=\sigma\vec{E}=\sigma\left(-\overrightarrow{grad}V-\frac{\partial\vec{A}}{\partial t}\right)=\sigma\left(-\overrightarrow{grad}V+\vec{E}_m\right) \quad (7)$$

En reprenant l'expression de la densité volumique des courants induits établie dans l'exercice précédent : $\vec{j}=\sigma\pi f B_0 r\sin(2\pi f t)\vec{u}_\theta$ (8)

$$(6),(7),(8) \Rightarrow \boxed{\overrightarrow{grad}V=\vec{0}}$$

Le potentiel électrique est donc uniforme à l'intérieur du cylindre métallique. Les courants induits sont dus au seul champ électromoteur.

3. Compte tenu de ce qui précède : $\vec{j}=\sigma\vec{E}_m=-\sigma\dfrac{\partial\vec{A}}{\partial t}$

Dans le cadre de l'étude (A.R.Q.S., auto-induction négligeable), la structure des courants induits est donc identique à celle du champ électromoteur de Neumann associé au champ magnétique extérieur. Cela valide à posteriori, l'hypothèse faite concernant la structure orthoradiale des courants induits.

Exercice 7 ★★★

Bobine à noyau non magnétique

On considère une bobine à noyau constituée d'un solénoïde à spires jointives, enroulé sur un cylindre métallique non magnétique de conductivité σ, de rayon a et d'épaisseur e faible devant a. La longueur l de la bobine est suffisamment grande pour que l'on puisse la considérer infinie.

On note n le nombre de spires par unité de longueur du solénoïde et $i(t)$ l'intensité du courant non stationnaire qui y circule.

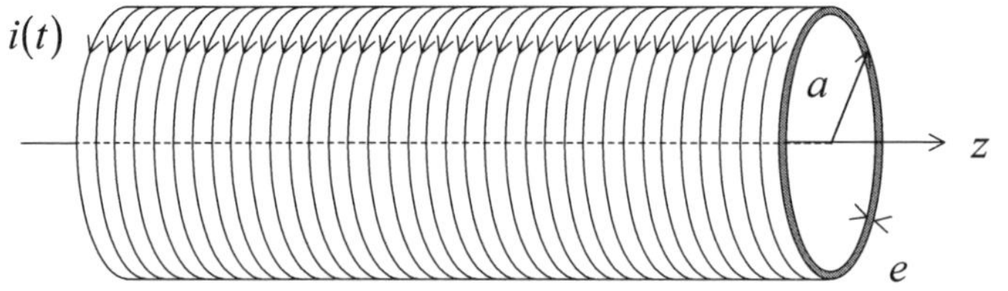

1. Décrire le phénomène observé dans le noyau métallique.

2. On admet que, par raison de symétrie, les courants induits ont une structure orthoradiale. L'épaisseur e du noyau cylindrique étant faible, on utilise, pour décrire ces courants, la modélisation surfacique.

2.1. Justifier, par des considérations physiques, l'hypothèse concernant la structure des courants.

2.2. Etablir l'expression du champ magnétique résultant aux différents points de l'espace en fonction de l'intensité i du courant dans la bobine et de la densité surfacique $\vec{j}_s$ des courants induits dans le noyau.

2.3. Etablir une équation différentielle satisfaite par cette densité surfacique.

3. On considère le cas où le courant est sinusoïdal et on pose $i(t) = I_0 \cos(\omega t)$.

3.1. Etablir, en régime sinusoïdal établi, l'expression de l'amplitude complexe du champ magnétique résultant à l'intérieur de la bobine.

3.2. Soit R la résistance de l'enroulement. Exprimer l'impédance complexe de la bobine à noyau non magnétique.

1. Le cylindre métallique constitue un conducteur plongé dans le champ non stationnaire de la bobine. Il est donc le siège de phénomènes d'induction (cas de Neumann). Sous l'effet du champ électromoteur de Neumann, des courants induits s'y développent.

2. *Etude des courants induits*

Le champ magnétique résultant, créé par la bobine, est la superposition du champ magnétique $\vec{B}_e$, créé par le solénoïde, et du champ magnétique propre $\vec{B}_p$, créé par les courants induits dans le noyau métallique.

2.1. Le champ magnétique $\vec{B}_e$, créé au niveau du cylindre métallique par le solénoïde supposé infini est un champ axial invariant par translation parallèle à Oz et par rotation autour de Oz. Le potentiel vecteur associé à ce champ a donc une structure orthoradiale (cf. exercice n°1 du chapitre 0) et est de la forme :

$$\vec{A}_e(M,t) = A_e(r,t)\vec{u}_\theta$$

Le champ électromoteur de Neumann associé a lui-même une structure orthoradiale :

$$\vec{E}_{me} = -\frac{\partial \vec{A}_e}{\partial t} = -\frac{\partial A_e(r,t)}{\partial t}\vec{u}_\theta$$

C'est sous l'effet de ce champ électromoteur que se développent les courants induits. On peut donc raisonnablement supposer que leur structure est, elle aussi, orthoradiale. Le problème étant invariant par translation parallèle à Oz et par rotation autour de Oz, on pose à priori :

$$\vec{j} = j(r,t)\vec{u}_\theta$$

2.2. Le champ magnétique $\vec{B}_e$ créé par le solénoïde infiniment long, vaut :

$$\begin{cases} r < a & \vec{B}_e = \mu_0 n i \vec{u}_z \\ r > a & \vec{B}_e = \vec{0} \end{cases}$$

La structure des courants induits dans le noyau étant identique à celle des courants dans un solénoïde infiniment long, leur champ magnétique propre est, par analogie, de la forme :

$$\begin{cases} r < a & \vec{B}_p = B_0 \vec{u}_z \\ r > a & \vec{B}_p = \vec{0} \end{cases}$$

L'expression de B_0 peut être établie en écrivant la relation de passage pour le champ magnétique propre au niveau de la nappe surfacique :

$$\lim_{r \to a^+} B_p(r) - \lim_{r \to a^-} B_p(r) = \mu_0 \vec{j}_s \wedge \vec{u}_r$$

$$\Rightarrow \quad -B_0 \vec{u}_z = \mu_0 j_s \vec{u}_\theta \wedge \vec{u}_r = -\mu_0 j_s \vec{u}_z \quad \Rightarrow \quad B_0 = \mu_0 j_s$$

On en déduit le champ magnétique propre des courants induits dans le noyau :

$$\begin{cases} r < a & \overrightarrow{B}_P = \mu_0 j_s \overrightarrow{u}_z \\ r > a & \overrightarrow{B}_P = \overrightarrow{0} \end{cases}$$

Le champ magnétique résultant créé par la bobine à noyau vaut donc :

$$\boxed{\begin{array}{lll} r < a & \overrightarrow{B} = \mu_0 (ni + j_s) \overrightarrow{u}_z & (1) \\ r > a & \overrightarrow{B} = \overrightarrow{0} & (2) \end{array}}$$

2.3. Dans le cylindre conducteur, la loi d'Ohm locale s'écrit :

$$\overrightarrow{j} = \sigma \left(-\overrightarrow{gradV} - \frac{\partial \overrightarrow{A}}{\partial t} \right) \quad (3)$$

L'épaisseur e du noyau métallique est suffisamment faible pour qu'on puisse utiliser la modélisation surfacique pour décrire les courants induits. Leur densité surfacique est définie par :

$$\overrightarrow{j}_s = \overrightarrow{j} e \quad (4)$$

D'où : $$(3),(4) \Rightarrow \overrightarrow{j}_s = \sigma e \left(-\overrightarrow{gradV} - \frac{\partial \overrightarrow{A}}{\partial t} \right)$$

En calculant la circulation de cette expression le long d'une ligne de courant induit, c'est à dire le long d'un cercle de rayon a, centré sur l'axe Oz dans un plan normal à cet axe, on obtient :

$$\oint_\Gamma \overrightarrow{j}_s \cdot \overrightarrow{dOM} = \oint_\Gamma \sigma e \left(-\overrightarrow{gradV} - \frac{\partial \overrightarrow{A}}{\partial t} \right) \cdot \overrightarrow{dOM}$$

$$\Rightarrow \oint_\Gamma \overrightarrow{j}_s \cdot \overrightarrow{dOM} = -\sigma e \oint_\Gamma \overrightarrow{gradV} \cdot \overrightarrow{dOM} - \sigma e \oint_\Gamma \frac{\partial \overrightarrow{A}}{\partial t} \cdot \overrightarrow{dOM} = -\sigma e \oint_\Gamma \frac{\partial \overrightarrow{A}}{\partial t} \cdot \overrightarrow{dOM}$$

$$\Rightarrow 2\pi a j_s = -\sigma e \frac{d}{dt} \left(\oint_\Gamma \overrightarrow{A} \cdot \overrightarrow{dOM} \right)$$

$$\Rightarrow j_s = -\frac{\sigma e}{2\pi a} \frac{d}{dt} \left(\oint_\Gamma \overrightarrow{A} \cdot \overrightarrow{dOM} \right) \quad (5)$$

Soit (S) la surface du disque s'appuyant sur le contour (Γ) et orientée compatiblement avec lui, par la règle de « tire-bouchon », selon $\overrightarrow{u}_z$. Le théorème de Stokes, d'une part, et la relation entre le champ magnétique et le potentiel vecteur, d'autre part, permettent d'écrire :

$$\oint_{\Gamma} \overrightarrow{A} \cdot d\overrightarrow{OM} = \iint_S \left(\overrightarrow{rot}\,\overrightarrow{A}\right) \cdot \overrightarrow{d^2 s} = \iint_S \overrightarrow{B} \cdot \overrightarrow{d^2 s} \quad (6)$$

Compte tenu de l'expression (1) du champ magnétique à l'intérieur du cylindre de rayon a, il vient :

$$\oint_{\Gamma} \overrightarrow{A} \cdot d\overrightarrow{OM} = \iint_S \mu_0 (ni + j_s) \overrightarrow{u}_z \cdot d^2 s \overrightarrow{u}_z = \mu_0 (ni + j_s) \iint_S d^2 s$$

$$\Rightarrow \quad \oint_{\Gamma} \overrightarrow{A} \cdot d\overrightarrow{OM} = \mu_0 (ni + j_s) \pi a^2 \quad (7)$$

D'où :

$$(5),(7) \Rightarrow j_s = -\mu_0 \frac{\sigma a e}{2} \frac{d}{dt}(ni + j_s)$$

$$\Rightarrow \boxed{\frac{dj_s}{dt} + \frac{2}{\mu_0 \sigma a e} j_s = -n \frac{di}{dt}} \quad (8)$$

3. On considère le régime sinusoïdal établi.

3.1. En notation complexe :

$$\begin{aligned}
i(t) &= I_0 \cos \omega t & &\rightarrow & \underline{i}(t) &= I_0 \exp(j\omega t) \\
j_s(t) &= j_{s0} \cos(\omega t + \varphi) & &\rightarrow & \underline{j}_s(t) &= \underline{J}_{s0} \exp(j\omega t) \\
\overrightarrow{B}(M,t) &= B_0(r) \cos(\omega t + \psi) \overrightarrow{u}_z & &\rightarrow & \overrightarrow{\underline{B}}(M,t) &= \underline{B}_0 \exp(j\omega t) \overrightarrow{u}_z
\end{aligned}$$

avec : $\underline{J}_{s0} = j_{s0} \exp(j\varphi)$ et $\underline{B}_0(r) = B_0(r) \exp(j\psi)$

En transposant la relation (1) par la notation complexe :

$$\overrightarrow{\underline{B}} = \mu_0 (nI_0 + \underline{J}_{s0}) \overrightarrow{u}_z \quad (9)$$

En transposant la relation (8) par la notation complexe :

$$\left(j\omega + \frac{2}{\mu_0 \sigma a e} \right) \underline{J}_{s0} = -j\omega n I_0 \quad \Rightarrow \quad \underline{J}_{s0} = \frac{-j\omega n I_0}{\left(j\omega + \dfrac{2}{\mu_0 \sigma a e} \right)} \quad (10)$$

$$(9),(10) \Rightarrow \overrightarrow{\underline{B}} = \mu_0 \left(1 - \frac{\mu_0 \sigma a e}{2} \frac{j\omega}{1 + j\omega \dfrac{\mu_0 \sigma a e}{2}} \right) n I_0 \overrightarrow{u}_z$$

$$\Rightarrow \quad \boxed{\underline{\vec{B}} = \frac{\mu_0 n I_0}{1 + j\omega \frac{\mu_0 \sigma a e}{2}} \vec{u}_z} \quad (11)$$

3.2. Soit u la tension aux bornes de la bobine, en convention récepteur :

$$u = Ri - e = Ri + \frac{d\phi}{dt}$$

En transposant cette relation par la notation complexe :

$$\underline{U} = RI_0 + j\omega\underline{\phi} = RI_0 + j\omega n l \pi a^2 \underline{B} \quad (12)$$

$$(11),(12) \Rightarrow \quad \underline{U} = RI_0 + j\omega\pi a^2 \frac{\mu_0 n^2 l}{1 + j\omega \frac{\mu_0 \sigma a e}{2}} I_0$$

$$\Rightarrow \quad \underline{U} = \left(R + j\omega \frac{\mu_0 n^2 l \pi a^2}{1 + \left(\frac{\mu_0 \sigma a e}{2} \omega \right)^2} \left(1 - j\omega \frac{\mu_0 \sigma a e}{2} \right) \right) I_0$$

$$\Rightarrow \quad \underline{U} = \left(R + \frac{\mu_0^2 n^2 l \sigma \pi a^3 e}{1 + \left(\frac{\mu_0 \sigma a e}{2} \omega \right)^2} \frac{\omega^2}{2} + j \frac{\mu_0 n^2 l \pi a^2}{1 + \left(\frac{\mu_0 \sigma a e}{2} \omega \right)^2} \omega \right) I_0$$

On en déduit l'expression de l'impédance complexe de la bobine :

$$\Rightarrow \quad \underline{Z} = R + \frac{\mu_0^2 n^2 l \sigma \pi a^3 e}{1 + \left(\frac{\mu_0 \sigma a e}{2} \omega \right)^2} \frac{\omega^2}{2} + j \frac{\mu_0 n^2 l \pi a^2}{1 + \left(\frac{\mu_0 \sigma a e}{2} \omega \right)^2} \omega$$

D'où la résistance équivalente de la bobine :

$$\boxed{R_e = R + \frac{\mu_0^2 n^2 l \sigma \pi a^3 e}{1 + \left(\frac{\mu_0 \sigma a e}{2} \omega \right)^2} \frac{\omega^2}{2}}$$

Et son coefficient d'auto-induction :

$$L_e = \frac{\mu_0 n^2 l \pi a^2}{1 + \left(\frac{\mu_0 \sigma a e}{2} \omega \right)^2}$$

Exercice 8 ★★★

Principe du compteur électrique

Soit $u(t) = \sqrt{2} U \cos(\omega t)$ et $i(t) = \sqrt{2} I \cos(\omega t + \varphi)$ la tension et l'intensité du courant en entrée d'une installation électrique en régime sinusoïdal.
On désire mesurer l'énergie électrique fournie à l'installation pendant une durée grande devant la période de la tension délivrée.

Le dispositif de comptage d'un compteur électrique comporte un disque conducteur (D), de conductivité σ, de centre O, de rayon a et d'épaisseur h, en rotation lente autour de son axe Oz.

L'espace est rapporté au repère orthonormé $Oxyz$. O_1 et O_2 sont deux points dont les coordonnées sont respectivement $(-b, c, 0)$ et $(b, c, 0)$. (C_1) et (C_2) sont deux cylindres de rayon b et d'axes respectifs O_1z et O_2z. Les volumes de ces deux cylindres sont entièrement inclus dans celui de (D) (cf. figure).

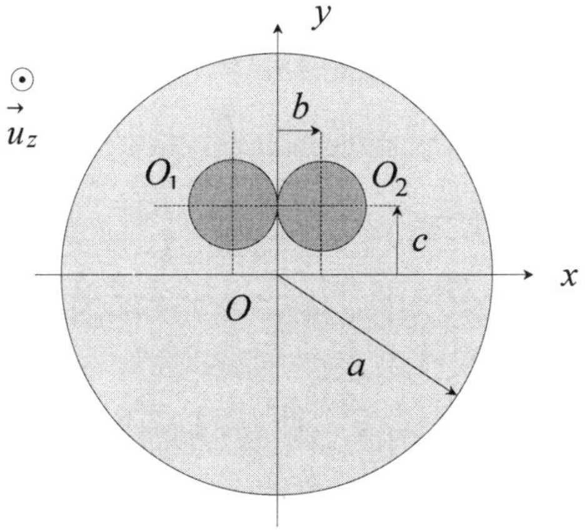

On note respectivement $(O_1, \vec{u}_{r1}, \vec{u}_{\theta 1}, \vec{u}_z)$ et $(O_2, \vec{u}_{r2}, \vec{u}_{\theta 2}, \vec{u}_z)$ les repères cylindriques définis à partir des axes O_1z et O_2z.

Deux électroaimants dont les bobines sont branchées en entrée de l'installation, l'une en parallèle, l'autre en série avec elle, permettent de créer le champ magnétique suivant :

- A l'intérieur de (C_1) : $\vec{B} = B_1(t)\vec{u}_z$ avec $B_1(t) = k_1 U \cos\left(\omega t - \frac{\pi}{2}\right)$.
- A l'intérieur de (C_2) : $\vec{B} = B_2(t)\vec{u}_z$ avec $B_2(t) = k_2 I \cos(\omega t + \varphi)$.
- En dehors de (C_1) et de (C_2) le champ magnétique est nul.

k_1 et k_2 sont deux constantes positives dépendant des caractéristiques des électroaimants.

On note $\vec{j}_1$ et $\vec{j}_2$ les densités des courants induits par $\vec{B}_1$ et $\vec{B}_2$ et $\vec{j}$ la densité de courant résultante.
On suppose les points O_1 et O_2 suffisamment à l'intérieur de (D) et b suffisamment faible devant a pour que les effets de bord soient négligeables et on considère pour commencer que le disque est immobile. Dans ces conditions on admet que les résultats de la question 5 de l'exercice n°5 de ce chapitre sont applicables.

1. Donner les expressions de $\vec{j}_1$ et de $\vec{j}_2$ puis celle de $\vec{j}$.

2. Soit M_z le moment, par rapport à l'axe Oz, des forces de Laplace.

2.1. Montrer que M_z peut se mettre sous la forme :

$$M_z = -B_1 \iiint_{C_1} \left(\overrightarrow{OM} \cdot \vec{j}\right) d^3\tau - B_2 \iiint_{C_2} \left(\overrightarrow{OM} \cdot \vec{j}\right) d^3\tau$$

2.2. On montre que, par raison de symétrie, $\iiint_{C_1} \vec{j}_1 d^3\tau = \iiint_{C_2} \vec{j}_2 d^3\tau = \vec{0}$. En déduire que :

$$M_z = -B_1 \overrightarrow{OO_2} \cdot \iiint_{C_1} \vec{j}_2 d^3\tau - B_2 \overrightarrow{OO_1} \cdot \iiint_{C_2} \vec{j}_1 d^3\tau$$

2.3. Montrer que $M_z = -c\left(B_1 \iiint_{C_1} j_{2y} d^3\tau + B_2 \iiint_{C_2} j_{1y} d^3\tau\right)$

2.4. On montre que les intégrales $\iiint_{C_2} \frac{\vec{u}_{\theta 1} \cdot \vec{u}_y}{r_1} d^3\tau$ et $\iiint_{C_1} \frac{\vec{u}_{\theta 2} \cdot \vec{u}_y}{r_2} d^3\tau$ sont opposées et on pose $\iiint_{C_2} \frac{\vec{u}_{\theta 1} \cdot \vec{u}_y}{r_1} d^3\tau = -\iiint_{C_1} \frac{\vec{u}_{\theta 2} \cdot \vec{u}_y}{r_2} d^3\tau = K$.

En déduire l'expression de M_z en fonction de K, k_1, k_2 b , c, σ, ω, U , I et φ.

3. Le disque tourne maintenant autour de son axe à la vitesse Ω. Cette vitesse est suffisamment faible pour qu'on puisse considérer que la répartition des courants induits dans le disque reste inchangée et que l'expression précédente de M_z demeure valable. Outre les forces de Laplace, le disque est soumis à des forces de frottement fluide dont le moment par rapport à l'axe Oz, proportionnel à la vitesse de rotation, est de la forme $M'_z = -f\,\Omega$.

3.1. Montrer qu'en régime permanent la vitesse de rotation Ω du disque est proportionnelle à la puissance électrique moyenne fournie à l'installation électrique.

3.2. En déduire que l'énergie électrique consommée par l'installation pendant une durée Δt, grande devant la période T de la tension délivrée, peut être mesurée en comptant le nombre de tours effectués par le disque. On pourra considérer que la durée Δt correspond à un multiple entier de la période et que durant une période la vitesse de rotation du disque est constante.

1. En utilisant les résultats établis dans la question 5 de l'exercice n°5 de ce chapitre on obtient :

* Pour la densité $\vec{j}_1$ des courants induits par le champ $\vec{B}_1$ régnant dans (C_1) :

$$\begin{cases} M \in (C_1) \quad \vec{j}_1 = -\dfrac{\sigma r_1}{2}\dfrac{dB_1}{dt}\vec{u}_{\theta 1} & (1) \\ M \notin (C_1) \quad \vec{j}_1 = -\dfrac{\sigma b^2}{2r_1}\dfrac{dB_1}{dt}\vec{u}_{\theta 1} & (2) \end{cases}$$

* Pour la densité $\vec{j}_2$ des courants induits par le champ $\vec{B}_2$ régnant dans (C_2) :

$$\begin{cases} M \in (C_2) \quad \vec{j}_2 = -\dfrac{\sigma r_2}{2}\dfrac{dB_2}{dt}\vec{u}_{\theta 2} & (3) \\ M \notin (C_2) \quad \vec{j}_2 = -\dfrac{\sigma b^2}{2r_2}\dfrac{dB_2}{dt}\vec{u}_{\theta 2} & (4) \end{cases}$$

On en déduit, en utilisant le théorème de superposition :

$$\begin{cases} M \in (C_1) & \vec{j} = -\dfrac{\sigma r_1}{2}\dfrac{dB_1}{dt}\vec{u}_{\theta 1} - \dfrac{\sigma b^2}{2r_2}\dfrac{dB_2}{dt}\vec{u}_{\theta 2} \quad (5) \\ M \in (C_2) & \vec{j} = -\dfrac{\sigma b^2}{2r_1}\dfrac{dB_1}{dt}\vec{u}_{\theta 1} - \dfrac{\sigma r_2}{2}\dfrac{dB_2}{dt}\vec{u}_{\theta 2} \quad (6) \end{cases}$$

2.1. La force de Laplace s'exerçant sur un élément $d^3\tau$ du disque s'écrit :

$$d^3\vec{f} = \left(\vec{j} \wedge \vec{B}\right)d^3\tau .$$

Le moment, par rapport à l'axe Oz, de cette force s'écrit :

$$d^3M_z = \left(\overrightarrow{OM} \wedge d^3\vec{f}\right)\cdot \vec{u}_z = \left(\overrightarrow{OM} \wedge \left(\vec{j} \wedge \vec{B}\right)\right)\cdot \vec{u}_z d^3\tau$$

En utilisant les propriétés du double produit vectoriel, on en déduit :

$$d^3M_z = \left(\left(\overrightarrow{OM}\cdot\vec{B}\right)\vec{j} - \left(\overrightarrow{OM}\cdot\vec{j}\right)\vec{B}\right)\cdot \vec{u}_z d^3\tau$$

$$\Rightarrow \quad d^3M_z = \left(\overrightarrow{OM}\cdot\vec{B}\right)\left(\vec{j}\cdot\vec{u}_z\right)d^3\tau - \left(\overrightarrow{OM}\cdot\vec{j}\right)\left(\vec{B}\cdot\vec{u}_z\right)d^3\tau$$

$$\Rightarrow \quad d^3M_z = -\left(\overrightarrow{OM}\cdot\vec{j}\right)Bd^3\tau$$

On obtient le moment, par rapport à l'axe Oz, des forces de Laplace en sommant cette expression sur le volume du disque :

$$M_z = -\iiint_D \left(\overrightarrow{OM}\cdot\vec{j}\right)Bd^3\tau$$

Compte tenu de la structure du champ magnétique, on en déduit :

$$M_z = -\iiint_{C_1}\left(\overrightarrow{OM}\cdot\vec{j}\right)B_1 d^3\tau - \iiint_{C_2}\left(\overrightarrow{OM}\cdot\vec{j}\right)B_2 d^3\tau$$

Soit encore, le champ magnétique étant uniforme à l'intérieur de chaque cylindre :

$$\boxed{M_z = -B_1\iiint_{C_1}\left(\overrightarrow{OM}\cdot\vec{j}\right)d^3\tau - B_2\iiint_{C_2}\left(\overrightarrow{OM}\cdot\vec{j}\right)d^3\tau} \quad (7)$$

2.2. Posons $I_1 = \iiint_{C1}\left(\overrightarrow{OM}\cdot\vec{j}\right)d^3\tau$ et $I_2 = \iiint_{C2}\left(\overrightarrow{OM}\cdot\vec{j}\right)d^3\tau$.

L'intégrale I_1 se décompose de la façon suivante :

$$I_1 = \iiint_{C_1} \overrightarrow{OM} \cdot \left(\vec{j}_1 + \vec{j}_2\right) d^3\tau = \iiint_{C_1} \overrightarrow{OM} \cdot \vec{j}_1 d^3\tau + \iiint_{C_1} \overrightarrow{OM} \cdot \vec{j}_2 d^3\tau$$

$$\Rightarrow \quad I_1 = \iiint_{C1} \left(\overrightarrow{OO_1} + \overrightarrow{O_1 M}\right) \cdot \vec{j}_1 d^3\tau + \iiint_{C1} \left(\overrightarrow{OO_2} + \overrightarrow{O_2 M}\right) \cdot \vec{j}_2 d^3\tau$$

$\vec{j}_1$ et $\vec{j}_2$ étant respectivement normaux à $\overrightarrow{O_1 M}$ et $\overrightarrow{O_2 M}$, il vient :

$$I_1 = \iiint_{C1} \overrightarrow{OO_1} \cdot \vec{j}_1 d^3\tau + \iiint_{C1} \overrightarrow{OO_2} \cdot \vec{j}_2 d^3\tau$$

$$\Rightarrow \quad I_1 = \overrightarrow{OO_1} \cdot \iiint_{C1} \vec{j}_1 d^3\tau + \overrightarrow{OO_2} \cdot \iiint_{C1} \vec{j}_2 d^3\tau$$

Or par raison de symétrie $\iiint_{C1} \vec{j}_1 d^3\tau = \vec{0}$. On en déduit $I_1 = \overrightarrow{OO_2} \cdot \iiint_{C1} \vec{j}_2 d^3\tau$.

Un raisonnement analogue conduit à $I_2 = \overrightarrow{OO_1} \cdot \iiint_{C2} \vec{j}_1 d^3\tau$.

En reportant ces expressions de I_1 et I_2 dans l'expression (7) de M_z on obtient :

$$\boxed{M_z = -B_1 \overrightarrow{OO_2} \cdot \iiint_{C_1} \vec{j}_2 d^3\tau - B_2 \overrightarrow{OO_1} \cdot \iiint_{C_2} \vec{j}_1 d^3\tau} \quad (8)$$

2.3. Soit P_1 un point de (C_1) et P_1' son symétrique par rapport à l'axe O_1O_2.

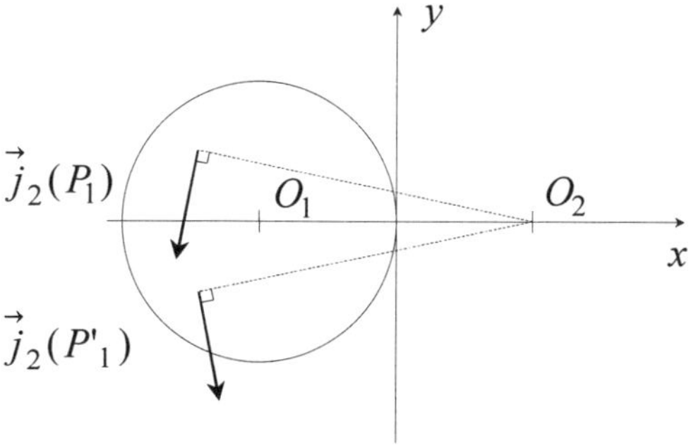

Par raison de symétrie :

$$\begin{cases} j_{2x}\left(P_1'\right) = -j_{2x}\left(P_1\right) \\ j_{2y}\left(P_1'\right) = j_{2y}\left(P_1\right) \end{cases}$$

$$\Rightarrow \quad \left(\vec{j}_2(P_1) + \vec{j}_2(P_1')\right) d^3\tau = \left(j_{2y}(P_1) + j_{2y}(P_1')\right) d^3\tau\, \vec{u}_y$$

Nous en déduisons, en regroupant les points de (C_1) par couples de points symétriques par rapport à l'axe de O_1O_2 :

$$\iiint_{C_1} \vec{j}_2 d^3\tau = \left(\iiint_{C_1} j_{2y} d^3\tau\right) \vec{u}_y \quad (9)$$

On démontre de même que :

$$\iiint_{C_2} \vec{j}_1 d^3\tau = \left(\iiint_{C_2} j_{1y} d^3\tau\right)\vec{u}_y \quad (10)$$

En reportant les expressions (9) et (10) dans l'expression (8) de M_z, on obtient :

$$M_z = -B_1\overrightarrow{OO_2}\cdot\left(\iiint_{C_1} j_{2y} d^3\tau\right)\vec{u}_y - B_2\overrightarrow{OO_1}\cdot\left(\iiint_{C_2} j_{1y} d^3\tau\right)\vec{u}_y$$

Et enfin en remarquant que $\overrightarrow{OO_2}\cdot\vec{u}_y = \overrightarrow{OO_1}\cdot\vec{u}_y = c$:

$$\boxed{M_z = -c\left(B_1\iiint_{C_1} j_{2y} d^3\tau + B_2\iiint_{C_2} j_{1y} d^3\tau\right)} \quad (11)$$

2.4. En un point M de (C_2), compte tenu de l'expression (2) de $\vec{j}_1$:

$$\vec{j}_1 = -\frac{\sigma b^2}{2r_1}\frac{dB_1}{dt}\vec{u}_{\theta 1} \quad \Rightarrow \quad j_{1y} = \vec{j}_1\cdot\vec{u}_y = -\frac{\sigma b^2}{2}\frac{dB_1}{dt}\frac{\vec{u}_{\theta 1}\cdot\vec{u}_y}{r_1}$$

$$\Rightarrow \quad B_2\iiint_{C_2} j_{1y} d^3\tau = -B_2\iiint_{C_2}\frac{\sigma b^2}{2}\frac{dB_1}{dt}\frac{\vec{u}_{\theta 1}\cdot\vec{u}_y}{r_1}d^3\tau$$

$$\Rightarrow \quad B_2\iiint_{C_2} j_{1y} d^3\tau = -\frac{1}{2}\sigma b^2 B_2\frac{dB_1}{dt}\iiint_{C_2}\frac{\vec{u}_{\theta 1}\cdot\vec{u}_y}{r_1}d^3\tau$$

$$\Rightarrow \quad B_2\iiint_{C_2} j_{1y} d^3\tau = -\frac{1}{2}K\sigma b^2 B_2\frac{dB_1}{dt} \quad (12)$$

En un point M de (C_1), compte tenu de l'expression (4) de $\vec{j}_2$:

$$\vec{j}_2 = -\frac{\sigma b^2}{2r_2}\frac{dB_2}{dt}\vec{u}_{\theta 2} \quad \Rightarrow \quad j_{2y} = \vec{j}_2\cdot\vec{u}_y = -\frac{\sigma b^2}{2}\frac{dB_2}{dt}\frac{\vec{u}_{\theta 2}\cdot\vec{u}_y}{r_2}$$

$$\Rightarrow \quad B_1\iiint_{C_1} j_{2y} d^3\tau = -B_1\iiint_{C_1}\frac{\sigma b^2}{2}\frac{dB_2}{dt}\frac{\vec{u}_{\theta 2}\cdot\vec{u}_y}{r_2}d^3\tau$$

$$\Rightarrow \quad B_1\iiint_{C_1} j_{2y} d^3\tau = -\frac{1}{2}\sigma b^2 B_1\frac{dB_2}{dt}\iiint_{C_1}\frac{\vec{u}_{\theta 2}\cdot\vec{u}_y}{r_2}d^3\tau$$

$$\Rightarrow \quad B_1\iiint_{C_1} j_{2y} d^3\tau = \frac{1}{2}K\sigma b^2 B_1\frac{dB_2}{dt} \quad (13)$$

Finalement :

$$(11),(12),(13) \Rightarrow M_z = -c\left(\frac{1}{2}K\sigma b^2 B_1 \frac{dB_2}{dt} - \frac{1}{2}K\sigma b^2 B_2 \frac{dB_1}{dt}\right)$$

$$\Rightarrow M_z = \frac{1}{2}K\sigma c b^2\left(B_2 \frac{dB_1}{dt} - B_1 \frac{dB_2}{dt}\right)$$

Or $B_1(t) = k_1 U \cos\left(\omega t - \frac{\pi}{2}\right)$ et $B_2(t) = k_2 I \cos(\omega t + \varphi)$. On en déduit :

$$M_z = \frac{1}{2}K\sigma c b^2 k_1 k_2 \omega U I\left(-\cos(\omega t + \varphi)\sin\left(\omega t - \frac{\pi}{2}\right) + \cos\left(\omega t - \frac{\pi}{2}\right)\sin(\omega t + \varphi)\right)$$

$$\Rightarrow M_z = \frac{1}{2}K\sigma c b^2 k_1 k_2 \omega U I(\cos(\omega t + \varphi)\cos(\omega t) + \sin(\omega t)\sin(\omega t + \varphi))$$

$$\Rightarrow \boxed{M_z = \frac{1}{2}K\sigma c b^2 k_1 k_2 \omega U I \cos\varphi} \quad (14)$$

3. Le disque tourne maintenant à la vitesse Ω autour de l'axe C.

3.1. En appliquant au disque en rotation autour de l'axe Oz le théorème scalaire du moment cinétique, on obtient :

$$J\frac{d\Omega}{dt} = M_z + M'_z$$

En supposant que l'expression (14) du moment, par rapport à l'axe Oz, des forces de Laplace reste valable :

$$J\frac{d\Omega}{dt} = \frac{1}{2}K\sigma c b^2 k_1 k_2 \omega U I \cos\varphi - f\Omega$$

$$\Rightarrow \frac{d\Omega}{dt} + \frac{f}{J}\Omega = \frac{1}{2}\frac{K}{J}\sigma c b^2 k_1 k_2 \omega U I \cos\varphi \quad (15)$$

En régime permanent : $\Omega = \frac{1}{2}\frac{K}{f}\sigma c b^2 k_1 k_2 \omega U I \cos\varphi \quad (16)$

La puissance électrique moyenne p fournie à l'installation pendant une période T étant égale à $UI\cos\varphi$, on en déduit, qu'en régime permanent, la vitesse de rotation Ω lui est proportionnelle :

$$\boxed{\Omega = Cp} \quad (17) \quad \text{avec } C = \frac{1}{2}\frac{K}{f}\sigma c b^2 k_1 k_2 \omega$$

3.2. On suppose que Δt est un multiple de T : $\Delta t = nT$. Soit E_i l'énergie fournie à l'installation, sur une période T, entre $t_{i-1} = (i-1)T$ et $t_i = iT$. L'énergie E fournie à l'installation pendant la durée Δt vaut :

$$E = \sum_{i=1}^{n} E_i = \sum_{i=1}^{n}\left(\int_{t_{i-1}}^{t_i} uidt\right) \quad (18)$$

En notant p_i la puissance moyenne délivrée entre t_{i-1} et t_i :

$$\left.\begin{array}{c} p_i \frac{1}{T}\int_{t_{i-1}}^{t_i} uidt \\ (18) \end{array}\right\} \Rightarrow E = \sum_{i=1}^{n}(p_i T) \quad (19)$$

En notant Ω_i la vitesse de rotation, supposée constante, entre t_{i-1} et t_i :

$$\left.\begin{array}{c} (17) \Rightarrow \Omega_i = Cp_i \\ (19) \end{array}\right\} \Rightarrow E = \sum_{i=1}^{n}\left(\frac{\Omega_i}{C}T\right) \quad (20)$$

En notant $\Delta\theta_i$ l'angle de rotation du disque entre t_{i-1} et t_i et $\Delta\theta$ l'angle de rotation du disque pendant la durée Δt :

$$\left.\begin{array}{c} \Delta\theta_i = \Omega_i T \\ (20) \end{array}\right\} \Rightarrow E = \sum_{i=1}^{n}\frac{\Delta\theta_i}{C} = \frac{1}{C}\sum_{i=1}^{n}\Delta\theta_i = \frac{\Delta\theta}{C}$$

En supposant que pendant la durée Δt le disque effectue un nombre entier N de tours, il vient finalement :

$$\boxed{E = \frac{2\pi}{C}N} \quad (21)$$

Le comptage du nombre de tours effectués par le disque pendant la durée Δt permet donc de connaître l'énergie fournie à l'installation pendant cette durée.

Remarque : Δt étant grande devant T ($T = 20\,ms$ pour une fréquence égale à $50\,Hz$, Δt de l'ordre de plusieurs mois entre deux relevés du compteur), l'erreur commise en considérant que Δt est un multiple entier de T, que Ω est constante sur une période T et que le nombre de tours effectués est entier est effectivement négligeable.

CHAPITRE VI

APPLICATIONS DU PHENOMENE D'INDUCTION

Exercice 1 ★

Principe du haut-parleur électrodynamique

Un haut-parleur électrodynamique comporte :

⋆ Un aimant permanent, dans l'entrefer duquel règne un champ magnétique radial. La norme B de ce champ est uniforme dans la région utile de l'entrefer.

⋆ Un ensemble mobile, de masse m, constitué d'une membrane en carton solidaire d'une bobine plate. Cette bobine, de résistance R, d'inductance L, est placée dans l'entrefer de l'aimant. Elle comporte N spires de rayon a. On note l la longueur de son enroulement.

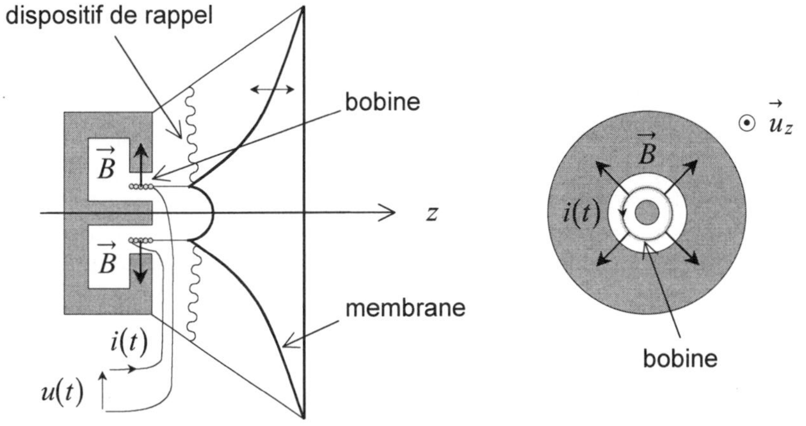

L'ensemble mobile peut effectuer, autour de sa position d'équilibre, de petits mouvements dans la direction de l'axe de symétrie Oz du dispositif. Il est soumis, d'une part, à une force élastique caractérisée par un coefficient de raideur k, et d'autre part, à une force de frottement fluide proportionnelle à sa vitesse et caractérisée par une constante h. Le poids de l'ensemble mobile et les réactions de support se compensent.

1. Expliquer, qualitativement, comment une tension variable appliquée aux bornes de la bobine permet de générer une onde sonore et, inversement, comment une onde sonore arrivant sur la membrane produit aux bornes de la bobine une tension variable. En quoi réside la différence entre un haut-parleur électrodynamique et un microphone électrodynamique ?

2. La bobine, soumise à une tension variable $u(t)$, est parcourue par un courant d'intensité $i(t)$. L'ensemble mobile se déplace parallèlement à Oz et on note $z(t)$ sa cote, comptée à partir de sa position d'équilibre.
Etablir les équations différentielles liant $i(t)$ et $z(t)$.

3. *Aspect énergétique*

3.1. Etablir une relation liant la variation de l'énergie du haut-parleur à la puissance électrique qui lui est fournie.

3.2. Exprimer la puissance électrique moyenne fournie au haut-parleur, en régime périodique. Commenter le résultat obtenu.

3.3. La puissance acoustique, appelée aussi puissance sonore rayonnée, correspond à la puissance des forces de frottement visqueux de l'air sur la membrane. Proposer une définition du rendement énergétique du haut-parleur, en régime périodique.

1. Lorsque la bobine est soumise à une tension variable, un courant s'y développe. Sous l'effet des forces de Laplace, elle se met alors en mouvement en entraînant la membrane dont elle est solidaire. Cette membrane engendre, en se déplaçant dans l'air, de très faibles variations de pression et génère ainsi une onde sonore qui est l'image de la tension variable appliquée à la bobine. Le dispositif peut jouer le rôle de haut-parleur.

Lorsque la membrane reçoit une onde sonore, elle est soumise à de très faibles variations de pression qui la mettent en mouvement. La bobine, solidaire de la membrane, se déplace alors dans le champ magnétique de l'aimant et constitue un circuit électrique en mouvement dans un champ magnétique. Elle devient le siège d'une force électromotrice induite qui se traduit par l'apparition d'une tension à ses bornes. Cette tension est l'image électrique de l'onde sonore responsable des mouvements de la membrane. Le dispositif peut jouer le rôle de microphone.

Dans leurs principes, le haut-parleur et le microphone électrodynamiques sont identiques. Ils diffèrent dans la réalité par les valeurs de leurs grandeurs physiques (résistance électrique de la bobine, masse de la membrane, coefficient de rappel...). Ces grandeurs doivent en effet être dimensionnées différemment, de façon à optimiser le rendement du dispositif en regard de sa fonctionnalité. Un bon haut-parleur électrodynamique utilisé en microphone aurait un très mauvais rendement et réciproquement.

2. Du fait du couplage électromécanique, nous devons établir une équation mécanique et une équation électrique.

- *Equation mécanique*

Soit $\vec{f}$ la résultante des forces de Laplace s'exerçant sur la bobine.

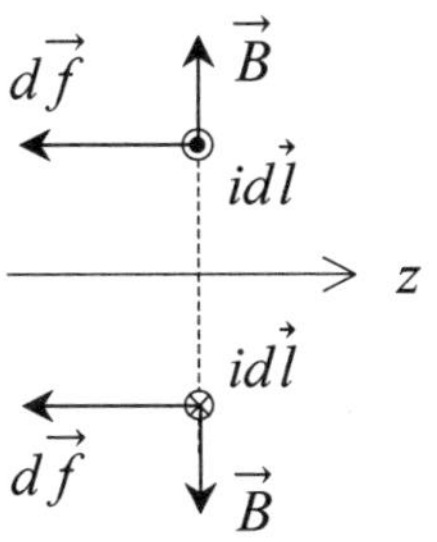

$$\vec{f} = \int_{bobine} i d\vec{l} \wedge \vec{B}$$

$$\vec{f} = \int_0^{2\pi N} i\left(ad\theta \vec{u}_\theta\right) \wedge \left(B\vec{u}_r\right) = -iB2\pi N a\vec{u}_z$$

$$\Rightarrow \quad \vec{f} = -iBl\vec{u}_z \quad (1)$$

L'ensemble mobile est soumis à son poids, aux réactions de support, à la force de Laplace $\vec{f}$, à la force élastique $\vec{f_e}$ et à la force de frottement de l'air $\vec{f_v} = -h\vec{v}$.

En prenant l'origine à l'équilibre, la force élastique s'écrit $\vec{f_e} = -kz\vec{u}_z$.

Les réactions de support et le poids se compensant, le théorème de la résultante cinétique s'écrit :

$$m\vec{a} = \vec{f_e} + \vec{f_v} + \vec{f}$$

En le projetant sur l'axe Oz, on obtient : $m\ddot{z} = -kz - h\dot{z} - iBl$

$$\Rightarrow \quad \boxed{m\ddot{z} + kz + h\dot{z} = -iBl} \quad (M)$$

- *Equation électrique*

Soit e la force électromotrice induite dans la bobine. La tension aux bornes de la bobine et l'intensité du courant qui y circule sont liées, en convention récepteur, par la relation :

$$u(t) = Ri - e \quad (2)$$

La force électromotrice est ici la somme de deux termes :

⋆ La force électromotrice d'auto-induction liée à la variation du flux propre de la bobine :

$$e_p = -\frac{d\varphi_p}{dt} = -\frac{dLi}{dt} = -L\frac{di}{dt} \quad (3)$$

⋆ La force électromotrice liée au déplacement de la bobine dans le champ stationnaire de l'aimant (force électromotrice de Lorentz) :

$$e_L = \int_{bobine} \left(\vec{v} \wedge \vec{B}\right) \cdot \vec{dl} = \int_0^{2\pi N} \left(v\vec{u}_z \wedge B\vec{u}_r\right) \cdot ad\theta\vec{u}_\theta = avB\int_0^{2\pi N} d\theta = 2\pi NaBv$$

$$\Rightarrow \quad e_L = Blv \quad (4)$$

Finalement, compte tenu de (2), (3) et (4) : $\boxed{u(t) = Ri + L\dfrac{di}{dt} - Blv}$ (E)

Les équations (M) et (E) régissent le comportement électro-mécanique du dispositif.

3. *Aspect énergétique*

3.1. Afin de faire un bilan énergétique, multiplions l'équation mécanique (M) par la grandeur mécanique $v = \dot{z}$ et l'équation électrique (E) par la grandeur électrique i.

$$\begin{cases} (M) \times \dot{z} & \Rightarrow \quad m\ddot{z}\dot{z} + kz\dot{z} + h\dot{z}^2 = -iBl\dot{z} \quad (5) \\ (E) \times i & \Rightarrow \quad ui = Ri^2 + Li\dfrac{di}{dt} - Blvi \quad (6) \end{cases}$$

Remarque :

⋆ Dans l'équation (5), le terme $-iBlv$ correspond à la puissance P_L des forces de Laplace.

⋆ Dans l'équation (6), le terme $iBlv$ correspond à la puissance P_{e_L} de la force électromotrice e_L de Lorentz, liée au déplacement de la bobine dans le champ magnétique créé par l'aimant.

On constate donc que : $\boxed{P_{e_L} + P_L = 0}$

Cette relation traduit le fait que les phénomènes d'induction électromagnétique sont responsables du couplage électro-mécanique, base du principe de fonctionnement du haut-parleur électrodynamique.

En éliminant le terme $iBlv$ entre les équations (5) et (6), il vient :

$$ui = Ri^2 + hv^2 + Li\frac{di}{dt} + m\dot{z}\ddot{z} + kz\dot{z}$$

$$\Rightarrow \quad ui = Ri^2 + hv^2 + \frac{d}{dt}\left(\underbrace{\frac{1}{2}Li^2}_{E_B} + \underbrace{\frac{1}{2}mv^2 + \frac{1}{2}kz^2}_{E_m}\right) \quad (7)$$

Sous la dérivée temporelle, on reconnaît d'une part, l'énergie magnétique stockée dans la bobine $(E_B = Li^2/2)$ et d'autre part, l'énergie mécanique de l'ensemble mobile $(E_m = mv^2/2 + kz^2/2)$, somme d'une énergie cinétique et d'une énergie potentielle élastique.

La somme de ces deux types d'énergie constitue l'énergie E du haut-parleur :

$$E = E_B + E_m = \frac{1}{2}Li^2 + \frac{1}{2}mv^2 + \frac{1}{2}kz^2$$

La relation (7) s'écrit donc :

$$\boxed{ui = Ri^2 + hv^2 + \frac{dE}{dt}} \quad (8)$$

Ainsi **la puissance électrique fournie au haut-parleur se retrouve d'une part, dans la variation par unité de temps de son énergie et d'autre part, dans la puissance consommée par les phénomènes dissipatifs** (effet Joule au niveau du circuit électrique, frottements de l'air au niveau de la membrane).

3.2. En régime périodique la puissance électrique moyenne fournie au haut-parleur, se définit par :

$$\langle ui \rangle = \frac{1}{T}\int_{t_0}^{t_0+T} ui dt \quad (9)$$

$$(8),(9) \quad \Rightarrow \quad \langle ui \rangle = \frac{1}{T}\int_{t_0}^{t_0+T}\left(Ri^2 + hv^2 + \frac{dE}{dt}\right)dt$$

$$\Rightarrow \quad \langle ui \rangle = \frac{1}{T}\int_{t_0}^{t_0+T} Ri^2 dt + \frac{1}{T}\int_{t_0}^{t_0+T} hv^2 dt + \frac{1}{T}\int_{E(t_0)}^{E(t_0+T)} dE$$

Or, en régime périodique : $E(t_0 + T) = E(t_0)$

D'où finalement : $$\boxed{\langle ui \rangle = \langle Ri^2 \rangle + \langle hv^2 \rangle} \quad (10)$$

En régime périodique, la puissance électrique moyenne fournie au haut-parleur sert exclusivement à compenser les pertes, par effet Joule dans le circuit électrique, par frottement visqueux au niveau de la membrane.

3.3. La puissance des forces de frottement visqueux au niveau de la membrane correspond à la puissance sonore rayonnée par le haut-parleur. **C'est la partie de la puissance fournie par le générateur qui se retrouve dans l'onde sonore générée par le haut-parleur**.
Le rendement énergétique du haut-parleur peut alors être défini par :

$$\boxed{r = \frac{\langle hv^2 \rangle}{\langle ui \rangle} = \frac{\langle hv^2 \rangle}{\langle Ri^2 \rangle + \langle hv^2 \rangle}} \quad (11)$$

Remarque : Pour obtenir un bon rendement énergétique, on a intérêt à ce que la résistance électrique de la bobine soit aussi faible que possible.

Exercice 2 ★★★

Impédance d'un haut-parleur électrodynamique

On considère un haut-parleur électrodynamique du type de celui décrit dans l'exercice précédent et pour lequel on prendra les valeurs numériques suivantes :

$$B = 1T,\ m = 8g,\ R = 4\Omega,\ N = 30,\ a = 15mm,\ k = 1500\,N\,m^{-1},\ h = 4\,N\,S\,m^{-1}$$

On applique aux bornes de la bobine du haut-parleur, une tension sinusoïdale $u(t) = U_0 \cos\omega t$ et on étudie le régime harmonique forcé en fonction de la fréquence.

A toute grandeur sinusoïdale $s(t) = S_0 \cos(\omega t + \varphi_s)$, on associe sa grandeur complexe conjuguée $\underline{s}(t)$ et son amplitude complexe $\underline{S}$ définies par :

$$\underline{s}(t) = S_0 \exp(j\omega t + \varphi_s) = \underline{S}\exp(j\omega t)$$

1. Justifier l'intérêt de l'étude du dispositif en régime harmonique forcé.

2. Etablir, en utilisant les résultats de l'exercice précédent, deux équations liant les amplitudes complexes $\underline{U}$, $\underline{I}$ et $\underline{V}$ de $u(t)$, $i(t)$ et $v(t)$.

3. Montrer que l'impédance totale $\underline{Z}$ du haut-parleur, définie par $\underline{U} = \underline{Z}\,\underline{I}$, est la somme de deux impédances $\underline{Z}_e$ et $\underline{Z}_m$, respectivement appelées impédance propre et impédance motionnelle du haut-parleur.

4. Montrer que cette impédance totale $\underline{Z}$ correspond à l'association suivante :

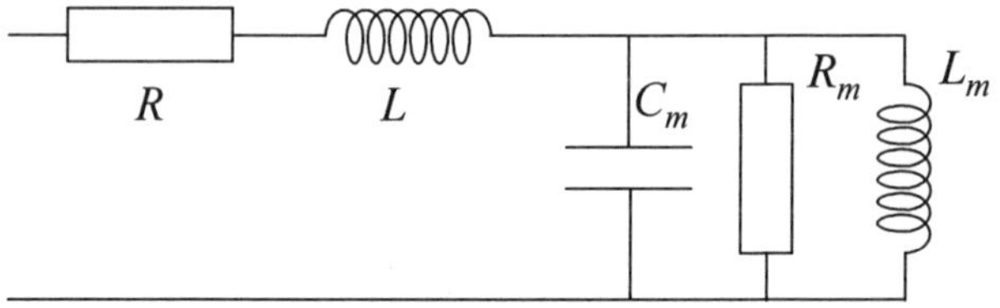

Etablir les expressions des éléments R_m, C_m et L_m et calculer leurs valeurs numériques.

5. On note respectivement $a_m(\omega)$ et $b_m(\omega)$ les parties réelle et imaginaire de l'impédance motionnelle $\underline{Z}_m$. Exprimer $a_m(\omega)$ et $b_m(\omega)$ et donner les allures des courbes traduisant leurs variations en fonction de ω.

6. Soit $M(\omega)$ le point du plan complexe d'affixe $\underline{Z}_m$. Montrer que lorsque ω varie de 0 à l'infini, $M(\omega)$ décrit le cercle de centre $C(R_m/2,0)$ et de rayon $R_m/2$, appelé cercle de Kennelly. Porter sur ce cercle les points correspondant aux points remarquables des graphes de $a_m(\omega)$ et $b_m(\omega)$.

7. On note Z_m le module de l'impédance motionnelle.
Pour quelle valeur de la fréquence, Z_m est-il maximum et quelle est la valeur de ce maximum ?
Dans quel domaine de fréquence Z_m est-il supérieur ou égal à sa valeur maximale divisée par $\sqrt{2}$?

8. Le haut-parleur étudié est destiné à être utilisé dans le domaine des fréquences vocales qui s'étend de $300\,Hz$ à $3500\,Hz$.
Que peut-on dire de l'impédance du haut-parleur dans ce domaine, sachant que $L\omega$ y est négligeable devant R ?

1. Les équations qui régissent le phénomène sont les équations (M) et (E) établies dans l'exercice précédent. Ce sont des équations différentielles linéaires :

$$\begin{cases}(M) & m\ddot{z} + h\dot{z} + kz = -iBl \\ (E) & ri + L\dfrac{di}{dt} - Blv = u(t)\end{cases}$$

L'intérêt de l'étude en régime sinusoïdal est lié aux théorèmes de Fourier et de superposition et à la notation complexe :

⋆ En utilisant le théorème de Fourier, **une tension d'entrée périodique peut être décomposée en une somme de tensions sinusoïdales**.

⋆ Les équations différentielles étant linéaires, elles obéissent au théorème de superposition. **La réponse du système à une superposition de tensions d'entrée s'identifie à la superposition de ses réponses à ces différentes tensions**.

⋆ La notation complexe rend les régimes sinusoïdaux établis plus faciles à étudier que les autres régimes variables, dans la mesure où **elle permet de substituer des équations algébriques dans le corps des complexes à des équations différentielles dans le corps des réels**.

Finalement l'étude du comportement du système en régime sinusoïdal établi, rendu plus simple grâce à la notation complexe, permet de prévoir, grâce aux théorèmes de Fourier et de décomposition, sa réponse à une tension périodique quelconque.

Cette réponse est la superposition de ses réponses aux différents harmoniques de la tension d'entrée.

2. En régime sinusoïdal établi, les équations (M) et (E) peuvent être transposées par la notation complexe, en introduisant les amplitudes complexes $\underline{U}$, $\underline{V}$ et $\underline{I}$ de $u(t)$, $v(t)$ et $i(t)$:

$$\begin{cases}(M) & mj\omega\underline{V}+h\underline{V}+k\dfrac{1}{j\omega}\underline{V}=-Bl\underline{I} \\ (E) & \underline{U}=R\underline{I}+Lj\omega\underline{I}-Bl\underline{V}\end{cases} \Rightarrow \boxed{\begin{cases}\left(h+j\left(m\omega-\dfrac{k}{\omega}\right)\right)\underline{V}=-Bl\underline{I} & (E') \\ \underline{U}=(R+jL\omega)\underline{I}-Bl\underline{V} & (M')\end{cases}}$$

3. En éliminant $\underline{V}$ entre les équations (M') et (E'), on obtient :

$$\underline{U}=\left(R+jL\omega+\frac{B^2l^2}{h+j\left(m\omega-\dfrac{k}{\omega}\right)}\right)\underline{I}$$

On reconnaît l'impédance électrique de la bobine : $\underline{Z}_e=R+jL\omega$. On peut donc écrire $\underline{Z}=\underline{Z}_e+\underline{Z}_m$ en définissant l'impédance motionnelle $\underline{Z}_m$ du haut-parleur par :

$$\boxed{\underline{Z}_m=\frac{B^2l^2}{h+j\left(m\omega-\dfrac{k}{\omega}\right)}} \qquad (1)$$

4. L'impédance de l'association proposée par le texte vaut $\underline{Z}=\underline{Z}_e+\underline{Z}_m$ avec :

$$\frac{1}{\underline{Z}_m}=\frac{1}{R_m}+\frac{1}{jL_m\omega}+jC_m\omega \qquad (2)$$

Or, compte tenu de l'expression (1) de $\underline{Z}_m$: $\dfrac{1}{\underline{Z}_m}=\dfrac{h}{B^2l^2}+j\dfrac{1}{B^2l^2}\left(m\omega-\dfrac{k}{\omega}\right)$

$$\Rightarrow \quad \frac{1}{\underline{Z}_m}=\frac{h}{B^2l^2}+j\frac{m}{B^2l^2}\omega+\frac{k}{jB^2l^2\omega} \qquad (3)$$

Les relations (2) et (3) s'identifient bien en posant :

$$\boxed{R_m=\frac{B^2l^2}{h}} \quad (4) \qquad \boxed{L_m=\frac{B^2l^2}{k}} \quad (5) \qquad \boxed{C_m=\frac{m}{B^2l^2}} \quad (6)$$

Numériquement : $\boxed{R_m=2{,}00\,\Omega}$ $\boxed{L_m=5{,}33\,mH}$ $\boxed{C_m=1{,}00\,mF}$

5. On pose : $\underline{Z}_m = a_m + jb_m$. En considérant le schéma équivalent à l'impédance motionnelle :

$$\frac{1}{\underline{Z}_m} = \frac{1}{R_m} - j\left(\frac{1}{L_m\omega} - C_m\omega\right) \Rightarrow \underline{Z}_m = \frac{1}{\dfrac{1}{R_m} - j\left(\dfrac{1}{L_m\omega} - C_m\omega\right)}$$

$$\Rightarrow \underline{Z}_m = \frac{\dfrac{1}{R_m} + j\left(\dfrac{1}{L_m\omega} - C_m\omega\right)}{\dfrac{1}{R_m^2} + \left(\dfrac{1}{L_m\omega} - C_m\omega\right)^2} = \frac{R_m + jR_m^2\left(\dfrac{1}{L_m\omega} - C_m\omega\right)}{1 + R_m^2\left(\dfrac{1}{L_m\omega} - C_m\omega\right)^2}$$

D'où on déduit :

$$a_m = \frac{R_m}{1 + R_m^2\left(\dfrac{1}{L_m\omega} - C_m\omega\right)^2} \quad (7) \qquad b_m = \frac{R_m^2\left(\dfrac{1}{L_m\omega} - C_m\omega\right)}{1 + R_m^2\left(\dfrac{1}{L_m\omega} - C_m\omega\right)^2} \quad (8)$$

⋆ a_m est maximale pour $\omega = \omega_0$ telle que : $\dfrac{1}{L_m\omega_0} - C_m\omega_0 = 0$.

$$\Rightarrow \omega_0 = \frac{1}{\sqrt{L_m C_m}} \Rightarrow \boxed{\omega_0 = \sqrt{\frac{k}{m}}} \quad (9)$$

⋆ Pour étudier le graphe de $b_m(\omega)$, il nous faut l'expression de sa dérivée. Tout calcul fait, on obtient :

$$\frac{db_m}{d\omega} = -\frac{R_m^2}{\omega}\left(\frac{1}{L_m\omega} + C_m\omega\right)\frac{1 - R_m^2\left(\dfrac{1}{L_m\omega} - C_m\omega\right)^2}{\left(1 + R_m^2\left(\dfrac{1}{L_m\omega} - C_m\omega\right)^2\right)^2}$$

Cette expression s'annule lorsque $R_m\left(\dfrac{1}{L_m\omega} - C_m\omega\right) = \pm 1$, c'est à dire lorsque :

$$R_m L_m C_m \omega^2 + L_m\omega - R_m = 0 \quad \text{ou} \quad R_m L_m C_m \omega^2 - L_m\omega - R_m = 0$$

Les racines positives de ces équations sont :

$$\omega_1 = \frac{-L_m + \sqrt{L_m^2 + 4R_m^2 L_m C_m}}{2R_m L_m C_m} \quad \text{et} \quad \omega_2 = \frac{L_m + \sqrt{L_m^2 + 4R_m^2 L_m C_m}}{2R_m L_m C_m}$$

Soit encore :

$$\boxed{\begin{aligned} \omega_1 &= \frac{1}{2R_m C_m}\left(-1 + \sqrt{1 + \frac{4R_m^2 C_m}{L_m}}\right) \quad (10) \\ \omega_2 &= \frac{1}{2R_m C_m}\left(1 + \sqrt{1 + \frac{4R_m^2 C_m}{L_m}}\right) \quad (11) \end{aligned}}$$

⋆ Graphes de a_m et b_m :

ω	0		ω_0		∞
a_m'		$+$	0	$-$	
a_m	0	$\nearrow$	R_m	$\searrow$	0

ω	0		ω_1		ω_0		ω_2		∞
b_m'		$+$	0	$-$		$-$	0	$+$	
b_m	0	$\nearrow$	$R_m/2$	$\searrow$	0	$\searrow$	$-R_m/2$	$\nearrow$	0

Remarque : Les valeurs de b_m pour $\omega = \omega_1$ et $\omega = \omega_2$ sont directement déduites de l'étude du cercle de Kennelly, faite dans la question suivante.

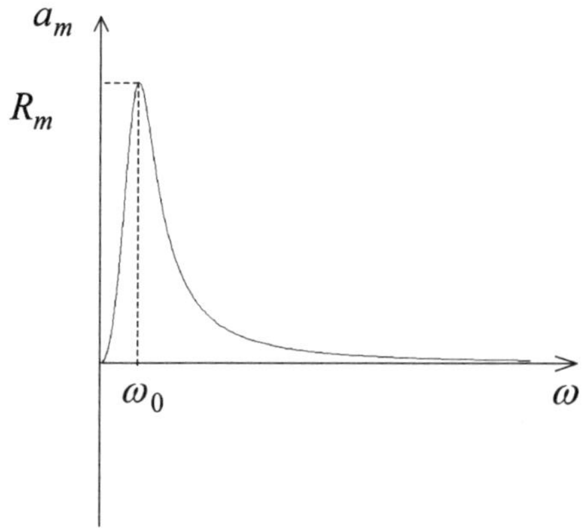

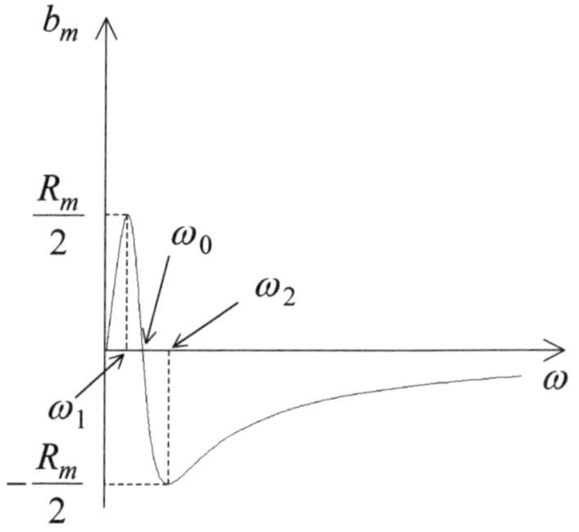

6. Soit X_m et Y_m les coordonnées du point $M(\omega)$ du plan complexe d'affixe Z_m ($X_m = a_m$ et $Y_m = b_m$).

Faisons le changement de repère $X_m' = X_m - \dfrac{R_m}{2}$, $Y_m' = Y_m$. Compte tenu des expressions (7) et (8) de a_m et b_m, on obtient :

$$\begin{cases} X_m'^2 = \left(\dfrac{R_m}{1 + R_m^2\left(\dfrac{1}{L_m\omega} - C_m\omega\right)^2} - \dfrac{R_m}{2} \right)^2 = \dfrac{R_m^2}{4} \dfrac{\left(1 - R_m^2\left(\dfrac{1}{L_m\omega} - C_m\omega\right)^2\right)^2}{\left(1 + R_m^2\left(\dfrac{1}{L_m\omega} - C_m\omega\right)^2\right)^2} \\ Y_m'^2 = Y_m^2 = \dfrac{R_m^4\left(\dfrac{1}{L_m\omega} - C_m\omega\right)^2}{\left(1 + R_m^2\left(\dfrac{1}{L_m\omega} - C_m\omega\right)^2\right)^2} \end{cases}$$

On en déduit :

$$X_m'^2 + Y_m^2 = \frac{R_m^2}{4} \frac{\left(1 - R_m^2\left(\dfrac{1}{L_m\omega} - C_m\omega\right)^2\right)^2 + 4R_m^2\left(\dfrac{1}{L_m\omega} - C_m\omega\right)^2}{\left(1 + R_m^2\left(\dfrac{1}{L_m\omega} - C_m\omega\right)^2\right)^2} = \frac{R_m^2}{4}$$

$$\Rightarrow \boxed{\left(X_m - \frac{R_m}{2}\right)^2 + Y_m^2 = \frac{R_m^2}{4}}$$

C'est bien l'équation d'un cercle de centre $C(R_m/2{,}0)$ et de rayon $R_m/2$.

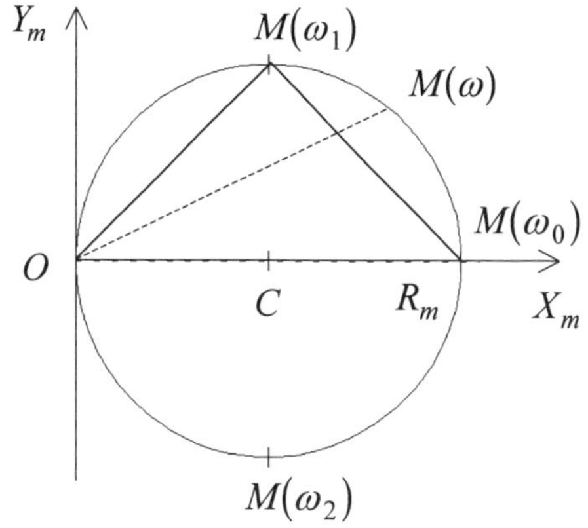

Remarques :

⋆ Le maximum et le minimum de $Y_m = b_m$, qui correspondent respectivement à $\omega = \omega_1$ et $\omega = \omega_2$ (cf. question précédente), sont respectivement égaux à $R_m / 2$ et $-R_m/2$.

⋆ $OM(\omega_1) = OM(\omega_2) = \sqrt{R_m}/2$

7. Dans le plan complexe : $Z_m(\omega) = OM(\omega)$. En observant le cercle de Kennelly, il apparaît immédiatement que :

⋆ Z_m est maximum lorsque $\omega = \omega_0$, ce qui correspond, compte tenu des valeurs numériques de k et m, à la fréquence :

$$\boxed{f_0 = \frac{\omega_0}{2\pi} = 68{,}92\ Hz}$$

⋆ La valeur maximale de Z_m est égale à : $\boxed{(Z_m)_{\max} = R_m = 2{,}00\ \Omega}$

⋆ $\frac{(Z_m)_{\max}}{\sqrt{2}} \leq Z_m \leq (Z_m)_{\max}$ pour $\omega_1 \leq \omega \leq \omega_2$, ce qui correspond, compte tenu des valeurs numériques des éléments de l'impédance motionnelle, au domaine de fréquence :

$$\boxed{f_1 = \frac{\omega_1}{2\pi} = 39{,}79\ Hz \leq f \leq f_2 = \frac{\omega_2}{2\pi} = 119{,}37\ Hz}$$

8. Dans le domaine des fréquences vocales défini par le texte, $L\omega$ est négligeable devant R. L'impédance du haut-parleur s'écrit alors :

$$Z = \sqrt{(R + a_m)^2 + b_m^2}$$

Par ailleurs, compte tenu des graphes de a_m et b_m, on peut considérer que la borne inférieure du domaine considéré $(f = 300\ Hz)$ est déjà suffisamment grande devant f_2 $(f_2 \approx 120\ Hz)$ pour que, dans ce domaine, on puisse également négliger a_m et b_m devant R. Cela revient finalement à négliger l'impédance motionnelle, devant R.

On peut donc considérer l'impédance du haut-parleur étudié comme constante et égale à R, dans le domaine des fréquences vocales $(R = 4\ \Omega)$.

On peut préciser cela en calculant la valeur de Z pour quelques fréquences du domaine considéré :

f (Hz)	350	400	600	1000	1500	3000
Z (Ω)	4,13	4,10	4,04	4,02	4,01	4,00

Exercice 3 ★★

Puissance acoustique d'un haut-parleur électrodynamique

La puissance acoustique rayonnée, en régime sinusoïdal, par un haut-parleur électrodynamique, du type de celui étudié dans les deux exercices précédents, est fonction de la fréquence et de l'amplitude V_0 de la vitesse de sa membrane. On montre qu'elle peut se mettre sous la forme :

$$P_a = \frac{AV_0^2/2}{1+\left(\dfrac{\omega_c}{\omega}\right)^2} = \frac{K}{2}\,\frac{\left(1+\dfrac{R}{R_m}\right)^2 \dfrac{B^2l^2}{R}V_0^2}{1+\left(\dfrac{\omega_c}{\omega}\right)^2}$$

où K est un coefficient sans dimension et ω_c une pulsation de coupure dont la valeur dépend de la forme de la membrane.

On considère le haut-parleur de l'exercice précédent. Pour ce haut-parleur, aux fréquences considérées, le terme $L\omega$ est négligeable. R_m, L_m et C_m sont les éléments de son impédance motionnelle.
On prendra $\omega_c = 4\,10^4\ rad\ s^{-1}$ et $K = 1200$ et on posera $\omega_0 = 1/\sqrt{L_m C_m}$.
Compte tenu des valeurs de L_m et C_m : $\omega_0 = 433\,rad/s$.

Afin d'étudier le comportement énergétique du haut-parleur dans le domaine des fréquences vocales $(300\,Hz \le f \le 3500\,Hz)$, on applique à ses bornes une tension sinusoïdale $u(t) = U_0 \cos\omega t$.

1. En reprenant les résultats de l'exercice 2, exprimer le rapport sans dimension $B^2l^2V_0^2/U_0^2$ en fonction du rapport ω/ω_0, en introduisant les éléments de son impédance motionnelle.

2. On définit la grandeur sans dimension : $H = \left(1+\dfrac{R}{R_m}\right)^2 \dfrac{B^2l^2V_0^2}{U_0^2}$.

On pose $H_{dB} = 10\log H$. Etudier le diagramme asymptotique de H_{dB} en fonction de ω/ω_0. Préciser, en particulier, la pente des asymptotes et la valeur ω_m de ω pour laquelle H_{dB} est maximum.

3. On définit $G = \dfrac{2R}{U_0^2}P_a$ et on pose $G_{dB} = 10\log G$.

Interpréter physiquement le rapport G. Montrer que pour des fréquences à la fois suffisamment grandes devant ω_m et suffisamment petites devant ω_c, G_{dB} peut être considéré comme indépendant de la fréquence.

4. Tracer G_{dB}, à l'aide d'une calculette graphique, et commenter la courbe obtenue.

1. Les équations régissant le comportement du haut-parleur en régime sinusoïdal forcé, ont été établies dans l'exercice 2 :

$$\left(h + j\left(m\omega - \frac{k}{\omega}\right)\right)\underline{V} = -Bl\underline{I} \quad (E')$$
$$\underline{U} = (R + jL\omega)\underline{I} - Bl\underline{V} \quad (M')$$

En éliminant $\underline{I}$ entre ces deux équations et en négligeant le terme $L\omega$, on obtient :

$$\left.\begin{array}{l}(M') \Rightarrow \underline{I} = \dfrac{\underline{U} + Bl\underline{V}}{R} \\ (E')\end{array}\right\} \Rightarrow \left(Rh + jR\left(m\omega - \frac{k}{\omega}\right)\right)\underline{V} = -Bl\underline{U} - B^2l^2\underline{V}$$

$$\Rightarrow \underline{V} = -\frac{Bl}{\left(Rh + B^2l^2\right) + jR\left(m\omega - \dfrac{k}{\omega}\right)}\underline{U}$$

$$\Rightarrow V_0^2 = |\underline{V}|^2 = \frac{B^2l^2}{\left(Rh + B^2l^2\right)^2 + R^2\left(m\omega - \dfrac{k}{\omega}\right)^2}|\underline{U}|^2$$

$$\Rightarrow \frac{B^2l^2V_0^2}{U_0^2} = \frac{B^4l^4}{\left(Rh + B^2l^2\right)^2 + R^2\left(m\omega - \dfrac{k}{\omega}\right)^2} \quad (1)$$

Les expressions ainsi que les valeurs des éléments de l'impédance motionnelle du haut-parleur, ont été établies dans l'exercice 2 :

$$R_m = \frac{B^2l^2}{h} = 2{,}00\,\Omega \ , \ L_m = \frac{B^2l^2}{k} = 5{,}33\,mH \, , \ C_m = \frac{m}{B^2l^2} = 1{,}00\,mF$$

Afin de les introduire, mettons B^4l^4 en facteur du dénominateur de l'expression (1). Il vient alors, après simplification par B^4l^4 :

$$\frac{B^2l^2V_0^2}{U_0^2} = \frac{1}{\left(R\dfrac{h}{B^2l^2} + 1\right)^2 + R^2\left(\dfrac{m}{B^2l^2}\omega - \dfrac{k}{B^2l^2}\dfrac{1}{\omega}\right)^2}$$

$$\Rightarrow \quad \frac{B^2 l^2 V_0^2}{U_0^2} = \frac{1}{\left(1+\dfrac{R}{R_m}\right)^2 + R^2\left(C_m\omega - \dfrac{1}{L_m\omega}\right)^2} \quad (2)$$

En introduisant ensuite $\omega_0 = 1/\sqrt{L_m C_m}$, il vient finalement :

$$\boxed{\frac{B^2 l^2 V_0^2}{U_0^2} = \frac{1}{\left(1+\dfrac{R}{R_m}\right)^2 + R^2 \dfrac{C_m}{L_m}\left(\dfrac{\omega}{\omega_0} - \dfrac{\omega_0}{\omega}\right)^2}} \quad (3)$$

2. Compte tenu de la définition de H et de l'expression (3), il vient :

$$H = \frac{\left(1+\dfrac{R}{R_m}\right)^2}{\left(1+\dfrac{R}{R_m}\right)^2 + R^2 \dfrac{C_m}{L_m}\left(\dfrac{\omega}{\omega_0} - \dfrac{\omega_0}{\omega}\right)^2}$$

$$\Rightarrow \quad H = \frac{1}{1 + \dfrac{R^2 R_m^2}{(R+R_m)^2}\dfrac{C_m}{L_m}\left(\dfrac{\omega}{\omega_0} - \dfrac{\omega_0}{\omega}\right)^2} \quad (5)$$

D'où on déduit :

$$\boxed{H_{dB} = 10\log H = -10\log\left(1 + \frac{R^2 R_m^2}{(R+R_m)^2}\frac{C_m}{L_m}\left(\frac{\omega}{\omega_0} - \frac{\omega_0}{\omega}\right)^2\right)} \quad (6)$$

- *Maximum de* H_{dB}

H_{dB} est maximum pour $\omega = \omega_m = \omega_0$. Il est alors égal à 0.

- *Comportement aux limites de* H_{dB}

⋆ *Cas* $\omega << \omega_0$: $\quad (6) \Rightarrow \quad H_{dB} \approx -10\log\left(\dfrac{R^2 R_m^2}{(R+R_m)^2}\dfrac{C_m}{L_m}\left(\dfrac{\omega_0}{\omega}\right)^2\right)$

$$\Rightarrow \quad \boxed{H_{dB} \approx H_{db1} = 10\log\left(\frac{(R+R_m)^2}{R^2 R_m^2}\frac{L_m}{C_m}\right) + 20\log\left(\frac{\omega}{\omega_0}\right)} \quad (7)$$

⋆ *Cas $\omega >> \omega_0$:* (6) $\Rightarrow$ $H_{dB} \approx -10\log\left(\dfrac{R^2 R_m^2}{(R+R_m)^2}\dfrac{C_m}{L_m}\left(\dfrac{\omega}{\omega_0}\right)^2\right)$

$$\Rightarrow \quad \boxed{H_{dB} \approx H_{dB2} = 10\log\left(\frac{(R+R_m)^2}{R^2 R_m^2}\frac{L_m}{C_m}\right) - 20\log\left(\frac{\omega}{\omega_0}\right)} \quad (8)$$

- *Tracé du diagramme* $H_{dB} = f(\omega/\omega_0)$

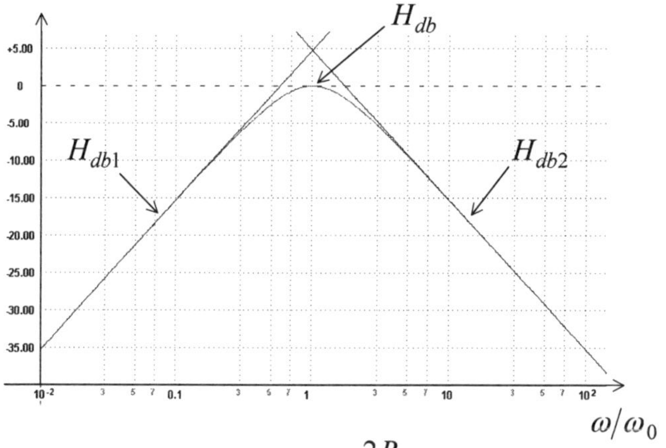

3. On définit le rapport sans dimension $G = \dfrac{2R}{U_0^2} P_a$.

Le rapport $P_e = \dfrac{U_0^2}{2R}$ représente la puissance électrique moyenne fournie à une résistance R par un générateur délivrant une tension sinusoïdale d'amplitude U_0. Or, il a été établi dans l'exercice précédent que l'impédance du haut-parleur pouvait être considérée comme étant égale à R, dans le domaine des fréquences vocales considéré.

P_e s'interprète alors comme **la puissance électrique moyenne fournie au haut-parleur** par le générateur délivrant une tension sinusoïdale d'amplitude U_0.

G apparaît donc comme le rapport de la puissance acoustique du haut-parleur à la puissance électrique fournie au haut-parleur. C'est le **rendement énergétique du haut-parleur**.

$$G = \frac{2R}{U_0^2} P_a = \frac{2R}{U_0^2}\frac{K}{2}\frac{\left(1+\dfrac{R}{R_m}\right)^2 \dfrac{B^2 l^2}{R} V_0^2}{1+\left(\dfrac{\omega_c}{\omega}\right)^2} = K\frac{\left(1+\dfrac{R}{R_m}\right)^2 \dfrac{B^2 l^2 V_0^2}{U_0^2}}{1+\left(\dfrac{\omega_c}{\omega}\right)^2}$$

Soit, compte tenu de l'expression de H : $G = K \dfrac{H}{1+\left(\dfrac{\omega_c}{\omega}\right)^2}$ (9)

D'où : $G_{db} = 10\log\left(K \dfrac{H}{1+\left(\dfrac{\omega_c}{\omega}\right)^2}\right) = 10\log(K) + H_{dB} - 10\log\left(1+\left(\dfrac{\omega_c}{\omega}\right)^2\right)$ (10)

Remarque : $\omega_0 = \dfrac{1}{\sqrt{L_m C_m}} = 433\, rad\, s^{-1}, \omega_c = 4\, 10^4\, rad\, s^{-1} \Rightarrow \omega_0 << \omega_c$

Il existe donc bien un domaine à l'intérieur duquel ω est grande devant ω_0 et faible devant ω_c.

★ Pour $\omega << \omega_c$:

$$G_{db} \approx 10\log(K) + H_{dB} - 20\log\left(\frac{\omega_c}{\omega}\right) = 10\log(K) + H_{dB} - 20\log\left(\frac{\omega_c}{\omega_0}\frac{\omega_0}{\omega}\right)$$

$$\Rightarrow \quad G_{db} \approx 10\log(K) + H_{dB} - 20\log\left(\frac{\omega_c}{\omega_0}\right) + 20\log\left(\frac{\omega}{\omega_0}\right) \quad (11)$$

★ Pour $\omega >> \omega_0$: $H_{dB} \approx H_{dB2} = 10\log\left(\dfrac{(R+R_m)^2}{R^2 R_m^2}\dfrac{L_m}{C_m}\right) - 20\log\left(\dfrac{\omega}{\omega_0}\right)$ (8)

Finalement, pour $\omega_0 << \omega << \omega_c$:

$$(8),(11) \Rightarrow \boxed{G_{db} \approx 10\log(K) + 10\log\left(\frac{(R+R_m)^2}{R^2 R_m^2}\frac{L_m}{C_m}\right) - 20\log\left(\frac{\omega_c}{\omega_0}\right)} \quad (12)$$

Ainsi, lorsque ω peut-être considérée comme , à la fois suffisamment grande devant ω_0 et suffisamment faible devant ω_c, **le rendement énergétique du haut-parleur peut-être considéré comme indépendant de la fréquence**.

Remarque : $\begin{cases} \omega_0 = 433\, rad\, s^{-1} & \Rightarrow \quad f_0 = 68{,}9\, Hz \\ \omega_c = 4\, 10^4\, rad\, s^{-1} & \Rightarrow \quad f_c = 6366{,}2\, Hz \end{cases}$

Le domaine des fréquences vocales qui s'étend de $300\, Hz$ à $3500\, Hz$, se trouve entre f_0 et f_c. **L'étude asymptotique permet donc de prévoir que le rendement énergétique du haut-parleur varie peu sur ce domaine**. Pour préciser cela, il est nécessaire de tracer le diagramme énergétique de Bode du haut-parleur.

4. En reprenant les expressions (5) et (9) de H et G, il vient :

$$G = K\frac{1}{1+\dfrac{R^2R_m^2}{(R+R_m)^2}\dfrac{C_m}{L_m}\left(\dfrac{\omega}{\omega_0}-\dfrac{\omega_0}{\omega}\right)^2}\frac{1}{1+\left(\dfrac{\omega_c}{\omega}\right)^2}$$

Soit, en fonction de la fréquence :

$$G = K\frac{1}{1+\dfrac{R^2R_m^2}{(R+R_m)^2}\dfrac{C_m}{L_m}\left(\dfrac{f}{f_0}-\dfrac{f_0}{f}\right)^2}\frac{1}{1+\left(\dfrac{f_c}{f}\right)^2}$$

$$\Rightarrow G_{dB} = 10\log K - 10\log\left(1+\frac{R^2R_m^2}{(R+R_m)^2}\frac{C_m}{L_m}\left(\frac{f}{f_0}-\frac{f_0}{f}\right)^2\right) - 10\log\left(1+\left(\frac{f_c}{f}\right)^2\right)$$

A l'aide d'une calculette graphique, on peut tracer G_{dB} en fonction de la fréquence f. En utilisant une échelle semi-logaritmique, on obtient, compte tenu des valeurs numériques fournies par le texte :

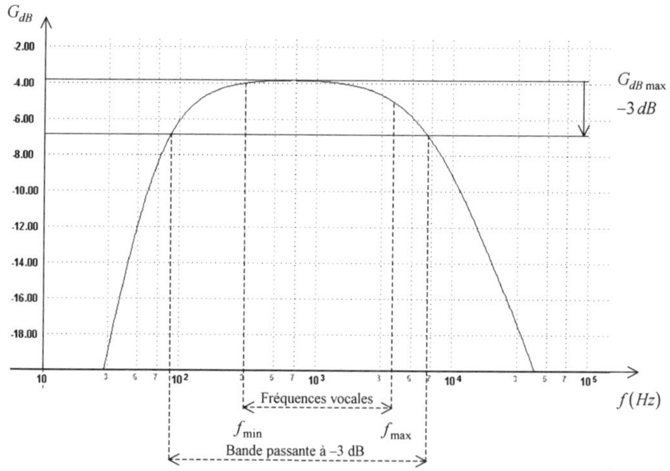

Le domaine des fréquences vocales compris entre $f_{min} = 300\,Hz$ et $f_{max} = 3500\,Hz$, est bien intérieur à la bande passante à $-3\,dB$, définie par $f_{c\,min} = 85\,Hz$ et $f_{c\,max} = 6435\,Hz$.

Le rendement énergétique du haut-parleur est donc pratiquement constant sur ce domaine des fréquences vocales.

Exercice 4 ★★

Galvanomètre à cadre mobile

Un galvanomètre à cadre mobile est constitué d'un cadre rectangulaire plat de largeur d, de hauteur h et de surface S sur lequel on bobine un nombre élevé de spires N. Ce cadre est plongé dans un champ magnétique créé par un aimant permanent dont les pièces polaires sont des demi-cylindres générant dans l'entrefer un champ radial (figure 1).

L'espace est décrit par le repère de coordonnées cylindriques $(O,\vec{u}_r,\vec{u}_\theta,\vec{u}_z)$ défini sur les figures 1 et 2.

Une aiguille solidaire du cadre et orthogonale à son plan se déplace devant un cadran gradué. Le cadre peut tourner autour de l'axe fixe $\Delta_z \equiv (O,z)$ (figure 2). Il est suspendu à un dispositif qui lui communique un couple de rappel $\vec{\Gamma} = -C\theta\,\vec{u}_z$, où C est une constante positive et où θ, orienté par $\vec{u}_z$, repère l'écart à l'équilibre pour lequel l'aiguille indique la graduation 0, centrée sur le cadran.

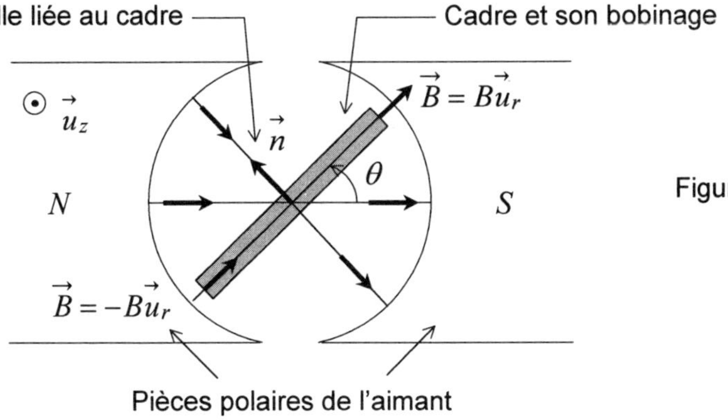

Figure 1

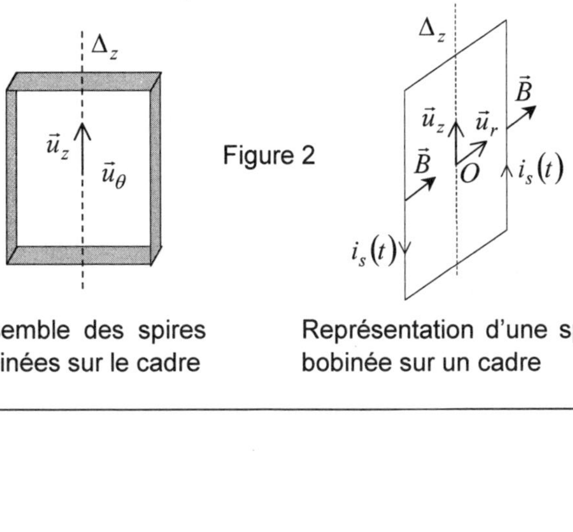

Figure 2

Ensemble des spires bobinées sur le cadre

Représentation d'une spire bobinée sur un cadre

1. Le fil bobiné sur la cadre possède une résistance R_c et est relié à un dipôle linéaire dont le modèle équivalent de Norton est une source de courant idéale $i(t)$ en parallèle avec une résistance R. Le branchement de cette source engendre un courant $i_s(t)$ dans la spire dont l'orientation est indiquée sur la Figure 2.
Ecrire les équations électrique et mécanique reliant les variables $\theta(t)$ et $i(t)$ ainsi que les paramètres R, B, C, S et J, moment d'inertie du cadre par rapport à l'axe Δ_z. On fera apparaître la constante $\Phi_0 = NBS$.

2. Mesure d'un courant continu
On impose ici $i(t) = I_0$. Exprimer dans ce cas la solution θ_0 correspondant au régime permanent. On souhaite que cette valeur soit proportionnelle à I_0 et que le facteur de proportionnalité caractérise l'appareil. Que doivent vérifier R et R_c pour qu'il en soit ainsi ?

3. Régime transitoire
Le cadre étant initialement immobile dans la position $\theta = 0$ correspondant à l'état d'équilibre en circuit ouvert, on étudie la phase au cours de laquelle, dès l'instant où la source de courant est connectée à ses bornes, il se positionne à la valeur finale θ_0.
Montrer qu'avant d'atteindre la valeur θ_0, les variations de $\theta(t)$ peuvent prendre trois formes. Quelle doit être alors la condition à imposer à R et R_c pour que l'appareil fonctionne correctement ?
Donner la valeur limite que peut prendre R.

4. Régime sinusoïdal forcé
La source débite maintenant un courant d'intensité $i(t) = I_m \cos(\omega t)$.

4.1. Calculer $\theta(t)$. On posera $\omega_0 = \sqrt{\frac{C}{J}}$.

4.2 On donne les valeurs :

$$\omega_0 = \frac{2\pi}{3}\ rads^{-1},\ R_c = 20\ \Omega,\ R = 500\ \Omega,\ \Phi_0 = 50\ mWb$$

Sachant que pour un courant continu de $10\ \mu A$, on observe une déviation de $0{,}5\ rad$, calculer les valeurs de C et J.
Commenter le comportement de l'appareil suivant les valeurs de ω.

5. Cas général
Le courant $i(t)$ est maintenant périodique de période $T = \frac{2\pi}{\omega}$. En utilisant le développement en série de Fourrier de $i(t)$, déterminer le comportement de l'appareil suivant les valeurs de ω.

1. Lorsque l'angle θ varie au cours du temps, le circuit se déplace dans un champ magnétique stationnaire. Il devient alors le siège d'un phénomène d'induction et il apparaît une force électromotrice e. Dans cette situation, il admet comme montage électrique équivalent celui représenté sur le schéma ci-dessous. e se calcule par la circulation du champ électromoteur égal à $\vec{v} \wedge \vec{B}$ sur le circuit mobile orienté dans le même sens que i_s.

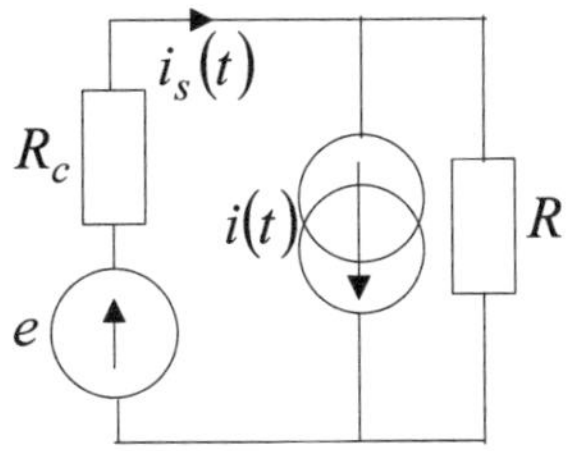

La loi des nœuds et la loi des mailles appliquées à ce circuit permettent d'établir l'équation électrique :

$$R\left(i_s(t) - i(t)\right) = e - R_c i_s(t)$$

L'expression de e reste encore à préciser.
Sur les parties horizontales du cadre, la vitesse en un point quelconque s'écrit :

$$\vec{v} = r\dot{\theta}\,\vec{u}_\theta \text{ avec } 0 < r < \frac{d}{2}.$$

Le champ électromoteur alors égal à $r\dot{\theta}\vec{u}_\theta \wedge B\vec{u}_r = -r\dot{\theta}B\vec{u}_z$ a pour circulation élémentaire :

$$-r\dot{\theta}B\vec{u}_z \cdot \overrightarrow{dl} = -r\dot{\theta}B\vec{u}_z \cdot dr\vec{u}_r = 0$$

L'orientation de tous les vecteurs intervenant dans le calcul précédent montre que sur chaque partie verticale du cadre située à la distance $\frac{d}{2}$ de l'axe, la circulation est identique. La force électromotrice e_1 pour une spire s'écrit donc :

$$e_1 = -2\int_0^h \frac{d}{2}\dot{\theta}Bdz = -dh\dot{\theta}B = -SB\dot{\theta}$$

La force électromotrice résultant de la mise en série des N spires s'obtient par la somme $e = Ne_1 = -NSB\dot{\theta} = -\Phi_0\dot{\theta}$.
En substituant l'expression précédente à e dans l'équation électrique, il vient :

$$\boxed{R\left(i_s(t) - i(t)\right) = -\Phi_0\dot{\theta} - R_c i_s(t)}$$

L'équation mécanique découle du théorème du moment cinétique appliqué au cadre en rotation autour de l'axe fixe Δ_z et projeté sur le même axe.

Celui-ci subit outre le couple de rappel, l'action des forces de Laplace dont il faut calculer le moment.

Soit dM_Δ le moment élémentaire exercé par la force de Laplace sur la portion $\vec{dl}$ en un point M du circuit. Par définition on peut écrire :

$$dM_\Delta = \left(\overrightarrow{OM} \wedge \left(i_s(t)\vec{dl} \wedge \vec{B}\right)\right) \cdot \vec{u}_z$$

Cette expression prend deux formes suivant que M appartient à une portion horizontale ou verticale. Elle est nulle sur les parties horizontales, $\vec{dl}$ étant colinéaire à $\vec{B}$ et est identique pour chaque partie verticale. Avec $\overrightarrow{OM} = \frac{d}{2}\vec{u}_r$, le moment total par rapport à l'axe s'obtient par l'intégrale suivante :

$$M_\Delta = 2N\int_0^h \frac{d}{2} i_s(t) B dz = \Phi_0 i_s(t)$$

Ce qui conduit à l'équation mécanique : $\boxed{J\ddot{\theta} = \Phi_0 i_s(t) - C\theta}$

2. Mesure d'un courant continu

En régime permanent, les deux équations précédentes prennent la forme :

$$\begin{cases} \Phi_0 i_s - C\theta = 0 \\ i_s = \dfrac{R}{R+R_c} I_0 \end{cases}$$

Ce système fixe la solution θ_0 caractérisant la position adoptée par le cadre :

$$\boxed{\theta_0 = \frac{\Phi_0}{C} \frac{R}{R+R_c} I_0}$$

La déviation du cadre est proportionnelle au courant. Cela permet d'envisager la mesure de ce dernier par repérage de la position de l'aiguille solidaire du cadre. Cependant le coefficient de proportionnalité dépend de R, paramètre associé au dipôle connecté au galvanomètre. Cette propriété exclut l'existence d'un facteur d'échelle absolu. Pour que la relation entre θ_0 et I_0 soit intrinsèque à l'appareil, il suffirait que $\dfrac{R}{R+R_c} \approx 1$, condition réalisée lorsque $R >> R_c$. Ainsi, si la résistance de Thèvenin du dipôle (qui est d'ailleurs la même dans le modèle de Norton) est grande devant celle du circuit du galvanomètre, la mesure sera possible. Ce dernier étant constitué de spires bobinées sur le cadre, la résistance R_c n'est pas très importante (quelques dizaines d'Ohm) et autorise l'utilisation du galvanomètre pour un grand nombre de dipôles.

3. Régime transitoire

Au cours de ce régime, les variations de θ en fonction du temps sont solutions de l'équation différentielle $J\ddot{\theta}+\frac{\Phi_0^2}{R+R_c}\dot{\theta}+C\theta=\Phi_0\frac{R}{R+R_c}I_0$, obtenue à partir des équations électrique et mécanique.

Le cas particulier du régime permanent où $\dot{\theta}$ et $\ddot{\theta}$ sont nuls admet bien pour solution l'expression θ_0 trouvée à la question 2.

La forme de la solution de l'équation sans second membre dépend des racines de l'équation caractéristique. Envisageons tous les cas :

⋆ Cas $\frac{\Phi_0^4}{(R+R_c)^2}>4JC$

L'équation caractéristique admet des racines réelles négatives notées $-1/\tau_1$ et $-1/\tau_2$. La solution générale est de la forme :

$$\theta(t)=\theta_0+\alpha\exp\left(-\frac{t}{\tau_1}\right)+\beta\exp\left(-\frac{t}{\tau_2}\right) \text{ (régime amorti)}$$

⋆ Cas $\frac{\Phi_0^4}{(R+R_c)^2}=4JC$

L'équation admet une racine double réelle négative notée $-1/\tau$ et :

$$\theta(t)=\theta_0+(\alpha t+\beta)\exp\left(-\frac{t}{\tau}\right) \text{ (régime critique).}$$

⋆ Cas $\frac{\Phi_0^4}{(R+R_c)^2}<4JC$

L'équation possède deux racines complexes conjuguées à parties réelles négatives notées $-\frac{1}{\tau}\pm j\Omega$ et :

$$\theta(t)=\theta_0+\exp\left(-\frac{t}{\tau}\right)(\alpha\cos\Omega t+\beta\sin\Omega t) \text{ (régime oscillatoire)}$$

α et β sont des constantes d'intégration à déterminer indépendamment dans chacun des cas.

Les trois régimes possibles associés aux variations de θ/θ_0 en fonction du temps sont représentés sur la courbe 1. Le régime critique, en pointillé, délimite les deux régimes pseudo-périodique et apériodique.

Afin que l'aiguille se positionne le plus rapidement possible sur l'angle final associé au régime permanent et que l'on cherche à mesurer, il est préférable qu'elle n'oscille pas. La solution doit être apériodique et assez proche du régime critique.

Ceci impose la condition $\dfrac{\Phi_0^4}{(R+R_c)^2} \geq 4JC$, ainsi R doit vérifier :

$$\boxed{R \leq \frac{\Phi_0^2}{2\sqrt{JC}} - R_c}$$

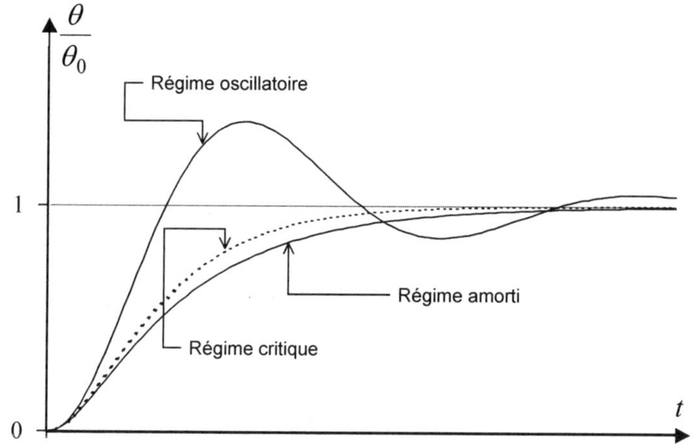

Courbe 1

4. Régime sinusoïdal forcé

4.1. L'équation différentielle $J\ddot{\theta} + \dfrac{\Phi_0^2}{R+R_c}\dot{\theta} + C\theta = \Phi_0 \dfrac{R}{R+R_c} i(t)$ relie toujours $\theta(t)$ à $i(t)$ mais le second membre est ici sinusoïdal. En régime sinusoïdal forcé, la solution est sinusoïdale de pulsation identique à celle du second membre. La forme la plus générale de la solution est $\theta(t) = \theta_m(\omega)\cos(\omega t + \varphi(\omega))$ où $\theta_m(\omega)$ et $\varphi(\omega)$ sont des fonctions de la pulsation ω qui se déterminent aisément à l'aide de la représentation complexe des fonctions temporelles. En posant $\theta(t) = \Re(\overline{\theta})$ et $i(t) = \Re(\overline{i})$ avec $\overline{\theta} = \theta_m(\omega)\exp(j(\omega t + \varphi(\omega)))$ et $\overline{i} = I_m \exp j\omega t$, la condition pour que θ soit solution de l'équation ci-dessus devient :

$$\theta_m(\omega)\exp j\varphi(\omega) = \Phi_0 \frac{R}{R+R_c} \frac{I_m}{\left(C - J\omega^2 + \dfrac{\Phi_0^2}{R+R_c} j\omega\right)}$$

Puis en explicitant l'égalité du module et de l'argument des deux complexes et en faisant apparaître $\omega_0 = \sqrt{\frac{C}{J}}$, on obtient les expressions de $\theta_m(\omega)$ et $\varphi(\omega)$:

$$\theta_m(\omega) = \frac{\Phi_0}{C}\frac{R}{R+R_c}\frac{I_m}{\sqrt{\left(1-\frac{\omega^2}{\omega_0^2}\right)^2 + \frac{\Phi_0^4}{CJ(R+R_c)^2}\frac{\omega^2}{\omega_0^2}}}$$

La pulsation caractéristique $\omega_0 = \sqrt{\frac{C}{J}}$ s'identifie aussi à celle des oscillations libres du cadre sans courant.

Le déphasage φ est caractérisé par :

$$\cos\varphi = \frac{C-\omega^2}{\sqrt{\left(C-J\omega^2\right)^2 + \frac{\Phi_0^4}{(R+R_c)^2}\omega^2}}$$

$$\sin\varphi = -\frac{\Phi_0^2}{R+R_c}\frac{\omega}{\sqrt{\left(C-J\omega^2\right)^2 + \frac{\Phi_0^4}{(R+R_c)^2}\omega^2}}$$

4.2. Les valeurs expérimentales de ω_0 et θ_0 donnent accès à C et J. En effet, des deux informations :

$$\sqrt{\frac{C}{J}} = \frac{2\pi}{3} \text{ et } \theta_0 = \frac{\phi_0}{C}\frac{R}{R+R_c}I_0 = 0{,}5\,rad \text{ lorsque } I_0 = 10\ \mu A$$

On déduit les valeurs :

$$C = 9{,}61 \quad 10^{-7}\ N.m.rad^{-1}$$
$$J = 2{,}19 \quad 10^{-7}\ kg.m^2$$

Grâce à ces ordres de grandeurs, il est possible de tracer les variations de $\theta_m(\omega)/I_m$ à partir desquelles on peut mettre en évidence les comportements de l'appareil (courbe 2).

L'asymptote horizontale à la valeur $5\,10^4$ caractérise le comportement de la courbe aux basses fréquences.

En conclusion, on constate que pour des pulsations ω telles que $\omega << \omega_0$, l'amplitude des oscillations tend vers θ_0 et le déphasage est presque nul et négatif.

Le cadre suit les variations du courant avec un retard négligeable et une amplitude θ_0. Lorsque la fréquence avoisine et dépasse ω_0, l'amplitude décroît rapidement, le cadre ne suit plus le courant. Cet appareil est un filtre passe-bas du second ordre et les positions du cadre seront l'image du courant seulement pour des valeurs de ω vérifiant $\omega << \sqrt{\frac{C}{J}}$.

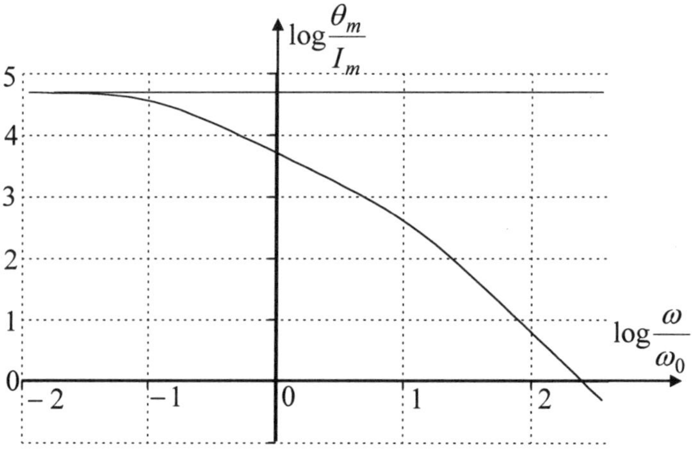

Courbe 2

5. Cas général

La relation entre $\theta(t)$ et $i(t)$ est une équation différentielle linéaire. Cela suggère de décomposer $i(t)$ en une somme de sinusoïdes $i_n(t)$ de pulsations $\omega_n = n\omega$ (n étant entier positif ou nul) à l'aide de son développement en série de Fourier. Compte tenu de la linéarité de l'équation différentielle, si $\theta_n(t)$ est solution de :

$$J\ddot{\theta} + \frac{\Phi_0^2}{R+R_c}\dot{\theta} + C\theta = \Phi_0 \frac{R}{R+R_c} i_n(t)$$

alors $\theta(t) = \sum_{n=0}^{\infty} \theta_n(t)$ est solution de :

$$J\ddot{\theta} + \frac{\Phi_0^2}{R+R_c}\dot{\theta} + C\theta = \Phi_0 \frac{R}{R+R_c} \sum_{n=0}^{\infty} i_n(t) = \Phi_0 \frac{R}{R+R_c} i(t)$$

Ainsi, l'étude précédente portant sur le comportement du galvanomètre en régime sinusoïdal, permet de conclure que lorsque la pulsation du fondamental ω est supérieure à la pulsation caractéristique ω_0, l'amplitude de tous les harmoniques de rang supérieur ou égal à 1, est négligeable et la déviation est celle associée à la valeur moyenne de $\theta(t)$, c'est-à-dire au terme de rang $n = 0$.

Dans le cas $\omega < \omega_0$, les amplitudes des sinusoïdes $\theta_n(t)$ ne sont pas toutes négligeables. Il en résulte un mouvement autour de la position moyenne θ_0 proportionnelle au courant moyen I_0.

CHAPITRE VII

CONVERSION DE PUISSANCE

SECTIONS PSI PSI*

Exercice 1 ⋆

Transformateur parfait

Un transformateur est constitué de deux circuits électriques couplés par l'intermédiaire d'un flux magnétique à l'aide d'un "circuit magnétique" de perméabilité magnétique élevée. On admettra que le circuit magnétique canalise les lignes de champ magnétique.

Le modèle parfait est défini par les hypothèses suivantes :

⋆ La résistance électrique des deux circuits est nulle.

⋆ Toute ligne de champ traversant un des deux circuits, traverse également l'autre.

En outre, les circuits comportent respectivement n_1 et n_2 spires.

1. Les deux circuits sont parcourus par les courants $i_1(t)$ et $i_2(t)$. Les inductances propres des deux circuits sont notées L_1 et L_2, et M représente la mutuelle inductance. On supposera que les orientations des deux circuits rendent M positive. Montrer que la seconde hypothèse implique une relation entre L_1, L_2 et M, puis en déduire la valeur du coefficient de couplage k défini par $k = \dfrac{|M|}{\sqrt{L_1 L_2}}$.

2. Relier alors L_2, n_1, n_2 et M puis L_1, n_1, n_2 et M.

3. Calculer les forces électromotrices e_1 et e_2 de chaque circuit.

4. Les circuits sont alimentés par les tensions $u_1(t)$ et $u_2(t)$ définies sur la figure 1.

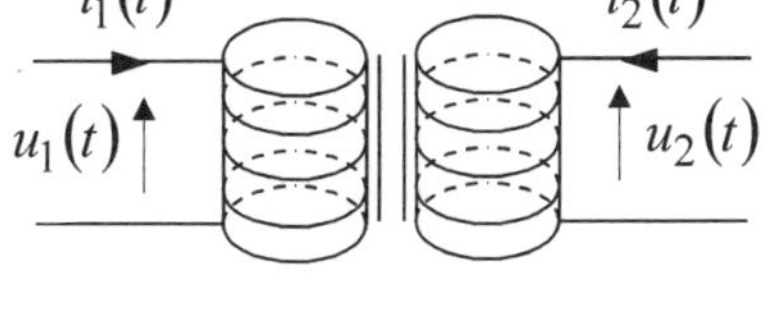

Figure 1

Montrer que la tension $u_2(t)$ est proportionnelle à $u_1(t)$. Calculer le coefficient de proportionnalité noté m. Quelle est la fonction de ce dispositif ?

5. On branche à la sortie du secondaire une impédance de charge $\overline{Z}_c$, et le primaire est alimenté par un générateur de tension sinusoïdale.

Calculer le rapport $\dfrac{\overline{I}_2}{\overline{I}_1}$ en fonction de m, L_2, $\overline{Z}_c$ et ω.

6. Dans quel cas obtient-on un fonctionnement en transformateur de courant ?

7. Comparer dans ce cas la puissance consommée au primaire et celle restituée à la charge. Conclure.

1. La seconde hypothèse stipule que les deux circuits sont traversés par les mêmes lignes de champ ce qui revient à dire que les deux bobinages primaire et secondaire sont disposés autour d'un tube de champ magnétique. Ce dernier étant à flux conservatif, le flux à travers une section quelconque de ce tube est indépendant du choix de cette section. Désignons par φ le flux à travers une section du tube de champ magnétique qui couple les deux circuits. Le bobinage primaire comportant n_1 spires est traversé par le flux total $\Phi_1 = n_1\varphi$, alors que le secondaire reçoit le flux total $\Phi_2 = n_2\varphi$.

Par ailleurs, ces flux s'expriment en fonction des courants suivant la relation :

$$\begin{cases} \Phi_1 = L_1 i_1 + M i_2 \\ \Phi_2 = L_2 i_2 + M i_1 \end{cases}$$

L'hypothèse de couplage magnétique parfait impose pour tout couple de courant (i_1, i_2), la relation $\varphi = \dfrac{\Phi_1}{n_1} = \dfrac{\Phi_2}{n_2}$. Le système ci-dessus est donc lié, par conséquent son déterminant est nul. Cette propriété astreint les coefficients à satisfaire la relation :

$$L_1 L_2 - M^2 = 0$$

Le coefficient de couplage k se déduit immédiatement :

$$\boxed{k = \frac{|M|}{\sqrt{L_1 L_2}} = 1}$$

2. La relation $\dfrac{\Phi_1}{n_1} = \dfrac{\Phi_2}{n_2}$ étant vraie pour tout couple (i_1, i_2), exploitons cette propriété pour des couples particuliers. Pour $(i_1, i_2) = (0, i_2)$, celle-ci implique :

$$\begin{cases} \dfrac{L_1 i_1 + M i_2}{n_1} = \dfrac{L_2 i_2 + M i_1}{n_2} \\ i_1 = 0 \end{cases} \Rightarrow \boxed{L_2 = \dfrac{n_2}{n_1} M}$$

De même, le couple $(i_1, i_2) = (i_1, 0)$ conduit à :

$$\begin{cases} \dfrac{L_1 i_1 + M i_2}{n_1} = \dfrac{L_2 i_2 + M i_1}{n_2} \\ i_2 = 0 \end{cases} \Rightarrow \boxed{M = \dfrac{n_2}{n_1} L_1}$$

3. Les forces électromotrices se déterminent à partir des flux par la loi de Faraday $e = -\dfrac{d\Phi}{dt}$. On obtient ainsi :

$$\boxed{\begin{aligned} e_1 &= -\frac{d\Phi_1}{dt} = -L_1 \frac{di_1}{dt} - M\frac{di_2}{dt} \\ e_2 &= -\frac{d\Phi_2}{dt} = -L_2 \frac{di_2}{dt} - M\frac{di_1}{dt} \end{aligned}}$$

4. D'après l'orientation des courants, les tensions u_1 et u_2 s'identifient à $u_1 = -e_1$ et $u_2 = -e_2$. Or la première question a permis d'établir que $\dfrac{\Phi_1}{n_1} = \dfrac{\Phi_2}{n_2}$. En regroupant ces résultats, il vient :

$$\begin{cases} u_1 = \dfrac{d\Phi_1}{dt} = n_2 \dfrac{d\varphi}{dt} \\ u_2 = \dfrac{d\Phi_2}{dt} = n_2 \dfrac{d\varphi}{dt} \end{cases} \Rightarrow \boxed{u_2 = \dfrac{n_2}{n_1} u_1 = m u_1}$$

Ce dispositif a pour fonction de convertir une tension variable en une autre tension qui lui est proportionnelle. Le coefficient de proportionnalité m se nomme le rapport de transformation.

5. Les relations établies jusqu'ici, prennent en régime sinusoïdal, avec la notation complexe, la forme :

$$\begin{aligned} \overline{U_1} &= jL_1\omega\overline{I}_1 + jM\omega\overline{I}_2 \\ \overline{U_2} &= jL_2\omega\overline{I}_2 + jM\omega\overline{I}_1 \end{aligned} \quad \text{avec } \overline{U_2} = m\overline{U_1}$$

La présence du dipôle de charge d'impédance $\overline{Z}_c$ impose la relation supplémentaire $\overline{U_2} = -\overline{Z}_c \overline{I}_2$ (figure 2)

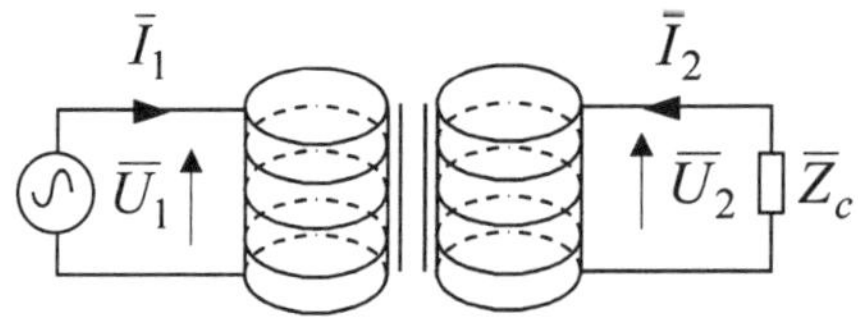

Figure 2

Le rapport $\dfrac{\overline{I}_2}{\overline{I}_1}$ peut se calculer en identifiant les deux expressions de $\overline{U}_2$:

$$\begin{cases} \overline{U}_2 = -\overline{Z}_c\overline{I}_2 \\ \overline{U}_2 = jL_2\omega\overline{I}_2 + jM\omega\overline{I}_1 \end{cases} \Rightarrow \frac{\overline{I}_2}{\overline{I}_1} = \frac{-jM\omega}{\overline{Z}_c + jL_2\omega}$$

En remplaçant M par $\dfrac{L_2}{m}$, il vient :

$$\boxed{\frac{\overline{I}_2}{\overline{I}_1} = -\frac{1}{m}\frac{jL_2\omega}{\overline{Z}_c + jL_2\omega}}$$

6. Un fonctionnement en transformateur de courant est caractérisé par un courant au secondaire proportionnel à celui du primaire. Pour qu'il en soit ainsi, l'argument du rapport $\dfrac{\overline{I}_2}{\overline{I}_1}$ doit être multiple de π, et son module doit être indépendant de la fréquence. Ceci réalisé, toutes les composantes sinusoïdales de $i_2(t)$ sont celles de $i_1(t)$ multipliées par la même constante, ce qui engendre la proportionnalité des deux fonctions. C'est ce que l'on observe dans le cas où $\left|\overline{Z}_c\right| << L_2\omega$ pour lequel $\dfrac{\overline{I}_2}{\overline{I}_1} \approx -\dfrac{1}{m}$.

Il apparaît donc que lorsque le module de l'impédance de charge est faible devant celui de l'impédance du bobinage secondaire, le dispositif fonctionne en transformateur de courant et son rapport de transformation s'exprime $m_i = -\dfrac{1}{m}$.

7. La puissance instantanée délivrée par le générateur alimentant le circuit primaire est $p_1(t) = u_1(t)i_1(t)$. Celle consommée par la charge se note $p_2(t) = -u_2(t)i_2(t)$, le signe étant dû à la convention générateur adoptée pour le dipôle de charge.

Lorsque le dispositif fonctionne aussi bien en transformateur de courant qu'en transformateur de tension, les relations $u_2 = mu_1$ et $i_2 = -\dfrac{1}{m}i_1$ sont applicables simultanément. Il vient alors :

$$p_2(t) = -u_2(t)i_2(t) = -(mu_1(t))\left(-\frac{1}{m}i_1(t)\right) = u_1(t)i_1(t) = p_1(t)$$

Les puissances actives P_1 et P_2, valeurs moyennes des puissances instantanées vérifient donc :

$$\boxed{P_1 = P_2}$$

Un tel dispositif possède un rendement de 100%.

Les hypothèses de départ définissent en fait un modèle parfait du transformateur dans lequel tous les effets dissipatifs sont écartés. L'étude de ces effets est développée dans le cadre de l'exercice 5 du chapitre VIII. Ce modèle rend compte du principe de fonctionnement du transformateur. Il sert de structure de base à partir de laquelle on peut générer un modèle plus complexe correspondant au transformateur réel.

Exercice 2 ★★

Principe des machines à courant continu

Les machines à courant continu sont constituées d'une partie fixe nommée stator produisant un champ magnétique permanent, puis d'une partie tournante à l'intérieur du stator. Cette dernière nommée rotor porte un bobinage qui sous l'action du flux magnétique produit par le stator est le siège de phénomènes d'induction. Le stator et le rotor portent respectivement les noms d'inducteur et d'induit.

On étudie ici un dispositif pour lequel le stator est un aimant permanent (figure 1), et le rotor est assimilé à une spire rectangulaire de longueur l, de largeur $2R$, susceptible de tourner autour de l'axe $\Delta = [O, \vec{u}_z]$.

L'espace est repéré par un système de coordonnées cylindriques $(O, \vec{u}_r, \vec{u}_\theta, \vec{u}_z)$.

Dans tout le problème, on adoptera les hypothèses simplificatrices suivantes :

- ⋆ Entre les pièces polaires constituant les deux pôles de l'aimant, les lignes de champ magnétique sont radiales (figure 1).
- ⋆ On négligera les effets de bord, par conséquent, le champ magnétique $\vec{B}$ sera indépendant de z.

L'aimant crée à la périphérie du rotor un champ magnétique dont la composante radiale est successivement positive face au pôle sud, puis négative face au pôle nord. Les variations au niveau de la spire $(r = R)$ de la composante radiale $B_r(R, \theta)$ du champ magnétique, que l'on notera $B_r(\theta)$, seront modélisées par la fonction donnée en figure 2.

Le rotor est animé d'un mouvement de rotation autour de l'axe Δ, de vecteur $\vec{\Omega} = \omega\, \vec{u}_z$.

Figure 1

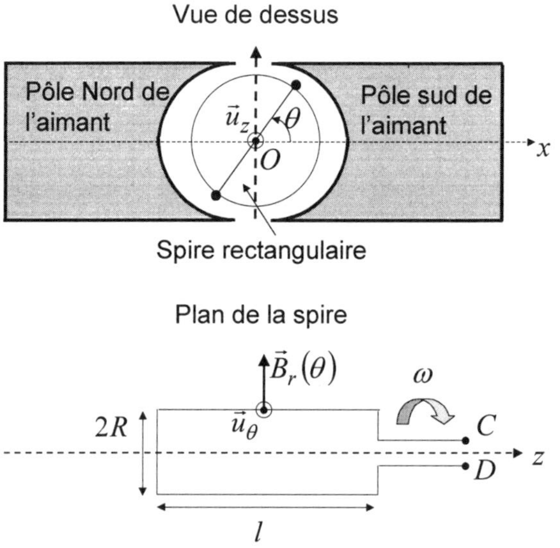

Figure 2

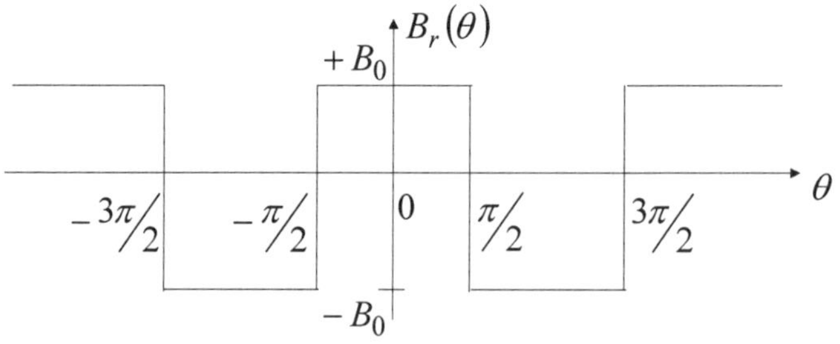

1. Calculer la force électromotrice induite e_{CD} aux bornes du rotor en fonction de θ.

2. Un système mécanique, « le collecteur », non étudié ici permet de connecter les points C et D à un dipôle PN suivant le signe de $e_{CD}(\theta)$. Ce dispositif faisant office de redresseur mécanique assure les commutations nécessaires afin que le pôle P (respectivement N) soit toujours en contact avec le point C ou D de plus haut (respectivement bas) potentiel. Ainsi, si le courant débité par le rotor est nul, alors $E = V_P - V_N = |e_{CD}(\theta)|$.
En posant $\Phi = 2RlB_0$, exprimer E.

3. L'induit débite un courant I dans un dipôle de charge (figure 3).
Le collecteur permet au courant entrant en N de circuler dans la partie de la spire repérée par un angle θ tel que $-\pi/2 < \theta < \pi/2$. Toujours grâce au collecteur, le courant sortant de P, provient de la partie de la spire située à l'angle $\theta + \pi$.
Calculer la projection sur Δ du moment des forces électromagnétiques s'exerçant sur le rotor, que l'on notera Γ, en fonction de Φ et I.

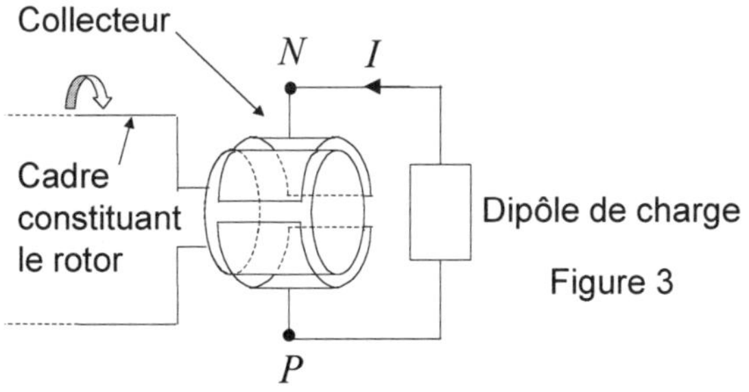

Figure 3

4. Fonctionnement en générateur :

Un moteur auxiliaire entraîne le rotor à la vitesse constante ω. Celui-ci est soumis à un couple moteur $\vec{\Gamma}_m \cdot \vec{u}_z = \Gamma_m$ avec $\Gamma_m > 0$ et à un couple de frottement de moment $\vec{\Gamma}_f \cdot \vec{u}_z = \Gamma_f = -f\,\omega$, f étant une constante positive.
On branche entre P et N un dipôle résistif de résistance R_c. La résistance de la spire est notée R_s.

4.1. Ecrire en régime permanent les équations électrique et mécanique à l'aide des variables Φ, I, ω, R_c, R_s et f.

4.2. Quelle est la puissance P_m fournie par le moteur auxiliaire ?

4.3. Quelle est la puissance P_c consommée par la charge ?

4.4. Soit r le rendement en régime permanent. En donner une définition, puis le calculer. Commenter l'influence des divers paramètres.

5. Fonctionnement moteur :

Le dipôle de charge est remplacé par un générateur de force électromotrice E_G. Le rotor entraîne à vitesse constante ω, dans le même sens que précédemment, un dispositif non décrit qui exerce un couple résistant $\vec{\Gamma}_r \cdot \vec{u}_z = -\Gamma_r$, avec $\Gamma_r > 0$. Le couple de frottement reste inchangé.

5.1. Dans quel sens doit être branché le générateur pour que le système fonctionne en moteur ?

5.2. Ecrire les équations électrique et mécanique. Quelle condition E_G doit-elle vérifier afin que ω reste positif ?

5.3. Calculer le rendement moteur.

1. Calcul de la force électromotrice induite :

Le rotor étant en rotation autour de l'axe Δ, la vitesse d'un point M du cadre rectangulaire constituant la spire, tel que $\overrightarrow{OM} = r\,\vec{u}_r$, s'écrit $\vec{v}(M) = \omega\vec{u}_z \wedge r\,\vec{u}_r$.
La force électromotrice induite s'obtient à partir de la circulation du champ électromoteur $\vec{E}_m$ égal à $\vec{v}(M) \wedge \vec{B}$.

Le calcul de la circulation $\int_C^D \left(\vec{v}(M) \wedge \vec{B}\right) \cdot \overrightarrow{dl}$ nécessite une étude particulière pour chaque partie de la spire. Décomposons celle-ci en trois zones représentées sur la figure 4. Un point M de la première zone comprenant les segments $[C_2, C_3]$ et $[C_1, C_4]$, a pour vitesse $\vec{v}(M) = r\omega\,\vec{u}_\theta$ avec $r < R$ et l'élément $\overrightarrow{dl}$ qui lui correspond s'écrit $\overrightarrow{dl} = dr\,\vec{u}_r$.

Figure 4

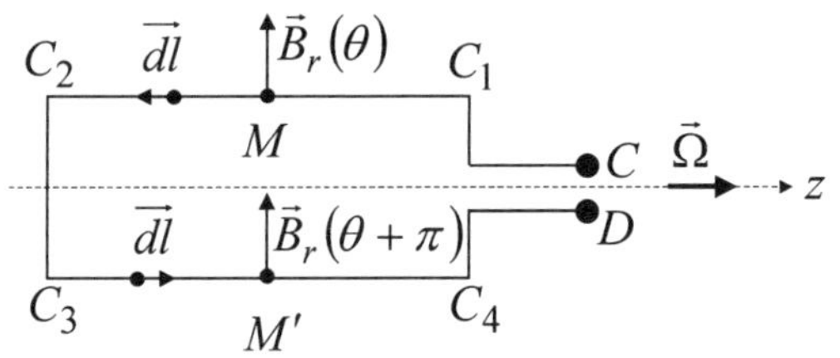

On observe ainsi que la circulation élémentaire dans cette zone dont l'expression est $\left(r\omega\,\vec{u}_\theta \wedge B_r\vec{u}_r\right) \cdot dr\,\vec{u}_r$ s'annule.
Dans la seconde, constituée du segment $[C_1, C_2]$, la spire conductrice est parallèle à l'axe Δ et se situe à la distance R de l'axe.
La vitesse d'un point M de cette portion et son élément $\overrightarrow{dl}$ associé sont respectivement égaux à $\vec{v}(M) = R\omega\,\vec{u}_\theta$ et $\overrightarrow{dl} = -dz\,\vec{u}_z$ $(dz > 0)$. Quant à la valeur du champ magnétique, elle dépend de θ. Dans l'hypothèse où la valeur du champ à l'angle θ est $B_r(\theta) = +B_0$, l'expression de la circulation se déduit de l'intégrale :

$$e_{C_1C_2} = \int_0^l \left(R\omega\vec{u}_\theta \wedge B_0\vec{u}_r\right) \cdot \left(-dz\vec{u}_z\right) = \int_0^l R\omega\, B_0 dz = R\omega\, B_0 l$$

Le calcul concernant la dernière zone $[C_3, C_4]$ présente des similitudes avec le précédent. La vitesse de chaque point est l'opposée de celle des points de la portion $[C_1, C_2]$ et il en est de même pour l'élément $\overrightarrow{dl}$.
D'autre part, la position du segment $[C_1, C_2]$ étant repérée par l'angle θ, celle de $[C_3, C_4]$, diamétralement opposé à $[C_1, C_2]$, est repérée par l'angle $\theta + \pi$. Le segment $[C_3, C_4]$ est donc soumis au champ magnétique $B_r(\theta + \pi)$, sans omettre que par hypothèse $B_r(\theta) = +B_0$. D'après la courbe représentée sur la figure 2, la composante radiale du champ correspondant à un angle égal à $\theta + \pi$ où θ est as-

socié à un champ de valeur $+B_0$, est nécessairement égale à $-B_0$. Suite à ces remarques, il vient :

$$e_{C_1C_2} = \int_0^l \left(-R\omega\vec{u}_\theta \wedge -B_0\vec{u}_r\right)\cdot\left(dz\,\vec{u}_z\right) = \int_0^l R\omega\, B_0 dz = R\omega\, B_0 l$$

La force électromotrice totale $e_{CD}(\theta)$, circulation sur la spire entière, s'obtient en sommant les résultats précédents. Ainsi, si $B_r(\theta) = +B_0$ alors $e_{CD}(\theta) = 2R\omega B_0 l$. Le cas $B_r(\theta) = -B_0$ se traite de la même façon en remarquant que les valeurs du champ magnétique sont opposées. On obtient donc :

$$\boxed{-\frac{\pi}{2} < \theta < \frac{\pi}{2} \quad e_{CD}(\theta) = 2R\omega B_0 l \quad , \quad \frac{\pi}{2} < \theta < \frac{3\pi}{2} \quad e_{CD}(\theta) = -2R\omega B_0 l}$$

2. La tension obtenue après le redressement opéré par le collecteur se confond avec la valeur absolue de $e_{CD}(\theta)$, c'est-à-dire :

$$\boxed{E = 2R\omega B_0 l = \Phi\omega}$$

3. La force de Laplace $\overrightarrow{dF}$ que subit l'élément $\overrightarrow{dl}$ du rotor ainsi que son moment élémentaire par rapport à l'axe Δ s'expriment :

$$\overrightarrow{dF} = I\,\overrightarrow{dl} \wedge \vec{B} \text{ et } d\Gamma = \overrightarrow{d\Gamma}\cdot\vec{u}_z = \left(\overrightarrow{OM} \wedge \overrightarrow{dF}\right)\cdot\vec{u}_z.$$

En posant de façon générale $\overrightarrow{OM} = r\,\vec{u}_r + z\,\vec{u}_z$ et $\vec{B}(M) = B_r\vec{u}_r$, $d\Gamma$ s'explicite :

$$d\Gamma = \left(\left(r\,\vec{u}_r + z\,\vec{u}_z\right) \wedge \overrightarrow{dF}\right)\cdot\vec{u}_z = \left(r\,\vec{u}_r \wedge \overrightarrow{dF}\right)\cdot\vec{u}_z = \left(r\,\vec{u}_r \wedge \left(I\,\overrightarrow{dl} \wedge \vec{B}\right)\right)\cdot\vec{u}_z$$

Cette expression est à préciser suivant la position du point M. En reprenant les zones précédemment définies, on observe que $d\Gamma$ est nul dans la première ($\overrightarrow{dl}$ est parallèle à $\vec{B}$), et identique dans les deux autres ($\vec{B}_r$ reste inchangé et $\vec{u}_r$ ainsi que $\overrightarrow{dl}$ sont changés en leur opposé).
Suite à ces remarques, il vient :

$$\Gamma = 2\int_0^l RB_0 I\, dz = -2RlB_0 I \quad \Rightarrow \quad \boxed{\Gamma = -\Phi I}$$

4. Fonctionnement en générateur :

4.1. En régime permanent, la vitesse de rotation ω est constante. La tension aux bornes de l'induit est fixée à la valeur $E = \Phi\omega$. L'équation électrique s'établit à partir du circuit électrique équivalent représenté sur la figure 5 :

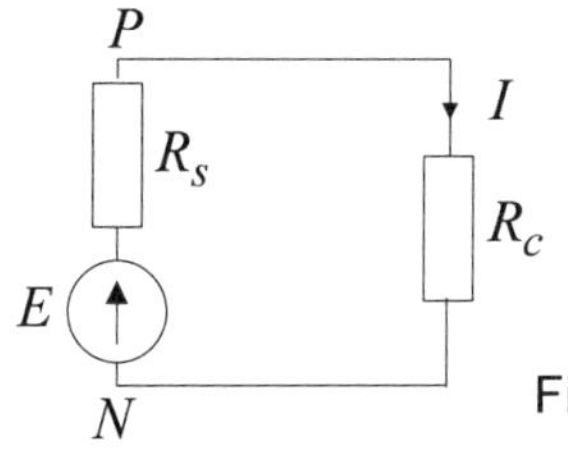

Figure 5

$$\boxed{E = \Phi\omega = (R_S + R_C)I}$$

Le théorème du moment cinétique appliqué à la partie tournante à la vitesse ω autour de l'axe Δ conduit à l'équation mécanique. En régime permanent, le moment cinétique est constant, la somme des moments des actions par rapport à l'axe Δ s'exerçant sur le rotor est donc nulle. On peut écrire alors :

$$\boxed{-\Phi I + \Gamma_m - f\omega = 0}$$

4.2. Le moteur auxiliaire exerce un couple Γ_m sur le rotor en rotation autour de l'axe fixe Δ, et fournit donc la puissance :

$$\boxed{P_m = \Gamma_m \omega}$$

4.3. Le dipôle de charge que constitue la résistance R_c parcourue par le courant continu I, consomme la puissance :

$$\boxed{P_c = R_c I^2}$$

4.4. En fonctionnement générateur, la puissance utile que restitue la machine s'identifie à la puissance électrique consommée par le dipôle de charge, modélisé ici par une résistance. La puissance mécanique fournie par le moteur auxiliaire a été convertie sous forme de puissance électrique. Le rendement défini comme le rapport de la puissance utile restituée par la puissance extérieure absorbée par le convertisseur s'exprime ici :

$$\boxed{r = \frac{P_c}{P_m}}$$

La résolution du système formé par les deux équations électrique et mécanique permet d'exprimer I et ω en fonction des paramètres :

$$I = \frac{\Gamma_m \Phi}{\Phi^2 + f(R_c + R_s)} \text{ et } \omega = \frac{\Gamma_m (R_c + R_s)}{\Phi^2 + f(R_c + R_s)}$$

Finalement, le rendement obtenu est :

$$\boxed{r = \frac{\Phi^2}{\left(1 + \frac{R_s}{R_c}\right)\left(\Phi^2 + f\left(1 + \frac{R_s}{R_c}\right)\right)}}$$

Il apparaît sur cette expression que les phénomènes dissipatifs diminuent le rendement. Tout autre paramètre étant fixé, r est une fonction décroissante de R_s et de f. Ces deux paramètres sont liés respectivement aux pertes énergétiques par effet Joule et par frottement mécanique. Cependant, on observe que l'on peut améliorer le rendement en rendant ces pertes négligeables devant les phénomènes utiles. En effet, si la puissance perdue par effet joule dans la spire est négligeable devant celle fournie à la charge, alors $R_s << R_c$. D'autre part, la puissance perdue par frottement $f\omega^2$ est négligeable devant la puissance motrice lorsque $f\omega << \Gamma_m$. Or, en utilisant la relation $\Phi^2 = (R_c + R_s)\left(\frac{\Gamma_m}{\omega} - f\right)$, obtenue à partir des équations électrique et mécanique, la condition $f\omega << \Gamma_m$ se traduit par :

$$\Phi^2 \approx (R_c + R_s)\frac{\Gamma_m}{\omega} \Rightarrow (R_c + R_s)f << \Phi^2 \Rightarrow r \approx \frac{R_c}{(R_c + R_s)}$$

Le rendement sera donc d'autant plus proche de 1 que R_s est faible. En pratique, les paramètres R_s et f ne peuvent s'annuler ; il convient donc d'utiliser ce générateur dans des conditions nominales qui respectent les critères précédents.
On peut finalement remarquer que le rendement est une fonction croissante de Φ, le champ magnétique inducteur produit par le stator doit donc être le plus intense possible.

5. Fonctionnement en moteur :

5.1. Pour fonctionner en moteur, le système doit recevoir de l'énergie électrique délivrée par le générateur extérieur et restituer de l'énergie mécanique susceptible de faire tourner le rotor entraînant une charge mécanique. Le moment des forces électromagnétiques $\Gamma = -\Phi I$ s'exerçant sur le rotor doit être positif, ce qui impose un courant négatif. Le montage fonctionnant en moteur est représenté en figure 6. Le courant I' désigne celui débité par le générateur extérieur. En fait, avec les conventions adoptées jusqu'ici, I' est l'opposé de I.

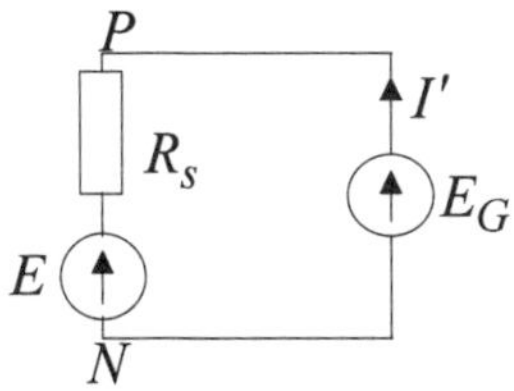

Figure 6

5.2. En posant $I' = -I$, le couple électromagnétique devient $\Gamma = \Phi I'$. Le théorème du moment cinétique appliqué au rotor tournant à vitesse constante conduit à l'équation mécanique :

$$\boxed{\Phi I' - \Gamma_r - f\omega = 0}$$

Au circuit électrique équivalent de la question précédente est associée l'équation électrique :

$$\boxed{E_G = E + R_s I' = \Phi\omega + R_s I'}$$

En résolvant le système formé par ces deux équations on obtient les expressions de I' et ω :

$$I' = \frac{\Gamma_r \Phi + f\,E_G}{\Phi^2 + f\,R_s} \quad \text{et} \quad \omega = \frac{\Phi E_G - \Gamma_r R_s}{\Phi^2 + f\,R_s}$$

La vitesse restera positive pour des valeurs de E_G vérifiant : $\boxed{E_G > \dfrac{\Gamma_r R_s}{\Phi}}$

5.3. Le moteur fournit une puissance mécanique $\Gamma_r \omega$ au dispositif entraîné et reçoit une puissance électrique $E_G I'$ provenant du générateur. Le rendement défini dans ce cas par $r = \dfrac{\Gamma_r \omega}{E_G I'}$, s'écrit d'après les résultats précédents :

$$\boxed{r = \frac{\Gamma_r\left(\Phi E_G - \Gamma_r R_s\right)}{E_G\left(\Gamma_r \Phi + f\,E_G\right)} = \frac{1 - \dfrac{\Gamma_r R_s}{\Phi E_G}}{1 + \dfrac{f\,E_G}{\Gamma_r \Phi}}}$$

Exercice 3 ★★★

Principe du moteur asynchrone

1. Création d'un champ tournant

On considère deux demi-solénoïdes $[S_1]$ et $[S_2]$, identiques, coaxiaux d'axe (O, z), associés en série et constituant ainsi le système $[S]$ (figure 1). Sur chacun d'eux, sont enroulées N spires jointives.

Figure 1

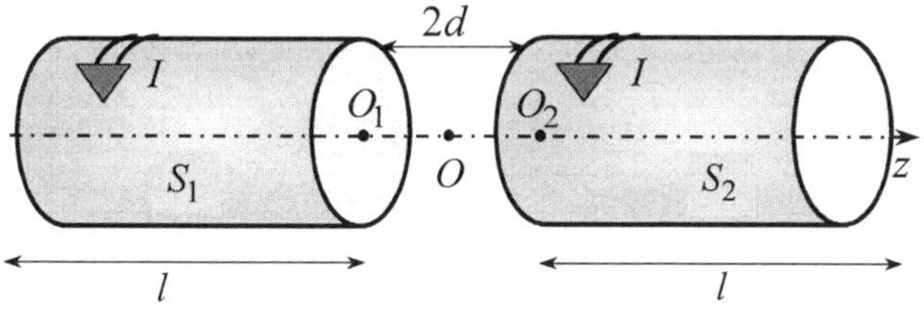

Les centres O_1 et O_2 des deux faces en regard, sont distants de $2d$. Le rayon de chaque demi-solénoïde est a, et la longueur est l. Le circuit est parcouru par un courant d'intensité I et le sens d'enroulement du fil est tel que chaque demi-solénoïde crée en O un champ magnétique de même sens.

1.1. Calculer le champ magnétique créé par $[S]$ en O.

1.2. Soit R la résistance du circuit électrique constitué par $[S]$ et L son inductance propre. On renomme désormais (O,y) l'axe du système $[S]$. On insère de plus un système $[S']$, identique à $[S]$, d'axe (O,x) orthogonal à (O,y) que l'on branche en parallèle avec $[S]$ aux points A et B (figure 2). Un condensateur de capacité C est mis en série avec $[S']$. Le dipôle $[A,B]$ est alimenté par un générateur de tension sinusoïdale $e = E\sqrt{2}\cos\left(\omega t - \dfrac{\pi}{4}\right)$. Calculer les intensités instantanées $i(t)$ et $i'(t)$ des courants circulant dans $[S]$ et $[S']$.

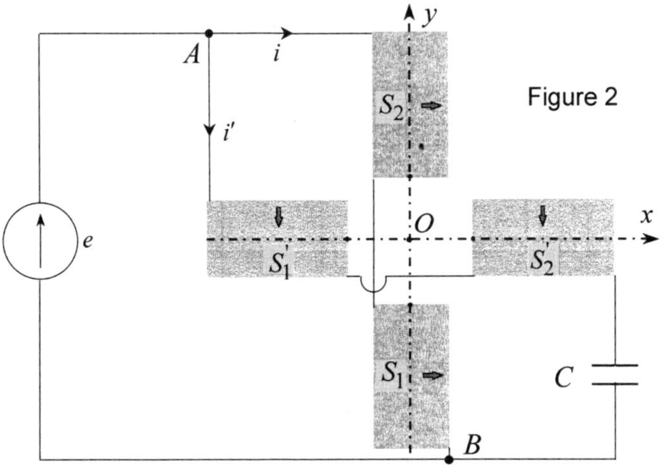

Figure 2

1.3. Quelle est la condition que doivent satisfaire L, C et ω pour que les déphasages des courants $i(t)$ et $i'(t)$ par rapport à e soient opposés ?

1.4. Quelle est la condition que doivent satisfaire R, L, C et ω pour que le déphasage entre $i(t)$ et $i'(t)$ soit égal à $\pi/2$ en valeur absolue ?

1.5. Les deux conditions précédentes étant satisfaites, calculer alors les valeurs efficaces I et I' des courants $i(t)$ et $i'(t)$. Montrer que le champ magnétique au point O est contenu dans le plan (O,x,y) et tourne à la vitesse angulaire ω autour de $\vec{u}_z$, vecteur directeur de la droite (O,z).

Application numérique :
$a = 4cm$, $d = 4cm$, $l = 30cm$, $N = 600$, $R = 31{,}1\,\Omega$, $\omega = 100\pi\, s^{-1}$, $E = 110\ V$.
Calculer L, C, I, I' et B_0 norme du champ magnétique.

2. Principe du moteur asynchrone :

On admettra que le système précédemment étudié permet de créer au voisinage du point O un champ magnétique tournant dans le plan (O,x,y) à la vitesse angulaire ω et de norme B. On place dans cette zone une bobine plate sur laquelle on a enroulé un fil conducteur court-circuité sur lui-même, formant ainsi m spires circulaires de section s. La résistance totale de la bobine est ρ et son inductance propre est λ.
La bobine est centrée en O et la droite normale à sa surface passant par O de vecteur directeur $\vec{n}$ est dans le plan (O,x,y) (figure 3). On oriente la bobine par le vecteur $\vec{n}$.

Figure 3

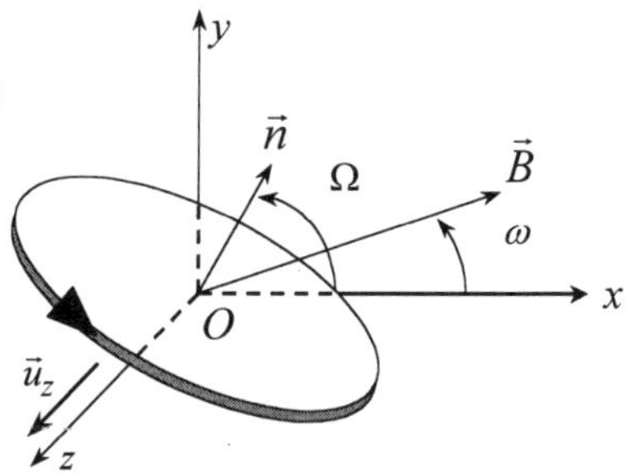

On suppose que la bobine tourne autour de l'axe (O,z) à vitesse angulaire constante Ω. A l'instant initial, le champ magnétique est parallèle à (O,x), de même sens, et l'angle $(\vec{B},\vec{n})$ est égal à α.

2.1. Calculer le flux $\phi(t)$ à travers la bobine et en déduire la force électromotrice ainsi que le courant induit dans la bobine. Quel est le moment magnétique $\overrightarrow{M}$ généré par la bobine plate ?

2.2. Quelle est la projection Γ sur $\vec{u}_z$ du moment du couple qui résulte de l'action du champ magnétique $\vec{B}$ sur le dipôle magnétique constitué par la bobine de moment $\overrightarrow{M}$. Calculer sa valeur moyenne dans le temps $\langle\Gamma\rangle$.

2.3. On appelle glissement la variable g définie par $g = \dfrac{\omega - \Omega}{\omega}$. Tracer les variations de $\langle\Gamma\rangle$ en fonction de g avec les valeurs numériques suivantes :
$B = 10^{-2}\ T$, $m = 100$, $s = 100\ cm^2$, $\omega = 100\pi\, s^{-1}$, $\rho = 2\ \Omega$, $\lambda = 80\ mH$.

Donner la valeur numérique du couple moyen maximal et la valeur de Ω correspondante.

2.4. La spire subit, outre le couple moteur, un couple résistant dont la projection du moment sur $\vec{u}_z$ est Γ_r. Etudier suivant les valeurs de Γ_r la possibilité de démarrage spontané du moteur.
Quels sont les domaines de fonctionnement stable ?

1. Création d'un champ magnétique tournant :

1.1. Le champ magnétique créé en O par le solénoïde $[S_1]$ s'écrit lorsque α_1 et α_2 désignent les angles représentés sur la figure 4 :

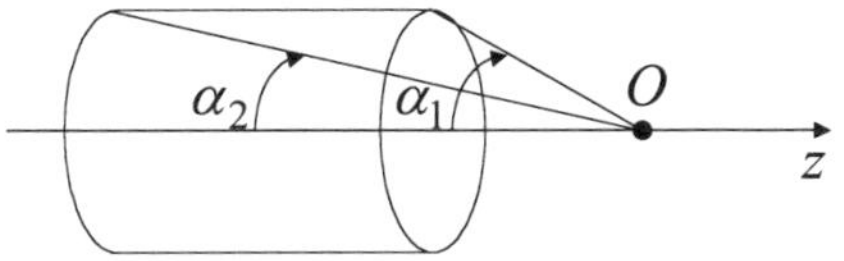

$$\vec{B}_1(O) = \frac{\mu_0 NI}{l}(\cos\alpha_2 - \cos\alpha_1)\vec{u}_z \quad (1)$$

Figure 4

Les paramètres géométriques donnés permettent d'expliciter $\cos\alpha_1$ et $\cos\alpha_2$, ainsi (1) devient :

$$\vec{B}(O) = \frac{\mu_0 NI}{l}\left(\frac{l+d}{\sqrt{(l+d)^2 + a^2}} - \frac{d}{\sqrt{d^2 + a^2}}\right)\vec{u}_z$$

Les deux solénoïdes $[S_1]$ et $[S_2]$ étant identiques, les champs magnétiques créés par les deux distributions en O sont identiques. Le champ total, égal à $2\,\vec{B}_1(O)$, s'exprime donc :

$$\boxed{\vec{B}(O) = \frac{2\mu_0 NI}{l}\left(\frac{l+d}{\sqrt{(l+d)^2 + a^2}} - \frac{d}{\sqrt{d^2 + a^2}}\right)\vec{u}_z}$$

1.2. En régime sinusoïdal forcé, si $\bar{i}$, $\bar{i}'$ et $\bar{e}$ désignent les grandeurs complexes associées aux grandeurs instantanées, les lois habituelles régissant les réseaux en régime sinusoïdal permettent d'écrire :

$$\bar{i}' = \frac{1}{R + jL\omega + \dfrac{1}{jC\omega}}\bar{e} \text{ et } \bar{i} = \frac{1}{R + jL\omega}\bar{e}$$

Les intensités instantanées $i(t)$ et $i'(t)$, égales aux parties réelles des grandeurs complexes associées s'expriment, lorsque $e(t) = E\sqrt{2}\cos\left(\omega t - \frac{\pi}{4}\right)$, par :

$$\begin{cases} i(t) = \dfrac{E\sqrt{2}}{\sqrt{R^2 + (L\omega)^2}}\cos\left(\omega t - \dfrac{\pi}{4} + \varphi\right) \\ i'(t) = \dfrac{E\sqrt{2}}{\sqrt{R^2 + \left(L\omega - \dfrac{1}{C\omega}\right)^2}}\cos\left(\omega t - \dfrac{\pi}{4} + \varphi'\right) \end{cases}$$

avec $\begin{cases} \cos\varphi = \dfrac{R}{\sqrt{R^2 + (L\omega)^2}} \\ \sin\varphi = \dfrac{-L\omega}{\sqrt{R^2 + (L\omega)^2}} \end{cases}$ et $\begin{cases} \cos\varphi' = \dfrac{R}{\sqrt{R^2 + \left(L\omega - \dfrac{1}{C\omega}\right)^2}} \\ \sin\varphi' = \dfrac{-\left(L\omega - \dfrac{1}{C\omega}\right)}{\sqrt{R^2 + \left(L\omega - \dfrac{1}{C\omega}\right)^2}} \end{cases}$

1.3. Si les déphasages φ et φ' sont de signes opposés alors :

$$\cos\varphi = \cos\varphi' \text{ et } \sin\varphi = -\sin\varphi'$$

D'après les résultats précédents, ces deux relations imposent à L, C et ω d'être solutions des équations :

$$(L\omega)^2 = \left(L\omega - \frac{1}{C\omega}\right)^2 \text{ et } L\omega = -L\omega + \frac{1}{C\omega}$$

Ce qui conduit à la condition : $\boxed{2L\omega = \dfrac{1}{C\omega}}$

1.4. Un déphasage entre $\bar{i}$ et $\bar{i}'$ de $\pi/2$ se traduit par $\cos(\varphi - \varphi') = 0$. En développant $\cos(\varphi - \varphi')$ en $\cos\varphi\cos\varphi' + \sin\varphi\sin\varphi'$ et en remplaçant les cosinus et les sinus par les expressions trouvées précédemment, cette égalité est équivalente à :

$$\boxed{R^2 + L\omega\left(L\omega - \frac{1}{C\omega}\right) = 0}$$

Si l'on tient compte de la relation $2L\omega = \frac{1}{C\omega}$, alors le résultat précédent devient :

$$\boxed{R = L\omega}$$

1.5. Les valeurs efficaces issues des expressions de $i(t)$ et $i'(t)$ calculées à la question 1.2 s'écrivent :

$$I = \frac{E}{\sqrt{R^2 + (L\omega)^2}} \quad , \quad I' = \frac{E}{\sqrt{R^2 + \left(L\omega - \frac{1}{C\omega}\right)^2}}$$

Les deux relations obtenues aux questions 3 et 4, à savoir $R = L\omega$ et $2L\omega = \frac{1}{C\omega}$, permettent de simplifier ces expressions. On obtient ainsi :

$$\boxed{I = I' = \frac{E}{R} = \frac{E}{L\omega}}$$

Application numérique :

$$\boxed{I = I' = 3{,}357\ A}$$

Les valeurs de L et C peuvent de même se déduire à partir de $R = L\omega = \frac{1}{2C\omega}$.

Application numérique :

$$\boxed{L = 99\ mH} \text{ et } \boxed{C = 51\ \mu F}$$

Le champ magnétique créé par l'ensemble $[S]$ et $[S']$ possède deux composantes. Celle sur $\vec{u}_x$ est créée par $[S']$ et se note $B_x(t) = k\ i'(t)$ où k s'exprime d'après la question 1.1 : $k = \frac{2\mu_0 N}{l}\left(\frac{l+d}{\sqrt{(l+d)^2 + a^2}} - \frac{d}{\sqrt{d^2 + a^2}}\right)$.

La composante sur $\vec{u}_y$ générée par $[S]$, s'exprime $B_y(t) = k\ i(t)$ et la constante k est identique à la précédente puisque les deux systèmes sont géométriquement similaires. Le sens de rotation de ce vecteur dépendra du signe du déphasage entre $\bar{i}$ et $\bar{i}'$. Afin que le vecteur tourne dans le sens positif autour de $\vec{u}_z$, les déphasages doivent vérifier $\varphi = \varphi' - \frac{\pi}{2}$. En effet, les composantes du champ magnétique s'écrivent alors :

$$\begin{cases} B_x(t) = k\, I'\sqrt{2}\cos\left(\omega t - \dfrac{\pi}{4} + \varphi'\right) \\ B_y(t) = k\, I\sqrt{2}\cos\left(\omega t - \dfrac{\pi}{4} + \varphi' - \dfrac{\pi}{2}\right) = k\, I\sqrt{2}\sin\left(\omega t - \dfrac{\pi}{4} + \varphi'\right) \end{cases}$$

Or, sachant que $I = I'$, on observe que ces équations définissent un vecteur dont l'extrémité décrit un cercle de rayon $B_0 = k\, I\sqrt{2}$. De plus, si les angles sont orientés par $\vec{u}_z$, ce vecteur tourne alors dans le sens positif à la vitesse angulaire ω.
Application numérique :

$$B_0 = \frac{2\mu_0 N}{l}\left(\frac{l+d}{\sqrt{(l+d)^2 + a^2}} - \frac{d}{\sqrt{d^2 + a^2}}\right) I\sqrt{2} \quad \Rightarrow \quad \boxed{B_0 = 0{,}02\ T}$$

2. Le moteur asynchrone :

2.1. Le flux $\phi(t)$ algébrique à travers les m spires de la bobine, calculé avec la normale orientée $\vec{n}$, est égal à :

$$\boxed{\phi(t) = mBs\cos((\omega - \Omega)t - \alpha)}$$

En effet, d'après les conditions initiales, le champ magnétique et la bobine sont repérés respectivement par les angles ωt et $\Omega t + \alpha$. Ainsi, l'angle entre les vecteurs $\vec{n}$ et $\vec{B}$ est $(\omega - \Omega)t - \alpha$. Le produit scalaire $\vec{n} \cdot \vec{B}$ a donc pour expression :

$$\vec{n} \cdot \vec{B} = B\cos((\omega - \Omega)t - \alpha)$$

La force électromotrice d'induction s'obtient par dérivation à partir du flux :

$$\boxed{e = -\frac{d\phi}{dt} = mBs(\omega - \Omega)\sin((\omega - \Omega)t - \alpha)}$$

La loi d'Ohm appliquée à la bobine de résistance ρ et d'inductance propre λ permet d'établir l'équation différentielle reliant le courant induit i à la force électromotrice e. Celle-ci s'écrit : $e = \rho i + \lambda \dfrac{di}{dt}$. La solution en régime sinusoïdal forcé se calcule aisément en utilisant les représentations complexes :

$$\begin{cases} \bar{e} = mBs(\omega - \Omega)\exp[j((\omega - \Omega)t - \alpha)] \\ \bar{i} = I_M \exp[j((\omega - \Omega)t - \alpha + \Psi)] \end{cases} \quad \text{telles que } e = \Im(\bar{e}) \text{ et } i = \Im(\bar{i})$$

(La f.e.m. s'exprimant en fonction du sinus, il convient ici de travailler avec les parties imaginaires).
Avec ces notations, l'équation différentielle vérifiée par i se traduit au niveau de $\bar{i}$ par :

$$\bar{i}\left(\rho+\mathrm{j}\lambda(\omega-\Omega)\right)=\bar{e}\Leftrightarrow\bar{i}=\frac{mBs(\omega-\Omega)\exp\left[j((\omega-\Omega)t-\alpha)\right]}{\left(\rho+\mathrm{j}\lambda(\omega-\Omega)\right)}$$

On déduit par identification :

$$\underbrace{I_M\left(\cos\Psi+j\sin\Psi\right)}_{I_M\exp j\psi}=\frac{mBs(\omega-\Omega)}{\left(\rho+\mathrm{j}\lambda(\omega-\Omega)\right)}=\frac{mBs(\omega-\Omega)}{\sqrt{\rho^2+\left(\lambda(\omega-\Omega)\right)^2}}\left[\frac{\rho-j\lambda(\omega-\Omega)}{\sqrt{\rho^2+\left(\lambda(\omega-\Omega)\right)^2}}\right]$$

La valeur instantanée du courant i s'obtient par passage à la partie imaginaire :

$$\begin{cases}\cos\psi=\dfrac{\rho}{\sqrt{\rho^2+\left(\lambda(\omega-\Omega)\right)^2}}\\ \sin\psi=\dfrac{\lambda(\omega-\Omega)}{\sqrt{\rho^2+\left(\lambda(\omega-\Omega)\right)^2}}\end{cases}\Rightarrow\boxed{i=\frac{mBs(\omega-\Omega)}{\sqrt{\rho^2+\left(\lambda(\omega-\Omega)\right)^2}}\sin\left((\omega-\Omega)t-\alpha+\psi\right)}$$

Chaque spire de la bobine parcourue par le courant i engendre un moment magnétique $is\,\vec{n}$. Le moment magnétique total résultant de la somme de tous les moments créés par les m spires a pour expression en fonction de i :

$$\boxed{\overrightarrow{M}=mis\,\vec{n}=\frac{m^2Bs^2(\omega-\Omega)}{\sqrt{\rho^2+\left(\lambda(\omega-\Omega)\right)^2}}\sin\left((\omega-\Omega)t-\alpha+\psi\right)\vec{n}}$$

2.2. Ce dipôle en présence du champ magnétique $\vec{B}$ subit un couple de moment $\vec{\Gamma}=\overrightarrow{M}\wedge\vec{B}$ dont la projection Γ sur $\vec{u}_z$ s'écrit :

$$\Gamma=-MB\sin\left((\Omega-\omega)t+\alpha\right)=MB\sin\left((\omega-\Omega)t-\alpha\right)$$

Ce qui donne en remplaçant M par son expression :

$$\boxed{\Gamma=\frac{m^2B^2s^2(\omega-\Omega)}{\sqrt{\rho^2+\left(\lambda(\omega-\Omega)\right)^2}}\sin\left((\omega-\Omega)t-\alpha+\psi\right)\sin\left((\omega-\Omega)t-\alpha\right)}$$

Γ représente la valeur instantanée du moment. Sa moyenne temporelle $\langle\Gamma\rangle$ se déduit de l'expression ci-dessus :

$$\langle\Gamma\rangle=\frac{m^2B^2s^2(\omega-\Omega)}{\sqrt{\rho^2+\left(\lambda(\omega-\Omega)\right)^2}}\left\langle\sin\left((\omega-\Omega)t-\alpha+\psi\right)\sin\left((\omega-\Omega)t-\alpha\right)\right\rangle$$

En remarquant que :

$$\sin((\omega-\Omega)t+\alpha+\psi)\sin((\omega-\Omega)t+\alpha)=\frac{1}{2}\left(\cos\psi-\cos\left(2((\omega-\Omega)t-\alpha)+\psi\right)\right)$$

et $$\left\langle\sin((\omega-\Omega)t+\alpha+\psi)\sin((\omega-\Omega)t+\alpha)\right\rangle=\frac{1}{2}\cos\psi=\frac{\rho}{\sqrt{\rho^2+(\lambda(\omega-\Omega))^2}}$$

Le moment du moyen s'exprime :

$$\boxed{\langle\Gamma\rangle=\frac{m^2B^2s^2(\omega-\Omega)\rho}{2\left(\rho^2+(\lambda(\omega-\Omega))^2\right)}}$$

En régime permanent, lorsque la vitesse de rotation de la bobine est constante, on observe l'existence d'un couple moteur moyen non nul.

2.3. En introduisant le glissement, égal par définition à $g=\dfrac{\omega-\Omega}{\omega}$, le moment moyen prend la forme suivante :

$$\omega-\Omega=g\omega \quad\Rightarrow\quad \boxed{\langle\Gamma\rangle=\frac{m^2B^2s^2\rho g\omega}{2\left(\rho^2+(\lambda g\omega)^2\right)}}$$

La courbe 1 représente les variations de $\langle\Gamma\rangle$ en fonction du glissement :

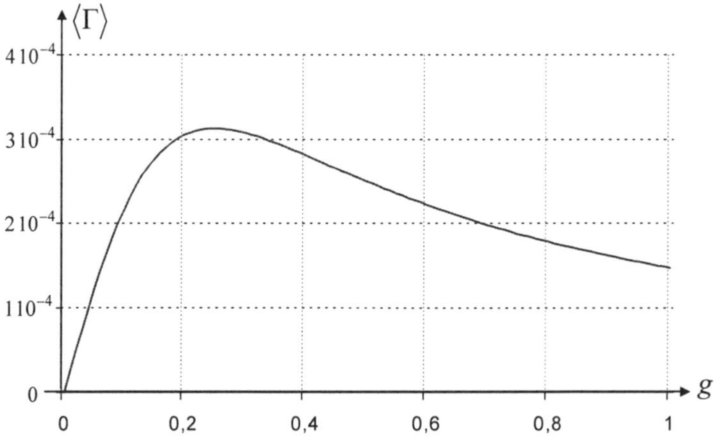

Courbe 1

On peut remarquer d'une part que le glissement est nul lorsque $\omega=\Omega$, ce qui correspond à une rotation synchrone du champ magnétique et de la bobine. D'autre part, un glissement égal à 1 traduit son immobilité.
Le couple moyen est maximal pour le glissement $g_{\max}=0{,}27$ et a pour valeur $\Gamma_{\max}=3{,}11\cdot 10^{-4}\ Nm$.

2.4. Lorsque la bobine est immobile, le glissement vaut 1. Le couple moyen prend alors la valeur $1{,}47\,10^{-4}$. Si le couple résistant est supérieur au couple moteur à vitesse nulle : $\langle\Gamma\rangle_{g=1}$, alors le moteur ne démarrera pas. La valeur Γ_r attribuée au moment du couple est à considérer ici comme un seuil à appliquer à la charge en dessous duquel celle-ci ne pourra pas se mettre en mouvement. On observera une augmentation de la vitesse angulaire pour des moments du couple résistant inférieurs à $\langle\Gamma\rangle_{g=1}$.

En effet, exploitons, pour justifier cela, le théorème du moment cinétique grâce auquel on peut écrire $\dfrac{d\Omega}{dt} = \Gamma - \Gamma_r$. Au cours d'une variation lente de l'accélération angulaire de temps caractéristique τ, le terme $d\Omega/dt$ diffère peu de sa moyenne effectuée sur une période $T = 2\pi/\omega$, durée très courte devant τ. On déduit alors que $\dfrac{d\Omega}{dt} \approx \left\langle \dfrac{d\Omega}{dt} \right\rangle_T = \langle\Gamma\rangle_T - \Gamma_r$. Ainsi, $d\Omega/dt$ sera positif pour des faibles couples résistants.

En régime permanent pour lequel $d\Omega/dt = 0$, le couple moteur moyen et le couple résistant vérifient $\langle\Gamma\rangle = \Gamma_r$. Ainsi, les vitesses possibles pour un tel régime correspondent à celles des points d'intersection de la courbe $\langle\Gamma\rangle$ fonction de g et de la droite Γ_r. On observe (figure 1) deux points d'intersection, dont les glissements associés g_1 et g_2 sont respectivement l'un inférieur à $g_{\max}$, l'autre supérieur. Considérons chaque cas.

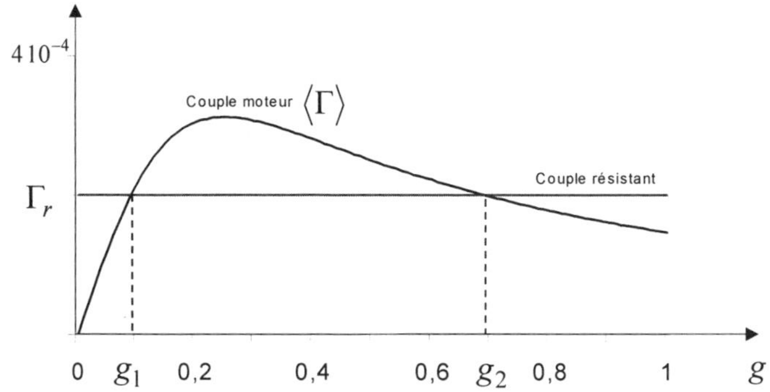

Lorsque $\langle\Gamma\rangle = \Gamma_r$ et $g = g_1 < g_{\max}$, une augmentation de vitesse de la bobine équivalente à une diminution du glissement, induirait une diminution du couple moteur, comme le montre l'allure de la courbe $\langle\Gamma\rangle$ fonction de g au voisinage du point considéré. Le couple résistant deviendrait alors plus important que le couple moteur et la bobine serait ralentie.

Le même raisonnement mené à partir de l'état $\langle\Gamma\rangle = \Gamma_r$ et $g = g_2 > g_{\max}$, conduit à une accélération puisque le couple résistant deviendrait alors moins important que le couple moteur.

Ainsi, le fonctionnement stable correspond au premier cas. Le moteur asynchrone s'utilise donc pour des glissements compris entre 0 et $g_{\max}$.

Exercice 4 ★★★

Cet exercice, dont le thème est l'étude de la machine synchrone comporte deux parties. La première décrit une méthode de création d'un champ magnétique tournant alors que la seconde montre comment ce champ permet d'entraîner une structure tournante. L'étude de la création du champ tournant à l'aide d'un dispositif proche de celui utilisé dans les machines, fait appel aux propriétés des milieux magnétiques et de ce fait, cette première partie pourrait aussi figurer dans le chapitre VIII.

Principe des machines synchrones

Le principe de fonctionnement des machines synchrones repose sur l'interaction entre un champ magnétique tournant produit par une structure fixe, le stator, et un moment magnétique permanent, généré par une partie tournante, le rotor.

Création d'un champ magnétique tournant généré par les courants statoriques

Une des méthodes de production d'un champ magnétique tournant a été étudiée dans l'exercice 2 de ce chapitre. On considère cette fois-ci un bobinage triphasé statorique constitué de trois bobines identiques dont les centres sont confondus au point O, l'angle entre deux normales consécutives étant égal à $2\pi/3$ (figure 1).

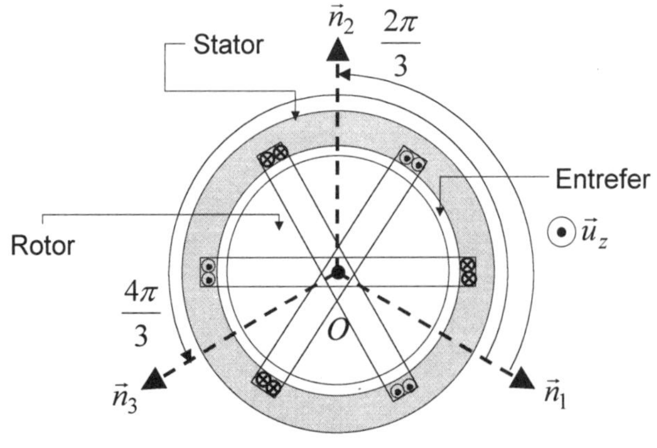

Figure 1

L'espace est rapporté à un système de coordonnées cylindriques $(O,\vec{u}_r,\vec{u}_\theta,\vec{u}_z)$, l'angle θ étant orienté par $\vec{u}_z$

Les bobines comportant le même nombre de spires n, ont pour normales respectives $\vec{n}_1$, $\vec{n}_2$ et $\vec{n}_3$.

On les considèrera comme plates (de largeur négligeable) et en outre, elles sont alimentées par les courants respectifs :

$$i_1(t) = I_0 \cos(\omega t) \quad i_2(t) = I_0 \cos\left(\omega t - \frac{2\pi}{3}\right) \quad i_3(t) = I_0 \cos\left(\omega t - \frac{4\pi}{3}\right)$$

Le stator et le rotor sont constitués d'un matériau que l'on supposera linéaire, de perméabilité magnétique relative μ_r élevée et de permittivité électrique ε_0. On nomme « entrefer » (figure 1), la partie comprise entre le stator et le rotor. Son épaisseur e est très faible devant le rayon du rotor. Les constantes électromagnétiques de l'entrefer sont celles du vide. L'étude sera menée en considérant μ_r comme infinie.

Dans tout le problème, les effets de bord seront négligés, ainsi on supposera le système invariant par translation suivant (O,z).

1. On étudie la réfraction des lignes de champ magnétique sur la surface séparant le rotor de l'entrefer. Ecrire en admettant qu'il n'existe pas de courant surfacique les conditions de passage entre les deux milieux considérés.

2. Soient α^+ et α^- les angles entre le champ magnétique et la normale à la surface de séparation caractérisée par $r = R$, α^+ correspondant à la limite de l'angle par valeur supérieure $(r > R)$, et α^- à celle par valeur inférieure $(r < R)$. Etudier le comportement de α^+ lorsque μ_r est infinie et en déduire que le champ est radial dans l'entrefer.

En négligeant les effets de bord et en considérant que l'entrefer est suffisamment fin pour que la variation de rayon entre le rotor de rayon R et le stator n'affecte pas les champs, le résultat précédent permet d'écrire le champ magnétique dans l'entrefer sous la forme $\vec{B} = \mu_0 \overrightarrow{H} = B_r(R,\theta,t)\vec{u}_r$ que l'on notera par la suite $\vec{B} = \mu_0 H(\theta,t)\vec{u}_r = B(\theta,t)\vec{u}_r$.

3. Le champ magnétique dans l'entrefer se détermine à l'aide du théorème d'Ampère. Pour appliquer ce dernier, on définit le contour orienté (Γ) représenté sur la figure 2 qui se situe dans deux milieux. Le premier est le vide de l'entrefer, le second, le matériau de perméabilité μ_r constituant le rotor et le stator.

On note e l'épaisseur de l'entrefer et $H_0 = H(\pi,t)$, l'angle θ défini sur la figure 2 se compte à partir de $\vec{n}_1$.

3.1. Montrer que, dans l'hypothèse d'un champ magnétique fini, la circulation de l'excitation magnétique $\overrightarrow{H}$ sur les portions (Γ) incluses dans le milieu de perméabilité μ_r infinie est nulle.

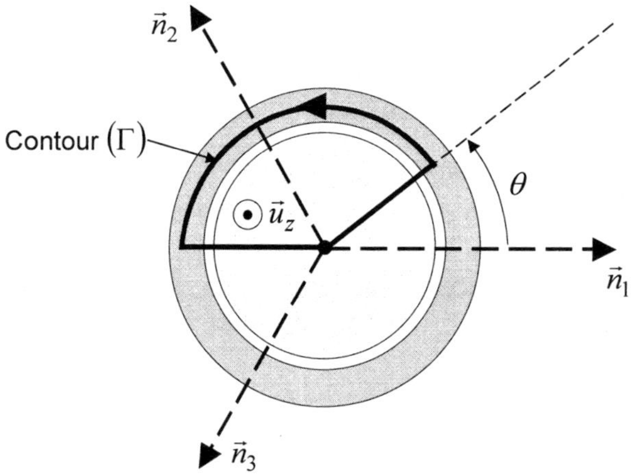

Figure 2

3.2. Exprimer $(C) = \oint_{\Gamma} \vec{H} \cdot \vec{dl}$, la circulation de l'excitation magnétique sur le contour (Γ) en fonction de e, H_0 et $H(\theta,t)$.

3.3. En appliquant le théorème d'Ampère montrer que la circulation (C) se met sous la forme $(C) = ni_1\, f_1(\theta) + ni_2\, f_2(\theta) + ni_3\, f_3(\theta)$, où les fonctions $f_k(\theta)$ avec $k \in \{1,2,3\}$ sont des fonctions de l'angle θ, prenant les seules valeurs $\{1, 0, -1\}$ dont on tracera les variations en fonction de θ sur l'intervalle $[0, 2\pi]$.

4. Chacune des trois fonctions précédemment étudiées, 2π périodique, admet un développement en série de Fourier dont on ne gardera uniquement que le terme constant et le fondamental.
Expliciter ces deux termes pour les trois fonctions.

5. En utilisant les résultats précédents, montrer que l'excitation magnétique dans l'entrefer vérifie la relation $H(\theta,t) - H_0 = H(t) + \dfrac{3}{\pi e} nI_0 \cos(\omega t - \theta)$ où $H(t)$ est une fonction du temps que l'on exprimera.

6. Soit Σ, la surface formée par un cylindre d'axe (O,z), de hauteur h et de rayon R, fermée à l'aide de deux disques coaxiaux, d'axe (O,z). La portion latérale du cylindre se situe dans l'entrefer.

Utiliser cette surface pour traduire que le champ magnétique est à flux conservatif et déduire l'expression de H_0 en fonction de $H(t)$ ainsi que celle de $B(\theta,t)$ dans l'entrefer.
Commenter ce résultat.

Action du champ magnétique tournant sur le rotor

Le bobinage du rotor est modélisé par une spire conductrice rectangulaire de largeur R et de hauteur L, disposée sur le rotor et parcourue par un courant continu I (figure 3).
On ne s'intéressera pas aux moyens technologiques permettant de réaliser ce dispositif.
Le rotor tourne autour de l'axe (O,z) et la position de la spire est repérée par l'angle θ défini sur la figure 2.

Figure 3

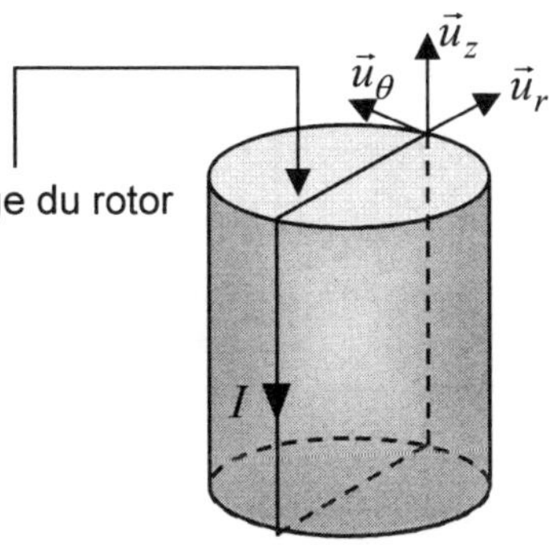

7. Calculer Γ_z, le moment par rapport à l'axe (O,z) des forces de Laplace exercé sur le rotor en fonction de μ_0, L, R, I, I_0, ω, t et θ.

8. Le rotor tourne maintenant à vitesse constante Ω et on pose $\theta = \Omega t + \varphi - \dfrac{\pi}{2}$, exprimer Γ_z en fonction de μ_0, L, R, I, I_0, ω, Ω, t et φ.

9. Comment doit-on choisir Ω pour que le moment moyen soit non nul ? Que devient Γ_z ? Justifier le terme de moteur synchrone.

10. Lorsque le synchronisme est atteint, montrer que l'angle φ représente l'angle entre la normale orientée au circuit du rotor et le lieu où le champ magnétique est maximal dans l'entrefer.

11. On étudie maintenant la stabilité du synchronisme lors du fonctionnement moteur. On néglige tout frottement de telle sorte que lorsque le moteur n'entraîne aucune charge mécanique, le moment des forces par rapport à l'axe (O,z) se résume à celui exercé par les forces de Laplace.

11.1. Le moteur tourne à la vitesse de synchronisme. Montrer que l'angle φ peut prendre deux valeurs, l'une correspondant à une position stable, l'autre à une position instable.

11.2. On part de la position stable à partir de laquelle on applique un couple de charge au moteur que l'on fait croître de façon très douce de telle sorte que la vitesse reste toujours celle de synchronisme. Quelle est la valeur limite de ce couple à partir duquel le moteur va décrocher ?

1. Les équations de Maxwell permettent d'établir qu'en l'absence de distribution surfacique de courant circulant sur la surface qui sépare les deux milieux différents, la composante normale du champ magnétique ainsi que la composante tangentielle de l'excitation magnétique se conservent. En indiçant par « e », les grandeurs dans l'entrefer et par « r », celles dans le rotor, ces propriétés vérifiées sur la surface $r = R$, sont résumées dans les équations :

$$\boxed{\vec{B}_e \cdot \vec{u}_r = \vec{B}_r \cdot \vec{u}_r} \quad \text{et} \quad \boxed{\vec{H}_e \cdot \vec{u}_\theta = \vec{H}_r \cdot \vec{u}_\theta}$$

2. La figure 4 représente les angles α^+ et α^- définis dans la question 2. La tangente des angles α est égale au rapport de la composante tangentielle sur la composante normale du champ magnétique. Les deux relations constitutives $\vec{B} = \mu_0 \mu_r \vec{H}$ dans le rotor, et $\vec{B} = \mu_0 \vec{H}$ dans l'entrefer, ainsi que les conditions de passage détaillées à la question précédente se traduisent au niveau des angles par $\tan\alpha^+ = \dfrac{1}{\mu_r}\tan\alpha^-$.

Figure 4

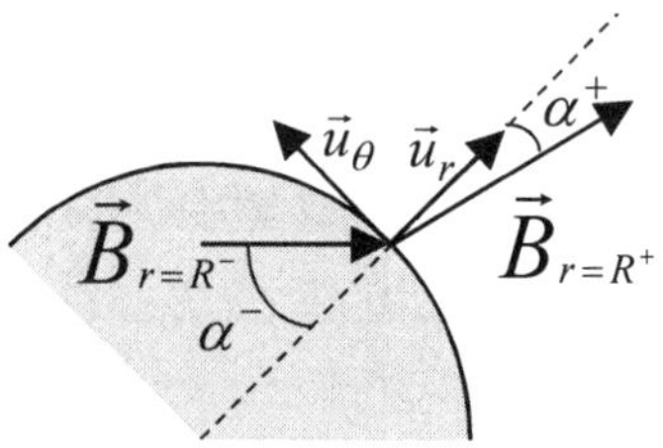

En conséquence, lorsque α^- est différent de $\pi/2$, $\tan\alpha^+$ tend vers 0 lorsque μ_r tend vers l'infini et donc α^+ tend vers 0.

Dans le cas où α^- tend vers $\pi/2$, la conservation du flux le long d'un tube de champ impose que le champ ne pénètre pas dans l'entrefer. Ce phénomène est non désiré et de ce fait la géométrie des courants sera conçue pour ne pas être dans cette situation. En conclusion, l'angle α^+ étant nul, le champ magnétique est radial dans l'entrefer.

3. Etude du champ dans l'entrefer

3.1. La circulation de $\vec{H}$ le long du contour (Γ) peut se décomposer en deux termes.

En effet, en considérant (Γ) comme l'union de deux domaines l'un inclus dans l'air et l'autre dans le fer, $(\Gamma) = \underbrace{(\Gamma_1)}_{\substack{portion \\ dans\ l'air}} \cup \underbrace{(\Gamma_2)}_{\substack{portion\ dans \\ le\ milieu}}$ la circulation s'écrit :

$$\oint_{\Gamma} \vec{H} \cdot \vec{dl} = \oint_{\Gamma_1} \vec{H} \cdot \vec{dl} + \oint_{\Gamma_2} \vec{H} \cdot \vec{dl} = \underbrace{\oint_{\Gamma_1} \frac{\vec{B}}{\mu_0} \cdot \vec{dl}}_{(C_1)} + \underbrace{\oint_{\Gamma_2} \frac{\vec{B}}{\mu_0 \mu_r} \cdot \vec{dl}}_{(C_2)}$$

Dans l'hypothèse où le champ magnétique reste fini, le second terme (C_2) tend vers 0 lorsque μ_r tend vers l'infini.

La circulation pourra donc s'identifier au premier terme calculé uniquement sur les portions comprises dans l'entrefer.

3.2. D'après l'orientation imposée en figure 2 et l'hypothèse d'uniformité du champ dans l'entrefer, la circulation s'exprime :

$$\boxed{(C) = \left(H(\theta,t) - H_0\right)e}$$

Les signes se justifient par les directions du vecteur radial $\vec{u}_r$ aux angles θ et π par rapport à l'orientation du contour définie sur la figure 2.

3.3. D'après le théorème d'Ampère, cette circulation s'identifie à la somme des courants algébriques traversant la portion de disque s'appuyant sur (Γ) de normale $\vec{u}_z$. Etudions pour commencer la contribution du premier bobinage constitué de n spires parcourues par le courant i_1 représenté sur la figure 5 :

Figure 5

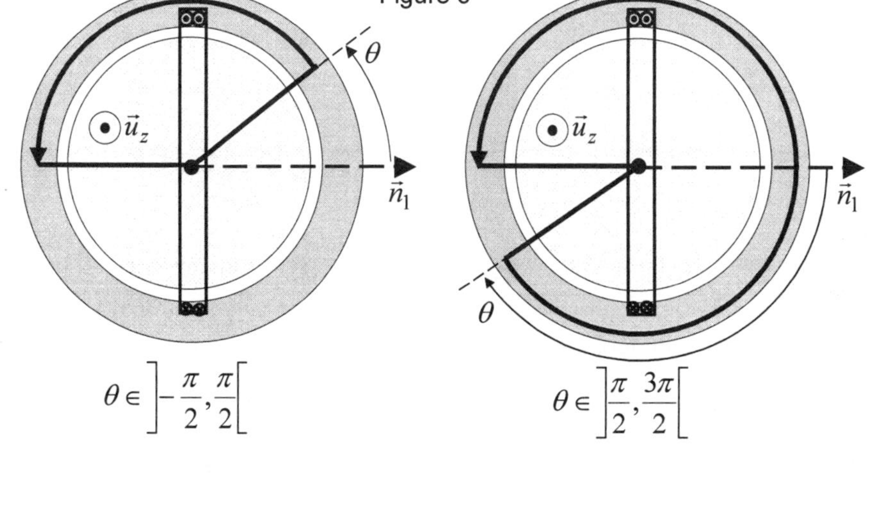

Lorsque l'angle θ appartient à l'intervalle $\left]-\frac{\pi}{2},\frac{\pi}{2}\right[$, la surface s'appuyant sur (Γ) est traversée par le courant ni_1, la fonction $f_1(\theta)$ prend alors la valeur 1.

Pour $\theta \in \left]\frac{\pi}{2},\frac{3\pi}{2}\right[$, la surface est traversée par un courant total nul, résultant de la somme $+n_1i_1$ et de $-n_1i_1$, $f_1(\theta)$ doit alors être nulle sur cet intervalle.

Le graphe représentant les variations de $f_1(\theta)$ résumant les résultats précédents est représenté en figure 6 :

Figure 6

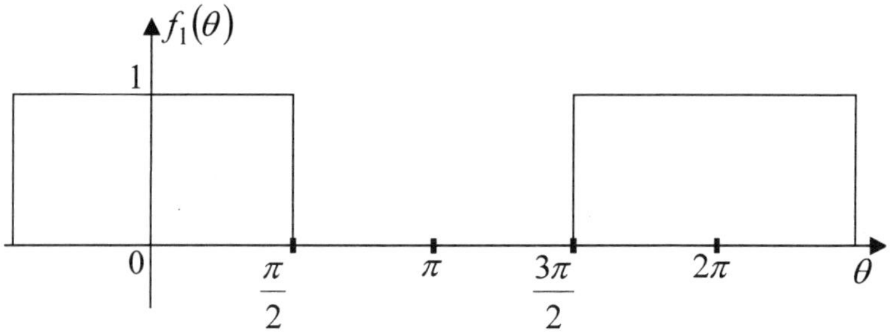

Les contributions des deux autres bobines se calculent de manière similaire en prenant en compte leurs positions respectives représentées sur la figure 7.

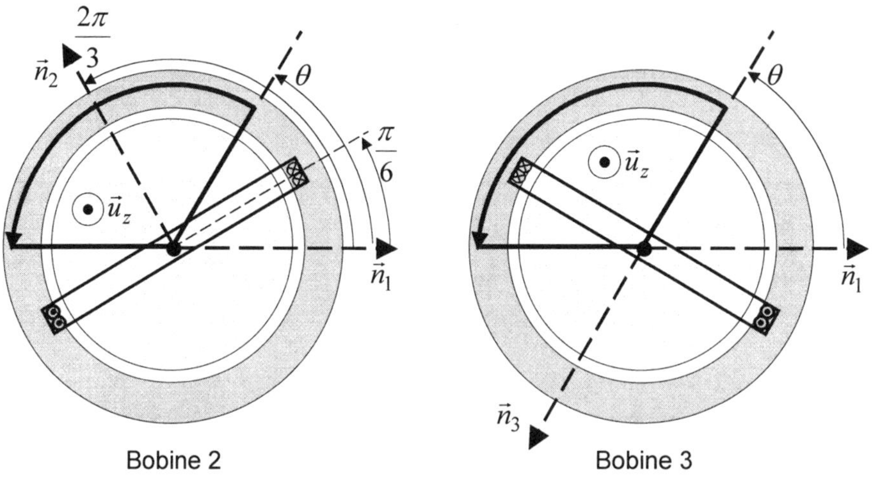

Figure 7

L'origine des angles étant toujours prise à partir de $\vec{n}_1$, l'étude du courant algébrique de chaque bobinage traversant le contour d'Ampère dont la forme dépend de θ, permet d'expliciter les deux termes $ni_2f_2(\theta)$ et $ni_3f_3(\theta)$.

Les fonctions $f_2(\theta)$ et $f_3(\theta)$ se déterminent ainsi aisément et la figure 8 rassemble les variations des trois fonctions suivant θ.

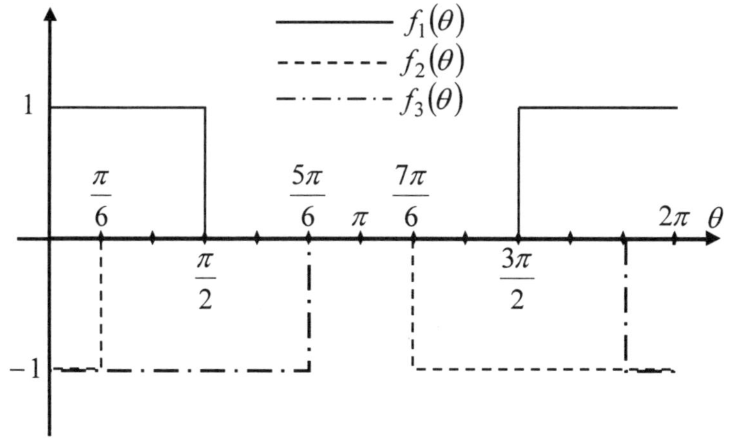

Figure 8

4. Les trois fonctions admettent un développement en série de Fourier dont le terme constant s'identifie à la valeur moyenne de la fonction considérée. On remarque sur les courbes de la figure 8 que les fonctions $f_2(\theta)$ et $f_3(\theta)$ égales à -1 sur un domaine de largeur totale π, puis à 0 sur un domaine de largeur identique, ont pour valeur moyenne $-1/2$. Par contre, la fonction $f_1(\theta)$ pour laquelle il suffit de remplacer -1 par 1 dans le raisonnement précédent, a pour valeur moyenne $1/2$.

En ne gardant que les deux premiers termes et en tenant compte de la parité de la fonction, le développement de $f_1(\theta)$ s'exprime par :

$$f_1(\theta) = \frac{1}{2} + a_1 \cos\theta \text{ avec } a_1 = \frac{1}{\pi}\int_0^{2\pi} f_1(\theta)\cos\theta d\theta$$

Le coefficient a_1 se détermine par le calcul suivant :

$$a_1 = \frac{1}{\pi}\left(\int_0^{\frac{\pi}{2}} \cos\theta d\theta + \int_{\frac{3\pi}{2}}^{2\pi} \cos\theta d\theta\right) = \frac{1}{\pi}\left(\left[\sin\theta\right]_0^{\frac{\pi}{2}} + \left[\sin\theta\right]_{\frac{3\pi}{2}}^{2\pi}\right)$$

$$a_1 = \frac{2}{\pi} \Rightarrow \boxed{f_1(\theta) = \frac{1}{2} + \frac{2}{\pi}\cos\theta}$$

Le développement des autres fonctions peut se déduire de celui-ci en remarquant qu'au signe près, f_2 et f_3 sont les images de f_1 obtenues par translation. En effet, on peut écrire :

$$f_2(\theta) = -f_1\left(\theta + \frac{\pi}{3}\right) \text{ et } f_3(\theta) = -f_1\left(\theta - \frac{\pi}{3}\right)$$

Ces propriétés permettent d'expliciter les deux derniers développements :

$$\boxed{f_2(\theta)=-\frac{1}{2}-\frac{2}{\pi}\cos\left(\theta+\frac{\pi}{3}\right)} \text{ et } \boxed{f_3(\theta)=-\frac{1}{2}-\cos\left(\theta-\frac{\pi}{3}\right)}$$

5. La circulation (C) s'exprime par la somme $(C)=\sum_{k=1}^{k=3} ni_k f_k(\theta)$. La forme de la relation recherchée s'obtient en remplaçant les courants et les fonctions par leurs expressions :

$$(C)=nI_0\left(\cos(\omega t)\left(\frac{1}{2}+\frac{2}{\pi}\cos\theta\right)+\cos\left(\omega t-\frac{2\pi}{3}\right)\left(-\frac{1}{2}-\frac{2}{\pi}\cos\left(\theta+\frac{\pi}{3}\right)\right)\right.$$
$$\left.+\cos\left(\omega t-\frac{4\pi}{3}\right)\left(-\frac{1}{2}-\cos\left(\theta-\frac{\pi}{3}\right)\right)\right)$$

Ce qui devient après regroupement :

$$(C)=\overbrace{\frac{nI_0}{2}\left(\cos(\omega t)-\cos\left(\omega t-\frac{2\pi}{3}\right)-\cos\left(\omega t-\frac{4\pi}{3}\right)\right)}^{(1)=H(t)e}+$$
$$\underbrace{\frac{2nI_0}{\pi}\left(\cos\omega t\cos\theta-\cos\left(\omega t-\frac{2\pi}{3}\right)\cos\left(\theta+\frac{\pi}{3}\right)-\cos\left(\omega t-\frac{4\pi}{3}\right)\cos\left(\theta-\frac{\pi}{3}\right)\right)}_{(2)}$$

D'autre part, la circulation s'écrit aussi $(C)=\left(H(\theta,t)-H_0\right)e$. Par conséquent le premier terme uniquement fonction du temps s'identifie à $H(t)e$ et peut se simplifier en remarquant que $\cos(\omega t)+\cos\left(\omega t-\frac{2\pi}{3}\right)+\cos\left(\omega t-\frac{4\pi}{3}\right)=0$. Ainsi :

$$\boxed{H(t)=\frac{nI_0}{e}\cos(\omega t)}$$

Chacun des produits constituant la seconde partie peut se décomposer en somme. En effet on peut écrire :

$$\cos\omega t\cos\theta=\frac{1}{2}\left(\cos(\omega t+\theta)+\cos(\omega t-\theta)\right)$$

$$\cos\left(\omega t-\frac{2\pi}{3}\right)\cos\left(\theta+\frac{\pi}{3}\right)=\frac{1}{2}\left(\cos\left(\omega t+\theta-\frac{\pi}{3}\right)+\cos(\omega t-\theta-\pi)\right)$$

$$\cos\left(\omega t-\frac{4\pi}{3}\right)\cos\left(\theta-\frac{\pi}{3}\right)=\frac{1}{2}\left(\cos\left(\omega t+\theta-\frac{5\pi}{3}\right)+\cos(\omega t-\theta-\pi)\right)$$

Après cette décomposition, le second terme de la circulation prend la forme :

$$(2) = \frac{nI_0}{\pi}\left[3\cos(\omega t - \theta) + 2\underbrace{\left[\cos(\omega t + \theta) - \cos\left(\omega t + \theta - \frac{\pi}{3}\right) - \cos\left(\omega t + \theta - \frac{5\pi}{3}\right)\right]}_{0}\right]$$

Finalement, le théorème d'Ampère conduit à la relation :

$$\boxed{H(\theta,t) - H_0 = \frac{nI_0}{e}\cos(\omega t) + \frac{3}{\pi e}nI_O\cos(\omega t - \theta)}$$

6. La surface Σ est fermée et à ce titre, le flux du champ magnétique à travers Σ doit être nul.
Considérons Σ comme l'union de trois surfaces : $\Sigma = \underbrace{\Sigma_l}_{\text{cylindre}} \cup \underbrace{S_1}_{\text{disque supérieur}} \cup \underbrace{S_2}_{\text{disque inférieur}}$.

Les normales aux surfaces S_1 et S_2 sont parallèles à $\vec{u}_z$. L'hypothèse selon laquelle les effets de bord sont négligés, revient à considérer les plans orthogonaux à l'axe (O,z) comme des plans d'antisymétrie de la distribution de courant. Ceci impose qu'en tout point des surfaces S_1 et S_2, le champ magnétique est orthogonal à $\vec{u}_z$.
Le flux à travers $S_1 \cup S_2$ est donc nul.
Suite à cette remarque, la nullité du flux à travers Σ se traduit par :

$$\oiint_{\Sigma}\vec{B}\cdot d^2\vec{S} = \iint_{\Sigma_l}\vec{B}\cdot d^2\vec{S} = h\int_0^{2\pi}B(\theta,t)Rd\theta \text{ car } d^2\vec{S} = dz\,Rd\theta\vec{u}_r \text{ et } \vec{B} = B(\theta,t)\vec{u}_r$$

Or, compte tenu de l'expression du champ obtenue à la question 5 et de la loi $B(\theta,t) = \mu_0 H(\theta,t)$, il vient :

$$B(\theta,t) = \mu_0 H_0 + \underbrace{\mu_0\frac{nI_0}{e}\cos(\omega t)}_{H(t)} + \frac{3}{\pi e}\mu_0 nI_0\cos(\omega t - \theta)$$

On obtient ainsi :

$$\iint_{\Sigma_l}\vec{B}\cdot d^2\vec{S} = Rh\int_0^{2\pi}B(\theta,t)d\theta = 2\pi Rh\mu_0\left(H_0 + H(t)\right)$$

En conclusion, le flux étant nul à tout instant, on peut écrire :

$$\boxed{\oiint_{\Sigma}\vec{B}\cdot d^2\vec{S} = 0 \Leftrightarrow H_0 = -H(t)} \text{ et } \boxed{B(\theta,t) = \frac{3}{\pi e}\mu_0 nI_0\cos(\omega t - \theta)}$$

On observe que dans l'entrefer règne un champ magnétique radial, sinusoïdal qui se propage suivant les valeurs de θ croissantes. En faisant intervenir l'abscisse curviligne s, repérant un point le long du cercle de rayon R et variant avec θ suivant la relation $s = R\theta$, alors le champ s'écrit :

$$B(s,t) = \frac{3}{\pi e}\mu_0 n I_0 \cos\left(\omega t - \frac{s}{R}\right).$$

L'amplitude du champ se comporte comme une onde scalaire qui avance à la vitesse de phase égale à $R\omega$ sur le cercle de rayon R. L'ensemble des lignes de champ est donc entraîné dans un mouvement de rotation à la vitesse angulaire ω. C'est ce qu'on appelle un champ tournant.

On peut s'interroger sur la validité d'un tel résultat puisqu'il est issu d'un raisonnement dans lequel les développements ne vont pas au-delà du fondamental. En fait, le bobinage étudié ici n'est qu'une version simplifiée des enroulements statoriques réels. La géométrie de ces derniers est étudiée afin que les harmoniques de rangs supérieurs soient négligeables ou s'annulent .

Action du champ magnétique tournant sur le rotor

7. Soit l'élément $\overrightarrow{dl}$ associé à un point M du circuit, orienté dans le même sens que le courant.
En notant $\vec{B}(M)$, le champ magnétique en ce point, cet élément subit le moment élémentaire par rapport à (O,z) égal à $d\Gamma_z = \left(\overrightarrow{O'M} \wedge \left(I\overrightarrow{dl} \wedge \vec{B}(M)\right)\right)\cdot \vec{u}_z$, où O' désigne un point quelconque de l'axe. Le moment total résulte de l'intégrale de ce moment élémentaire sur toute la spire. On peut constater que $d\Gamma_z$ est nul en tout point des portions horizontales de la spire du fait que $I\overrightarrow{dl} \wedge \vec{B}(M)$ et $\vec{u}_z$ sont parallèles. En effet, $\vec{B}(M)$ et $\overrightarrow{dl}$ sont tous deux orthogonaux à $\vec{u}_z$ et ainsi, $I\overrightarrow{dl} \wedge \vec{B}(M)$ est colinéaire à $\vec{u}_z$. Par conséquent, il suffit d'intégrer $d\Gamma_z$ uniquement sur les parties verticales de la spire. En remarquant que :

$$B(\theta,t) = \frac{3}{\pi e}\mu_0 n I_0 \cos(\omega t - \theta) = -B(\theta + \pi, t)$$

Il vient :

$$\Gamma_z = 2\int_0^L RIB(\theta,t)dz \Rightarrow \Gamma_z = 2LRIB(\theta,t) \Rightarrow \boxed{\Gamma_z = \frac{6}{\pi e}\mu_0 nLRII_0 \cos(\omega t - \theta)}$$

8. Lorsque le rotor tourne à la vitesse angulaire Ω constante, l'angle θ s'écrit alors $\theta = \Omega t + \varphi + \frac{\pi}{2}$. Le moment par rapport à l'axe devient :

$$\Gamma_z = \underbrace{\frac{6}{\pi e}\mu_0 nLRII_0}_{\Gamma_0} \cos\left(\omega t - \Omega t - \varphi - \frac{\pi}{2}\right) \Leftrightarrow \boxed{\Gamma_z = -\Gamma_0 \sin(\varphi + (\Omega - \omega)t)}$$

9. La valeur moyenne dans le temps de ce moment sera non nulle lorsque $\boxed{\omega = \Omega}$. Le moment Γ_z est alors indépendant du temps et s'écrit :

$$\boxed{\Gamma_z = -\Gamma_0 \sin\varphi}$$

Dans ces conditions, le rotor tourne à la même vitesse que l'ensemble des lignes de champ ce qui justifie le nom de moteur synchrone.

10. Lorsque la vitesse de synchronisme est atteinte, l'ensemble des lignes de champ et le rotor tournent à la même vitesse. Leur position relative est donc fixe. L'angle la caractérisant, indépendant du temps est le même qu'à l'instant $t = 0$. A cet instant, la composante radiale du champ dans l'entrefer qui a pour expression $B(\theta,t) = \dfrac{3}{\pi e}\mu_0 n I_0 \cos(-\theta) = B_M \cos\theta$ est maximale à l'angle $\theta_0 = 0$. La position du maximum du champ à l'instant t est donc repérée par l'angle $\theta = \omega t + \theta_0 = \omega t$. La figure 9 représente la position du bobinage rotor et de sa normale orientée $\vec{n}$. L'angle entre la normale et la position du maximum du champ résulte de la différence $\theta - \dfrac{\pi}{2} - \omega t$ égale à φ.

φ représente bien l'angle entre la normale du circuit rotor et la direction où le champ magnétique est maximal dans l'entrefer.

Figure 9

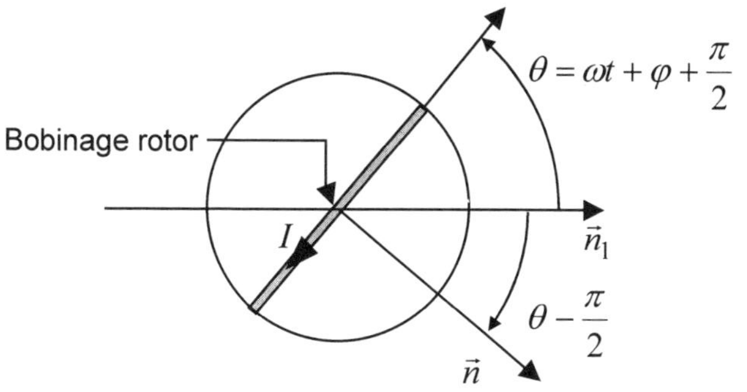

11. Etude de la stabilité du synchronisme

11.1. Le rotor tourne à vitesse constante Ω autour de l'axe (O,z). Ainsi, en appliquant le théorème du moment cinétique au rotor on obtient en projection sur l'axe :

$$\frac{d\Omega}{dt} = 0 \Rightarrow \Gamma_z = -\Gamma_0 \sin\varphi = 0$$

L'angle φ doit donc vérifier $\sin\varphi = 0 \Rightarrow (\varphi = 0 \text{ ou } \varphi = \pi)$. Les deux positions possibles sont donc :

$$\boxed{\varphi = 0} \quad \text{et} \quad \boxed{\varphi = \pi}$$

Une légère variation de vitesse à partir du synchronisme caractérisé par $\Omega = \omega$, provoquerait un déplacement relatif de la normale $\vec{n}$ par rapport à la direction du maximum du champ et donc une variation de l'angle φ. Dans le cas où une perturbation génère une légère avance du rotor par rapport au champ tournant, l'angle φ doit alors croître et de ce fait le moment Γ_z varie. Si φ augmente à partir de 0, alors puisque $\Gamma_z = -\Gamma_0 \sin\varphi$, Γ_z devient négatif et le rotor ralentit. A partir de la position $\varphi = \pi$, une même avance rend Γ_z positif, induisant ainsi une accélération plus importante. Cette dernière position n'est donc pas stable. Un raisonnement analogue en considérant un léger retard conduit à la même conclusion.

11.2. Le dispositif fonctionne de façon synchrone, dans l'état stable caractérisé par la position $\varphi = 0$. Un couple de charge dont le moment est noté $\vec{\Gamma}_c = \Gamma_c \vec{u}_z$ est alors appliqué au rotor. La vitesse de rotation restant égale à ω, l'angle φ est imposé par le couple extérieur. En effet, à vitesse constante, le théorème du moment cinétique permet d'écrire :

$$-\Gamma_0 \sin\varphi + \Gamma_c = 0 \Rightarrow \sin\varphi = \frac{\Gamma_c}{\Gamma_0}$$

On remarque d'une part que lorsque la machine fonctionne en moteur, fournissant alors de la puissance mécanique à la charge, Γ_c est négatif. Dans ce cas φ est positif et appartient à l'intervalle $0 \leq \varphi \leq \frac{\pi}{2}$, les états $\frac{\pi}{2} \leq \varphi \leq \pi$ étant instables. Lorsque la machine fonctionne en générateur, elle reçoit alors de la puissance mécanique, il en résulte que Γ_c est positif et $-\frac{\pi}{2} \leq \varphi \leq 0$.

D'autre part, l'inégalité $\sin\varphi \leq 1$, impose que le fonctionnement à vitesse constante synchrone ne puisse exister que pour des couples de charges vérifiant :

$$\boxed{\left\|\vec{\Gamma}_c\right\| \leq \Gamma_0}$$

Dans le cas d'un fonctionnement moteur, si $|\Gamma_c| > \Gamma_0$, alors le moment total des forces sur l'axe devient négatif ce qui ralentit le rotor. La condition de synchronisme n'étant plus réalisée, le couple moyen moteur s'annule, on observe alors l'arrêt progressif du rotor.

CHAPITRE VIII

MILIEUX MATERIELS

Exercice 1 ★★★

Aimant droit

On considère un aimant droit constitué d'un barreau cylindrique en acier de longueur $2L$ et de rayon R. Lors de la fabrication de l'aimant, on a porté ce barreau à saturation en le plongeant dans le champ magnétique d'un solénoïde long. Une fois retiré de ce solénoïde, le barreau a conservé une aimantation parallèle à son axe. On considère le rapport $2L/R$ suffisamment grand pour que cette aimantation puisse être considérée uniforme, en première approximation, ce qui revient à négliger les effets de bord.

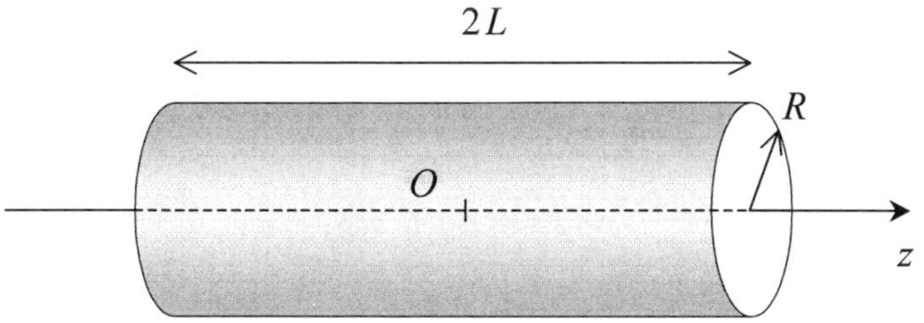

On prendra : $2L = 10\,cm \quad R = 1\,cm$

1. Exprimer les courants d'aimantation.

2. En faisant l'analogie avec un solénoïde, exprimer le champ magnétique au centre de l'aimant, en fonction de son aimantation M.

3. On note respectivement M_s, M_r et H_c l'aimantation à saturation, l'aimantation rémanente et l'excitation coercitive du matériau. La courbe de désaimantation après saturation est modélisée par la relation phénoménologique :

$$M = \frac{H + H_c}{H/M_s + H_c/M_r}$$

On prendra: $H_c = 4\,10^3\ Am^{-1} \quad M_r = 0{,}7\,10^6\ Am^{-1} \quad M_s = 1{,}4\,10^6\ Am^{-1}$

3.1. Montrer graphiquement que l'aimantation résiduelle du matériau sorti du champ magnétique extérieur, est inférieure à son aimantation rémanente.

3.2. Justifier l'utilisation, pour la fabrication des aimants permanents, de matériaux à champs coercitifs élevés.

3.3. Calculer la valeur de l'aimantation supposée uniforme du barreau.

4. Calculer le champ magnétique au niveau des pôles de l'aimant. Comparer ce champ à celui d'un solénoïde de mêmes dimensions comportant un total de 500 spires et parcouru par un courant de $5A$.

1. Le champ magnétique créé par l'aimantation peut-être étudié en utilisant la notion de courants liés, appelés courants d'aimantation, et représentés par :

⋆ Une distribution volumique de courant répartie dans le volume du matériau et caractérisée par la densité volumique de courant d'aimantation :

$$\vec{j}^{\,aim} = \overrightarrow{rot}\,\overrightarrow{M} \quad (1)$$

⋆ Une distribution surfacique de courant localisée à la surface du matériau et caractérisée par la densité surfacique de courant d'aimantation :

$$\vec{j}_s^{\,aim} = \overrightarrow{M} \wedge \vec{n} \quad (2)$$

où $\vec{n}$ est le vecteur unitaire de la normale à la surface du matériau, orientée vers l'extérieur de celui-ci.

Dans le cas du barreau étudié, uniformément aimanté parallèlement à son axe, on obtient en utilisant la base cylindrique :

⋆ Pour la densité volumique de courant d'aimantation :

$$\left.\begin{array}{c}\overrightarrow{M} = M\vec{u}_z \\ (1)\end{array}\right\} \Rightarrow \boxed{\vec{j}^{\,aim} = \vec{0}}$$

⋆ Pour la densité surfacique de courant d'aimantation :

$$\left.\begin{array}{c}\overrightarrow{M} = M\vec{u}_z \\ (2)\end{array}\right\} \Rightarrow \vec{j}_s^{\,aim} = M\vec{u}_z \wedge \vec{n} = M\vec{u}_z \wedge \vec{u}_r$$

$$\Rightarrow \boxed{\vec{j}_s^{\,aim} = M\vec{u}_\theta} \quad (3)$$

2. Compte tenu de ce qui précède, le champ magnétique créé par le barreau uniformément aimanté est analogue à celui créé par une nappe surfacique orthoradiale de densité surfacique égale à M. Sa structure est identique à celle du champ créé par un solénoïde.

Le champ magnétique créé par un solénoïde en un point de son axe vaut :

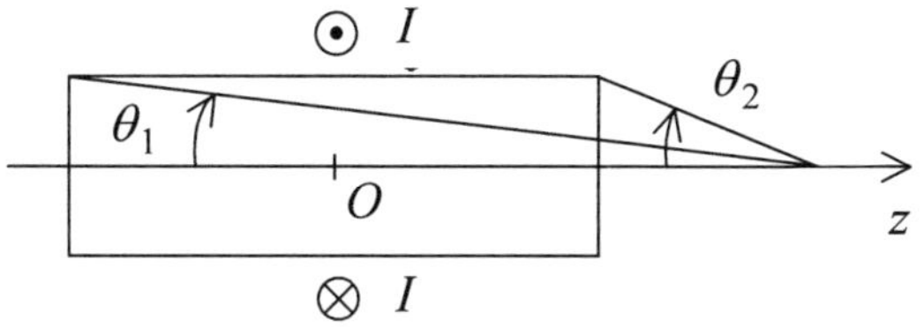

$$\vec{B} = \frac{\mu_0 nI}{2}(\cos\theta_1 - \cos\theta_2)\vec{u}_z$$

Pour faire l'analogie entre le solénoïde et la nappe surfacique orthoradiale considérons une tranche infinitésimale d'épaisseur dz de chaque modèle.

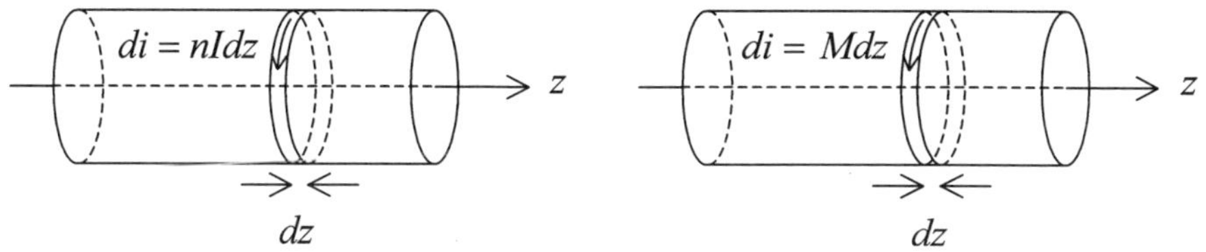

Dans le modèle du solénoïde, cette tranche comporte ndz spires chacune parcourue par un courant d'intensité I et donc correspond à une intensité égale à $di = nIdz$. Dans le modèle de la nappe surfacique, cette même tranche correspond à une intensité égale à $di = j_s dz = Mdz$. L'analogie entre les deux modélisations se fait donc en faisant correspondre nI et M. On en déduit l'expression du champ magnétique sur l'axe du barreau uniformément aimanté, en fonction de son aimantation M:

$$\vec{B} = \frac{\mu_0 M}{2}(\cos\theta_1 - \cos\theta_2)\vec{u}_z \quad (4)$$

Au centre O du barreau : $\cos\theta_1 = -\cos\theta_2 = \dfrac{L}{\sqrt{L^2 + R^2}}$ (5)

$$(4)(5) \Rightarrow \boxed{\vec{B} = \mu_0 M \frac{L}{\sqrt{L^2 + R^2}}\vec{u}_z} \quad (6)$$

3. La courbe de désaimantation après saturation est modélisée par une partie de la courbe représentant la fonction:

$$M = \frac{H + H_c}{H/M_s + H_c/M_r}$$

3.1. Par définition du champ excitation magnétique : $\vec{B} = \mu_0\left(\vec{H} + \vec{M}\right)$

Compte tenu de la relation (6), on en déduit, au centre du barreau :

$$\left.\begin{array}{l} B = \mu_0 M \dfrac{L}{\sqrt{L^2 + R^2}} \\ B = \mu_0 (H + M) \end{array}\right\} \Rightarrow \quad (H + M) = M \frac{L}{\sqrt{L^2 + R^2}}$$

$$\Rightarrow \quad M\left(\frac{L}{\sqrt{L^2 + R^2}} - 1\right) = H \quad \Rightarrow \quad M = -\frac{\sqrt{L^2 + R^2}}{\sqrt{L^2 + R^2} - L} H$$

D'où : $\boxed{M = -KH}$ avec : $K = \dfrac{\sqrt{L^2 + R^2}}{\sqrt{L^2 + R^2} - L} > 0$

Représentons dans le diagramme (M, H) la droite traduisant cette relation ainsi que la courbe de désaimantation :

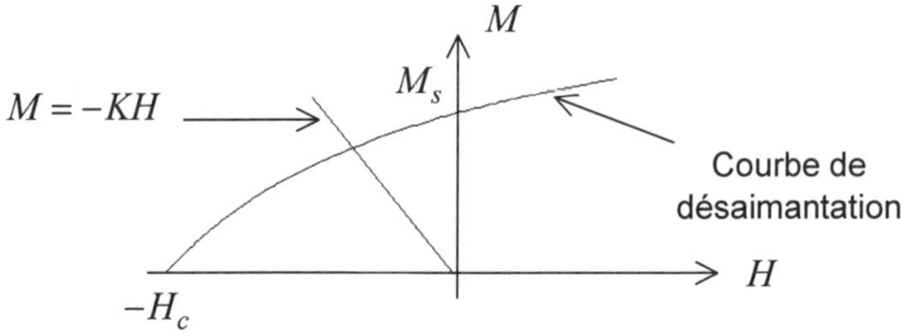

L'état magnétique du matériau est défini par l'intersection de ces deux courbes. Il apparaît bien que le matériau conserve une aimantation résiduelle mais que celle-ci est inférieure à son aimantation rémanente.

3.2. Lorsqu'on compare le comportement d'un matériau à fort champ coercitif à celui d'un matériau à faible champ coercitif, il apparaît que l'aimantation résiduelle est plus élevée dans le premier cas.

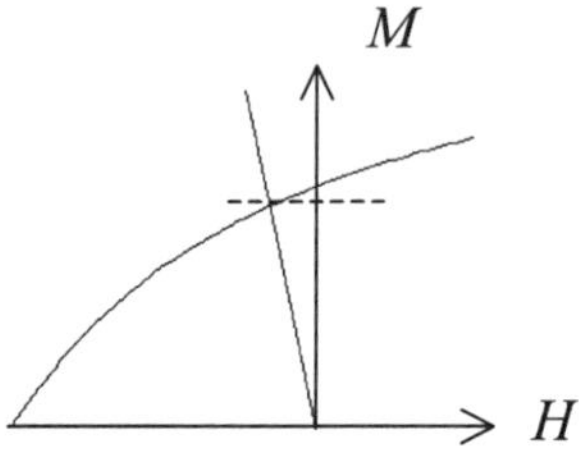

Champ coercitif élevé
Matériau « dur »

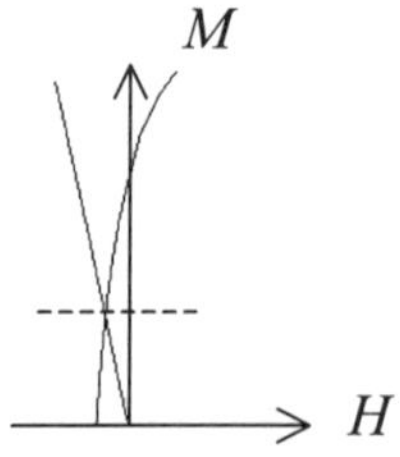

Champ coercitif faible
Matériau « doux »

Pour la fabrication des aimants permanents, on a donc intérêt à utiliser des matériaux à forts champs coercitifs. Ces matériaux sont qualifiés de « durs ».

3.3. On calcule la valeur de l'aimantation résiduelle en étudiant le point d'intersection des courbes précédentes.

$$\left.\begin{array}{lll} M=\dfrac{H+H_c}{H/M_s+H_c/M_r} & \Rightarrow & H=-H_c\dfrac{1-M/Mr}{1-M/M_s} \\ M=-KH & \Rightarrow & H=-\dfrac{M}{K} \end{array}\right\} \Rightarrow \quad M=KH_c\frac{M_s}{M_r}\frac{M_r-M}{M_s-M}$$

$$\Rightarrow \quad M^2-M_s\left(1+K\frac{H_c}{M_r}\right)M+KM_sH_c=0$$

Numériquement : $L=5\,cm \quad R=1\,cm \quad \Rightarrow \quad K=\dfrac{\sqrt{L^2+R^2}}{\sqrt{L^2+R^2}-L}=51{,}50$

En reportant cette valeur de K dans l'équation du second degré précédente, on obtient, compte tenu des valeurs numériques de M_s, M_r et H_c :

$$\Rightarrow \quad M^2-0{,}91\,10^6\ M+288{,}40\,10^6=0$$

Les racines de cette équation sont $M_1=0{,}18\,10^6\ Am^{-1}$ et $M_s=1{,}64\,10^6\ Am^{-1}$.

L'aimantation résiduelle étant, comme on l'a vu, inférieure à l'aimantation rémanente, seule la première solution est physiquement acceptable. L'aimantation résiduelle du matériau vaut donc :

$$\boxed{M=0{,}18\,10^6\ Am^{-1}}$$

4. En appliquant la relation (4) au niveau d'un pôle de l'aimant, on obtient :

$$\left.\begin{array}{l} B=\dfrac{\mu_0 M}{2}(\cos\theta_1-\cos\theta_2) \\ \cos\theta_1=\dfrac{2L}{\sqrt{4L^2+R^2}} \\ \cos\theta_2=0 \end{array}\right\} \Rightarrow \quad \boxed{B=\frac{\mu_0 M}{2}\frac{2L}{\sqrt{4L^2+R^2}}} \qquad (7)$$

Numériquement on obtient : $\boxed{B=0{,}11\,T}$

Avec un solénoïde de même dimension comportant N spires parcourues par un courant d'intensité I, on obtient au même point :

$$\boxed{B = \frac{1}{2}\mu_0 \frac{N}{L} I \frac{2L}{\sqrt{4L^2 + R^2}}} \quad (8)$$

Soit numériquement en prenant $N = 500$ et $I = 5\ A$:

$$\boxed{B = 0{,}02\ T}$$

Le champ créé par l'aimant est environ 5 fois plus important que celui créé par le solénoïde.

Exercice 2 ★★

Etude d'un électro-aimant

On considère un anneau torique à section circulaire réalisé dans un matériau ferromagnétique. On note a le rayon moyen du tore et b celui de sa section circulaire. Un entrefer est réalisé en supprimant la partie de l'anneau correspondant au dièdre d'angle α (α petit). L'anneau est entouré d'un bobinage à spires jointives comportant $N = 1000$ spires parcourues par un courant d'intensité constante I.

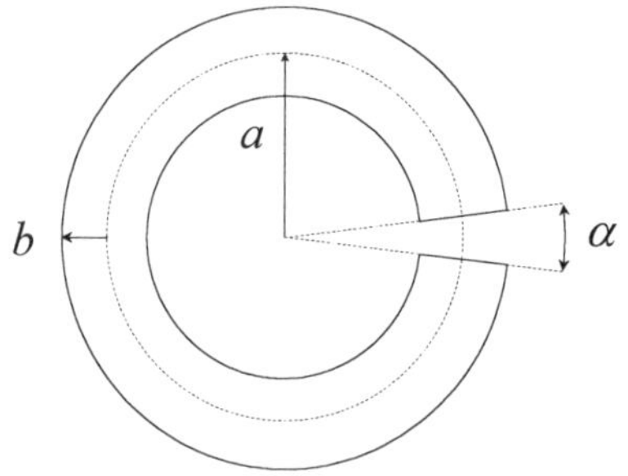

Le matériau magnétique est saturé lorsque l'excitation magnétique H est supérieure ou égale à H_1. On notera M_s la valeur de l'aimantation à saturation.

On prendra: $a = 10\,cm \quad b = 1\,cm \quad M_s = 1{,}43\,10^6\ Am^{-1} \quad H_1 = 1500\ Am^{-1}$

On admettra que le champ magnétique et le champ excitation magnétique sont orthoradiaux et que leurs lignes ne sont pas perturbées par la présence de l'entrefer (α petit). On les notera respectivement :

- ⋆ Dans le matériau : $\vec{H} = H_i(r)\vec{u_\theta} \quad et \quad \vec{B} = B_i(r)\vec{u_\theta}$
- ⋆ Dans l'entrefer : $\vec{H} = H_e(r)\vec{u_\theta} \quad et \quad \vec{B} = B_e(r)\vec{u_\theta}$

1. Expliquer qualitativement le rôle du matériau magnétique.

2. Montrer que lorsque le matériau magnétique est saturé, B_i peut être considéré comme indépendant de r et donner son expression en fonction de M_s.

3. En déduire, dans ces conditions, l'expression de B_e en fonction de M_s. Calculer numériquement sa valeur.

4. On note I_m la valeur minimale de I permettant de saturer le matériau en tout point.

4.1. Etablir l'expression de I_m en fonction de α et justifier l'utilisation des matériaux à faible excitation coercitive pour la fabrication d'un tel électro-aimant.

4.2. Calculer la largeur moyenne de l'entrefer et la valeur de I_m dans les différents cas $\alpha = 0$, $\alpha = 0{,}02\,rad$, $\alpha = 0{,}05\,rad$ et commenter les résultats obtenus.

5. Calculer le champ magnétique obtenu en l'absence de matériau magnétique au niveau du périmètre moyen de la bobine torique à spires jointives pour une valeur de l'intensité du courant égale à celle obtenue dans la question précédente lorsque $\alpha = 0{,}02\,rad$. Commenter le résultat obtenu.

1. Le matériau magnétique permet à la fois d'amplifier le champ magnétique et d'en canaliser les lignes de champ.

2. Le champ excitation magnétique est défini à partir du champ magnétique et du champ d'aimantation par la relation :

$$\vec{H} = \frac{\vec{B}}{\mu_0} - \vec{M} \quad (1)$$

A saturation du matériau nous avons donc : $\vec{B} = \mu_0\left(\vec{H} + \vec{M}_s\right)$ (2)

Le matériau est saturé lorsque H est supérieur à H_1. Son aimantation vaut alors M_s.

Remarque : M_s étant très grande devant H_1, il est inutile, lorsque le matériau est saturé, de chercher à donner à H une valeur supérieure à H_1 pour augmenter B. En effet H étant proportionnel à l'intensité du courant qui circule dans le bobinage (théorème d'Ampère) il restera toujours très faible devant M_s, pour des valeurs physiquement raisonnables de cette intensité.

Lorsque le matériau est saturé on peut donc écrire, pour des valeurs raisonnables de l'intensité du courant dans le bobinage :

$$\boxed{\vec{B} \approx \mu_0 \vec{M}_s} \quad (3)$$

Le module du champ magnétique est donc uniforme à l'intérieur du matériau et vaut en première approche :

$$\boxed{B_i = \mu_0 M_s}$$

3. Le matériau magnétique canalise les lignes du champ magnétique et l'entrefer est suffisamment étroit pour que sa présence ne perturbe pas sensiblement la géométrie de celles-ci. On peut ainsi considérer que les lignes du champ magnétique sont des cercles centrés sur l'axe du tore.
Les tubes du champ magnétique sont donc à section constante.
Le champ magnétique étant à **flux conservatif**, on en déduit alors que **son module est uniforme le long d'une ligne de champ**. En particulier, sur une ligne de champ donnée, il a même valeur dans le matériau et dans l'entrefer.
On en conclut que **le module du champ magnétique est uniforme dans l'entrefer**, comme il l'est à l'intérieur du matériau et qu'il y vaut :

$$\boxed{B_e = \mu_0 M_s} \quad (4)$$

Numériquement : $B_e = 4\pi\, 10^{-7} \times 1{,}43\, 10^{6}\ T$ $\qquad \boxed{B_e = 1{,}8\ T}$

4.1. En appliquant le théorème d'Ampère le long de la ligne de champ de rayon r, on obtient :

$$\oint_\Gamma \vec{H} \cdot d\vec{l} = NI \quad (5)$$

Or, compte tenu de la structure de $\vec{H}$, sa circulation le long d'une ligne champ vaut :

$$\oint_\Gamma \vec{H} \cdot d\vec{l} = \oint_\Gamma H dl = \int_0^{2\pi-\alpha} H_i r d\alpha + \int_{2\pi-\alpha}^{2\pi} H_e r d\alpha = (2\pi - \alpha) r H_i + \alpha r H_e \quad (6)$$

D'où : $\qquad (5),(6) \Rightarrow (2\pi - \alpha) r H_i + \alpha r H_e = NI \quad (7)$

Par ailleurs, dans l'entrefer, compte tenu de (4) : $\quad H_e = \dfrac{B_e}{\mu_0} = M_s \quad (8)$

D'où : $\qquad (7),(8) \Rightarrow (2\pi - \alpha) r H_i + \alpha r M_s = NI$

Et finalement : $\qquad H_i(r) = \dfrac{1}{2\pi - \alpha}\left(\dfrac{NI}{r} - \alpha M_s\right)$

Dans le matériau, r est compris entre $a-b$ et $a+b$. On en déduit que $H_i(r)$ est borné :

$$\frac{1}{2\pi-\alpha}\left(\frac{NI}{a+b}-\alpha M_s\right) \leq H_i(r) \leq \frac{1}{2\pi-\alpha}\left(\frac{NI}{a-b}-\alpha M_s\right)$$

Le matériau est saturé en tout point si $H_1 \leq H_i(r)$, pour tout r compris entre $a-b$ et $a+b$. C'est le cas si :

$$H_1 \leq \frac{1}{2\pi-\alpha}\left(\frac{NI}{a+b}-\alpha M_s\right) \quad \Rightarrow \quad \frac{a+b}{N}((2\pi-\alpha)H_1+\alpha M_s) \leq I$$

$$\Rightarrow \quad \boxed{I_m = \frac{a+b}{N}((2\pi-\alpha)H_1+\alpha M_s)} \qquad (9)$$

Il apparaît que le matériau est d'autant plus facile à saturer que H_1 est faible et donc que l'excitation coercitive est elle-même faible. Pour réaliser un tel électro-aimant **on a donc intérêt à utiliser un matériau à faible champ coercitif** (matériau « doux »).

4.2. L'épaisseur moyenne de l'entrefer vaut $e = \alpha r$

Les valeurs numériques de e et de I_m, pour les différentes valeurs proposées pour α, sont consignées dans le tableau suivant :

α en rad	0	0,02	0,05
e en mm	0	2	5
I_m en A	1,13	4,56	9,70

On constate donc que le matériau est plus difficile à saturer dès qu'il y a un entrefer, même si celui-ci est très étroit. Par ailleurs, lorsqu'on augmente la largeur de cet entrefer, l'intensité nécessaire pour saturer le matériau devient rapidement trop importante pour pouvoir être supportée par le bobinage. En conséquence, lorsque l'application nécessite la présence d'un entrefer pour disposer du champ magnétique créé, **on doit faire en sorte que celui-ci soit le plus étroit possible**.

5. En absence de matériau magnétique, on se trouve en présence d'une simple bobine torique à spires jointives. On note Oz son axe.

Soit M un point quelconque de l'espace. Le plan défini par ce point et l'axe Oz est un plan de symétrie des courants et donc un plan d'antisymétrie du champ magnétique. Le champ magnétique en M est donc normal à ce plan. Par ailleurs, le problème étant invariant par rotation autour de Oz, on en conclut que le champ magnétique créé par la bobine torique est finalement à priori de la forme :

$$\vec{B}(M) = B(r,z)\vec{u}_\theta$$

En appliquant le théorème d'Ampère à une ligne du champ magnétique de rayon r on obtient alors :

$$\left.\begin{array}{l} \oint_\Gamma \vec{B}(M)d\vec{l} = \mu_0 I_{enlacé} \\ \oint_\Gamma \vec{B}(M)d\vec{l} = \int_0^{2\pi} B(r,z)rd\theta = 2\pi r B(r,z) \end{array}\right\} \Rightarrow B(r,z) = \mu_0 \frac{I_{enlacé}}{2\pi r} \quad (10)$$

Si la ligne de champ considérée est intérieure à la bobine torique, le disque qu'elle limite est traversé une fois par chaque spire. Dans ce cas $I_{enlacé} = NI$.

Si la ligne de champ considérée est extérieure à la bobine torique, le disque qu'elle limite est traversé soit aucune fois soit deux fois : une fois dans un sens et une fois dans l'autre, par chaque spire. Dans les deux cas $I_{enlacé} = 0$.

On en conclut donc que :

- ⋆ A l'intérieur de la bobine : $\vec{B}(M) = \mu_0 \frac{NI}{2\pi r}\vec{u}_\theta$
- ⋆ A l'extérieur de la bobine : $\vec{B}(M) = \vec{0}$

Au niveau du périmètre moyen de la bobine, on a donc :

$$\boxed{\vec{B} = \mu_0 \frac{NI}{2\pi a}\vec{u}_\theta} \quad (11)$$

Numériquement, en prenant $I = 4{,}56\ A$, on trouve au niveau du périmètre moyen de la bobine :

$$\boxed{B = 7{,}22\ 10^{-3}\ T}$$

Cette valeur est à comparer avec celle du champ magnétique dans l'entrefer de l'électroaimant :

$$\boxed{B_e = 1{,}8\ T}$$

La comparaison de ces deux valeurs met bien en évidence **le rôle amplificateur de champ magnétique du matériau magnétique et donc l'intérêt de ces matériaux pour la création de champs magnétiques**.

Exercice 3 ★★

Pertes par hystérésis

On considère un circuit magnétique torique, de section S et de périmètre moyen L, sur lequel sont bobinées N spires de résistance négligeable.

Le bobinage étant parcouru par un courant d'intensité $i = I_0 \cos\omega t$, le matériau décrit le cycle d'hystérésis schématisé ci-dessous :

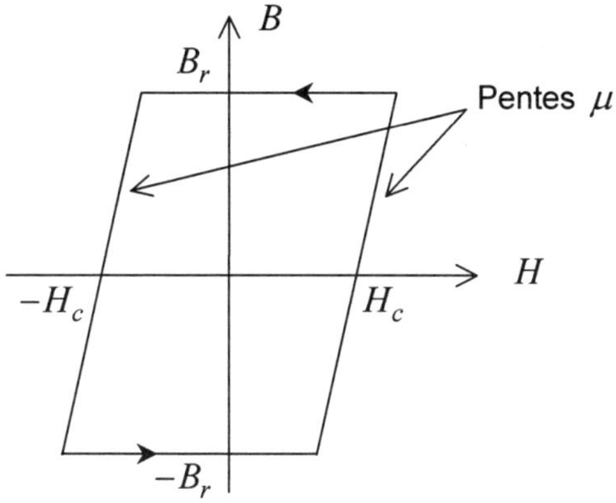

On néglige les courants de Foucault et on suppose que les dimensions de la section du tore sont suffisamment faibles devant son rayon moyen pour que les champs $\vec{B}$ et $\vec{H}$ puissent être considérés uniformes sur une section.

1. Etudier, en fonction du temps, la force électromotrice induite dans la bobine.

2. Exprimer la puissance dissipée dans la bobine.

3. En déduire, en fonction de B_r et de H_c, l'énergie dissipée dans la bobine au cours d'une période.

4. Calculer l'aire du cycle d'hystérésis et conclure.

1. La loi de Faraday, le théorème d'Ampère et le cycle d'hystérésis permettent d'exprimer, en fonction du temps, la force électromotrice induite dans le bobinage.

- *Loi de Faraday*

$$e = -\frac{d\phi}{dt} \quad (1)$$

Compte tenu de l'hypothèse faite sur le champ magnétique : $\phi = NSB \quad (2)$

$$(1),(2) \Rightarrow e = -NS\frac{dB}{dt} \quad (3)$$

- *Théorème d'Ampère*

En appliquant le théorème d'Ampère au périmètre moyen du tore on obtient :

$$\oint_\Gamma \vec{H}\cdot d\vec{l} = Ni = NI_0\cos\omega t \quad (4)$$

Compte tenu de la structure du champ magnétique : $\oint_\Gamma \vec{H}\cdot d\vec{l} = \oint_\Gamma Hdl = HL \quad (5)$

$$(4),(5) \Rightarrow H = \frac{NI_0}{L}\cos\omega t \quad (6)$$

- *Cycle d'hystérésis*

Sur la durée d'une période T le point P caractérisant l'état magnétique du matériau décrit le cycle d'hystérésis dans le sens P_1, P_2, P_3, P_4, P_1.

Notons t_i la date pour laquelle P se trouve en P_i ($i \in [1,2,3,4]$, $0 \le t_i < T$).

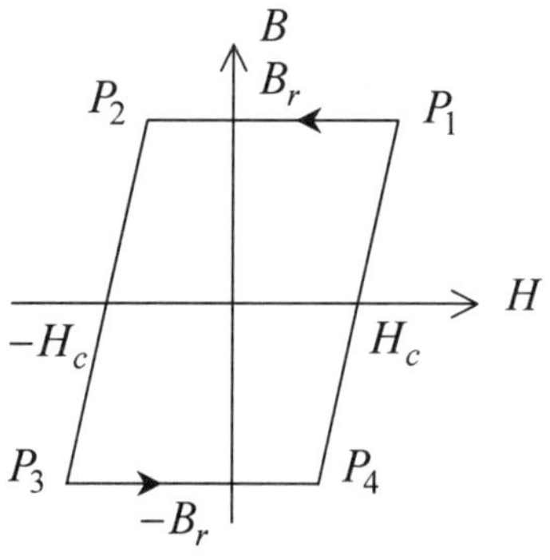

De P_1 à P_2: $B = B_r$

De P_2 à P_3: $B = \mu(H + H_c)$

De P_3 à P_4: $B = -B_r$

De P_4 à P_1: $B = \mu(H - H_c)$

⋆ Lorsque P est en P_1, H est maximale et compte tenu de (6), $t_1 = 0$.

⋆ Lorsque P est en P_2 :

$$\left.\begin{array}{l} B = B_r \\ B = \mu(H(t_2) + H_c)\end{array}\right\} \Rightarrow \mu(H(t_2) + H_c) = B_r \Rightarrow H(t_2) = \frac{B_r}{\mu} - H_c \quad (7)$$

$$(6),(7) \Rightarrow \frac{NI_0}{L}\cos\omega t_2 = \frac{B_r}{\mu} - H_c \Rightarrow \cos\omega t_2 = \frac{L}{NI_0}\left(\frac{B_r}{\mu} - H_c\right) \quad (8)$$

⋆ Lorsque P est en P_3, H est minimale et compte tenu de (6), $t_3 = \dfrac{\pi}{\omega} = \dfrac{T}{2}$.

⋆ Lorsque P est en P_4 :

$$\left.\begin{array}{l} B=-B_r \\ B=\mu\left(H(t_4)-H_c\right) \end{array}\right\} \Rightarrow \mu\left(H(t_4)-H_c\right)=-B_r \Rightarrow H(t_4)=-\frac{B_r}{\mu}+H_c \quad (9)$$

$$(6),(9) \Rightarrow \frac{NI_0}{L}\cos\omega t_4=-\frac{B_r}{\mu}+H_c \Rightarrow \cos\omega t_4=\frac{L}{NI_0}\left(-\frac{B_r}{\mu}+H_c\right) \quad (10)$$

Remarque:

Compte tenu de $(8),(10)$: $\cos\omega t_4=-\cos\omega t_2$. Or $\omega t_2 \in[0,\pi]$ et $\omega t_4 \in[\pi,2\pi]$. On en déduit $\omega t_4=\pi+\omega t_2$, c'est à dire : $t_4=\frac{T}{2}+t_2 \quad (11)$

En tenant compte de l'expression (6) de H, on obtient ensuite :

⋆ Pour $t\in[0,t_2]$: $B(t)=B_r$

⋆ Pour $t\in\left[t_2,\frac{T}{2}\right]$: $B(t)=\mu\left(\frac{NI_0}{L}\cos\omega t+H_c\right)$

⋆ Pour $t\in\left[\frac{T}{2},\frac{T}{2}+t_2\right]$: $B(t)=-B_r$

⋆ Pour $t\in\left[\frac{T}{2}+t_2,T\right]$: $B(t)=\mu\left(\frac{NI_0}{L}\cos\omega t-H_c\right)$

En reportant ces différentes expressions de $B(t)$ dans l'expression (3) de la force électromotrice e induite dans le bobinage, on obtient finalement :

⋆ Pour $t\in[0,t_2]$: $\boxed{e=0}$ (12)

⋆ Pour $t\in\left[t_2,\frac{T}{2}\right]$: $\boxed{e=\mu\frac{N^2S}{L}\omega I_0\sin\omega t}$ (13)

⋆ Pour $t\in\left[\frac{T}{2},\frac{T}{2}+t_2\right]$: $\boxed{e=0}$ (14)

⋆ Pour $t\in\left[\frac{T}{2}+t_2,T\right]$: $\boxed{e=\mu\frac{N^2S}{L}\omega I_0\sin\omega t}$ (15)

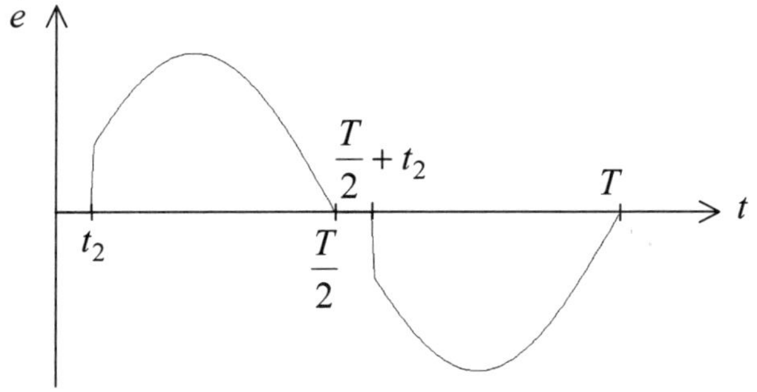

2. La puissance dissipée dans la bobine vaut $p = ui = -ei$.

⋆ Pour $t \in [0, t_2]$: $(12) \Rightarrow \boxed{p = 0}$ (16)

⋆ Pour $t \in \left[t_2, \frac{T}{2}\right]$: $(13) \Rightarrow p = -\mu\frac{N^2S}{L}\omega I_0^2 \cos\omega t \sin\omega t$

$$\Rightarrow \boxed{p = -\mu\frac{N^2S}{2L}\omega I_0^2 \sin 2\omega t} \quad (17)$$

⋆ Pour $t \in \left[\frac{T}{2}, \frac{T}{2} + t_2\right]$:$(14) \Rightarrow \boxed{p = 0}$ (18)

⋆ Pour $t \in \left[\frac{T}{2} + t_2, T\right]$:$(15) \Rightarrow p = -\mu\frac{N^2S}{L}\omega I_0^2 \cos\omega t \sin\omega t$

$$\Rightarrow \boxed{p = -\mu\frac{N^2S}{2L}\omega I_0^2 \sin 2\omega t} \quad (19)$$

3. L'énergie W dissipée au cours d'une période vaut :

$$W = \int_0^T p dt = -\int_{t_2}^{\frac{T}{2}} \mu\frac{N^2S}{2L}\omega I_0^2 \sin 2\omega t dt - \int_{t_4}^{T} \mu\frac{N^2S}{2L}\omega I_0^2 \sin 2\omega t dt$$

Compte tenu de l'expression (11) de t_4 :

$$W = -\mu\frac{N^2S}{2L}\omega I_0^2 \left(\int_{t_2}^{\frac{\pi}{\omega}} \sin 2\omega t dt + \int_{\frac{\pi}{\omega}+t_2}^{\frac{2\pi}{\omega}} \sin 2\omega t dt \right)$$

$$\Rightarrow W = \mu\frac{N^2S}{4L} I_0^2 (\cos 2\pi - \cos 2\omega t_2 + \cos 4\pi - \cos 2\omega t_2)$$

$$\Rightarrow \quad W = \mu \frac{N^2 S}{2L} I_0^{\,2}\left(1 - \cos 2\omega t_2\right) = \mu \frac{N^2 S}{L} I_0^{\,2} \sin^2 \omega t_2$$

$$\Rightarrow \quad W = \mu \frac{N^2 S}{L} I_0^{\,2}\left(1 - \cos^2 \omega t_2\right)$$

Puis, en reprenant l'expression (8) de $\cos\omega t_2$:

$$W = \mu \frac{N^2 S}{L} I_0^{\,2}\left(1 - \frac{L^2}{N^2 I_0^2}\left(\frac{B_r}{\mu} - H_c\right)^2\right)$$

$$\Rightarrow \quad W = \mu SL\left(\frac{N^2 I_0^{\,2}}{L^2} - \left(\frac{B_r}{\mu} - H_c\right)^2\right) \qquad (20)$$

$\frac{NI_0}{L}$ est la valeur de H lorsque i est égale à I_0, c'est à dire lorsque le point caractérisant l'état magnétique du matériau est en P_1. En ce point $B_r = \mu\left(H - H_c\right)$ et donc $H = \frac{B_r}{\mu} + H_c$. On en déduit :

$$\left.\begin{aligned} H &= \frac{B_r}{\mu} + H_c \\ H &= \frac{NI}{L} \end{aligned}\right\} \quad \Rightarrow \quad \frac{NI_0}{L} = \frac{B_r}{\mu} + H_c \qquad (21)$$

D'où: $\quad (20),(21) \quad \Rightarrow \quad W = \mu SL\left(\left(\frac{B_r}{\mu} + H_c\right)^2 - \left(\frac{B_r}{\mu} - H_c\right)^2\right)$

$$\Rightarrow \quad \boxed{W = 4SLH_cB_r} \qquad (22)$$

4. L'aire du cycle vaut : $\quad \boxed{A = 4H_cB_r} \quad (23)$

Compte tenu de l'expression (22) de W, on obtient : $W = ASL$

On retrouve que **l'aire du cycle d'hystérésis correspond à l'énergie dissipée par hystérésis dans le matériau ("pertes fer") au cours d'une période et par unité de volume du matériau**.

Exercice 4 ★★★

Pertes par hystérésis / Etude du fondamental de la force électromotrice induite

On reprend le dispositif étudié dans l'exercice précédent. Le bobinage est toujours parcouru par un courant d'intensité $i = I_0 \cos\omega t$.

La force électromotrice induite dans le bobinage est développée en série de Fourier. Dans le cas d'une valeur moyenne nulle, on écrira :

$$e = \sum_{n=1}^{\infty} \left(a_n \cos n\omega t + b_n \sin n\omega t \right)$$

1. Montrer que l'énergie dissipée par hystérésis au cours d'une période correspond au fondamental de la force électromotrice induite.

2. Quelle devrait être la valeur du déphasage entre le fondamental de la force électromotrice induite et l'intensité du courant pour que l'énergie dissipée au cours d'une période soit nulle.

3. En l'absence de phénomène d'hystérésis, la relation entre B et H serait biunivoque et pourrait s'écrire sous la forme $B = \mu(H)H$ dans laquelle la perméabilité magnétique μ du matériau devrait être considérée comme fonction de H, pour un matériau non linéaire. Quelle serait, dans ces conditions, la valeur du déphasage entre le fondamental de la force électromotrice induite et l'intensité du courant ? Commenter le résultat obtenu.

4. On reprend la modélisation du cycle d'hystérésis étudiée dans l'exercice précédent. Dans ces conditions, il a été établi que la force électromotrice induite dans le bobinage a pour expression :

$$t \in [0, t_2] \quad e = 0 \qquad\qquad t \in \left[\frac{T}{2}, \frac{T}{2} + t_2\right] \quad e = 0$$

$$t \in \left[t_2, \frac{T}{2}\right] \quad e = \mu \frac{N^2 S}{L} \omega I_0 \sin\omega t \qquad\qquad t \in \left[\frac{T}{2} + t_2, T\right] \quad e = \mu \frac{N^2 S}{L} \omega I_0 \sin\omega t$$

avec $\cos\omega t_2 = \frac{L}{N I_0}\left(\frac{B_r}{\mu} - H_c\right) = \left(\frac{B_r}{\mu} - H_c\right) \Big/ \left(\frac{B_r}{\mu} + H_c\right)$.

Calculer le coefficient a_1 correspondant au fondamental de la force électromotrice induite et retrouver l'expression de l'énergie dissipée au cours d'une période.

1. La puissance dissipée dans la bobine vaut $p = ui = -ei$.

Compte tenu de l'expression de l'intensité : $i = I_0 \cos\omega t$ et du développement en série de la force électromotrice induite : $e = \sum_n (a_n \cos n\omega t + b_n \sin n\omega t)$, on obtient :

$$p = -I_0 \sum_{n=1}^{\infty} (a_n \cos n\omega t \cos\omega t + b_n \sin n\omega t \cos\omega t)$$

L'énergie dissipée pendant une période vaut $W = \int_0^T p dt = \sum_{n=1}^{\infty} W_n$ où W_n, qui correspond à l'harmonique de rang n, a pour expression :

$$W_n = -I_0 \int_0^T (a_n \cos n\omega t \cos\omega t + b_n \sin n\omega t \cos\omega t) dt$$

$$\Rightarrow \quad W_n = -I_0 \left(a_n \int_0^{2\pi/\omega} \cos n\omega t \cos\omega t dt + b_n \int_0^{2\pi/\omega} \sin n\omega t \cos\omega t dt \right) \quad (1)$$

Posons $A_n = \int_0^{2\pi/\omega} \cos n\omega t \cos\omega t dt$ et $B_n = \int_0^{2\pi/\omega} \sin n\omega t \cos\omega t dt$.

★ $A_n = \frac{1}{2} \int_0^{2\pi/\omega} \cos(n+1)\omega t dt + \frac{1}{2} \int_0^{2\pi/\omega} \cos(n-1)\omega t dt$

$$\Rightarrow \quad \begin{cases} n = 1 & A_1 = \frac{1}{2} \int_0^{2\pi/\omega} dt = \frac{\pi}{\omega} \\ n > 1 & A_n = 0 \end{cases}$$

★ $B_n = \frac{1}{2} \int_0^{2\pi/\omega} \sin(n+1)\omega t dt + \frac{1}{2} \int_0^{2\pi/\omega} \sin(n-1)\omega t dt = 0 \quad \forall n \geq 1$

On en conclut que : $W_1 = -\frac{\pi}{\omega} I_0 a_1$ et $W_n = 0$ pour $n > 1$

L'énergie dissipée par hystérésis au cours d'une période correspond donc au fondamental de la force électromotrice induite :

$$\boxed{W = W_1 = -\frac{\pi}{\omega} I_0 a_1} \quad (2)$$

2. Pour que la puissance dissipée soit nulle, il faudrait, compte tenu de ce qui précède, que $a_1 = 0$. Dans ce cas le fondamental de la force électromotrice induite

s'écrirait $e_1 = b_1 \sin\omega t$ et il serait en quadrature avec l'intensité $i = I_0 \cos\omega t$ du courant dans le bobinage.

3. Dans l'exercice précédent il a été établi que $e = -NS\dfrac{dB}{dt}$.

En absence d'hystérésis : $B = \mu(H)H$. Dans ce cas :

$$\left.\begin{aligned} e &= -NS\frac{dB}{dt} \\ B &= \mu(H)H \end{aligned}\right\} \Rightarrow e = -NS\left(\frac{d\mu(H)}{dH}H + \mu(H)\right)\frac{dH}{dt}$$

En appliquant le théorème d'Ampère au périmètre moyen du tore on montre que $H(t) = \dfrac{NI_0}{L}\cos\omega t$. On en déduit que $\dfrac{dH}{dt} = -\dfrac{NI_0}{L}\omega\sin\omega t$.

Lorsqu'on change t en $-t$, $H(t)$ qui est paire est inchangée et donc l'expression $\left(\dfrac{d\mu(H)}{dH}H + \mu(H)\right)$ est également inchangée ; tandis que $\dfrac{dH}{dt}$ qui est impaire est changée en son opposée. Finalement $e(-t) = -e(t)$ et la force électromotrice induite est impaire. Son développement en série de Fourier ne comporte donc pas de terme en cosinus et en particulier a_1 est nul.

Ainsi, **en l'absence d'hystérésis** le fondamental de la force électromotrice induite serait de la forme $e = b_1 \sin\omega t$. Il serait en quadrature avec le courant dans le bobinage et **l'énergie dissipée au cours d'une période serait nulle**. Ceci est cohérent avec l'interprétation énergétique, étudiée dans l'exercice précédent, de l'aire du cycle d'hystérésis. En effet, le phénomène d'hystérésis se manifeste à l'échelle macroscopique par le fait que le point caractérisant l'état magnétique du matériau décrit deux courbes différentes dans le sens des H croissants et dans celui des H décroissants. Ces deux courbes constituent le cycle d'hystérésis et limitent une surface dont l'aire est égale à l'énergie dissipée par unité de volume du matériau au cours d'une période. En l'absence d'hystérésis, ces deux courbes seraient confondues et l'aire de la surface limitée seraient nulle.

4. Compte tenu de l'expression de la force électromotrice induite $e(t)$:

$$a_1 = \frac{2}{T}\int_0^T e(t)\cos\omega t dt = \frac{\omega}{\pi}\left(\int_{t_2}^{\frac{T}{2}} e(t)\cos\omega t dt + \int_{\frac{T}{2}+t_2}^{T} e(t)\cos\omega t dt\right)$$

$$\Rightarrow \quad a_1 = \mu\frac{N^2 S}{L}\frac{\omega^2}{\pi}I_0\left(\int_{t_2}^{\frac{T}{2}} \sin\omega t\cos\omega t dt + \int_{\frac{T}{2}+t_2}^{T} \sin\omega t\cos\omega t dt\right)$$

Or $\int_{\frac{T}{2}+t_2}^{T} \sin\omega t \cos\omega t dt = \int_{t_2}^{\frac{T}{2}} \sin\omega t \cos\omega t dt$, donc :

$$a_1 = 2\mu \frac{N^2 S}{L} \frac{\omega^2}{\pi} I_0 \int_{t_2}^{\frac{T}{2}} \sin\omega t \cos\omega t dt$$

En posant $u = \cos\omega t$ il vient $du = -\omega \sin\omega t dt$ et :

$$a_1 = -2\mu \frac{N^2 S}{L} \frac{\omega}{\pi} I_0 \int_{\cos\omega t_2}^{-1} u du = -\mu \frac{N^2 S}{L} \frac{\omega}{\pi} I_0 \left(1 - \cos^2 \omega t_2\right)$$

Or : $\cos\omega t_2 = \dfrac{L}{NI_0}\left(\dfrac{B_r}{\mu} - H_c\right) = \left(\dfrac{B_r}{\mu} - H_c\right) \Big/ \left(\dfrac{B_r}{\mu} + H_c\right)$ d'où :

$$a_1 = -\mu \frac{N^2 S}{L} \frac{\omega}{\pi} I_0 \left(1 - \frac{\left(\frac{B_r}{\mu} - H_c\right)^2}{\left(\frac{B_r}{\mu} + H_c\right)^2}\right) = -\mu \frac{N^2 S}{L} \frac{\omega}{\pi} I_0 \frac{\left(\frac{B_r}{\mu} + H_c\right)^2 - \left(\frac{B_r}{\mu} - H_c\right)^2}{\left(\frac{B_r}{\mu} + H_c\right)^2}$$

$$\Rightarrow \quad a_1 = -4 \frac{N^2 S}{L} \frac{\omega}{\pi} I_0 \frac{H_c B_r}{\left(\frac{B_r}{\mu} + H_c\right)^2}$$

Finalement, puisque $\left(\dfrac{B_r}{\mu} + H_c\right) = \dfrac{NI_0}{L}$:

$$\boxed{a_1 = -4 \frac{\omega}{\pi} \frac{SL}{I_0} H_c B_r} \quad (3)$$

Des expressions (2) et (3), on déduit la puissance dissipée par période :

$$\left.\begin{aligned} W &= -\frac{\pi}{\omega} I_0 a_1 \\ a_1 &= -4 \frac{\omega}{\pi} \frac{SL}{I_0} H_c B_r \end{aligned}\right\} \quad \Rightarrow \quad W = 4SLH_c B_r$$

$4H_c B_r$ étant l'aire du cycle d'hystérésis, on retrouve que l'énergie dissipée par hystérésis au cours d'une période est égale au produit de l'aire du cycle par le volume du matériau :

$$\boxed{W = ASL}$$

Exercice 5 ★★★

Transformateur réel

Le transformateur réel est composé de deux circuits électriques bobinés sur un noyau ferromagnétique. Les deux bobinages, primaire et secondaire, comportent respectivement n_1 et n_2 spires (figure 1).

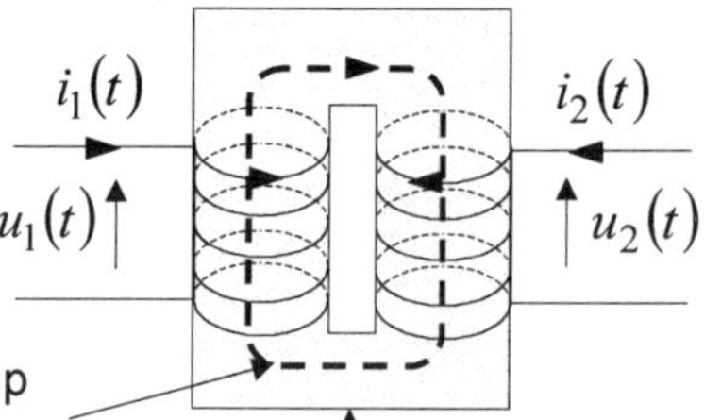

Figure 1

Chaque circuit possède une résistance électrique notée r_1 et r_2. Les lignes du champ magnétique se situent principalement dans le noyau et l'une d'entre elles est dessinée en pointillés sur la figure 1.

Le flux total enlacé par chaque circuit peut se décomposer en la somme d'un flux commun à toutes les spires, et d'un flux de fuite qui ne participera pas au couplage. Ainsi, le flux total à travers le circuit primaire, Φ_1, s'écrit $\Phi_1 = n_1\varphi_c + \varphi_{f_1}$, où φ_c désigne le flux canalisé par le noyau, commun à toutes les spires et φ_{f_1} le flux de fuite associé aux lignes de champ enlacées par le bobinage du circuit primaire uniquement.

Suivant le même schéma, le flux total à travers le circuit secondaire, Φ_2, se note $\Phi_2 = n_2\varphi_c + \varphi_{f_2}$. La présence du noyau a pour effet de minimiser les flux de fuite afin qu'ils ne représentent qu'une faible proportion du flux total.

1. Donner les expressions des tensions $u_1(t)$ et $u_2(t)$ aux bornes des bobinages primaire et secondaire définies sur la figure 1 en fonction de i_1, i_2, r_1, r_2, φ_{f_1}, φ_{f_2}, φ_c, n_1 et n_2.

2. En appliquant le théorème d'Ampère au contour constitué par la ligne de champ représentée sur la figure 1, montrer que l'on peut écrire $i_1 = -\frac{n_2}{n_1} i_2 + i_m$ où i_m porte le nom de courant magnétisant et s'exprime à l'aide d'une intégrale que l'on ne cherchera pas à calculer. Commenter le résultat obtenu.

3. En admettant que les flux de fuites se mettent sous la forme $\varphi_{f_1} = l_1\, i_1$ et $\varphi_{f_2} = l_2\, i_2$, montrer que l'on peut représenter le transformateur par le schéma électrique suivant :

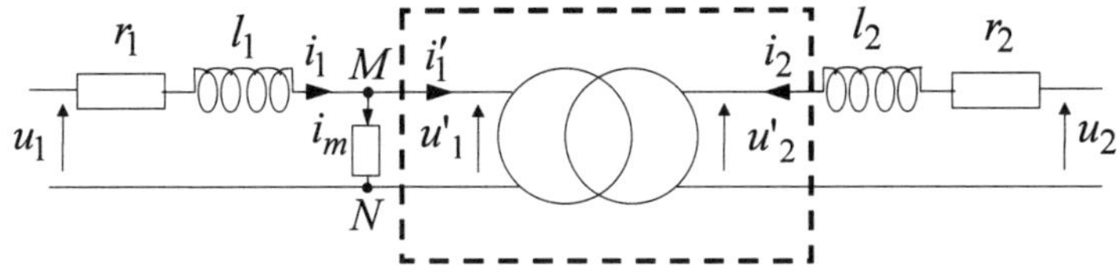

Figure 2

Dans ce schéma, le courant i_m circule dans le dipôle (M,N) que l'on ne cherchera pas à déterminer. De plus, l'ensemble encadré en pointillés représente un transformateur parfait pour lequel on exprimera les relations entre u'_1 et u'_2 d'une part ; entre i'_1 et i_2 d'autre part.

Dans la suite le secondaire est désormais en circuit ouvert.

4. Ecrire les équations du transformateur réel modélisé par le circuit de la figure 2.

5. Quelle est la puissance restituée par le secondaire ?

6. Exprimer la puissance instantanée $p_1(t)$ consommée par le primaire, en fonction de $u_1(t)$ et $i_1(t)$. Interpréter les différents termes de cette puissance.
En déduire la puissance active P_1 consommée par le primaire.

Le noyau est constitué d'un matériau ferromagnétique dont le cycle d'Hystérésis représentant les variations de B en fonction de H, délimite une aire A.

7. Quelle est l'unité de A ?

8. Le primaire étant alimenté par une tension sinusoïdale de période T, exprimer l'énergie consommée par le dipôle (M,N) pendant une période, en fonction de T, A et τ. τ désigne le volume de tore (on pourra supposer pour simplifier que le module du champ magnétique est uniforme et que la section du noyau est constante). En déduire la puissance moyenne consommée par ce dipôle.

9. On modélise le dipôle (M,N) par une impédance, nommée impédance magnétisante, résultant de l'association en parallèle d'une résistance et d'une inductance. Exprimer, en fonction de R et de la valeur efficace de u'_1, la puissance moyenne consommée par le matériau ferromagnétique. Comment choisir la valeur de la résistance ?

1. Les circuits primaire et secondaire, traversés respectivement par les flux variables Φ_1 et Φ_2, sont le siège des forces électromotrices $e_1 = -d\Phi_1/dt$ et $e_2 = -d\Phi_2/dt$. La loi d'ohm appliquée à chaque circuit ainsi que les expressions des flux Φ_1 et Φ_2 fournies par l'énoncé permettent d'écrire :

$$\boxed{\begin{cases} u_1 = r_1\, i_1 - e_1 = r_1\, i_1 + \dfrac{d\varphi_{f_1}}{dt} + n_1 \dfrac{d\varphi_c}{dt} \\ u_2 = r_2\, i_2 - e_2 = r_2\, i_2 + \dfrac{d\varphi_{f_2}}{dt} + n_2 \dfrac{d\varphi_c}{dt} \end{cases}}$$

2. Soit $\vec{H}$, le vecteur excitation magnétique et (Γ), un contour fermé. Le théorème d'Ampère s'énonce : $\oint_\Gamma \vec{H} \cdot \vec{dl} = I$, où I désigne l'intensité algébrique totale qui traverse (Γ) ; intensité dont le signe se détermine par l'orientation de (Γ).

En choisissant pour contour (Γ) la ligne de champ représentée sur la figure 1, la normale orientée $\vec{n}$ est par convention celle de la figure 3.

Figure 3

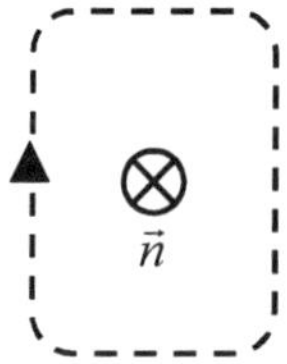

Les orientations des courants représentées sur la figure 1 définissent le signe à adopter dans l'application du théorème d'Ampère.

Celui-ci s'écrit :
$$\oint_\Gamma \vec{H} \cdot \vec{dl} = n_1 i_1 + n_2 i_2$$

$$\Rightarrow \quad \boxed{i_1 = -\frac{n_2}{n_1} i_2 + \frac{1}{n_1} \oint_\Gamma \vec{H} \cdot \vec{dl}}$$

Par identification avec l'expression donnée par le texte, le courant magnétisant a pour expression :

$$\boxed{i_m = \frac{1}{n_1} \oint_\Gamma \vec{H} \cdot \vec{dl}}$$

Commentaires :

⋆ Ce terme vient corriger la relation $i_1 = -(n_2/n_1) i_2$ caractéristique du transformateur parfait pour lequel les fuites magnétiques sont inexistantes (cf. exercice 1 du chapitre VII).

⋆ Lorsque μ tend vers l'infini, le champ magnétique restant fini puisque imposé par les tensions d'alimentation (pour un fonctionnement à flux forcé), le courant magnétisant, qui s'écrit aussi $i_m = \frac{1}{n_1} \oint_\Gamma \frac{\vec{B}}{\mu} \cdot \overrightarrow{dl}$, tend vers 0. La relation entre i_1 et i_2 tend vers $i_1 = -(n_2/n_1)i_2$. Le transformateur tend à se comporter comme un transformateur parfait.

⋆ Dans un transformateur réel, bien que relativement faible, le courant magnétisant n'est pas nul.

Remarque :

Dans le modèle du transformateur parfait, le noyau est un tube de champ. Cela impose, dans le cas d'un matériau linéaire, de considérer sa perméabilité relative infinie. Cette condition s'établit en considérant la réfraction des lignes de champ à l'interface entre le milieu et l'air. En effet, l'angle de réfraction α (figure 4) varie à la surface de séparation de deux milieux de perméabilités magnétiques différentes.
La continuité de la composante normale de $\vec{B}$ et celle de la composante tangentielle de $\overrightarrow{H}$ se traduisent par les relations suivantes :

$$\begin{cases} B_{n1} = B_{n2} \\ H_{t1} = H_{t2} \end{cases} \Rightarrow \begin{cases} B_{n1} = B_{n2} \\ \dfrac{B_{t1}}{\mu_1} = \dfrac{B_{t2}}{\mu_2} \end{cases} \Rightarrow \tan\alpha_1 = \frac{B_{t1}}{B_{n1}} = \frac{\mu_1}{\mu_2}\tan\alpha_2$$

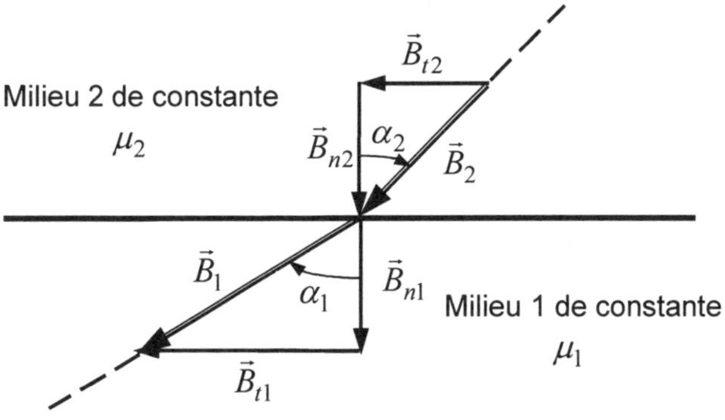

Figure 4

Dans le cas où $\mu_1 >> \mu_2$, la relation précédente conduit à $\tan\alpha_1 >> \tan\alpha_2$.
Pour avoir dans le cadre du modèle idéal $\alpha_1 = \pi/2$ il faut bien supposer la perméabilité μ_1 est infinie.
Dans la pratique on peut considérer en première approche que les lignes du champ magnétique, à l'intérieur d'un milieu de grande perméabilité, sont tangentes à la surface de séparation qui devient ainsi une portion de tube de champ.

3. Lorsqu'on prend en compte la forme proposée pour les flux de fuite, on parvient aux équations du transformateur ci-dessous :

$$\begin{cases} u_1 = r_1\, i_1 + l_1 \dfrac{di_1}{dt} + n_1 \dfrac{d\varphi_c}{dt} & (1) \\ u_2 = r_2\, i_2 + l_2 \dfrac{di_2}{dt} + n_2 \dfrac{d\varphi_c}{dt} & (2) \\ i_1 = -\dfrac{n_2}{n_1} i_2 + i_m & (3) \end{cases}$$

Les tensions u_1 et u_2 sont égales à la somme de trois termes correspondant chacun à la tension aux bornes d'un dipôle associé en série avec les deux autres :

⋆ Les termes $r_k\, i_k$ et $l_k \dfrac{di_k}{dt}$ où $k \in \{1,2\}$, sont respectivement les tensions aux bornes des résistances r_1 et r_2 et celles aux bornes des inductances l_1 et l_2, parcourues par les courants d'intensité i_1 et i_2.

⋆ Les troisièmes termes s'écrivent :

$$u'_1 = -e'_1 = n_1 \frac{d\varphi_c}{dt} \quad \text{et} \quad u'_2 = -e'_2 = n_2 \frac{d\varphi_c}{dt}$$

$$\Rightarrow \quad \boxed{u'_1 = \frac{n_1}{n_2} u'_2} \quad (4)$$

En appliquant la loi des nœuds en M et en reprenant la relation (3), il vient :

$$i'_1 = i_1 - i_m \quad \Rightarrow \quad i'_1 = -\frac{n_2}{n_1} i_2$$

$$\Rightarrow \quad \boxed{i_2 = -\frac{n_1}{n_2} i'_1} \quad (5)$$

Les relations (4) et (5) sont celles du transformateur parfait (cf. exercice 1 du chapitre VII). On peut donc considérer que le quadripôle, encadré en pointillé, de la figure 2 du texte fonctionne en transformateur parfait :

Figure 4

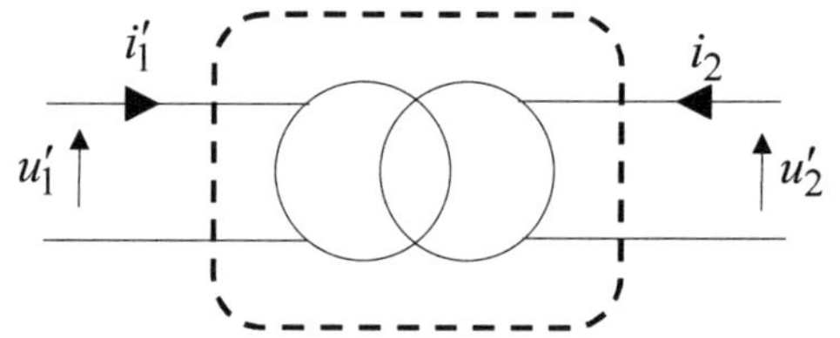

Le courant i_m, prélevé à i_1 pour donner i_1', doit circuler dans un dipôle placé en parallèle de l'entrée de ce quadripôle. La représentation du transformateur réel correspond donc bien à celle donnée en figure 2.

4. Lorsque le secondaire est en circuit ouvert, le courant i_2 est nul. Les équations du transformateur réel s'écrivent alors :

$$\boxed{u_1 = r_1 i_1 + l_1 \frac{di_1}{dt} + u_1' \quad ; \quad u_2 = u_2' \quad ; \quad i_1 = i_m \quad ; \quad u_2' = \frac{n_2}{n_1} u_1'}$$

5. L'intensité du courant dans le secondaire étant nulle, celui-ci ne restitue pas de puissance active.

6. Pour calculer la puissance instantanée consommée par le primaire, il suffit de multiplier les deux membres de l'égalité $u_1 = r_1 i_1 + l_1 \frac{di_1}{dt} + u_1'$ par i_1. On obtient :

$$p_1(t) = u_1 i_1 = \underbrace{r_1 i_1^2}_{\text{effet Joule}} + \frac{d}{dt}\underbrace{\left(\frac{1}{2} l_1 i_1^2\right)}_{\substack{\text{énergie magnétique} \\ \text{hors matériau}}} + \underbrace{u_1' i_1}_{\substack{\text{puissance consommée} \\ \text{dans le matériau}}}$$

Cette puissance se présente sous la forme d'une somme de trois termes. Le premier s'identifie à la puissance consommée par effet Joule dans la résistance constituée par le cuivre du bobinage. Le second, représente la puissance consommée lors des variations d'énergie magnétique liées au flux de fuite. Quant au troisième, il s'interprète comme étant la puissance consommée par le noyau ferromagnétique. Cette puissance est étudiée en détail dans les questions suivantes.

Le primaire absorbe la puissance active P_1, moyenne temporelle de $p_1(t)$:

$$P_1 = \langle p(t) \rangle_t = \frac{1}{T}\int_0^T \left(r_1 i_1^2 + \frac{d}{dt}\left(\frac{1}{2} l_1 i_1^2\right) + u_1' i_1 \right) dt = \frac{1}{T}\int_0^T r_1 i_1^2 dt + \frac{1}{T}\int_0^T u_1' i_1 dt$$

7. Le cycle d'Hystérésis traduisant les variations de $B(H)$ représenté ci-dessous.

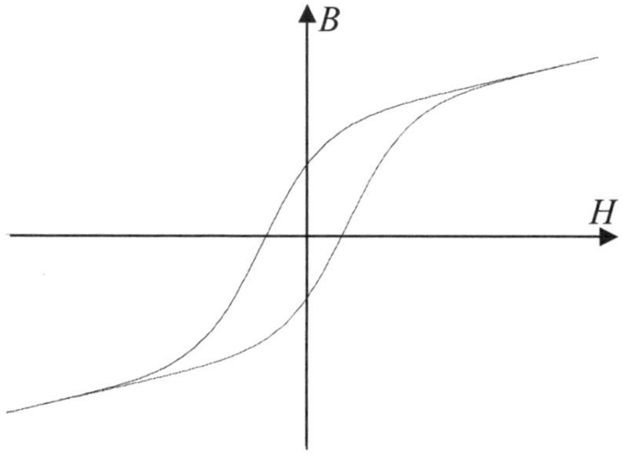

Son aire s'obtient par l'intégrale : $A = \oint H\,dB = \oint B\,dH$.

Elle est homogène à HdB qui représente l'énergie volumique consommée par le matériau ferromagnétique lorsque B varie de dB. Elle s'exprime en Jm^{-3}.

8. Le dipôle (M,N), parcouru par le courant i_m et soumis à la différence de potentiel u_1', consomme la puissance instantanée $u_1' i_m$. L'énergie qu'il reçoit pendant la période T vaut donc :

$$W = \int_0^T u_1' i_m\,dt$$

Dans la question 3 il a été établi que $u_1' = n_1\,d\varphi_c/dt$. En supposant le module du champ magnétique uniforme dans le matériau, il vient, S désignant la section du noyau :

$$u_1' = n_1 \frac{d\varphi_c}{dt} = n_1 S \frac{dB}{dt}$$

Dans la question 2 il a été établi que $i_m = \frac{1}{n_1}\oint_\Gamma \vec{H}\cdot\vec{dl}\; i_m$. En supposant H uniforme sur la ligne de champ constituant le contour (Γ) de longueur l, on obtient :

$$i_m = \frac{1}{n_1}\oint_\Gamma \vec{H}\cdot\vec{dl} = \frac{1}{n_1} Hl$$

A partir de ces expressions, on déduit l'expression de l'énergie fournie au dipôle (M,N) :

$$\delta W = u'_1\, i_m dt = \frac{1}{n_1} H l n_1 S \frac{dB}{dt} dt = SlHdB$$

$$\Rightarrow \quad W = \oint_{cycle} H\,dB = \oint_{cycle} B\,dH$$

Le produit Sl est le volume τ du noyau et $\oint_{cycle} B\,dH$ représente l'aire A du cycle d'hystérésis. Il vient donc :

$$\boxed{W = \tau A}$$

La puissance moyenne P_1 consommée par le dipôle (M,N) vaut, par définition :

$$P = \frac{1}{T}\int_0^T p(t)dt \quad \Rightarrow \quad \boxed{P_1 = \tau \frac{A}{T}}$$

On peut remarquer que cette puissance est d'autant plus grande que l'aire du cycle d'hystérésis décrit par le matériau est importante, c'est-à-dire que le matériau est dur.

9. Lorsque le secondaire est en circuit ouvert, les courants i_1 et i_m sont égaux. Le dipôle (M,N) est donc parcouru par i_1. En notant R et L les composantes de l'impédance magnétisante, le schéma équivalent est celui représenté ci-dessous :

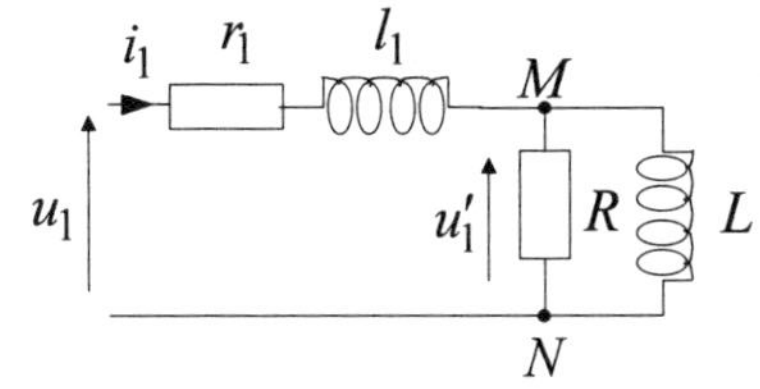

La tension d'alimentation u_1 est sinusoïdale, de période T. Cependant, l'existence du cycle d'hystérésis, traduisant les variations de H en fonction de B, interdit au courant d'être lui-même sinusoïdal, dans la mesure où le phénomène n'est pas linéaire. Toutefois, ce courant est périodique de période T. Il peut donc s'écrire sous la forme d'une série de Fourier :

$$i_1(t) = \sum_n I_{1,n}\sqrt{2}\cos\left(n\frac{2\pi}{T}t + \varphi_n\right)$$

$I_{1,n}$ et φ_n désignent respectivement la valeur efficace et le déphasage de l'harmonique de rang n.

La puissance consommée P_1 s'obtient en calculant la valeur moyenne du produit $u'_1 i_1$. Or celle-ci ne fait intervenir que le fondamental du courant (propriété montrée dans l'exercice 4 du chapitre VIII). Ainsi, **du point de vue de la puissance**, tout se passe comme si le primaire était parcouru par un courant sinusoïdal égal au fondamental de $i_1(t)$.

En notant $\overline{I}_{1,1} = I_{1,1}\exp(j\varphi_1)$ l'amplitude efficace complexe du fondamental de $i_1(t)$ et $\overline{U'}_1$ celle de $u'_1(t)$, la puissance active consommée par le dipôle (M,N) se détermine de la manière suivante :

$$\left.\begin{aligned} P &= \Re\left(\overline{U'}_1\,\overline{I}^*_{1,1}\right) \\ \overline{I}_1 &= \left(\frac{1}{R} + \frac{1}{jL\omega}\right)\overline{U'}_1 \end{aligned}\right\} \Rightarrow \quad P = \Re\left(\overline{U'}_1\,\overline{U'}^*_1\left(\frac{1}{R} - \frac{1}{jL\omega}\right)\right) = \frac{U'^2_1}{R}$$

La valeur de R doit être choisie de telle sorte que le modèle adopté soit compatible avec le fait que le dipôle (M,N) absorbe la puissance $\tau\dfrac{A}{T}$.

Sa détermination nécessiterait d'une part d'expliciter U'_1 en fonction de U_1, valeur efficace de u_1 et d'autre part de déterminer A en fonction de U_1 à partir du cycle caractérisant le noyau.

La présence de la résistance rend compte de la puissance active absorbée par le noyau ferromagnétique dont on sait qu'elle croît avec l'aire du cycle.

Lors d'un fonctionnement en charge (courant i_2 non nul), le transformateur parfait restitue entièrement la puissance qu'il reçoit. Celle-ci, est égale à la puissance P_1 reçue à l'entrée du primaire à laquelle il faut soustraire celle des pertes Joule ainsi que celle des pertes « fer » associées à la puissance absorbée par le dipôle (M,N). Par conséquent, le rendement sera d'autant meilleur que cette dernière est faible. C'est pour cette raison que les matériaux utilisés dans la construction des noyaux des transformateurs ont des cycles très fins dont l'aire est la plus petite possible.

Exercice 6 ★★

Etude d'un condensateur avec diélectrique en régime statique

Cet exercice étudie le comportement d'un condensateur dont l'isolant est constitué d'un diélectrique linéaire homogène et isotrope caractérisé par une permittivité électrique $\varepsilon = \varepsilon_0 \varepsilon_r$. La faible valeur de l'épaisseur de l'isolant, devant les dimensions des armatures conductrices, permet de négliger les effets de bord au cours de cette étude.
L'espace est rapporté à un repère cartésien $\left(O,\vec{u}_x,\vec{u}_y,\vec{u}_z\right)$.

On modélise ce dispositif par le système constitué d'une lame diélectrique insérée entre deux milieux identiques dont les constantes sont celles du vide (figure 1). Cette lame est infinie suivant les directions (O,z) et (O,y). Son épaisseur est e et ses constantes sont ε et μ_0. Le diélectrique est entouré par deux plans portant chacun une charge répartie uniformément en surface, décrite par les distributions surfaciques σ et $-\sigma$.

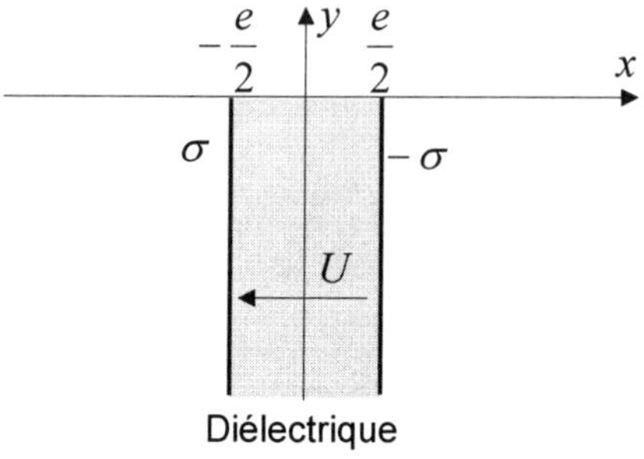

Figure 1

Le diélectrique ne possède aucune charge libre et le milieu qui l'entoure aucune charge liée. Les seules charges libres sont situées sur les plans d'équations $x = \pm e/2$.

1. Dans chaque milieu, expliciter, en régime statique, la relation entre le champ déplacement électrique $\vec{D}$ et le champ électrique $\vec{E}$. Enoncer dans chacun des cas, les équations de Maxwell décrivant le comportement local de ces deux champs.

2. En analysant les symétries et invariances du problème, montrer que :

$$\vec{D} = D(x)\vec{u}_x \text{ et } \vec{E} = E(x)\vec{u}_x.$$

3. Quelle est la relation entre $D(x)$ et $D(-x)$?
En déduire que $\vec{D}$ et $\vec{E}$ sont uniformes dans chacune des zones $x > e/2$, $x < -e/2$ et $-e/2 < x < e/2$.

4. Ecrire la relation de discontinuité que vérifie le champ déplacement électrique en $x = e/2$ et $x = -e/2$.
En admettant que D soit nul hors du diélectrique, tracer les variations de $D(x)$ et $E(x)$ en fonction de x.

5. Soit U la différence de potentiel entre les plans $x = -e/2$ et $x = e/2$ et Q la charge portée par la surface S, contenue dans le plan $x = -e/2$. Quelles sont les relations liant E à U et D à Q, D et E représentant les champs dans le diélectrique ?

1. Dans chacune des zones $x < -e/2$ et $x > e/2$ occupées par un milieu de constante ε_0, les deux champs sont liés par l'équation :

$$\boxed{\vec{D} = \varepsilon_0 \vec{E}} \quad (1)$$

Dans le diélectrique situé dans la zone $-e/2 < x < e/2$, la permittivité ayant pour valeur $\varepsilon = \varepsilon_0 \varepsilon_r$, la relation devient :

$$\boxed{\vec{D} = \varepsilon_0 \varepsilon_r \vec{E} = \varepsilon \vec{E}} \quad (1')$$

Les équations de Maxwell en régime statique s'écrivent :

$$\boxed{\overrightarrow{rot}\vec{E} = \vec{0} \quad , \quad div\vec{D} = \rho_{libre} = 0}$$

Remarques :

⋆ Ces équations sont valables sur des domaines où les champs sont définis et continus.
La résolution des équations locales doit s'effectuer en considérant trois domaines distincts : $x > e/2$, $x < -e/2$ et $-e/2 < x < e/2$. Les équations différentielles y prennent la même forme puisque ρ_{libre} est chaque fois nulle. Par contre, les constantes d'intégration seront différentes d'un domaine à l'autre.

⋆ Les champs ne sont pas définis au niveau des distributions surfaciques de charges, en $x = \pm e/2$. Ils peuvent y être discontinus, s'ils possèdent une composante normale à ces surfaces.

⋆ Les équations locales doivent être complétées par les relations constitutives (1) et $(1')$ propres à chaque milieu.

2. Dans la mesure ou les effets de bord sont négligés, on peut considérer le dispositif infini parallèlement aux axes (O,y) et (O,z). Dans ces conditions :

⋆ Pour un point M quelconque, les deux plans $(M,\vec{u}_x,\vec{u}_z)$ et $(M,\vec{u}_x,\vec{u}_y)$ sont des plans de symétrie de la distribution de charges libres. Or le vecteur $\vec{D}(M)$, solution des équations locales $div\vec{D} = \rho_{libre}$ et $\overrightarrow{rot}\vec{D} = \vec{0}$, appartient à tout plan de symétrie de la distribution de charges libres passant par M. Le vecteur $\vec{D}(M)$ contenu dans les deux plans $(M,\vec{u}_x,\vec{u}_z)$ et $(M,\vec{u}_x,\vec{u}_y)$, est donc parallèle à $\vec{u}_x$.

⋆ Le problème est invariant par toute translation parallèle aux directions (O,z) et (O,y). Il en résulte que les modules des champs $\vec{D}$ et $\vec{E}$ sont indépendants de z et y.

On conclut donc de cette étude que les champs ont pour forme :

$$\boxed{\vec{E} = E(x)\vec{u}_x \quad , \quad \vec{D} = D(x)\vec{u}_x}$$

3. Le plan d'équation $x = 0$ est un plan d'antisymétrie de la distribution de charges libres. Cette propriété permet de déduire que la fonction $D(x)$, vérifie :

$$D(x) = D(-x)$$

Afin de montrer ce résultat, considérons (figure 2) deux distributions : la distribution $(\mathcal{D})$ en cours d'étude (figure 2a) et la distribution $(\mathcal{D}')$ obtenue à partir de $(\mathcal{D})$ après symétrie par rapport au plan $x = 0$ (figure 2b). Les champs créés en un point M de l'espace par $(\mathcal{D})$ et $(\mathcal{D}')$ sont respectivement notés $\vec{D}(M)$ et $\vec{D}'(M)$.

Soit M' le symétrique de M par rapport au plan $x = 0$.
Les distributions de charges caractérisant $(\mathcal{D})$ et $(\mathcal{D}')$ étant opposées, $\vec{D}(M')$ et $\vec{D}'(M')$ le sont également. Notons (β) cette propriété.
Par ailleurs les figures 2a et 2b pouvant se déduire l'une de l'autre par rotation de π autour de l'axe (O,y), on peut affirmer que $\vec{D}'(M')$ et $\vec{D}(M)$ sont également opposés. Notons (α) cette propriété.
Les propriétés (α) et (β) permettent alors d'écrire :

$$\left.\begin{array}{ll}(\alpha) & \vec{D}(M) = -\vec{D}'(M') \\ (\beta) & \vec{D}(M') = -\vec{D}'(M')\end{array}\right\} \Rightarrow \vec{D}(M) = \vec{D}(M') \Rightarrow D(x) = D(-x)$$

Figure 2

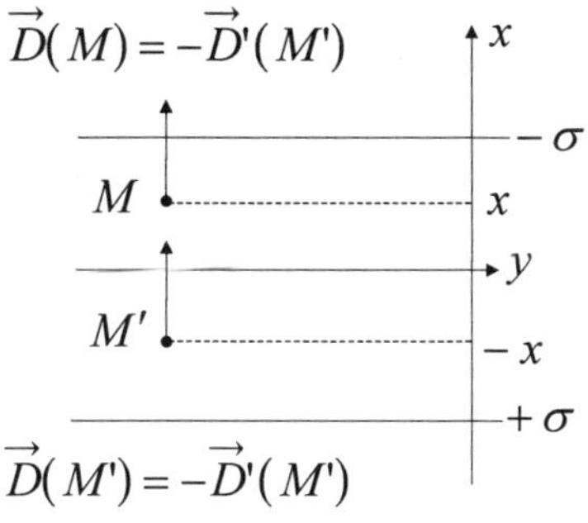

Figure 2a

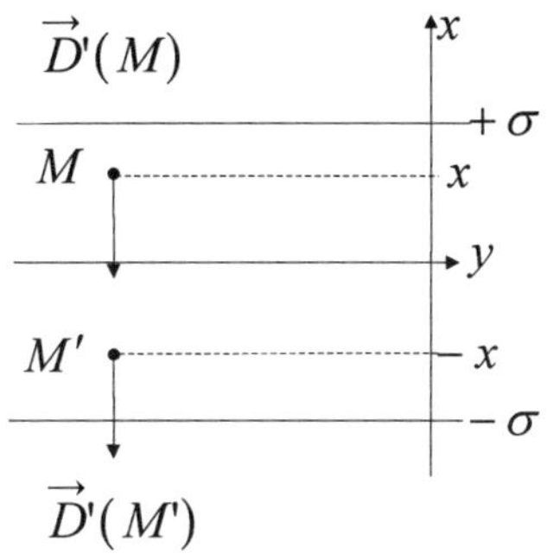

Figure 2b

Remarque :
La détermination de $\vec{D}'(M')$ connaissant $\vec{D}(M)$ se fait par l'intermédiaire de la définition mathématiques du champ $\vec{D}$ à partir de la distribution de charges libres. C'est cette définition qui permet de prévoir le comportement de ce champ lorsqu'on affecte la distribution d'une symétrie par rapport à un plan.

L'uniformité des champs dans chacun des trois domaines, se montre à l'aide du théorème de Gauss qui s'énonce, dans un diélectrique, de la façon suivante :

Soit Σ une surface fermée délimitant un volume τ et Q_l la charge totale libre contenue dans τ, alors : $\oiint_{\Sigma} \vec{D} \cdot \overrightarrow{dS} = Q_l$.

La forme du champ $\vec{D}$ suggère d'adopter comme surface de Gauss Σ, un cylindre de génératrices parallèles à (O,x) et de bases quelconques notées Σ' et Σ'', représenté sur la figure 3.

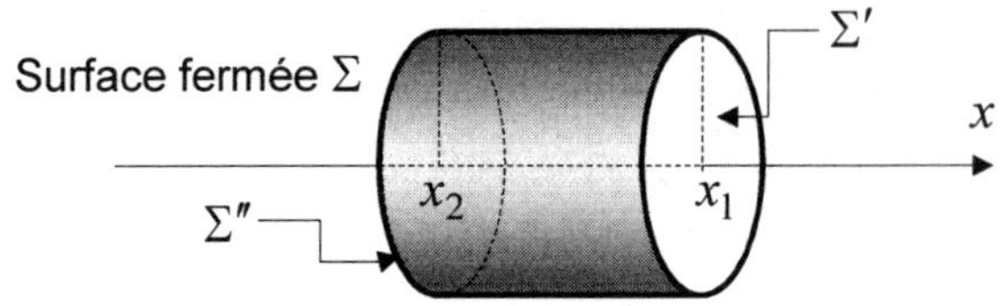

Figure 3

Les deux disques de surface S ont pour abscisse x_1 et x_2. Envisageons trois cas pour lesquels Σ est incluse dans l'un des domaines $x > e/2$, $x < -e/2$ ou $-e/2 < x < e/2$. On constate chaque fois que Σ ne traversant pas les plans $x = \pm e/2$, elle ne contient aucune charge libre. Le théorème de Gauss s'écrit alors indifféremment :

$$\iint_{\Sigma} \vec{D} \cdot \overrightarrow{dS} = \left(D(x_1) - D(x_2)\right)S = Q_l = 0$$

On en déduit, pour tout x_1 et x_2 vérifiant ensemble une des inégalités précédentes, que $D(x_1) = D(x_2)$. Le champ $\vec{D}$ est donc uniforme dans chacun des domaines considérés.

La relation de proportionnalité entre $\vec{E}$ et $\vec{D}$ étant caractéristique de chaque milieu, l'uniformité de $\vec{D}$ implique celle de $\vec{E}$.

4. La composante normale du champ déplacement électrique est discontinue de part et d'autre d'une distribution surfacique. Sa discontinuité, lorsque la distribution délimite deux domaines (1) et (2), s'exprime par :

$$\left(\vec{D}_2 - \vec{D}_1\right) \cdot \vec{n}_{1 \to 2} = \sigma_l$$

$\vec{D}_1$ et $\vec{D}_2$ désignent les limites du champ sur la distribution, dans chaque domaine ; $\vec{n}_{1\to 2}$ désigne la normale à la surface, orientée de (1) vers (2).

L'application de cette relation aux cas des deux distributions surfaciques étudiées permet d'établir les équations :

$$\begin{cases} D\left(\dfrac{e^+}{2}\right) - D\left(\dfrac{e^-}{2}\right) = -\sigma \\ D\left(-\dfrac{e^+}{2}\right) - D\left(-\dfrac{e^-}{2}\right) = +\sigma \end{cases}$$

Les conditions supplémentaires $D\left(\frac{e^+}{2}\right)=0$ et $D\left(-\frac{e^-}{2}\right)=0$ ainsi que les équations précédentes conduisent au résultat $D\left(-\frac{e^+}{2}\right)=D\left(\frac{e^-}{2}\right)=\sigma$.

Cette étude donne tous les éléments pour tracer les variations des champs en fonction de x. Ces variations sont représentées par les courbes 1 et 1′.

Courbe 1

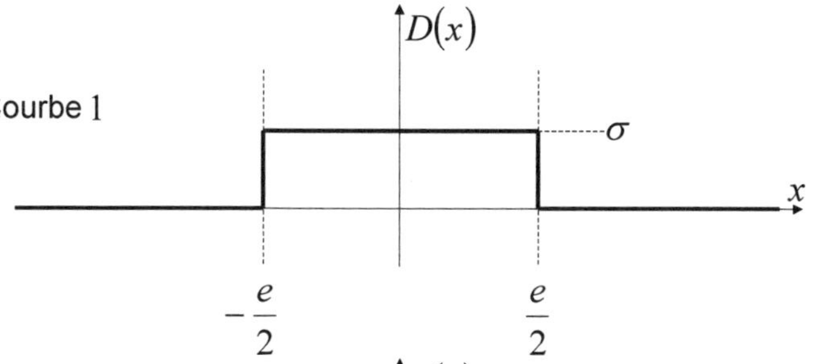

Courbe 1′

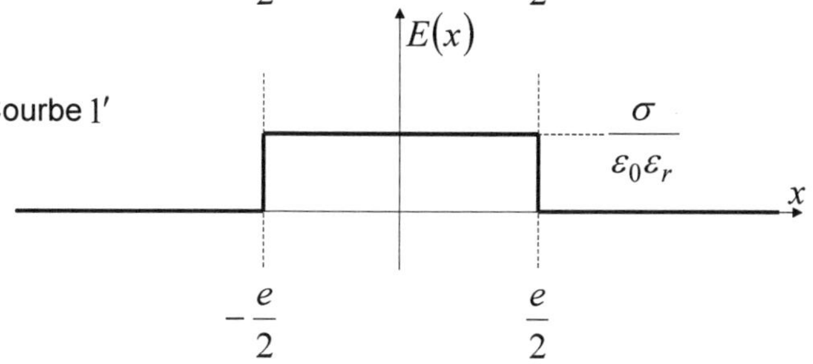

5. La tension entre les deux plans équipotentiels s'obtient, dans le cadre des régimes statiques, par la circulation du champ électrique sur un trajet quelconque reliant ces deux plans. En choisissant un segment rectiligne parallèle à (O,x), portion de ligne de champ sur laquelle le calcul de la circulation est plus aisé, il vient (en notant V le potentiel électrique) :

$$U=V\left(-\frac{e}{2}\right)-V\left(\frac{e}{2}\right)=\int_{+e/2}^{-e/2}dV=\int_{+e/2}^{-e/2}-E(x)dx=Ee$$

$$\boxed{U=Ee}$$

La charge libre portée par le plan Q se calcule par l'intégrale $Q=\iint_S \sigma dS=\sigma S$. Or, le champ déplacement électrique D dépend de la distribution σ, selon la relation $D=\sigma$. On obtient finalement :

$$\boxed{Q=DS}$$

Exercice 7 ★★★

Comportement d'un diélectrique en régime lentement variable

On reprend l'exercice 6 mais on se place en régime lentement variable. On admet que les variations sont suffisamment lentes pour que le phénomène d'induction puisse être négligé et que les équations $\overrightarrow{rot}\vec{E} = \vec{0}$ et $\vec{E} = -\overrightarrow{grad}\,V$ restent encore applicables.
Les variations de la charge Q portée par le plan $x = -e/2$ sont liées au courant $i(t)$ par la relation $i(t) = dQ/dt$. La différence de potentiel entre les plans $x = -e/2$ et $x = e/2$ est notée $u(t)$. Le dispositif étudié est assimilable à un condensateur dont on ne cherchera pas à calculer la capacité, et le schéma électrique équivalent est représenté sur la figure 1.

Figure 1

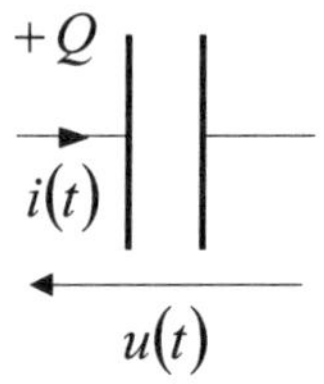

Les effets de bord sont toujours négligés et la surface de chaque armature plane est S.

1. Montrer que les résultats établis à la question 5 de l'exercice 6 se conservent et exprimer les relations liant D à i puis E à U, D et E désignant les champs à l'intérieur du diélectrique situé entre les deux armatures.

2. Proposer une méthode pratique permettant de visualiser à l'oscilloscope les variations de D en fonction de E. La courbe obtenue pour un matériau linéaire, homogène et isotrope en régime sinusoïdal est une ellipse représentée en figure 2. Justifier la forme de cette courbe.

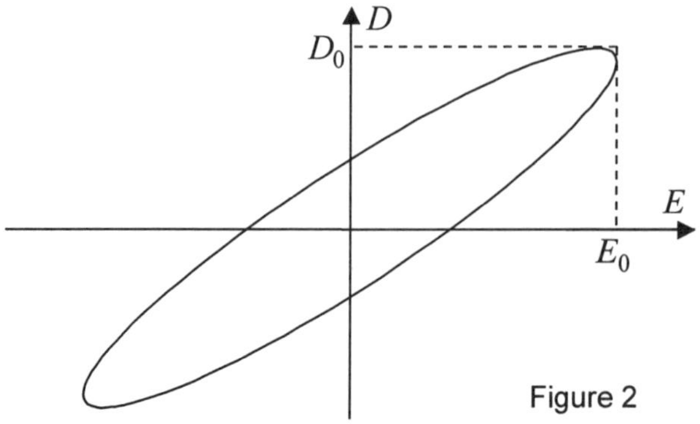

Figure 2

3. On note δ le déphasage arrière ($\delta > 0$) de D par rapport à E, et $\dfrac{D_0}{E_0} = \varepsilon_0 \varepsilon_r$.

Calculer en régime sinusoïdal l'impédance du condensateur. En déduire un modèle équivalent parallèle pour lequel on exprimera les impédances en fonction de δ, ε_r, ω et C_0, où C_0 désigne la capacité du même condensateur dont l'isolant serait le vide $(C_0 = \varepsilon_0 S/e)$.

4. Ce dipôle est alimenté par une tension sinusoïdale d'amplitude U_0. Exprimer la puissance active dissipée par ce dipôle à l'aide de δ, ε_r, ω, C_0 et U_0. Sachant que pour une capacité C_0 de $1\,nF$ et une tension U_m de $10\,V$, la valeur de ε_r à $\omega = 10^4\ rads^{-1}$ est voisine de 3 et la puissance consommée est de l'ordre de $0{,}1\ mW$, exprimer les ordres de grandeur de δ et des impédances du modèle équivalent. Quels commentaires peut-on faire ?

5. Calculer la moyenne temporelle sur une période de la puissance électromagnétique volumique P_v, consommée dans le diélectrique. En déduire la puissance active consommée par le dipôle et la comparer à celle obtenue dans la question précédente.

1. E et D désignant respectivement le champ électrique et le champ déplacement électrique à l'intérieur du diélectrique, il a été établi en régime statique, dans la question 5 de l'exercice 6 que $Q = DS$ et $U = Ee$.

Ces résultats ont été obtenus à partir des équations de Maxwell $div\vec{D} = \rho_l$ et $\overrightarrow{rot}\vec{E} = \vec{0}$ complétées par la loi constitutive $\vec{D} = \varepsilon\vec{E}$.

La résolution de ces équations locales a été effectuée dans le cadre d'une géométrie et des conditions aux limites précises.

En régime lentement variable, dans le cadre des hypothèses faites par le texte (phénomène d'induction négligé), ces équations restent valables.
La géométrie du problème et les conditions aux limites étant inchangées, les solutions $Q = DS$ et $U = Ee$ restent elles-mêmes valables.

On en déduit que l'intensité $i(t) = dQ/dt$ et la tension $u(t)$ ont pour expressions :

$$\boxed{i = S\frac{dD}{dt}\ ,\ u(t) = eE}$$

2. Les variations du champ électrique en fonction du temps sont à une constante multiplicative près celles de la tension aux bornes du condensateur.

Le champ déplacement électrique D s'obtient par intégration à partir de $i(t)$:

$$D(t) = \frac{1}{S}\int_0^t i(t')dt' + D(0)$$

- *Montage expérimental*

Afin d'observer pratiquement les variations de ces grandeurs en fonction du temps, considérons le montage expérimental de la figure 3 :

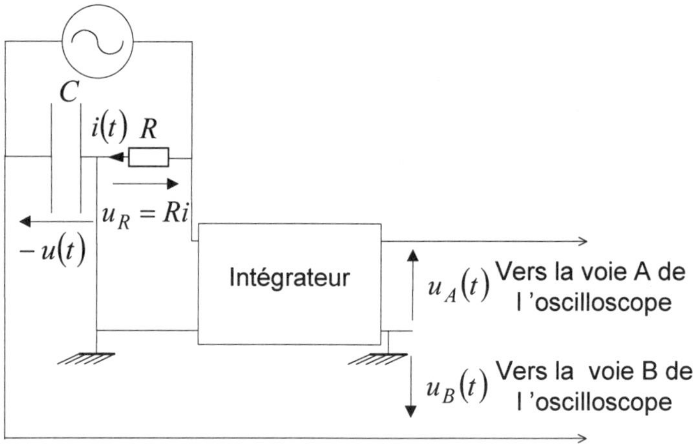

Figure 3

Le condensateur est inséré dans un circuit en série avec une résistance R, les deux dipôles sont alors parcourus par le même courant d'intensité $i(t)$.

La tension u_R, prélevée aux bornes de la résistance, est appliquée à l'entrée d'un montage intégrateur. k étant un facteur dépendant de R et du montage intégrateur, on obtient en sortie de ce dernier la tension :

$$u_A(t) = k\int_0^t i(t')dt' + u_A(0)$$

Ainsi, le signal $u_A(t)$ représente à une constante additive près les évolutions du champ déplacement électrique $D(t)$ en fonction du temps.

La tension $u_B(t)$ donne accès au signe près à $u(t)$, et un réglage convenable de l'oscilloscope étant effectué, il est possible de visualiser les variations de u_A en fonction de u_B en mode « x-y ». A un facteur d'échelle près ce sont celles de D en fonction de E.

Remarques :
Dans ce montage, la masse de l'alimentation doit être isolée de celle de l'oscilloscope, à l'aide par exemple d'un transformateur d'isolement. De plus, afin de ne prélever aucun courant, l'impédance d'entrée du montage intégrateur doit être in-

finie. Si cette condition n'était pas réalisée, les courants dans la résistance et le condensateur seraient différents.

- *Justification de la forme de la courbe observée*

La courbe observée avec un diélectrique linéaire caractérisé par la relation constitutive $D = \varepsilon E$, où la permittivité ε est une constante, devrait être un segment de droite de pente ε.
Or expérimentalement, on observe une ellipse. On est donc amené à constater que les champs D et E sont déphasés. Pour le comprendre il est nécessaire de revenir sur les relations définissant la susceptibilité électrique du matériau :

$$P = \varepsilon_0 \chi_e E \quad \Rightarrow \quad D = \varepsilon_0 E + P = \varepsilon_0 (1 + \chi_e) E$$

En régime variable, le champ électrique étant à l'origine du phénomène de polarisation, ses modifications au cours du temps vont être suivies au niveau de ses effets mais avec un temps de retard lié au mécanisme de réponse de la matière. Le système étant linéaire, la grandeur étudiée (polarisation ou déplacement électrique) sera solution d'une équation différentielle linéaire dont le second membre est imposé par la fonction $E(t)$. En régime sinusoïdal forcé, la solution est aussi sinusoïdale de même pulsation.
En posant $E = E_0 \cos(\omega t)$, la forme générale du déplacement électrique est alors $D = \varepsilon(\omega) E_0 \cos(\omega t - \delta(\omega))$. Pour une pulsation donnée, D et E sont deux grandeurs sinusoïdales, de même pulsation mais déphasées, ce qui explique la nature de la courbe observée.
$\varepsilon(\omega)$ et $\delta(\omega)$ peuvent se déterminer à partir de l'ellipse provenant du relevé expérimental. En effet, $\varepsilon(\omega)$ s'identifie au rapport des deux côtés du rectangle qui encadrent l'ellipse, et le déphasage se mesure par les méthodes classiques énumérées lors de l'étude du fonctionnement d'un oscilloscope en mode « x-y ».

3. L'impédance équivalente du condensateur se calcule par le rapport $\overline{Z}_c = \overline{U}/\overline{I}$ où $\overline{U}$ et $\overline{I}$ désignent les amplitudes complexes de $u(t)$ et $i(t)$. En gardant les notations introduites, les différentes relations obtenues à la question 1 permettent d'écrire :

$$\begin{cases} u(t) = eE_0 \cos(\omega t) \\ i(t) = S \dfrac{d}{dt}\left[\varepsilon(\omega) E_0 \cos(\omega t - \delta(\omega))\right] \end{cases} \Rightarrow \begin{cases} \overline{U} = eE_0 \\ \overline{I} = j\omega S \varepsilon(\omega) E_0 \exp(-j\delta(\omega)) \end{cases}$$

En notant $C_0 = \varepsilon_0 S/e$ la capacité du condensateur plan lorsque l'isolant est le vide, l'impédance du condensateur avec diélectrique a pour expression :

$$\boxed{\overline{Z}_c = \frac{e}{j\omega S \varepsilon} \exp(j\delta) = \frac{1}{jC_0 \varepsilon_r \omega} \exp(j\delta)}$$

Ainsi, le comportement du condensateur avec diélectrique peut se modéliser comme l'association en parallèle de deux dipôles dont les admittances vérifient :

$$\overline{Y_1} + \overline{Y_2} = \overline{Y_c} = jC_0\varepsilon_r\omega\exp(-j\delta) = C_0\varepsilon_r\omega\sin\delta + jC_0\varepsilon_r\omega\cos\delta$$

La première admittance Y_1 s'identifie à celle d'une résistance de valeur :

$$\boxed{R = \frac{1}{C_0\varepsilon_r\omega\sin\delta}}$$

La seconde admittance Y_2 s'identifie à celle d'un condensateur de capacité :

$$\boxed{C = C_0\varepsilon_r\cos\delta}$$

Le schéma électrique équivalent associé à ce modèle est représenté ci-dessous :

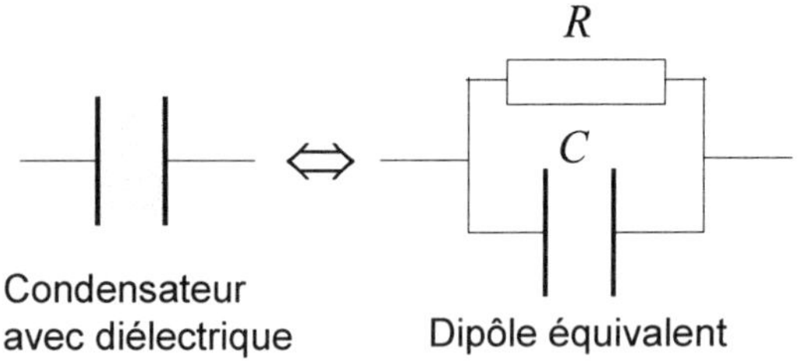

Il est à noter que ε_r et δ dépendent de ω. Par conséquent, ce modèle de circuit "RC" parallèle ne pourra être adopté que pour des signaux harmoniques , voire des signaux dont le spectre en fréquence est à bande étroite. En revanche, ce modèle est inadapté à des signaux de large bande pour lesquels il faut envisager une étude plus fine et s'intéresser aux différents types de polarisation qui interviennent dans le diélectrique.

4. Ce dipôle dissipe une puissance active $P = \frac{1}{2}\Re\left(\overline{U}\,\overline{I}^*\right) = \frac{1}{2}\left|\overline{U}\right|^2\Re\left(\overline{Y}_c\right)$, qui s'explicite grâce à l'expression de $\overline{Y}_c$ calculée précédemment. On obtient ainsi :

$$\boxed{P = \frac{1}{2}C_0\varepsilon_r\omega\sin\delta\ U_0^2}$$

Application numérique :

$$C_0 = 1\cdot 10^{-9}\,F\ ;\ \varepsilon_r = 3\ ;\ \omega = 10^4\,rads^{-1};\ U_0 = 10\,V\ ;\ P = 0{,}1\,mW$$

$$\boxed{\sin\delta \approx 0{,}06} \quad \text{et} \quad \boxed{\begin{array}{l} R = 0{,}5\ M\Omega \\ C \approx 3C_0 = 3\ nF \end{array}}$$

On constate que δ, nommé angle de perte, est très faible et que l'ellipse correspondant au diélectrique étudié est très plate (figure 4).

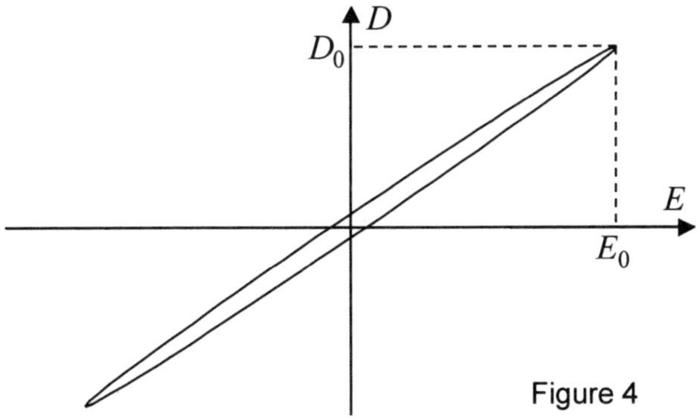

Figure 4

5. Une transformation élémentaire faisant varier D de dD, engendre une variation d'énergie électromagnétique volumique dans le diélectrique s'écrivant $\delta w_e = EdD$. Au cours d'une période T, les champs décrivent le cycle elliptique représenté sur la figure 4. L'énergie volumique consommée s'exprime alors par :

$$w_e = \oint_{cycle} EdD$$

Cette intégrale s'identifie à l'aire de ce cycle.
La représentation paramétrique des champs en fonction du temps se déduisant de l'ellipse, permet d'écrire :

$$\begin{cases} E(t) = E_0 \cos\left(\frac{2\pi}{T}t\right) \\ D(t) = \varepsilon_0 \varepsilon_r E_0 \cos\left(\frac{2\pi}{T}t - \delta\right) \end{cases} \Rightarrow \delta w_e = -\varepsilon_0 \varepsilon_r E_0^2 \frac{2\pi}{T} \cos\left(\frac{2\pi}{T}t\right) \sin\left(\frac{2\pi}{T}t - \delta\right) dt$$

La puissance volumique instantanée a donc pour forme :

$$p(t) = \frac{\delta w_e}{dt} = -\varepsilon_0 \varepsilon_r E_0^2 \frac{2\pi}{T} \cos\left(\frac{2\pi}{T}t\right) \sin\left(\frac{2\pi}{T}t - \delta\right)$$

Sa moyenne temporelle P_v a pour expression :

$$P_v = \frac{1}{T} \int_0^T -\varepsilon_0 \varepsilon_r E_0^2 \frac{2\pi}{T} \cos\left(\frac{2\pi}{T}t\right) \sin\left(\frac{2\pi}{T}t - \delta\right) dt$$

Enfin, en remarquant que :

$$2\cos\left(\frac{2\pi}{T}t\right)\sin\left(\frac{2\pi}{T}t - \delta\right) = \sin\left(2\frac{2\pi}{T}t - \delta\right) - \sin\delta \text{ et } \omega = \frac{2\pi}{T}$$

On obtient finalement pour P_v : $\boxed{P_v = \frac{1}{2}\varepsilon_0\varepsilon_r E_0^2 \omega \sin\delta}$

Pour obtenir la puissance moyenne P consommée dans tout le diélectrique, Il ne reste plus qu'à intégrer P_v sur le volume du matériau. En tenant compte du fait que $U_0 = eE_0$ et que le champ électrique est uniforme dans le diélectrique (résultat établi dans l'exercice 6), cette puissance moyenne totale a pour expression :

$$P = Se\frac{\varepsilon_0\varepsilon_r U_0^2 \omega \sin\delta}{2e^2} \quad \Rightarrow \quad \boxed{P = \frac{1}{2}C_0\varepsilon_r \omega \sin\delta \; U_0^2}$$

Elle s'identifie à la puissance active consommée par le dipôle. On peut donc conclure qu'en régime variable, un diélectrique linéaire absorbe une puissance directement reliée à l'aire de la courbe $E(D)$. En effet, avec les notations précédentes et en posant A l'aire de l'ellipse, on peut écrire :

$$P_v = \frac{1}{T}\int_0^T p(t)dt = \frac{1}{T}\int_0^T \delta w_e = \frac{1}{T}\oint_{cycle} EdD = \frac{A}{T} \quad \Rightarrow \quad P = Se\frac{A}{T}$$

La puissance totale sera par conséquent d'autant plus importante que l'aire du cycle sera grande. Il apparaît donc que l'angle δ qui détermine la largeur de l'ellipse caractérise cette absorption de puissance.
Celle-ci, proportionnelle à $\sin\delta$, est une fonction croissante de cet angle, appelé de ce fait angle de perte. Aux basses fréquences, il est très faible et l'ellipse peut être assimilée à une droite. Il augmente aux fréquences élevées. Ceci s'explique par l'importance croissante du retard lié à la réponse de la matière lorsque les variations du champ électrique excitateur deviennent de plus en plus rapides.

Remarque : On peut noter que le temps caractéristique associé au processus de polarisation d'orientation est beaucoup plus grand que celui des autres processus (polarisation ionique et électronique) et par conséquent engendre des valeurs de δ non nulles pour des fréquences plus faibles. Les autres aspects de la polarisation interviennent à des fréquences plus élevées.

TABLE DES MATIERES

Chapitre 0 : OUTILS MATHEMATIQUES

Formulaire 7

Exercice 1 Rotationnel et divergence d'un champ à structure axiale 11

Exercice 2 Rotationnel d'un champ à structure orthoradiale 13

Exercice 3 Champ de scalaires à symétrie sphérique 15

Exercice 4 Flux d'un champ de vecteurs / Théorème d'Ostrogradsky 17

Exercice 5 Circulation d'un champ de vecteurs / Théorème de Stokes 20

Chapitre I : REGIMES PERMANENTS

Electrostatique

Exercice 1 Distribution volumique de charges à symétrie cylindrique 23

Exercice 2 Modélisations volumiques et surfaciques de charges 26

Exercice 3 Sources d'un champ électrostatique connu 31

Exercice 4 Distribution surfacique, sphérique, non homogène 34

Exercice 5 Potentiel de Yukawa 42

Exercice 6 Focalisation d'un faisceau électronique 48

Exercice 7 Etude d'une jonction PN 56

Magnétostatique

Exercice 8 Distribution volumique axiale de courant / Méthode locale 61

Exercice 9 Distribution volumique axiale de courant / Méthode intégrée 64

Exercice 10 Distribution surfacique orthoradiale de courant 67

Exercice 11 Distribution volumique orthoradiale de courant / Méthode locale 71

Exercice 12 Distribution volumique orthoradiale de courant / Méthode intégrée 76

Exercice 13 Courants uniformes sur une épaisseur variable / Limite surfacique 80

Exercice 14 Supraconducteur de géométrie plane 83

Exercice 15 Supraconducteur de géométrie cylindrique 89

Exercice 16 Champ d'une spire circulaire au voisinage de son axe 94

Exercice 17 Bobines d'Helmoltz 100

Régimes permanents

Exercice 18 Effet Hall 105

Exercice 19 Magnétorésistance 111

Chapitre II : REGIMES VARIABLES

Exercice 1 Distribution volumique de charges d'un conducteur ohmique 115

Exercice 2 Stabilité thermique d'un supraconducteur 117

Exercice 3 Comportement d'un conducteur sous différents régimes 125

Chapitre III : ENERGIE

Exercice 1 Etude énergétique d'un cylindre conducteur 141

Exercice 2 Energie d'un condensateur dans le cadre de l'A.R.Q.S. 146

Exercice 3 Antenne cylindrique 150

Exercice 4 Absorption d'une onde par un métal 155

Exercice 5 Bilan énergétique d'une ligne coaxiale 162

Chapitre IV : INDUCTION ELECTROMAGNETIQUE CAS DE LORENTZ

Exercice 1 Rails de Laplace 173

Exercice 2 Principe de la roue de Barlow 179

Exercice 3 Principe du ralentisseur électromagnétique 182